AF472740

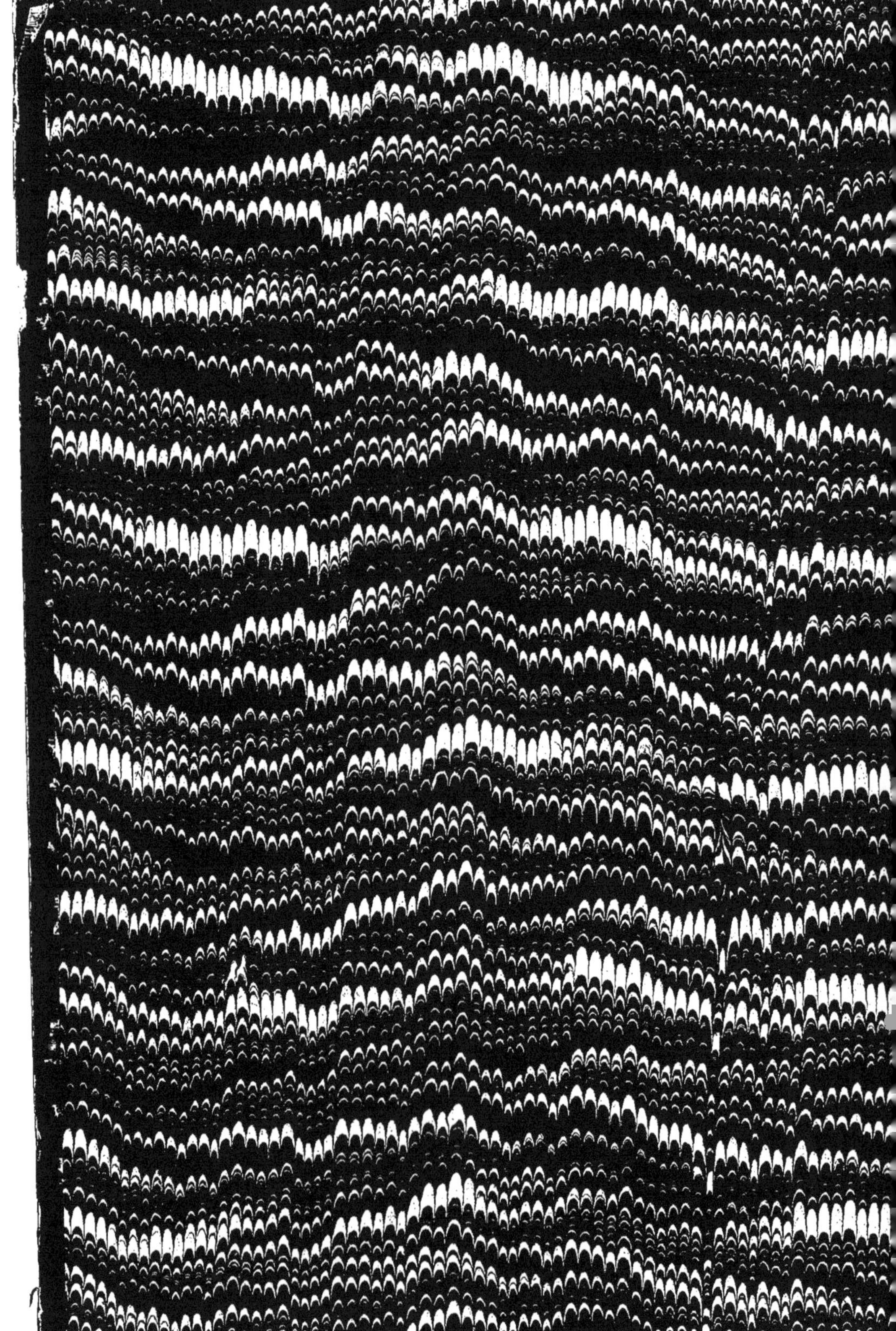

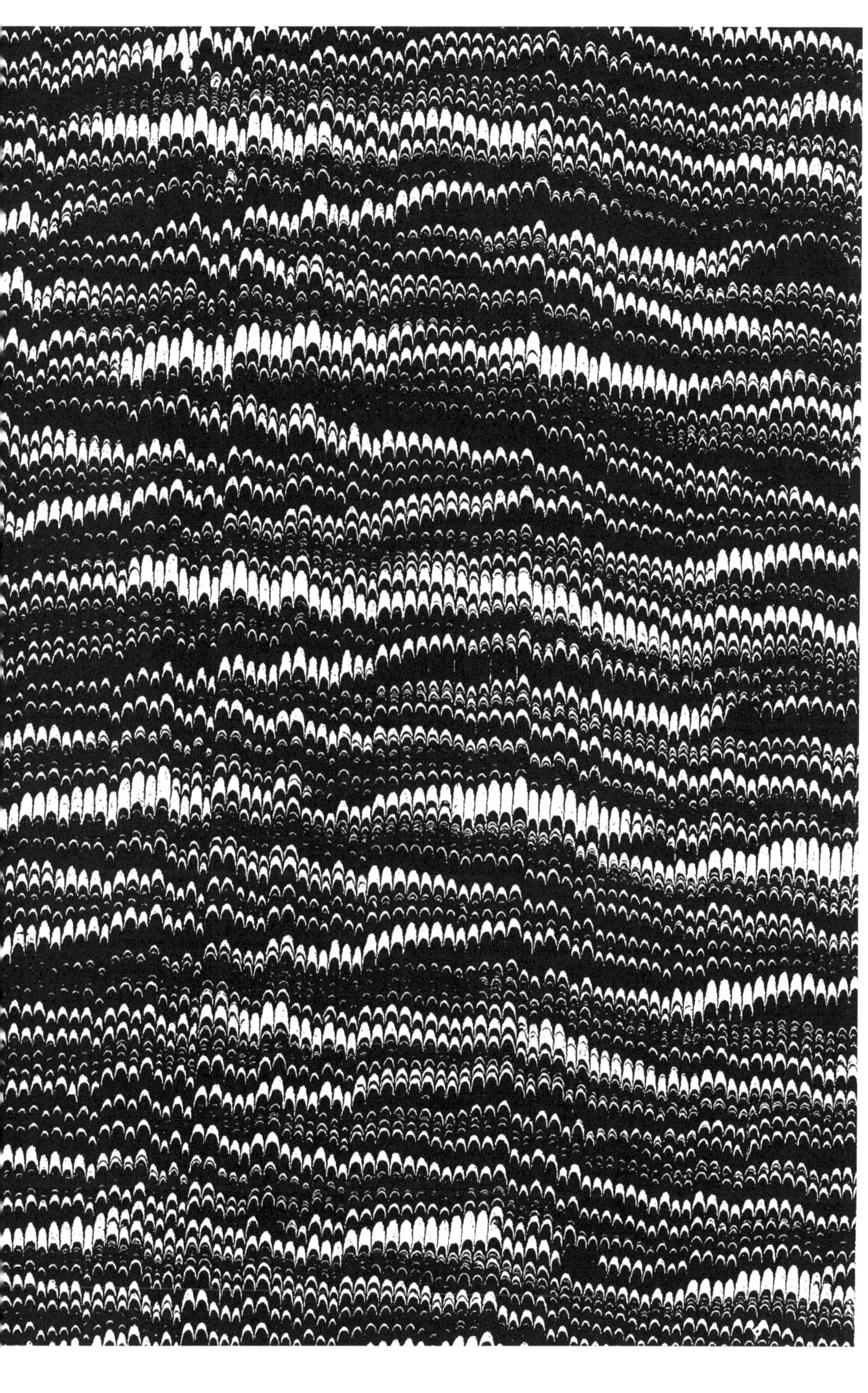

ÉLEVAGE MODERNE DES ANIMAUX DE BASSE COUR

POULES ET POULAILLERS

L. BRECHEMIN

SECRÉTAIRE
DE LA SOCIÉTÉ NATIONALE D'AVICULTURE
DE FRANCE
DIRECTEUR DE LA « REVUE AVICOLE »

PARIS
CUREL GOUGIS & Cie
SUCCer DE DENTU

POULES ET POULAILLERS

ERRATUM

Figure 71. — Coqs de combat, types Anglais, et non coqs Malais.

ÉLEVAGE MODERNE DES ANIMAUX DE BASSE-COUR

POULES ET POULAILLERS

ÉLEVAGE NATUREL

ET ARTIFICIEL

MONOGRAPHIE DE TOUTES LES RACES

PAR

L. BRÉCHEMIN

SECRÉTAIRE
DE LA SOCIÉTÉ NATIONALE D'AVICULTURE DE FRANCE
DIRECTEUR DE LA « REVUE AVICOLE »

PARIS

E. DENTU, ÉDITEUR

CUREL, GOUGIS ET Cie, SUCCESSEURS

3, PLACE DE VALOIS, 3

A MA MÈRE

PRÉFACE

Certes, il me serait facile de consacrer une bien intéressante préface à ce livre si pratique et si curieux, si instructif, si étudié, si observé, si vécu, que j'ai le grand honneur de vous présenter et que M. Louis Bréchemin a eu le rare mérite d'écrire. — Pour cela, je n'aurais qu'à citer l'auteur de *Poules et Poulaillers*. — Mais je risquerais fort de déflorer le plaisir que ce livre vous réserve et je laisse à la haute expérience de mon confrère ce charmant domaine dont il vient de se faire, en quelque sorte, un domaine particulier. A lui la grande route. A nous le sentier modeste qui tourne discrètement autour de ses poulaillers.

Le livre de M. Bréchemin est une œuvre à la fois attrayante et pratique, sincère et précise, faite d'expérience et de vérité, d'observations nouvelles et de remarques ingénieuses, de ronde et vive allure, de style clair et franc. On pourrait l'appeler le « Moniteur universel » de l'aviculture.

De nombreux dessins, très exacts et très soignés, animent pour ainsi dire cet ouvrage aussi varié que complet, qui honore en même temps l'éditeur et l'écrivain.

Avec quelle autorité pénétrante et simple, quelle érudition familière et nette, quelle bonne humeur et quel bon sens, Louis Bréchemin nous parle de ces hôtes des basses-cours et des poulaillers qu'il classe, qu'il divise, qu'il rattache, qu'il oppose, qu'il compare, qu'il observe, qu'il étudie, qu'il décrit, qu'il analyse, qu'il peint, qu'il fait voir, qu'il fait vivre, qui se succèdent, se meuvent et s'agitent, aux yeux ravis du gourmet, dans une sorte de mirage gastronomique de daubes odorantes, de fricassées exquises et de rôtis succulents; dont il indique avec une compétence minutieuse l'élevage et la demeure, les besoins divers, les soins entendus, les réformes obligatoires et fécondes ; dont il dit les origines et les races, les sélections heureuses, les mérites propres, l'agrément, la beauté, l'utilité croissante et les progrès nouveaux, que sais-je encore !

L'ouvrage de Bréchemin est un fort volume et un livre fort. Le sujet qu'il parcourt est un monde, embrassant la science et l'industrie. Je ne saurais dans une humble préface le suivre de chapitre en chapitre; mais l'auteur de *Poules et Poulaillers* trouvera sûrement dans le lecteur un compagnon de route qui reviendra instruit et charmé, de ce long voyage rustique et fécond.

Pour écrire Buffon mettait des manchettes ; Louis Bréchemin a l'air d'avoir endossé la blouse du grand fermier, à travers laquelle percent un rare bon sens, une spéciale érudition et une particulière autorité.

Quant à nous, côtoyons simplement cet important ouvrage dans la crainte de gâter, en y marchant, les vastes et belles plates-bandes de notre expérimenté confrère.

Dans le sentier modeste que nous avons pris, voici d'abord la poule. Pondre, couver, obéir au coq, son seigneur et maître, élever ses chers poussins, tel est le rôle de la poule, et l'on peut dire qu'elle est le dévouement maternel fait oiseau.

Quand la buse et le milan planent dans les airs, elle appelle ses petits, les cache sous son aile et, la tête penchée, le regard oblique, elle semble dire au ravisseur : « Me voilà ! tu peux me prendre et m'emporter ; tu vois bien que je suis seule. » La poule est intelligente et capable d'un grand attachement. Michel Montaigne avait une poule qui le suivait à la promenade et les poules de Töpffer, « Blanchette » et « Rose », perchaient tour à tour sur son épaule, quand il s'asseyait au pied d'un arbre pour écrire un chapitre de la *Bibliothèque de mon oncle* ou du *Presbytère*.

La poule est la reine des basses-cours, la richesse et la gloire des fermes. Nos poules de France sont répandues dans tous les pays. Elles montent en wagon pour se faire embrocher avec honneur dans toutes les capitales de l'Europe.

Edouard Laboulaye raconte que, se trouvant à New-York, il aperçut un jour une poularde magnifique qui, dans la vitrine d'un restaurateur, portait à son cou cette alléchante mais lugubre inscription : *Poularde du Périgord à manger demain, à table d'hôte. Dîner à 12 francs.*

Voyez-vous cette infortunée volaille transformée à la fois en carte de restaurant et en lettre de faire part, portant écrits sur son cou l'heure précise de sa mort et le prix du repas ! Mais c'était une poularde du Périgord !

Je me garderai bien de passer la revue de nos races françaises, espèces incomparables dont les rôtis fameux, que la truffe parfume embaument toute l'Europe ! L'auteur de *Poules et Poulaillers* s'en charge, et je n'ai pas la prétention d'esquisser même à grands traits ce qu'il détaille, ce qu'il peint avec tant de soin, de charme et d'autorité.

Nos races sans rivale de Houdan, de Crèvecœur, de la Flèche, de la Bresse, de Barbezieux, du Mans, du Périgord, n'ont-elles pas illustré à jamais, autant qu'un grand homme, les cités et les pays dont elles sont la richesse et la gloire ?

Honneur surtout à la poule de Mantes qui a toutes nos prédilections : un chef-d'œuvre gastronomique et le plus beau fleuron de la couronne avicole de notre excellent ami Voitellier, qui brille d'un si vif éclat dans tous les concours.

La poule n'a pas seulement pour elle sa chair précieuse et fine, si légère, si délicate et si saine, sa plume, son duvet : elle a surtout son œuf nourrissant, plus délicat, plus sain, plus estimé encore que sa chair.

Elle a son œuf sans rival, ce petit globe de neige qui est comme le pivot universel autour duquel tourne l'alimentation des peuples de la terre. Dans tous les pays et sous toutes les latitudes, la poule est la richesse des étables, la ressource des campagnes, une impérieuse nécessité de la vie publique. De la France au Japon, de la Suède au cap de Bonne-Espérance, elle pond son œuf exquis et réparateur que le sauvage lui-même « gobe » à la coque avec un délice extrême.

De tous les œufs, c'est celui de la poule qui l'emporte en saveur et en qualité.

L'œuf de cane n'est préférable à l'œuf de poule que par l'abondance de ses matières azotées et de ses principes gras. N'ont guère de particulier que leur grosseur les œufs d'oie et les œufs de dinde. L'œuf de pintade est très petit, mais d'un goût excellent. Si cher aux goûts excentriques de quelques gourmets raffinés, l'œuf de paon est d'une saveur trop sucrée, parfois écœurante. L'œuf de mouette, qu'on récolte en abondance sur les rivages de la Baltique et de la mer du Nord, a ses partisans convaincus, malgré un goût d'huile assez accentué.

Les Arabes et les colons du Cap considèrent comme un régal l'œuf d'autruche récemment enfoui dans le sable. Quant à l'œuf de faisan, dont tout gourmet raffole, en automne surtout, son goût exquis rappelle vaguement la chair de l'oiseau lui-même. On dirait presque un salmis dans une coquille d'œuf.

Les œufs de vanneau, si délicats, si chers et si rares en France, nous viennent surtout de la Hollande et de l'Allemagne, où ils sont estimés, ainsi qu'en Angleterre, comme le *nec plus ultra* de la succulence.

Eloignons plus encore des poulaillers de nos fermes de France ces lignes vagabondes et légères. Une chose vraiment délectable, c'est une omelette d'œufs de vanneau, mais à quatre francs l'œuf — ce qui est humiliant pour nos poules de Houdan et de Crèvecœur. J'estime qu'elle doit revenir aussi cher qu'une belle poularde de Mantes aux truffes du Périgord. Que l'on me serve une omelette d'œufs vulgaires, dénichés dans un coin d'étable, une fumante omelette au cerfeuil, parfumée comme un bouquet et baignant dans sa sauce d'or !

Nous ne faisons que citer les œufs de poissons, dont les peuples du Nord sont si friands et dont le caviar de l'esturgeon est le suprême idéal. Sur les côtes de Madagascar et au Thibet il se fait un important commerce d'œufs de tortue, estimés de l'art culinaire et très recherchés des gourmets chinois. L'Américain, lui aussi, est très friand de ce manger aussi savoureux qu'original.

Mais voici que je m'écarte joliment des précieux poulaillers de M. Louis Bréchemin : qu'importent, du reste, toutes ces délicates et luxueuses variétés, d'une saveur raffinée et d'un goût aristocratique ! La palme n'en reste pas moins à la poule des fermes, des prairies et des savanes. Qu'elle vienne de pondre son œuf dans une vallée normande, une étable de Touraine, un poulailler du Maine ou du Périgord, une solitude africaine ou un bois des Indes, la poule entonne aussitôt son petit chant de victoire, racontant à tout le voisinage ses efforts et ses triomphes.

Va, ma petite poule ! sois joyeuse et fière et dis-nous bien haut que tu viens de pondre un œuf ! Cet œuf, c'est une nécessité de l'alimentation universelle, la providence de je ne sais combien de sauces et de ragoûts aimés, la base de pâtisseries sans nombre ; c'est la crème onctueuse que parfume la vanille ou le citron, la crêpe qui saute gaiement dans la poêle et l'omelette embaumée qu'on roule avec art ; c'est le gâteau de famille qui dresse sur les nappes blanches sa coupole d'or ou la teinte ambrée qu'il donne aux mayonnaises.

Cet œuf, ce globe de neige si fragile et si léger, c'est la côtelette du pauvre, la ressource du campagnard, la friandise de l'écolier, le festin attendu et longtemps rêvé du convalescent.

La poule, elle est toute la basse-cour, toute l'étable du pauvre qui ne saurait élever ses prétentions jusqu'à la possession d'une vache ou d'une chèvre ; c'est une compagne, une amie qui s'en va glaner les graines et les vermisseaux, tout en jacassant, tout en chantant autour de la chaumière.

La poule est l'emblème de la reconnaissance : chaque fois qu'elle pond un œuf, elle entonne sa fanfare d'allégresse et de gratitude, et selon la gracieuse interprétation d'un poète arabe qui n'a rien de commun avec l'aviculture, chaque fois que la poule boit une goutte d'eau, elle dresse sa petite tête vers le ciel comme pour remercier le Créateur.

Le coq est trop lié avec la poule pour ne pas dire un mot de lui.

Autant la poule est familière et douce, timide, aimante et docile, autant le coq, ce sultan et maître, est belliqueux, autoritaire et vaillant. Veiller, combattre, aimer, telle est sa devise. La plume sur la hanche et le bec au vent, drapé dans son manteau aux reflets superbes, inclinant sa large crête comme un chapeau de mousquetaire, il a l'air de cacher une épée sous son aile et d'attendre un rival pour se battre comme un grand preux qu'il est des basses-cours et des bois. Il y a chez le coq du Fra-Diavolo et du d'Artagnan.

Sur son trône de fumier qui ennoblit sa prestance, il monte la garde autour de ses poules, faisant sonner son ergot meurtrier et retentir ses clairons, défiant le bandit des airs en même temps qu'il rassure par des inflexions plus douces sa famille terrifiée.

Le coq est originaire de l'Asie. De la Perse il passe en Egypte, de l'Egypte en Grèce, d'Athènes à Rome. Saeven l'appelle « le Lion des oiseaux » et les Chaldéens vénérent comme un Dieu « ce fils du Soleil » dont la voix éclatante salue l'aurore, le retour à la vie et au travail. A Rome, emblème de la force et de la santé, on le sacrifie à Esculape. Chez les peuplades du Soudan, le coq est un fétiche et sa crête un talisman. Les Phéniciens l'adorent, et voguant vers les rivages ensoleillés où doit un jour s'élever Marseille, les hardis Phocéens ont un coq à la tête superbe peint sur la poupe de leurs navires.

Dans *Poules et Poulaillers* se profilent en dessins saisissants, un défilé magnifique de coqs merveilleux , et il semble les entendre sonnant leur fanfare de combat et d'amour. Ici les coqs étrangers avec leur jactance exotique et leur beauté originale ; là les coqs français dont le plus grand, le plus beau, le plus fort est le coq de la Flèche, à la crête écarlate qui ne pâlit jamais, au bec intrépide défiant la fouine et l'épervier.

N'oublions pas que le coq, emblème guerrier de notre vieille Gaule, est le drapeau de Brennus. Il entre dans Rome, se pose triomphalement sur le temple de Delphes et dicte ses conditions : *Væ victis!* Plus tard, quand les Romains ont envahi la Gaule, il s'élance de son rameau d'or, et, l'aile déployée, le bec menaçant, il arrête pendant dix ans les aigles de César. Enfin, après le capitole, le calvaire : quand Pierre a renié Jésus, le coq de la Passion agite ses ailes et entonne aussitôt sa fanfare au pied de la croix.

Le coq, partout le coq. Il remplit l'histoire et le monde du bruit de ses clairons. Mais encore une fois, ce n'est point là de l'aviculture. Après tout, au coq de Brennus je préfère volontiers un coq vierge de Mantes que l'on accommodera, s'il vous plaît, « à la béarnaise ».

Comme la volaille doit se trouver bien logée dans les poulaillers de luxe et les parcs aristocratiques que décrit avec tant de savoir et de précision M. Louis Bréchemin ! Ces chalets surtout sont si confortables et si élégants, si proprets, si coquets, que l'on voudrait être coq de la Flèche ou de Normandie pour habiter ces palais de Lilliput !

Eh bien ! ce que j'aime avant tout, ce sont ces vastes et pittoresques basses-cours des fermes où, par une belle matinée d'avril, tout s'agite, se poursuit, se presse, crie, glousse, murmure, soupire, roucoule, nasille, picore, fait la roue, jabote, marmotte, barbote, claironne, chante la douce épopée de la bonne chère ! De tous côtés, des vagues de plumes, des ailes qui battent, des becs qui se choquent, des pattes qui courent, des têtes charmantes qui scintillent au soleil : un fourmillement, un éblouissement, un vertige. Puis l'imagination, fuyant à tire-d'aile ce tableau rustique, se transporte au milieu des nappes blanches et des couverts étincelants, des daubes odorantes, des fricassées savantes et des rôtis délicieux ! La basse-cour n'est que l'antichambre de la table, rayonnante apothéose des Crèvecœur et des Houdan.

Mais cette basse-cour, si joyeuse et si pittoresque, a des ennemis perfides et cruels, insatiables, implacables. C'est le renard, plein d'astuce et de ruse, traînant son beau panache autour des étables, prêtant une oreille fine au gloussement des poules, inconscientes du danger qui les menace ; c'est la fouine, à la queue superbe, à la cravate blanche barbouillée de sang, terreur des basses-cours et ruine des étables, rapide et souple, insaisissable et irrésistible, d'une agilité féerique quand, traquée dans les fermes et les granges, elle passe et repasse, saute, ondule, se dérobe aux fourches et aux bâtons, échappant même aux regards ; c'est la belette enfin, dont le cou délié porte une guimpe blanche, dont la patte légère et veloutée effleure à peine le sol ; quand elle file, un trait ; quand elle glisse, une anguille ; quand elle bondit, un chat. Elle passerait à travers un bracelet d'enfant, cette petite bête au fin corsage, au museau délicat, au pied mignon, qui suce jusqu'à la moelle le sang de ses victimes et fait étinceler dans la nuit son œil rouge, avide de carnage.

Ce n'est pas assez de ces bandits nocturnes des champs et des bois ; dans les airs plane un autre danger sur les poulaillers et les basses-cours : c'est l'oiseau de proie, la buse, l'épervier, le milan surtout ; le milan, voilier admirable, un point vivant qui se dessine dans la nue, s'avance, s'éloigne, se rapproche, grossit, diminue, disparaît, revient, précipite ou ralentit sa course, tombe comme la foudre sur sa victime, la saisit, l'emporte dans le ciel, pour la savourer ensuite, à l'abri de tout péril, dans le coin solitaire d'un bois.

Mais ces divers et terribles ennemis ne doivent guère menacer les demeures luxueuses et sûres qu'habitent les gallinacés d'élite de M. Louis Bréchemin. Ces abris coquets et charmants, forteresses mignonnes, joignent à l'agrément et au confortable cette sécurité sans laquelle il ne saurait y avoir ni confortable ni agrément.

Voici maintenant le beau livre de Louis Bréchemin qui vous tend ses attrayantes et instructives pages que je me suis bien gardé de déflorer. Et si je suis confus de vous avoir retenu aussi longtemps, il est une chose peut-être qui pourra atténuer mon remords, c'est d'avoir, en venant le retarder, avivé le plaisir qui vous attend.

FULBERT-DUMONTEIL.

ÉLEVAGE MODERNE

DES ANIMAUX DE BASSE-COUR

POULES ET POULAILLERS

POURQUOI CE LIVRE?

Pourquoi ce livre, alors qu'il en existe déjà d'excellents traitant le même sujet ?...

Cette interrogation ne va pas manquer de se poser devant l'esprit de bien des personnes et je vais y répondre de suite.

Eh bien ! oui, certainement il existe bien des livres excellents sur la basse-cour, mais les uns, comme ceux de MM. Mariot Didieux et Jacques, datent de quarante et trente ans ; d'autres, plus modernes, traitent exclusivement de l'élevage naturel ou simplement de l'élevage artificiel, et ne décrivent que quelques races de volailles. Le livre si remarquable de M. La Perre de Roo, au contraire, ne traite que de la monographie des races de poules.

A l'heure où j'écris ces lignes, il n'existe pas un seul ouvrage traitant d'une façon un peu complète de l'élevage naturel et de l'élevage artificiel, et comprenant toutes les races de poules aussi intéressantes souvent pour le fermier que pour l'amateur.

Cependant l'élevage des volailles progresse tous les jours et devient une véritable science pratique ayant ses organes spéciaux : la *Revue Avicole*, l'*Aviculteur*, et le plus ancien, l'*Acclimatation*, *journal des éleveurs* si remarquablement dirigé par M. Emile Deyrolle, et illustré, par Malher, de magnifiques dessins dont nos lecteurs pourront apprécier la perfection dans la deuxième partie de ce volume.

Car M. Deyrolle, aussi aimable que savant, a bien voulu nous prêter les beaux dessins de volailles publiés dans ce journal qui est bien le complément du magnifique musée que tout le monde peut admirer, rue du Bac.

Outre les journaux spéciaux d'aviculture français et étrangers, d'autres journaux agricoles sont remplis d'observations intéressantes.

Aussi nous a-t-il paru utile de relever ces multiples renseignements et, joignant l'expérience de nos prédécesseurs à notre expérience personnelle, d'en composer aujourd'hui ce livre qui s'adresse aussi bien au fermier qu'à l'amateur et aux personnes qui voudraient faire de l'*Aviculture industrielle.*

L'aviculture industrielle, un terme presque nouveau et fort exact pourtant. L'aviculture en France devient, en effet, en outre d'une science véritable, une véritable industrie ; industrie très lucrative pour ceux qui la pratiquent avec sagesse et expérience, mais pleine de déboires pour ceux qui l'entreprennent sans renseignements précis et surtout sans aptitudes spéciales.

L'élevage scientifique, raisonné, c'est l'élevage de demain. Dans le siècle de la vapeur et de l'électricité, on ne pouvait continuer à faire éclore et élever des poulets suivant la vieille méthode. Aujourd'hui nous avons l'incubation et l'élevage artificiels qui se perfectionnent tous les jours et donnent déjà de bons résultats. La consommation augmentant, il faut que la production suive le mouvement ascendant. Les établissements industriels d'élevage ont donc bien actuellement leur raison d'être.

Ainsi qu'on le verra à la fin de ce volume, nous en possédons déjà de fort intéressants et, tous les jours, il s'en crée de nouveaux. Nous devons convenir pourtant que notre production annuelle d'animaux de basse-cour, qui s'élève à une centaine de millions, pourrait aisément être triplée.

Aux Etats-Unis, d'après les chiffres officiels de la statistique, cette industrie se totalise par un chiffre annuel de trois milliards, production supérieure au blé et au coton. Plus de cent journaux sont consacrés à l'élevage, dans ce pays de gens foncièrement pratiques.

Nous n'espérons nullement atteindre ces résultats ; mais, nous le répétons, notre production peut et doit être sensiblement augmentée.

En dehors de son application pratique et industrielle, l'élevage des animaux de basse-cour est une des plus charmantes distractions que l'on puissé se donner à la campagne. Quoi de plus joli et de plus intéressant, en somme, que ces ravissantes volailles, dont vous lirez la description, si faciles à acclimater, si familières quand on les soigne soi-même et qui vous donnent, à heure fixe, leur œuf frais, voire même, à certains jours néfastes pour elles, un excellent rôti? L'étude, la reproduction, l'amélioration des races, voilà une occasion de plaisirs perpétuels. On envoie ses plus belles pièces aux concours de volailles ; on remporte parfois des prix, ce qui est une jolie satisfactiou d'amour-propre ; on fait des échanges de races avec d'autres amateurs. On ne se figure pas la quantité d'échanges de toutes sortes d'animaux qui se fait ainsi par l'intermédiaire de l'*Acclimatation* de M. Deyrolle, c'est par centaines que ces offres se chiffrent deux fois par semaine.

Il y a là une étude qui finit par passionner les personnes qui s'en occupent assidûment. Un parquet de volailles, bien agencé, bien tenu, n'est pas un des moindres ornements d'une propriété si belle qu'elle soit, et c'est toujours un plaisir nouveau pour un maître de maison d'en faire les honneurs à ses invités.

Pour le cultivateur, la question de la base-cour est plus intéressante encore ; bien comprise et non reléguée à la place accessoire qu'elle occupe, elle peut être d'un rapport de beaucoup supérieur à ce qu'elle représente actuellement. A la ferme, la volaille coûte infiniment moins, trouvant sa nourriture presque seule ; mais elle ne profite guère non plus, et produit ces malheureux poulets qui se vendent, au marché, trois ou quatre francs la paire ; quelques soins de plus, une nourriture mieux appropriée, et les poulets se seraient vendus le double.

Il est nécessaire aussi de bien savoir choisir sa race.

J'ai des coqs de ferme et des coqs Dorking nés en juillet dernier, qui ont été élevés ensemble et nourris de la même façon, par conséquent ; à trois mois, les Dorking l'emportaient, en poids, de 500 grammes sur les coqs de ferme. Au même âge, pour les poules, il y avait une différence de 400 grammes en faveur des poules Dorking. Il est à noter en outre que les Dorking ont de petits os.

Ceci pour simple exemple ; ce sujet ayant sa place tout indiquée dans notre livre, nous en reparlerons.

Le cultivateur ne doit avoir qu'un but, en somme, quand il s'agit de la vente de ses animaux ; c'est de fabriquer de la viande, et beaucoup de viande, avec la plus grande économie possible. La viande est chère, qu'il produise de la viande ! Tous ses animaux sont autant de machines à exploiter pour son plus grand profit, toute la nourriture qu'il leur donne doit être distribuée de façon que la substance musculaire soit transformée rapidement et économiquement en viande de bonne qualité.

On obtient aujourd'hui de très beaux résultats dans la culture au moyen des blés sélectionnés ; pas un cultivateur sérieux ne songera à sacrifier un beau reproducteur, bœuf ou mouton, et l'idée ne lui vient pas que le même choix, bien entendu, parmi ses volailles pourrait avoir un aussi heureux résultat. Une sélection semblable parmi les œufs à couver ne serait pas moins rémunératrice.

Mais non, les poules vivent comme elles peuvent, perdent une partie de leurs œufs ; mal soignées, mal entretenues arrivent au point de dégénérescence que l'on peut constater dans la majeure partie de nos basses-cours françaises.

Et durant ce temps, alors que, d'après les affirmations mêmes de M. Tisserand, l'éminent directeur de l'Agriculture, cet élevage peut rapporter jusqu'à 192 p. 100, une quantité considérable d'œufs et de volailles entrent en France ou la traversent pour aller satisfaire à l'énorme consommation qu'en font les Anglais.

Il se produit ainsi ce fait bizarre, c'est que notre production est en raison inverse de notre consommation ; plus cette dernière augmente, plus la première diminue.

L'alimentation économique des volailles n'a d'ailleurs pas été étudiée d'une façon suffisamment sérieuse ; ce qui a permis à quelques auteurs, aux idées un peu superficielles, de faire croire que la volaille coûte plus qu'elle ne rapporte.

L'exploitation raisonnée des animaux de basse-cour n'est pas une de nos moindres richesses agricoles et, dans une exploitation rurale bien entendue, elle devrait toujours, à elle seule, payer entièrement les fermages. Il n'y a aucune raison pour que le cultivateur français ne puisse réaliser avec cet élevage les mêmes bénéfices que le cultivateur étranger.

Plus que tout autre il doit réussir, ayant tous les éléments sous la main et le travail ne l'effrayant guère ; qu'il soit un peu moins enclin à suivre les vieux errements ; qu'il nous accompagne, pas à pas, dans ce livre, produit de l'expérience de tous, il s'en trouvera bien et notre but sera atteint.

Nous avons voulu que notre travail fût utile à tous ; pour cela il fallait adopter certaines divisions qui le rendissent également intéressant pour le fermier, l'amateur riche et l'éleveur industriel ; c'est ce que nous avons cherché à faire et nous espérons avoir réussi. Rien d'aussi complet, à notre connaissance, n'aura été publié jusqu'ici sur la matière ; nous avons, il est vrai, l'avantage sur nos devanciers de nous servir de leur expérience au plus grand profit du lecteur.

Malgré le but essentiellement pratique de ce livre, nous ne pouvions passer sous silence la partie à demi scientifique, trop négligée, qui est le complément obligatoire de tout élevage si peu important qu'il soit. Bien des faits dont on ne prend pas assez souvent la peine de chercher la cause trouveront là leur explication, et l'on ne tardera pas à s'apercevoir que ces connaissances sont aussi utiles qu'intéressantes.

En terminant cet avant-propos, déjà trop long, nous recommanderons aux personnes qui voudront bien nous faire l'honneur de nous lire, d'étudier d'une façon toute particulière les chapitres de l'*Installation* et de l'*Hygiène des volailles*. La base fondamentale de tout élevage réside dans ces deux chapitres ; en se conformant scrupuleusement aux indications qu'ils contiennent, fermiers, grands éleveurs et amateurs seront certains de réussir.

C'est ce que nous vous souhaitons à tous, lecteurs amis, ainsi que de vous instruire sans vous ennuyer en notre compagnie.

PREMIÈRE PARTIE

CHAPITRE PREMIER

LES POULAILLERS

RÈGLES GÉNÉRALES

Le point de départ d'un élevage étant l'habitation, l'objet de ce chapitre se trouvait tout indiqué.

Mais comme l'habitation des poules, autrement dit le poulailler, diffère sensiblement, suivant les moyens de l'éleveur et l'usage qu'il veut faire de ses élèves, nous diviserons cette étude en trois parties principales comprenant : les poulaillers d'amateurs; les poulaillers de luxe; les poulaillers industriels ou de ferme.

Quelques règles générales s'appliquant, d'une manière égale, à ces différents types de poulaillers, commençons par les exposer rapidement :

En premier lieu l'exposition.

Il est d'une très grande importance que le poulailler soit bien exposé. S'il regarde le levant, les poules qui sont matineuses reçoivent avec joie les premiers rayons du soleil. L'exposition au sud-est et au midi, recommandée par beaucoup d'auteurs, est moins heureuse, les fortes chaleurs, en été, favorisant le développement des acares et autres parasites, ennemis mortels des poules.

Il est aujourd'hui démontré d'une façon péremptoire, qu'une bonne exposition est au moins aussi nécessaire, pour la santé et la ponte des volailles, qu'une nourriture appropriée.

Dans les pays méridionaux, cependant, il est d'usage de tourner la façade des poulaillers vers le nord, on en saisit aisément la raison.

La question du terrain est également très importante.

On choisira un terrain sec, sablonneux de préférence ; un sol léger, perméable surtout, car, s'il gardait l'eau, on ne pourrait éviter le gâchis qui se produirait par le passage continuel des poules.

Si le poulailler se trouvait élevé sur un terrain ne remplissant pas ces conditions, il faudrait y remédier par un bon drainage. Les terrains en pente, amenant rapidement l'écoulement des eaux, sont les meilleurs.

Comme tout le monde ne peut posséder un terrain en pente, ou bien sablonneux, disons deux mots du drainage qui est le meilleur remède à ces inconvénients.

S'il s'agit du drainage à ciel ouvert, inutile de le décrire puisqu'il consiste en un simple fossé, bornant, de deux côtés, la partie à assainir.

Le drainage, par des fossés cachés, ne tenant aucune place, est beaucoup plus pratique. Voici comment il faut procéder :

On commence par creuser un fossé et, dans le fond, on dispose de petites pierres cassées, bien propres ; au-dessus on place des bruyères et des ajoncs qu'on recouvre de terre. C'est l'application du vieux système, mais il est des plus recommandables étant fort économique. On peut aussi remplacer les cailloux par des pierres plates disposées de manière à former un conduit rectangulaire ou triangulaire : des briques ou des tuiles solides remplissent également très bien cet office : on fabrique même des tuiles creuses spéciales pour cet usage. Afin de faciliter l'accès de l'eau dans ces dernières canalisations, on les entoure de petites pierres.

Dans le cas où les pierres feraient défaut, on ouvre des tranchées plus larges et on installe dans le fond des fascines de genêt à balais, de bruyères ou de branches d'arbres résineux.

Ces grandes tranchées sont même préférables pour assainir les parcs à volailles un peu vastes. Pour les petites installations, une seule tranchée du premier système est souvent suffisante.

Que l'on ne croie pas toutes ces recommandations superflues, la volaille est sujette à de nombreuses maladies qui seront, en partie, évitées par ces quelques précautions d'hygiène.

On pourra objecter qu'elles ne sont guère observées dans les fermes où, de temps immémorial, on élève, et très bien, des troupeaux de volailles ; nous espérons cependant arriver à prouver, par la suite, que le fermier lui-même aura le plus grand intérêt à suivre nos conseils.

L'élevage des volailles, nous le répétons, avec les progrès industriels, les recherches des praticiens en la matière, est devenu presque une science ayant ses règles établies, ses préceptes immuables basés sur de nombreuses expériences, et dont les résultats étonneront peut-être un peu les fermiers qui persistent à fréquenter cette bonne vieille et respectable personne appelée Madame la Routine.

Il est bien entendu que lorsque les poules ont un grand parcours, ces précautions deviennent inutiles, à moins cependant que l'on se livre à l'élevage des races délicates.

Ces premières notions, sur l'exposition du poulailler et la constitution du terrain, étant développées, nous ouvrons la première division de ce chapitre des poulaillers par :

LE POULAILLER D'AMATEUR

L'amateur qui loue ou achète une petite propriété dans la banlieue d'une grande ville, s'il aime un peu les animaux, songe aussitôt à l'installation de son poulailler. La plupart du temps, il fait venir un maître-maçon et l'on avise ensemble un coin quelconque, inoccupé, qui fera parfaitement l'affaire ; souvent le choix est accompagné de cette réflexion.

« Oh ! il ne pousserait rien en cet endroit, mettons-y le poulailler. »

Nous venons de donner notre opinion sur l'exposition et nous ajouterons : Vaut-il pas mieux sacrifier quelques mètres de la bonne exposition d'un jardin, pour avoir des œufs frais qui vous coûteraient si cher à acheter, en hiver, et que vous obtiendrez aisément, en suivant les précédentes indications et celles que vous lirez plus loin au chapitre des *Œufs*.

Mais revenons à notre première installation. Neuf fois sur dix, il sera décidé qu'elle sera exécutée en maçonnerie, le devis est rapidement fait, les mesures prises.

Ce sera un petit bâtiment à droite — chambre à coucher et à pondre — et quelques mètres de grillage y faisant suite, permettant la prisonnière promenade des poules. Au bout du promenoir, se trouvera l'inévitable fosse à fumier où se jettent tous les détritus de la maison.

Si le petit bâtiment est construit en matériaux bien secs, bien aéré, bien couvert, les murs intérieurs très lisses, le sol carrelé ou, ce qui est préférable, en terre battue, et que le promenoir ait quelques mètres de parcours, les poules y seront à peu près bien. A peu près seulement, les poulaillers en maçonnerie suintant toujours par les dégels et par les temps pluvieux. En général, ils sont humides et froids.

De plus, lorsque votre maître-maçon vous présentera sa note, vous vous apercevrez alors que le poulailler en maçonnerie coûte fort cher ; puis encore, si vous désirez transporter vos pénates ailleurs, pourrez-vous l'emporter avec vous ?

C'est pour toutes ces raisons que nous donnons la préférence aux poulaillers mobiles en bois, qui sont d'un prix raisonnable et conservent une température plus égale, le bois étant mauvais conducteur du froid et de la chaleur.

Le modèle le plus simple sera le meilleur, et nous le conseillons autant à l'amateur modeste qu'au fermier qui se contente d'une vingtaine de poules, ou qui voudrait cultiver quelques beaux sujets pour améliorer son troupeau de volailles.

En principe, c'est une cabane dont le premier, élevé d'environ un mètre au-dessus du sol, comprend le dortoir et le rez-de-chaussée : pondoir, salle à manger et abri contre les mauvais temps.

Les poulaillers de M. Lemoine, dans son élevage de Crosne, sont jolis, mais ils obligent à placer le pondoir dans l'endroit où couchent les poules, ce qu'il faut éviter, autant que possible ; puis ils n'abritent pas suffisamment les volailles dans le jour.

Nous en mettons, sous les yeux du lecteur, plusieurs modèles qu'il pourra trouver tout faits chez leurs fabricants ou soumettre à son menuisier, afin qu'il en établisse un semblable (fig. 1, 2, 3).

Fig. 1.

Si vous voulez établir vous-même votre poulailler, observez bien les indications qui vont suivre, et vous assurerez à vos pensionnaires ailés une habitation confortable et durable surtout ; si vous ne l'exécutez pas vous-même, veillez à ce que votre menuisier les suive dans toutes les parties principales.

Commençons d'abord par le choix des bois.

Le chêne étant d'un prix beaucoup trop élevé, nous adopterons le seul qui puisse le remplacer, c'est-à-dire le sapin. Le sapin est en effet un des bois les plus aptes à conserver la forme droite, ne se déjetant pas, ne se déformant pas par l'exposition aux intempéries du dehors. Mais comme il y a fagot et fagot, il y a sapin et sapin. Il est très nécessaire de prendre la meilleure qualité, ou tout au moins, la qualité moyenne.

Le *sapin blanc*, ou sapin de Norvège est assurément celui qui coûte le meilleur marché, comme il se fendille avec trop de facilité et laisse suinter la résine, on doit le rejeter.

Le *sapin rouge*, ou sapin de Corse, est un peu plus cher que le précédent, mais la fibre en est plus serrée, il est d'un usage supérieur et moins susceptible de se fendre.

Fig. 2.

Enfin le *pitch-pin*, ou sapin d'Amérique d'un prix plus élevé encore, mais très fibreux, très résistant, est d'un usage analogue à celui du chêne.

Ces bois se trouvent généralement dans le commerce, en madriers de 24 centimètres de largeur, sur 8 à 9 centimètres d'épaisseur. On les trouve tout débités, il est vrai, chez les marchands de bois au détail.

Les planches qui sont nécessaires pour la construction du poulailler devront avoir deux centimètres d'épaisseur ; si vous trouvez du pitch-pin à un prix avantageux, en donnant à vos planches une épaisseur de deux centimètres et demi, cela n'en vaudra que mieux. Il est indispensable que le côté qui se présente à l'intérieur du poulailler soit bien lisse, bien raboté.

La cause est entendue, nous donnons la préférence au pitch-pin et prenons, par économie, des planches de 2 centimètres d'épaisseur.

Supposons maintenant que vous veuilliez établir un poulailler pour 12 à 15 poules, voici comment il vous faudra procéder :

Vous dressez vos planches coupées à $1^m,40$ de longueur, vous les assemblez et préparez un premier pan donnant une largeur de $1^m,60$. Vous reliez ces planches entre elles au moyen d'une traverse de sapin de 35 millimètres de côté que vous *vissez* exactement à 57 centimètres et demi en mesurant par le haut. Deux autres pans, de 90 centimètres de largeur seulement, seront reliés de la même manière, mais en ayant soin de ne donner à la traverse qu'une longueur de 83 centimètres afin qu'il reste, à chacune de ses extrémités, un vide de 3 centimètres et demi. Pour plus de solidité, il sera bon de placer horizontalement, à chaque extrémité de ces pans, des *règles*, comme on dit en termes de menuiserie, c'est-à-dire des planchettes de 8 centimètres de largeur sur 18 millimètres d'épaisseur.

Vos trois pans préparés, vous les réunissez ensemble. Ils vous représenteront une sorte de cabane sans toit et sans devanture. Pour fermer cette devanture, vous prenez un chevron de *chêne* de 35 millimètres de côté et vous en vissez les extrémités à chaque bout des traverses des pans de droite et de gauche. Ce chevron devra donc s'ajuster exactement dans le vide que nous avons laissé et se trouvera placé intérieurement. Un autre chevron en chêne se trouvera placé, au-dessus, à l'extrémité supérieure des mêmes pans. Ensuite deux planches de 25 centimètres de largeur et de $1^m,40$ de longueur seront appliquées aux extrémités des chevrons et couvriront le profil des pans droite et gauche. La devanture ne présentera plus alors qu'une ouverture de $1^m,10$ de largeur, et de 53 centimètres entre les tasseaux. Cette ouverture sera fermée par une grande porte d'égale dimension, et dans laquelle vous pratiquerez une plus petite porte de 25 centimètres de largeur sur 40 centimètres de hauteur pour le passage des poules ; ces deux portes fixées par des fiches « Chanteau » et fermées par de petits verrous.

Pour le toit, vous poserez horizontalement, sur le devant et le derrière de la cabane, des planches sciées de manière à les amener à former un triangle portant 60 centimètres de hauteur et $1^m,60$ de largeur inférieure. Ces deux triangles, que vous fixerez solidement, seront traversés, à leurs extrémités supérieures, par un bon chevron, en chêne, élevé suivant la rampe du toit, constituant le faîtage et ayant, à chaque extrémité, une saillie de 15 centimètres. C'est sur ce chevron, et venant s'appuyer sur les pans de droite et de gauche, que vous clouerez les planches destinées à former votre toit qui devront dépasser de 25 centimètres. Si vous ne recouvrez pas votre toit de carton bitumé, vous le garnirez de couvre-joints ne laissant aucun passage à la pluie.

Il ne vous reste plus maintenant, pour terminer votre poulailler, qu'à fixer le plancher qui se composera de planches de 15 millimètres d'épaisseur, tout simplement posées sur les traverses qui se trouvent à l'intérieur. Il est important que ce plancher soit mobile afin de faciliter les nettoyages. Deux tasseaux encochés seront fixés aux côtés droit et gauche, à l'intérieur du poulailler, à 25 centimètres environ au-dessus du plancher pour servir de supports aux perchoirs.

Enfin, pour la bonne aération, par devant et par derrière le poulailler, un peu au-dessous de l'angle du toit, on établira deux ouvertures en losange, fermées par de la toile métallique. On pourrait également établir l'aération, au moyen d'une petite cheminée d'appel placée sur le toit.

Si vous voulez un poulailler plus petit, ne diminuez que la largeur et conservez la même profondeur. Si vous le voulez plus grand, c'est au contraire la profondeur qu'il faudra augmenter et maintenir la façade. Les poules préférant les places contre les cloisons, donnez-leur le plus de cloisons possibles.

Les poulaillers que j'ai construits, moi-même, sur le modèle ci-dessus, me sont revenus à 45 francs, peinture comprise.

Fig. 3.

Cette question de la peinture, complément final des poulaillers, étant fort importante, nous allons la traiter de suite. La peinture ne sert point seulement comme ornement, elle est indispensable pour la conservation des bois.

Il existe, il est vrai, un autre excellent système pour la conservation du bois mais il est moins à la portée de tout le monde. Il consiste à plonger, dans des cuves en briques ou en ciment, remplies d'eau sulfatée, les planches que l'on veut employer. Le sulfate de cuivre est mélangé dans la proportion de 3 kilogrammes pour 100 litres d'eau ; l'immersion dure sept à huit jours. Le sulfatage du bois est pratiqué depuis longtemps déjà et toujours avec succès ; aussi le conseillons-nous à toutes les personnes qui peuvent établir dans un coin quelconque de leur jardin un petit bac consistant tout simplement en une tranchée de 2 mètres de longueur, 30 centimètres de largeur et profondeur, et garni de ciment hydraulique. Ce bac pourra très bien faire, une fois nettoyé, un petit bassin à canards.

Pour les personnes qui ne peuvent employer ce moyen, la peinture est de rigueur, mais quelle peinture faut-il employer ?

De nombreux auteurs ont un faible pour les *huiles lourdes* provenant de la distillation de la houille, en particulier pour le *black*. D'après eux, le *black* possède ces deux grandes qualités solidité et économie. Nous avouons humblement ne pas être de cet avis. Assurément le black coûte extrêmement bon marché, mais pour affirmer qu'il est d'une grande solidité, il faut ne pas l'avoir employé souvent. De plus, on ne peut l'appliquer que bouillant, entretenir par conséquent, le feu durant toute l'opération, ce qui en augmente sensiblement le prix. En résumé, pour nous, le black n'étant une couleur ni aussi solide, ni aussi bon marché qu'on le prétend, nous en rejetons l'emploi, d'autant plus que sa couleur noire, si morose, ne nous plaît pas du tout.

Ayant payé au black le tribut que nous lui devions, nous dirons deux mots de la peinture à la colle de peau qui ne nous satisfait pas complètement ; tout en la trouvant préférable à la précédente, elle a encore le défaut de s'employer à chaud.

La peinture la meilleure, bien que la plus chère, est assurément la peinture à l'huile. En somme, la surface à peindre dans un poulailler n'est pas si considérable pour qu'on puisse être arrêté par cette considération. Pénétrez-vous simplement de ce principe, que plus votre peinture contiendra de céruse ou blanc de plomb — qu'on remplace parfois par du blanc de zinc — meilleure elle sera. La teinte la plus solide, par conséquent, est le gris clair. La teinte verte est très durable aussi. Malgré ces considérations économiques, nous avouons avoir peint nos poulaillers en teinte feuille-morte. Sur le toit, nous avions préalablement appliqué une solide couche de minium ainsi que sur toutes les ferrures. Cette teinte feuille morte, tout en ne présentant pas les qualités de composition des teintes grises et vertes, nous plaît beaucoup en raison du joli effet qu'elle produit au milieu de la verdure. Dans une cour de ferme, cependant, la teinte gris clair serait de beaucoup préférable.

Le poulailler terminé, il faudra choisir un emplacement propice et tracer avec un rang de briques sur champ reliées par du ciment, un rectangle, emboîtant absolument la forme du petit bâtiment, qu'il ne sera pas inutile de fixer sur cette murette par quatre pitons de scellements. L'intérieur de ce rectangle sera ensuite garni de sable fin.

Si ce poulailler était dans une ferme, il ne resterait plus rien à faire ; l'entourage grillagé devient inutile, les poules allant et venant en toute liberté.

Bien au contraire, dans un jardin, il doit être soigneusement enclos, les volailles ne se faisant pas faute, sans cette précaution, de causer de grands ravages partout où elles ont occasion de gratter.

Il y a des grillages de plusieurs sortes, tout comme il y a sapin et sapin, ainsi que nous l'avons vu tout à l'heure. Comme pour le bois, nous vous recommanderons de ne pas trop vous arrêter au prix et de donner la préférence à un grillage bien fait, solide et d'une application facile. Le grillage qui remplit le mieux toutes ces conditions est le grillage *à simple torsion* [1].

[1] N'oublions pas que ces conseils s'adressent aux amateurs, notre opinion n'étant point la même pour les opérations fermières ou industrielles.

Le seul défaut de ce grillage est d'être plus cher que le grillage à plusieurs torsions, si répandu dans le commerce, et surtout que le grillage anglais, devenu d'un bon marché inouï. On pourrait être surpris de voir le grillage à simple torsion plus cher que celui à triple torsion qui semble demander plus de travail, quand c'est, au contraire, le grillage à simple torsion dont la fabrication exige le plus de soins et de temps. Il faut autant de temps pour fabriquer cent mètres de ce dernier grillage que pour mille mètres de grillage à plusieurs torsions.

L'avantage du grillage à simple torsion consiste dans la certitude que ce réseau est d'une solidité supérieure, non susceptible de se casser comme le

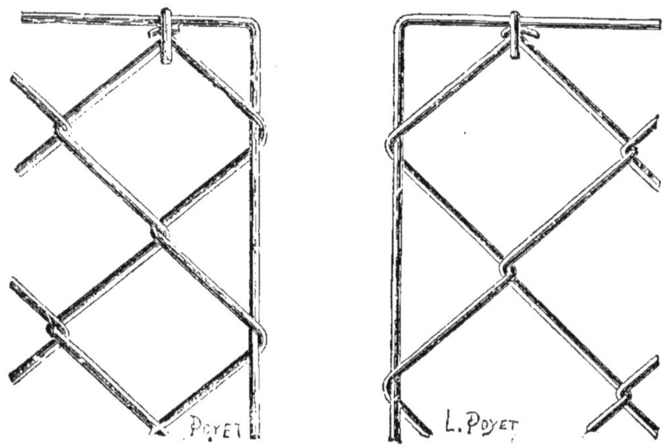

Fig. 4 et 5. — Maille de 0,020 et 0,025 millimètres.

grillage anglais ; d'une pose facile ; d'une régularité impeccable, ne faisant ni poche, ni boursouflure, ni le cintre sur les lisières, ce qui rend la pose si difficile.

La galvanisation du fil de fer destiné au grillage à simple torsion se fait dans un bain de zinc en ébullition. D'un côté, sur un dévidoir, est placé le fil de fer en botte ; l'un des bouts traverse, en plongeant, le bain de zinc et, à sa sortie, passe dans une filière qui nettoie l'excédent du zinc, et il vient s'enrouler sur un autre dévidoir. Vous voyez par là que le fil ainsi traité est parfaitement et uniformément recouvert de la couche de zinc qui le protège (fig. 4 et 5).

Dans le grillage à plusieurs torsions, au contraire, il arrive souvent, surtout dans certaines maisons qui se sont donné comme objectif de produire beaucoup, sans trop se préoccuper de la qualité, que la pièce de grillage à galvaniser, sortant du métier, est, la plupart du temps rouillée par l'eau qui, pour empêcher l'échauffement du métier, coule sans cesse. On trempe la pièce dans un bain d'acide sulfurique qui enlève la rouille plus ou moins et aigrit le fil de fer, c'est après cette opération qu'on la plonge dans le bain de zinc. Alors deux inconvénients sont à craindre : si cette pièce est trop mordue par l'acide sulfurique, le fer devient mauvais ; si elle ne l'est pas assez, la rouille reste et, insensiblement, se propage sous le zinc et le fait éclater. Au bout de peu de temps, votre grillage est absolument rongé.

Nous avons tenu à donner ces explications, afin que le lecteur pût faire ses achats en toute connaissance de cause. Certaines maisons néanmoins fabriquent de bon grillage à triple torsion; mais défiez-vous de celles qui vendent celui désigné en style de métier sous le nom d'*article quincaillier*.

Pour les poulaillers d'amateurs qui nous occupent en ce moment, la quantité

Fig. 6.

de grillage à employer n'étant pas très grande, nous conseillons surtout le grillage à simple torsion.

Le choix de la maille a son importance aussi. Si vous voulez être à l'abri du pillage des moineaux, il vous faudra choisir la maille de 25 millimètres.

Le grillage choisi, il reste à décider les dimensions que l'on veut donner au petit parc qui doit entourer le poulailler. Ici c'est à l'amateur de décider. Plus les poules auront de parcours, mieux elles se porteront. Six mètres de superficie serait le plus petit espace à leur accorder. Quarante mètres, pour une dizaine de volailles, ne seraient pas une exagération.

Mais comme, sur cent amateurs, il n'y en a peut-être pas dix qui puissent sacrifier cet emplacement à leurs volailles, on doit donc supposer que le parc sera beaucoup moins grand ; aussi, ne nous occuperons-nous point outre mesure de ses dimensions, nous bornant à désigner le genre de clôture qui nous a donn les meilleurs résultats.

On peut assurément se contenter de planter, autour de son poulailler, quelques bons piquets en accacia ou autre bois solide, espacés de deux en deux mètres, sur lesquels on clouera son grillage, en ménageant une ouverture pour la porte. Mais ce système qui est, sans contredit, le plus économique, pour les grands parquets, ne nous paraît pas valoir, pour un poulailler restreint, celui que nous employons et que voici :

Nous prenons deux tasseaux ayant 35 millimètres de côté sur 2 mètres

Fig. 7.

de longueur et trois tasseaux de 1^m,98 de longueur sur la même épaisseur. Avec ces cinq tasseaux, deux, posés horizontalement, trois, verticalement, nous formons un châssis sur lequel nous appliquons notre grillage. Nous avons alors un panneau grillagé, contenant deux cadres, d'un prix relativement peu élevé. Nous faisons juste le nombre de panneaux qui nous sont nécessaires pour garnir l'espace que nous avons de disponible. Le panneau dans lequel se trouvera la porte n'est garni que d'un grillage de deux mètres de haut, sur un mètre de large; dans le cadre vide nous posons une porte qui n'est autre chose qu'un cadre grillagé maintenu, au milieu, par une traverse horizontale, pour lui donner plus de solidité.

Tous ces panneaux sont reliés les uns aux autres au moyen de crampons en fer maintenus par des vis. S'il vous plaît de changer votre poulailler de place, vous dévissez un des côtés des crampons de fer et transportez vos panneaux ailleurs.

Une fois les panneaux posés autour du poulailler, si l'on a le soin — ce qui est de beaucoup préférable — de les recouvrir de grillage afin de fermer complètement le parquet, il faudra prendre la précaution de fixer ce grillage avec des *conduits* et de ne pas les enfoncer tout à fait. Il n'y a aucun inconvénient à ce que le grillage ne plaque pas absolument sur le dessus de votre parc ; vous pourrez ainsi retirer facilement vos conduits et, en cas de déplacement, enlever votre grillage sans l'abîmer.

Fig. 8.

Le poulailler se trouve donc installé, entouré de son parc, il reste encore à creuser, dans un coin, un trou rond de 40 centimètres de profondeur et de 60 centimètres de diamètre. On enduira ce trou d'une couche légère de ciment et on le garantira par un petit mur formé d'un rang de briques sur champ. C'est la fosse à poudrer dont on trouvera l'explication au chapitre de l'*Hygiène*.

Pour compléter ce qui précède, nous mettons sous les yeux des lecteurs quelques modèles intéressants de poulaillers, accompagnés de leur parc, qui sont d'un usage très pratique (fig. 6, 7 et 8).

LES POULAILLERS DE LUXE

Du poulailler d'amateur, nous passons sans transition aux poulaillers de luxe dont le sujet sera d'un court développement, beaucoup des renseignements qui précèdent pouvant leur être appliqués. Ici, d'ailleurs, point besoin de longues explications sur la construction, l'architecte ou le fabricant connaissent leur

Fig. 9.

métier. Cependant, nous conseillons aux amateurs de n'acheter les poulaillers tout faits que chez les fabricants, éleveurs de volailles, qui connaissent beaucoup mieux que les autres les conditions d'hygiène inhérentes à cette fabrication.

Si pour des raisons d'architecture, on tenait à avoir un poulailler en maçonnerie, il faudrait veiller à ce qu'il soit vaste et bien aéré, que les murs présentent une surface extrêmement lisse, mais non garnis de ciment; le ciment est trop froid. Un enduit en stuc bien préparé vaudrait beaucoup mieux et le lavage en serait aisé. Le stuc se fabrique par un mélange de plâtre avec de la gélatine ou de l'alun. Cet enduit une fois sec ne prend jamais l'humidité. Pour le sol, un bon béton de chaux hydraulique n'est pas mauvais, mais le sol en terre argileuse bien battue est préférable à tout autre.

Dans le cas où le poulailler mobile ou fixe serait adapté, nous prions les

Fig. 10.

lecteurs de se reporter aux dessins que nous leur soumettons et qui leur donneront une idée des modèles qui se font usuellement et qu'ils peuvent modifier à leur gré (fig. 9 et 10).

Ces poulaillers, placés à l'extrémité d'une pelouse et munis de leur entourage, sont d'un fort joli effet. Il est bon alors de tracer une allée bien sablée menant au poulailler et l'entourant. Dans une grande propriété, on peut ainsi disséminer quelques parcs où l'on élève ces jolies races de volailles qui ne le cèdent en rien comme beauté aux plus gracieux oiseaux de volière.

Dans le poulailler représenté ci-dessous (fig. 11), système Voitellier, la clôture se compose de panneaux mobiles de 2 mètres de largeur sur 2 mètres de hauteur se rapprochant de ceux que nous avons déjà décrits, mais plus luxueux.

Ces panneaux solidement établis, en bois plein par le bas jusqu'à une hauteur de 50 centimètres, ont leur écartement maintenu par de fortes traverses et peuvent résister à toutes les intempéries. Ils s'assemblent entre eux au moyen de broches en fer passées dans des pitons et forment une excellente clôture.

Fig. 11.

Par suite de ce mode d'assemblage, on peut donner au parc n'importe quelle forme ; en faire un rectangle, un carré parfait, un rond, entourer un gros arbre sous lequel les volailles sont à l'abri. Avec six panneaux, deux de côté, un de face, on obtient déjà un parc suffisant pour cinq ou six poules ; avec huit, deux sur chaque face, le parcours est assez grand pour une douzaine de poules. Si l'on va jusqu'à dix ou douze, on obtient une véritable cour, d'un effet gracieux et élégant à l'œil. Aussi solide que les grillages en fer ou les palissades en bois découpé, ces clôtures sont, en même temps, assez économiques.

Outre l'avantage de pouvoir être changés de place sans la moindre difficulté, ces panneaux peuvent encore se rentrer à l'abri l'hiver et, au printemps, dès le retour à la campagne, on les retrouve aussi neufs, aussi solides qu'au premier jour.

Avec ce nouveau genre de parquet, la sélection et l'élevage deviennent un jeu, une occupation attrayante.

De même que, dans l'industrie, le perfectionnement de l'outillage augmente la valeur des produits obtenus, de même en agriculture, et surtout en aviculture, les plus petits détails dans l'aménagement des basses-cours, dans la disposition du matériel d'élevage, exercent une influence dont les résultats se traduisent par la qualité des sujets obtenus. Si depuis longtemps les Anglais l'emportaient sur

Fig. 12.

nous pour la perfection de leurs produits, leur succès était bien souvent dû à leur agencement perfectionné.

Fig. 13.

En gens pratiques, ils avaient reconnu de bonne heure le résultat heureux d'une installation confortable et hygiénique surtout. Appliquant un peu aux animaux les mêmes principes qu'à eux-mêmes, on les vit, dès le début, établir des installations qui avaient tout lieu de nous surprendre et nous semblaient même entachées d'une certaine exagération. Sans avoir besoin de copier le luxe dont ces Anglais fanatiques entourent parfois leurs animaux, nous sommes près de reconnaître qu'ils ont été les premiers à comprendre toute l'importance, au point de vue de la culture intensive des animaux, d'une installation, confortable. Ne leur empruntons que le côté pratique de leurs installations et nos animaux ne tarderont pas à en ressentir les excellents effets.

Fanatiques du confortable pour eux-mêmes, amoureux du *at home*, ils n'auraient pu penser à priver leurs animaux de ce qu'ils jugent indispensable pour eux-mêmes ; de là un luxe d'écuries, de poulaillers, de parquets d'élevage, inconnu jusqu'ici chez nous.

Mais aujourd'hui nous sommes arrivés à la hauteur de nos voisins, le progrès continuant, ce serait peut-être bien eux qui, à leur tour, auraient notre exemple à suivre.

Pour terminer et venir à l'appui de ce que nous écrivons, voici deux charmants chalets construits au Jardin d'Acclimatation et qui, vous en conviendrez, constituent de jolis poulaillers de luxe (fig. 12 et 13).

POULAILLERS DE FERME ET INDUSTRIEL

Le poulailler de ferme peut se rapporter entièrement à notre premier modèle ; cependant, malgré notre prévention contre les poulaillers en maçonnerie, nous ne pouvons résister au désir de citer celui décrit par Ch. Jacques, très pittoresque et fort économique.

Voici comment il le décrit :

« On établit d'abord une charpente légère en bois grossier. De simples assemblages à *mi-bois* sont plus que suffisants, les tenons et mortaises étant tout au plus utiles dans l'huisserie de la porte. La charpente est composée de quatre montants fichés en terre ; un des deux montants appliqués aux murs forme un des côtés de l'huisserie et reçoit les trois charnières de la porte. Ces deux montants A (fig. 14) sont fixés en haut, chacun par une patte fixée dans le mur. Ils ont 2^{m},33 hors terre ; les deux autres montants fichés en terre, à 1^{m},50 du mur B, n'ont que 1^{m},35 hors terre afin d'établir une grande pente pour l'écoulement des eaux. Deux traverses C sont fixées par de longs clous sur les montants A et B, et deux planches D, clouées à chaque bout, maintiennent le tout. On place l'huisserie de la porte, et les trois côtés sont remplis par des croûtes de peuplier placées en travers et clouées sur les faces extérieures des montants. On n'oubliera pas de donner à ces murailles 25 centimètres de fondations et de faire à la porte un seuil également enfoncé de 25 centimètres, afin d'empêcher le passage des animaux nuisibles. On latte avec écartement ces croûtes en dehors et en dedans ; on recouvre d'enduits lisses en plâtre à l'intérieur et en mortier de chaux à l'extérieur.

On fait la toiture en planches grossières recouvertes de larges couvre-joints en croûtes.

Des ouvertures grillagées, dont la maille doit être de 2 centimètres, sont ménagées, l'une dans la face tournée au soleil levant, aussi haut que possible, l'autre dans la partie haute de la porte, afin d'avoir toujours un bon courant d'air, et on y fixe, soit par des charnières, soit par des coulisseaux, des châssis vitrés qui servent à boucher ces ouvertures pendant les grands froids et qui laissent suffisamment pénétrer le jour. La porte doit avoir au moins $1^{m},80$ de haut et 60 centimètres de large.

Les toits peuvent être construits en chaume de paille ou de roseaux, couverture champêtre, chaude pour l'hiver et fraîche pour l'été.

Il est bien entendu qu'on peut construire les poulaillers de bien des façons, mais voici une manière excellente et peu coûteuse qui convient également pour faire les murs d'adossement ou toute autre muraille. Cette construction extrêmement économique et très saine, peut servir encore à établir de petits bâtiments d'habitation

On pratique sur l'emplacement des murs qu'on doit construire et entre les pièces de charpente, une tranchée de 25 à 40 centimètres de profondeur, et d'une largeur égale à l'épaisseur du mur désigné. On pique dans cette tranchée, de 50 en 50 centimètres, de fortes croûtes dressées à la hache sur les côtés, la largeur étant en travers et représentant à peu près l'épaisseur de la muraille projetée. On comble la tranchée de pierrailles de toutes grosseurs, liées par un mortier de terre argileuse ; et, une fois les croûtes fixées, on cloue, du côté intérieur, des croûtes minces, de celles qui sont levées sur les chevrons, et qui, rendues coûtent 5 francs les 100 toises. Ce côté garni de ces croûtes placées à distance double de leur largeur, on passe de l'autre côté, et l'on cloue deux ou trois autres croûtes, en commençant par le bas. Alors on remplit l'espace existant entre ces croûtes et celles du bas de la face intérieure, de pierrailles jetées au hasard par couches et reliées par de la terre argileuse.

Lorsque cette partie est faite, on cloue de nouvelles croûtes au-dessus; on remplit encore et ainsi de suite, jusqu'à ce qu'on soit en haut.

Une fois les murs ainsi construits, on cloue en travers toutes sortes de bouts de bois ou de lattes grossières, et l'on applique des deux côtés un bon enduit de mortier de chaux. On conçoit facilement que ces murs légers ont besoin de peu de fondations ; on peut leur donner les dimensions que l'on désire, en proportionnant la force de la charpente à la hauteur des murs, et la largeur des croûtes servant de montants à l'épaisseur qu'ils doivent avoir. Ces murs, je le répète, sont très sains, très économiques et excellents pour toutes toutes sortes de bâtiments. »

Nous avons tenu surtout à citer ce petit bâtiment parce que les matériaux employés par M. Jacques se trouvent partout à la campagne et que le fermier peut le construire lui-même. Malgré l'opinion de son auteur, nous trouvons qu'à usage de poulailler il ne faudrait l'employer que comme pis-aller, mais pour une foule d'usages de la basse-cour, chambre à œufs, à grains et même couvoir, ces constructions sont excellentes en raison de leur rapide et économique construction.

En somme, dans une ferme on se conforme, la plupart du temps, à la disposition des lieux; le fermier verra cependant, par la suite, s'il ne trouvera pas un bénéfice à élever quelques volailles de race et, par conséquent, à adopter un des divers poulaillers que nous préconisons.

Maintenant, quelles devront être les dimensions et la forme d'un poulailler industriel dans lequel on veut élever de 2 à 3,000 poules, soit pour la production de la viande, soit pour la production des œufs.

Fig. 14.

Les poulaillers seront différents dans ces deux cas. Ils seront encore plus différents si l'on veut faire le commerce si lucratif des volailles de race.

Pour un poulailler de 3,000 poules, il existe dans un vieux manuel, *L'éducation lucrative des poules*, par Mariot Didieux, la description d'un immense bâtiment ; M. Gayot dans *Poules et œufs* est plus modeste, il ne met que 400 poules dans chaque compartiment et aménage son poulailler d'une façon beaucoup moins fantaisiste. Pour nous qui craignons plus que tout l'agglomération des volailles dans un même endroit, nous n'admettons pas ces grands bâtiments cause certaine de l'insuccès de beaucoup d'éleveurs.

Une réunion de 200 poules est déjà plus que suffisante pour ne pas entraîner de complications imprévues dans leur entretien, et nous ne conseillerons jamais de construire des poulaillers en vue d'un plus grand nombre.

Si l'on dispose de vastes terrains rien n'est plus simple que d'entretenir 1 000 poules et même davantage, mais à la condition de les diviser, surtout pour la nuit, par petites quantités. Un immense poulailler, fût-il encore moitié trop spacieux pour tous les animaux qu'on veut y loger, fût-il aéré dans les meilleures conditions, a toujours cet inconvénient de réunir matin et soir à ses abords, et souvent aussi dans la journée, toutes les bêtes qui viennent y loger. Cette accumulation d'animaux piétinant et fientant sans cesse au même endroit, si le sol n'est pas très perméable, finit par l'empoisonner. On conçoit aisément que le gâchis malsain qui se produit alors, par les temps de pluie, devienne la cause évidente de ces épidémies qui sont la plaie de nombreux élevages.

Il faut de plus se bien persuader d'un fait dûment constaté, c'est qu'une grande quantité de poules réunies ensemble ne produisent pas autant, à proportion, que quelques sujets isolés. L'agglomération est un écueil de la production. Un poulailler de 200 poules ne donnera jamais autant d'œufs que 10 de 20 poules; il est certain qu'un de 1 000 poules donnera encore une proportion moindre.

Pour cette quantité de volailles, il serait nécessaire d'établir au moins cinq poulaillers, placés sur différents points de l'élevage et à la plus grande distance possible les uns des autres.

Encore ces poulaillers ne s'admettent-ils que pour l'unique production des œufs ou pour loger les poulets destinés à la vente. Il faudra veiller à leur construction d'une manière toute spéciale. S'ils ne sont pas spacieux, aérés d'une façon méthodique et tenus ainsi que nous l'indiquons au chapitre de l'*Hygiène*, il faudra s'attendre à de nombreux mécomptes.

La meilleure installation pour les volailles est la disposition en parquets, les poulaillers, comme nous venons de le dire, bien espacés, et les parcs proportionnés au nombre de sujets qu'ils doivent contenir. Les parquets de l'école d'aviculture de Gambais sont disposés d'une façon excellente. Les gravures en diront plus que les meilleures descriptions, et nous y renvoyons le lecteur (fig. 15 et 18).

Toutes ces questions, d'ailleurs, sont subordonnées à l'emplacement dont on dispose, mais nous tenons à déclarer ici, que, sans un vaste emplacement il est impossible d'élever un grand nombre de volailles. On calcule, en général, comme minimum 10 mètres carrés par tête, pour les pondeuses, et 5 mètres pour les poulets destinés à l'engraissement. Nous avons vu cependant un élevage bien prospérer, où le parcours des poules n'était calculé qu'à raison de 4 mètres par tête.

Quand on peut disposer d'un grand terrain, la meilleure place d'un élevage est dans un verger bien garni de pelouses. Avec cette disposition le terrain n'est point perdu ; les volailles ayant de l'espace, de l'ombrage et de la verdure se développent avec une grande rapidité et l'on obtient ainsi des sujets atteignant la perfection.

Dans ces conditions, les poulaillers sont établis d'une façon définitive; le genre de clôture le plus économique est le grillage à simple torsion (fig. 16) de 2 mètres de hauteur : 50 centimètres en petites mailles, pour le bas, et $1^m,50$, en grandes mailles pour le haut; que l'on fixe sur de jeunes arbres, forestiers ou fruitiers, à hautes tiges, plantés pour la circonstance. Ces arbres prennent racine de suite, grossissent, deviennent de plein rapport et, de plus, donnent leur ombrage dans les parquets.

Fig. 15.

Certaines races lourdes ou sédentaires, comme les Cochinchinoises, les Langshan, etc., sont parfaitement maintenues avec des clôtures de $1^{m},50$ à larges mailles. Dans un élevage fermier ou industriel où l'on cherche à se débarrasser du tribut un peu important à payer au grillageur, on emploie quelquefois comme clôtures des rames entrelacées dans trois rangs de fil de fer, et le pied enterré de 25 centimètres environ dans le sol. On réussit, par ce moyen à former des clôtures assez convenables.

La hauteur et le genre de clôture dépendent surtout des ressources dont dispose l'éleveur, et de la race de volailles qu'il a adoptée.

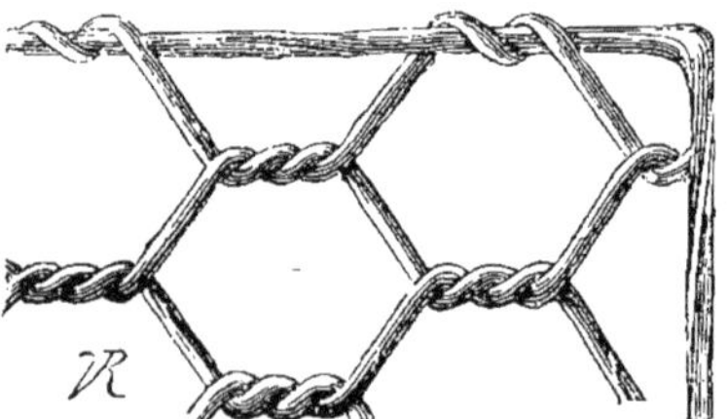

Fig. 16.

Ainsi qu'on le verra dans un autre chapitre, pour obtenir des œufs fécondés, destinés à l'incubation, il ne faudra pas réunir dans les parquets plus de quarante poules ensemble, et bien moins encore s'il s'agit de reproduire des races pré-

Fig. 17.

cieuses. Comme, dans ce dernier cas, chaque parquet ne contient que sept ou huit sujets, si l'on avait peu d'espace, l'établissement de poulaillers dans le genre de celui que représente notre figure 17 serait suffisant. En se donnant un peu plus de mal, on obtiendrait encore de jolis résultats.

ECOLE D'AVICULTURE PRATIQUE DE GAMBAIS
PARQUETS DES VOLAILLES DE RACE

Fig. 18.

Avec toutes les explications que nous avons données dans les trois premières divisions de ce chapitre et celles qui se trouvent aux chapitres de l'*Hygiène* et des *Œufs*, le lecteur devra pouvoir décider, en toute connaissance de cause et suivant ses moyens, du poulailler qu'il lui faudra adopter.

AMEUBLEMENT DES POULAILLERS

Les poulaillers, quels qu'ils soient, installés, il reste à les aménager et à les meubler suivant les procédés les plus rationnels.

Il faut d'abord mettre des perchoirs qu'il importe beaucoup de faire et de disposer hygiéniquement. Plats ou carrés, suivant la façon dont on les installera, ils devront toujours présenter une surface plate d'au moins 6 centimètres de largeur pour recevoir les volailles qui viendront s'y appuyer comme sur une table. Les poules, en effet, ne couchent pas dressées mais affaissées sur leurs pattes; c'est pourquoi l'on doit rejeter les perchoirs ronds parce qu'elles sont obligées de faire des efforts pour s'y maintenir et se déforment le sternum ou brechet.

Le brechet est l'os inférieur du ventre et l'on conçoit aisément que les poules qui ont cet os dévié sont impropres à la vente. On se rend compte de l'effet que peut produire sur une table une volaille grasse, cuite à point, mais mal conformée, le désagrément n'est pas moindre s'il s'agit d'une poule de race. Cette déformation se produit surtout chez les jeunes volailles[1].

Les perchoirs s'appuieront sur des tasseaux profondément encochés afin qu'ils soient solidement maintenus tout en pouvant être aisément enlevés pour les nettoyages. Ils seront toujours posés au même plan, c'est-à-dire à la même hauteur et à 40 centimètres environ du plancher dans les poulaillers moyens. Dans les poulaillers un peu vastes on peut les placer à 60 ou 70 centimètres du plancher. Autant que possible, ne pas dépasser cette hauteur afin d'éviter des accidents dans le cas où les volailles tomberaient la nuit, ce qui est rare d'ailleurs.

Pour les races grosses et lourdes, les perchoirs ne seront jamais placés à plus de 40 centimètres du sol. Dans des poulaillers très spacieux, il faudrait adopter une disposition permettant de circuler autour, ou tout au moins, de deux ou trois côtés du perchoir.

Il semblera peut-être étonnant que nous tenions tant à cette disposition des perchoirs sur le même plan, alors qu'en échelle on pourrait faire tenir plus de poules dans un plus petit espace, mais ce système a pour principal inconvénient de faire jucher les poules dans la partie haute du poulailler, là où s'amassent les miasmes et l'air vicié. De plus, les perchoirs du haut étant ceux que les poules affectionnent, il s'ensuit, tous les soirs, au moment du coucher

[1] Il ne faut pas cependant accuser complètement le perchoir de cette déformation, le rachitisme en étant aussi la cause.

des volailles, un désordre préjudiciable à leur santé : toutes voulant être au dernier échelon, elles se bousculent, se froissent et, parfois se brisent les jambes.

Suivant l'espace dont on pourra disposer, on laissera une distance de 40 à 50 centimètres entre chaque perchoir.

Les poulaillers devront être munis de pondoirs ; on en mettra un pour dix poules. Les pondoirs affectent des formes différentes et peuvent se placer en

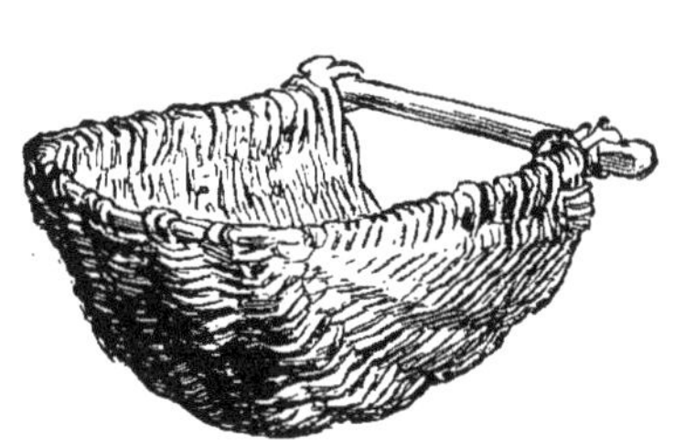

Fig. 19.

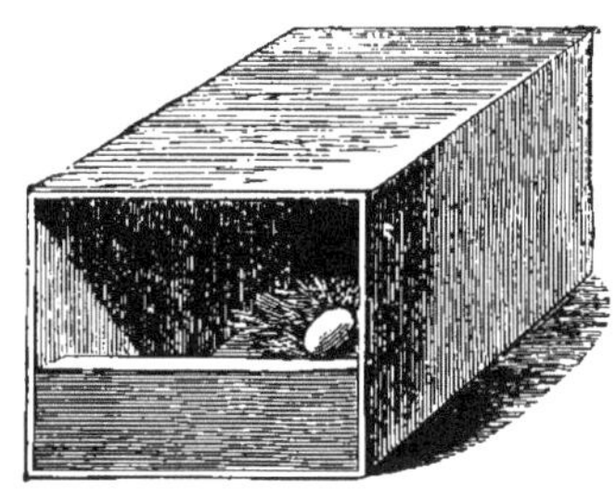

Fig. 20.

divers endroits. Les uns, en osier (fig. 19), s'accrochent aux murs et aux cloisons, d'autres, en bois (fig. 20), se posent sur le sol ou sur une vieille caisse retournée.

Fig. 21.

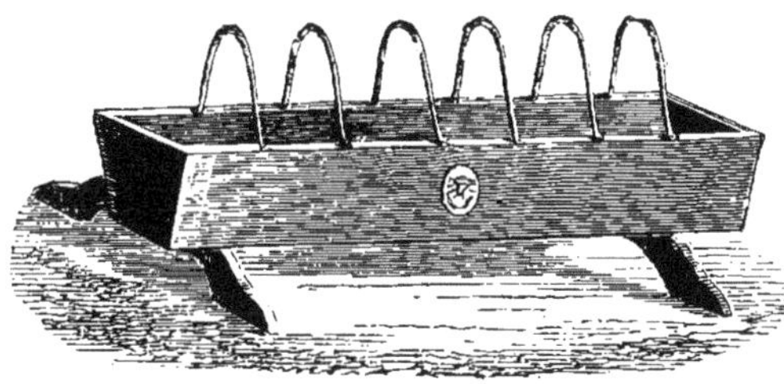

Fig. 22.

Nous venons de dire qu'il fallait un pondoir pour dix poules. Par mesure de précaution, on pourrait en mettre deux dans un poulailler qui ne serait occupé que par huit ou dix poules, au cas où elles seraient trop pressées de pondre, bien, qu'à ce moment, on les voit plutôt trois ou quatre les unes sur les autres alors qu'il y a, à côté, un pondoir de libre.

Le mobilier sera complété par des auges, des trémies et des abreuvoirs.

Les auges sont spécialement affectées aux pâtées et aux distributions de verdure. Nous les préférons étroites ou couvertes, afin que les volailles ne puissent pénétrer dedans, éparpillant et salissant leur nourriture (fig. 21 et 22).

Les trémies à grains sont aussi d'un très bon usage en ce sens que, le grain

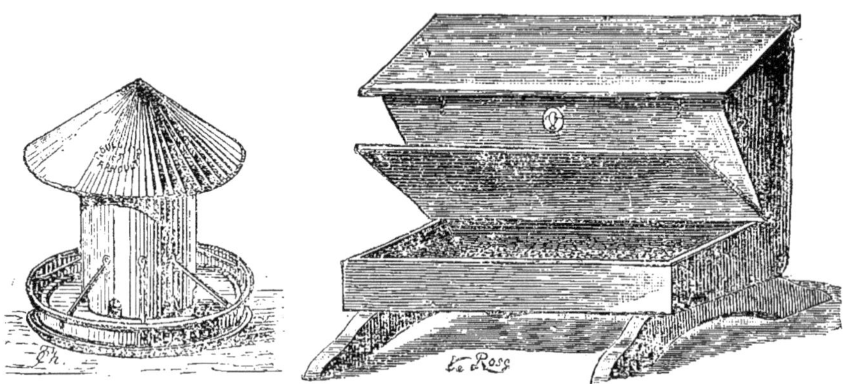

Fig. 23. Fig. 24.

n'arrivant que, peu à peu, n'est pas consommé tout d'un coup par les volailles (fig. 23 et 24).

Dans le deuxième modèle le grain est mis pour plusieurs jours, on ne laisse

Fig. 25. Fig. 26.

la trémie ouverte que pendant le temps nécessaire au repas des volailles. Il n'y a ainsi aucune perte de nourriture.

Les abreuvoirs (fig. 25 et 26) clôturent la série des ustensiles composant l'ameublement des poules. On en fait de toutes formes et de toutes dimensions. Quel que soit le modèle que l'on adopte, nous les préconisons beaucoup craignant par-dessus tout les grandes terrines basses dont on se sert habituellement et dans lesquelles les volailles piétinent, sans cesse, se mouillant les pattes, et salissant toujours leur eau. Il est de toute importance que l'eau des volailles soit toujours fraîche et propre.

Il est bien entendu que tous les appareils que nous montrons n'ont point de vertus spéciales, ils sont construits dans des conditions très pratiques et hygiéniques ; voilà tout, et l'éleveur adroit qui pourra les établir lui-même en tirera un aussi bon parti.

LES POULAILLERS ROULANTS

Le poulailler roulant est le complément indispensable de l'élevage à la ferme et de l'élevage industriel.

Son propagateur est M. Giot qui le mit en usage en Seine-et-Marne, il y a plus de trente ans, se basant lui-même sur des expériences faites et répétées

Fig. 27.

avec succès en Picardie. M. Giot avait tout simplement aménagé une vieille diligence mise à la réforme, installant dedans perchoirs et pondoirs et cahin caha emmenait ses poules aux champs où ils les laissait un certain temps, aussitôt les moissons terminées. Le moment était bien choisi pour mettre en liberté tous les hôtes de la basse-cour, jeunes et vieux. Toutes les poules, épuisées par la ponte ou souffrantes de la mue, se remettaient vite, à cette existence libre, redevenant plus vigoureuse que jamais, et les jeunes poulets, éclos tardivement prenaient un développement assez rapide, pour rattraper, en peu de temps, leurs aînés de plusieurs mois.

Pour mettre une basse-cour aux champs, on suppose généralement qu'il faut un poulailler roulant, spécialement construit, et l'on hésite devant la dépense d'un agencement assez coûteux.

Il est cependant facile de faire, à peu de frais, une installation suffisamment convenable. Il est vrai qu'on n'obtiendra pas le coup d'œil, la facilité de service, le confortable même, que l'on trouve dans les poulaillers construits par des

Fig. 28.

spécialistes ; mais les volailles n'en auront pas moins le grand air, la liberté et une alimentation en rapport avec leurs besoins.

Une vieille voiture, quelle qu'elle soit, peut être transformée en poulailler roulant. Une bâche étendue sur des cerceaux, ou quelques planches disposées en forme de toit, sert d'abri contre le froid ou la bise de la nuit ; quelques bâtons posés en travers de la voiture servent de perchoirs. Des pondoirs mobiles, en bois, placés dans les encoignures, attirent les poules au poulailler ; elles ne manquent jamais d'y venir déposer leurs œufs.

Pour compléter l'installation, il suffira de clore, avec des planches légères ou de vieilles toiles, un côté de la voiture, ainsi que l'avant et l'arrière jusqu'à terre.

De cette façon, les bêtes auront, au niveau du sol, un grand espace couvert et clos où elles pourront, en cas de vent, de pluie, ou de soleil trop ardent, se mettre à l'abri pendant quelques heures.

Au besoin, deux ou trois pondoirs mobiles seront bien placés sous ce hangar improvisé.

Toute cette installation ne constitue pas une dépense, en raison des avantages inappréciables qui ne manqueront point d'en résulter.

Nous ne parlons ici, bien entendu, que des basses-cours composées de même race, sinon il faudrait employer les poulaillers roulants munis de parcs portatifs.

Leur prix n'est pas assez élevé pour qu'on ne trouve pas, dans les avantages que donne leur emploi, une ample compensation à la dépense.

Nous ne nous expliquons guère comment un objet aussi utile que le poulailler roulant, n'est pas plus généralement adopté. On paie les spécialistes qui se livrent à la destruction des taupes ; en certaines années, on donne aussi une petite rémunération aux personnes qui ramassent des hannetons ; il serait tout autant profitable de payer pour la destruction de toutes les sortes d'insectes qui dévorent les plantes cultivées ; aussi pensons-nous, comme M. Giot, que, partout où la propriété est divisée, il y aurait tout avantage, pour les cultivateurs à payer un entrepreneur de poulaillers roulants ou à en établir dans leurs terres plutôt que de s'en passer. On ne peut avoir de destructeurs meilleurs que les poules qui suivent la charrue traçant son sillon, se disputant les vers blancs, dont elles ne se lassent jamais.

Le résultat est indiscutable : double profit pour le cultivateur ; eh bien ! il est certain que pendant longtemps encore, les poulaillers roulants feront sourire et que l'on verra, une fois de plus, l'intérêt lui-même vaincu par la routine.

CHAPITRE II

HYGIÈNE ET SOINS GÉNÉRAUX

Les animaux de basse-cour n'ont point une hygiène spéciale. C'est la même hygiène en somme qui s'applique également à tous les animaux et même à l'homme.

Tout autant qu'à nous, il faut aux volailles le plus de confortable possible et, pour elles, le confortable est représenté principalement par l'habitation, la nourriture, et par-dessus tout la liberté.

HYGIÈNE DES POULAILLERS

L'habitation — autrement dit le poulailler — sera spacieuse et bien aérée, en évitant que cette aération soit poussée jusqu'au courant d'air. Le poulailler sera spacieux, pour éviter surtout que l'agglomération des bêtes ne développe une trop grande chaleur, ce qui ne manquerait pas d'arriver dans un local restreint. L'excès de chaleur est beaucoup plus redoutable que le froid, et détermine la plupart des maladies des volailles et des poussins.

Nous avons prescrit dans le chapitre précédent l'usage de deux ouvertures grillagées aux faces antérieure et postérieure de l'habitation des poules ; il est bien entendu que ces ouvertures seront soigneusement fermées par les nuits froides. En d'autres temps, le courant d'air s'établissant au-dessus de la tête des volailles ne peut leur être nuisible.

Que le poulailler soit construit en n'importe quels matériaux, maçonnerie ou planches, il est indispensable que ses parois intérieure soient absolument lisses, pour permettre des nettoyages faciles et rapides et éviter que la vermine ne se loge dans les fissures. Le nettoyage de l'habitation entre pour une bonne part dans l'hygiène des volailles. Sans une propreté excessive, elles sont sans cesse tourmentées par les acares de toutes sortes qui ne leur laissent aucun repos, les font dépérir et finissent bien souvent par les tuer. Il est certaines espèces d'acares, les plus terribles de tous, qui attaquent surtout leur proie la nuit ; ils se réfugient pendant le jour dans les trous des murs, dans les aspérités du perchoir, et ne sortent que quand les poules sont au repos pour les sucer à leur aise ; il importe donc d'éviter tout ce qui peut servir de repaire à ces ennemis de nos basses-cours et de se ménager les moyens de les détruire facilement.

Par les temps de chaleur et de sécheresse prolongées, les poulaillers, même les mieux tenus, sont parfois envahis par les poux et les mites.

Bien que les poux des poules ne restent pas après les individus de l'espèce humaine, leur séjour sur notre personne, même peu prolongé, n'en est pas moins fort désagréable, et l'on ne saurait prendre trop de précautions pour s'éviter cet inconvénient tout en en débarrassant les hôtes de la basse-cour.

Sur des murs bien crépis ou sur des planches rabotées, un simple badigeon au pétrole, pratiqué deux ou trois fois chaque année, détruira, jusqu'au dernier, tous les acares, poux, mites et insectes de toutes sortes, dont les ravages nous causent tant d'ennuis.

Les perchoirs et les pondoirs devront subir la même opération ; quant aux poules, il faudra les prendre une à une, et leur insuffler de la poudre de pyrèthre sur tout le corps.

Il existe un autre moyen, très simple, pour se débarrasser des affreux parasites de nos basses-cours.

Le poulailler, dont les hôtes emplumés seront préalablement expulsés, aura toutes ses issues hermétiquement bouchées. Avant d'en fermer la porte, on placera, au milieu, un vase de terre ou de fer, contenant un kilogramme de soufre en poudre ; on posera sur ce soufre un petit morceau de charbon embrasé, puis on fermera la porte qui ne sera ouverte que trois jours après.

Le soufre, en brûlant, dégagera une énorme quantité de gaz sulfureux, qui, ne trouvant pas d'issues, s'imprégnera dans toutes les fissures des murs et des boiseries, y asphyxiant les insectes de toute nature qui pourraient s'y trouver.

Au bout de trois jours, on ouvrira le poulailler pendant vingt-quatre heures, afin que l'odeur du soufre n'incommode pas les volailles qu'on peut ensuite réintégrer dans leur domicile, car la désinfection est tout à fait complète.

Il est évident que pour employer ce moyen, il faut avoir un poulailler de disponible, mais pour quelques jours, les poules peuvent habiter un local moins confortable que celui qu'elles occupent habituellement.

Bien souvent, l'eau de chaux suffit à désinfecter les poulaillers quand ils sont soigneusement entretenus.

L'eau de chaux se prépare en délayant un kilogramme de chaux vive dans dix litres d'eau. Si l'on ajoute à cette dissolution un peu de sulfate de cuivre, l'effet n'en sera que meilleur.

Pour l'employer, on s'y prend de la même façon que pour chauler les arbres, en badigeonnant avec un fort pinceau toutes les surfaces intérieures du poulailler.

Cette opération sera pratiquée au printemps et à l'automne.

Par cette précaution et par un nettoyage quotidien, on arrivera souvent à se préserver des parasites.

Peut-être ce mot de nettoyage quotidien va-t-il sembler étrange même aux plus soigneuses ménagères? Ce soin excessif dans l'entretien des poulaillers qui peut paraître exagéré au premier abord, est quelquefois tout le secret de la réussite de certains éleveurs. Un simple coup de balai ou de râteau tous les matins, sous les perchoirs, le sol garni, soit de litière fraîche, de menue paille ou de sable renouvelé, en voilà assez souvent pour entretenir ses volailles en parfaite santé.

Il va de soi, que, pour l'amateur qui possède cinq ou six poules, un nettoyage bien complet tous les quatre ou cinq jours, est suffisant.

Sur le plancher des poulaillers, on étendra un lit de sable, de cendres, ou de tannée, ainsi que nous l'expliquerons plus loin. La cendre et la tannée sont préférables.

Les pondoirs seront garnis de paille brisée, renouvelée toutes les semaines, et saupoudrés de poudre de pyrèthre ou de fleur de soufre.

Pour préserver les poules couveuses des attaques des insectes, un journal australien, le *Rural Australian*, conseille de recueillir des tiges fleuries de chrysanthèmes, avant le complet épanouissement des fleurs, de les découper après la dessiccation et d'en garnir le bord des nids.

Si l'on adopte les pondoirs en osier, on fera bien attention de les fixer avec des clous à crochets à tête ronde, afin d'éviter que les volailles ne se blessent. Une bonne précaution sera de passer tous les pondoirs au lait de chaux.

Les augettes seront soigneusement lavées tous les jours, et l'eau des abreuvoirs souvent renouvelée.

LA BOISSON DES VOLAILLES

Cette question de la boisson est d'une si haute importance, qu'il est nécessaire de s'y arrêter un instant.

L'eau et la manière de la distribuer est, pour les animaux de basse-cour, d'un intérêt capital; et pourtant combien peu de personnes s'arrêtent à ce détail!

Toute bête qui souffre, surtout des maux de gorge, éprouve le besoin de boire pour calmer l'irritation qu'elle ressent. Négligeant toute nourriture, elle retourne sans cesse à l'abreuvoir, et chaque fois, dépose, en buvant, une goutte de salive ou quelque germe morbide que celle qui vient boire après elle emporte comme un poison lent et sûr, dont les conséquences ne tarderont pas à se faire sentir. Plus le nombre des malades augmente dans la basse-cour, plus la contagion se propage avec rapidité, car la maladie ainsi inoculée à une bête en pleine santé est déjà transmissible avant d'avoir attaqué l'organisme au point de rendre le sujet assez triste et souffrant pour que l'attention soit attirée sur lui, et que l'on songe à le mettre à part.

C'est par cette communication de la maladie, dont l'eau est le principal agent de transmission, que la diphtérie se propage parfois avec une violence telle dans un poulailler, que l'on croit aux effets du choléra. On renonce à séparer les malades par l'impossibilité où l'on est de les distinguer, et si l'on ne prend le parti énergique de sacrifier d'avance toute la basse-cour, on aura tout enterré en quelques semaines.

La perfection du genre serait d'avoir ses parquets traversés par une eau bien courante, mais tout le monde ne peut avoir une rivière à sa disposition, et nous ne sommes pas bien partisans des petits ruisseaux artificiels, en ciment, où, par économie, l'eau insuffisamment renouvelée est presque stagnante.

A défaut de rivière, il n'est pas impossible d'en créer une artificielle au moyen d'un tonneau plein d'eau qu'on laisse couler goutte à goutte sur une grille placée au-dessus d'un trou où l'eau se perd, les poules trouvent très bien le moyen de saisir les gouttes d'eau à la cannelle. Il est évident que la même goutte d'eau ne peut abreuver deux poules à la fois, et, par conséquent, communiquer la diphtérie, ou toute autre maladie.

Lorsque les volailles sont toutes en bonne santé, un nettoyage régulier de leurs bacs à boire, les entretiendra dans de bonnes conditions d'hygiène ; mais ne jamais perdre de vue combien cette question de la boisson est importante.

LES PLANTATIONS DANS LES PARQUETS. — LES COQS BATAILLEURS LES ANIMAUX MORTS DE MALADIE

Nous avons dit et nous le répétons, qu'il est indispensable que le poulailler soit à une bonne exposition. Cependant, si pour des raisons d'architecture ou autres, le poulailler se trouvait forcément exposé au midi, il y aurait lieu de parer à ce grand inconvénient en plantant, devant, de grands arbustes ou des arbres à ombrages touffus.

Cette question de l'ombrage nous amène à parler des plantations dans les parcs à volailles et nous ne pouvons mieux faire qu'en copiant ce qu'écrit à ce sujet M. Voitellier dans son excellent livre : *L'incubation artificielle et la basse-cour :*

« Une des mesures d'hygiène les plus simples, les plus utiles et les moins souvent employées pour l'assainissement des poulaillers, est la plantation d'arbres à l'intérieur des parquets. Les arbres attirent une quantité d'insectes dont les poules recueillent toujours quelques-uns. Ils absorbent les miasmes et l'acide carbonique dégagés par les agglomérations d'animaux, enfin ils donnent de l'ombre et entretiennent sur le sol une fraîcheur relative. Si l'humidité est pernicieuse pour les volailles, l'excès de sécheresse est loin d'être sain, et des jeunes poulets attrapent aussi bien la goutte sur un sol brûlé par le soleil que dans un endroit humide. C'est pour ces raisons que l'élevage au milieu des bois est toujours celui qui donne les meilleurs résultats et coûte le moins de soins.

Là, peu ou point de maladies contagieuses; pas de coups de soleil, toujours mortels au premier âge; une alimentation composée en partie d'insectes, qui donne aux jeunes élèves la même vigueur qu'aux faisandeaux nés en liberté. Comme tous les efforts de l'éleveur doivent tendre à se rapprocher de la nature, dans la limite du possible, les plantations d'arbres et d'arbustes dans les parquets s'imposent, quand, à défaut de bois ou de prairies, les oiseaux doivent constamment rester enfermés.

« On hésite souvent dans le choix des essences qui doivent servir à ces plantations. Le meilleur arbre, à notre avis, est celui qui réunit à la fois une végétation vigoureuse, de larges feuilles fournissant de l'ombre, et un fruit quelconque qui, s'il n'est pas récolté, serve au moins de régal aux volailles.

« L'arbre qui réunit le mieux ces conditions est le mûrier blanc, que l'on cultive indifféremment sous forme d'arbuste, en taillis ou à haute tige.

« En Italie, où l'on s'adonne plus qu'on ne suppose à l'aviculture, on trouve le mûrier blanc dans tous les parquets à volailles. Nous avons vu une poulerie, organisée sur une grande échelle, aux environs de Milan, où les bêtes ont un parcours de deux hectares entièrement couvert de mûriers blancs en taillis. Les résultats de cet élevage sont magnifiques.

« Le mûrier blanc, grâce à sa vigueur de végétation assure en peu de temps un épais ombrage. Son feuillage, large et touffu est à la fois léger et agréable à l'œil, et, quand arrive la saison où il porte ses fruits, on peut y cueillir un excellent dessert ou transformer la récolte en confitures de premier ordre. Le potager serait-il trop bien garni en fruits succulents, les poules ne s'en plaindront pas et ramasseront les fruits des mûriers avec avidité. Elles trouveront là, à la fois, un régime et un mets hygiénique et rafraîchissant à la suite des fatigues de la ponte et de l'incubation. Le mûrier blanc n'est pas un arbre rare, et il est facile de s'en procurer un peu partout. Si cependant, on cherche un produit plus sérieux, le néflier, le prunier, l'abricotier, tous les arbres fruitiers enfin, peuvent être employés; mais ils donneront moins d'ombre et de végétation, et l'on pourrait bien trouver en moins dans les parquets, le produit que l'on trouverait en plus sur les arbres fruitiers. »

Sans doute, plus d'un lecteur ne manquera pas de se dire que cette plantation de jeunes arbres ne donnera guère d'ombrage la première année. Aussi sera-t-il bon de remédier à ce manque immédiat de couvert par la plantation de quelques buissons à développement rapide. Dans beaucoup de cas même, les volailles auront une préférence marquée pour ces abris de verdure qui leur donnent une sécurité illusoire en leur permettant de se dissimuler un peu, et leur procurent de la fraîcheur durant les chaleurs de l'été.

De plus, si le parquet est un peu vaste et qu'il contienne plusieurs coqs, ces abris de verdure serviront parfois de refuges, coupant leurs courses batailleuses. Il arrivera même peu à peu que chaque coq ayant fait choix de quelques poules adoptera de préférence certains coins où le suivra son sérail.

L'éleveur qui tient à n'avoir que des œufs fécondés pour l'incubation, fera bien de surveiller les poules que les coqs rebutent, de les réunir dans d'autres parquets et de leur donner d'autres époux plus aimables.

Lorsque les coqs seront d'humeur trop batailleuse, on pourra employer l'entrave dont les Normands se servent dans cette circonstance.

C'est une simple lisière de drap ayant à chacune de ses extrémités deux larges boutonnières. Ces boutonnières servent de passage à la lisière et la maintiennent autour de la patte du coq ; il n'est pas inutile parfois d'y faire un point léger pour l'empêcher de glisser. La longueur de cette entrave est calculée sur l'écartement des pattes du coq, et de façon à ne pas trop le gêner dans ses fonctions. Le coq se trouve si empêtré, si honteux de cet humiliant traitement, qu'il finit par perdre ses allures guerrières et se contente de remplir ses devoirs d'époux.

Les massifs seront formés de préférence par la plantation de maïs rouge, de topinambours et de tournesols. Ces plantes, outre l'ombrage assez rapide qu'elles donnent, ont la propriété de sécher les sols humides. On pourra même quelquefois, par ce moyen, éviter les ennuis du drainage. Il est aussi d'un bon usage de repiquer de grands choux.

Nous faisons valoir les avantages des plantes annuelles que nous citons, mais on peut en choisir d'autres pour former des massifs en ayant bien soin, cependant de proscrire des parcs celles qui ne peuvent être nuisibles aux poules. On considère en général comme rentrant dans cette catégorie : le buis, le genêt épineux, le robinier, le laurier de Portugal, les euphorbiacées et l'if.

On remarquera que ces arbustes se trouvent peu dans les prés où les poules vont en liberté ; la poule libre, ayant d'ailleurs l'instinct plus développé que celles en captivité, sait mieux éviter les substances nuisibles.

On reproche assez justement à ces divers arbustes, de répandre autour d'eux des graines qui sont nuisibles à la santé des poules et de communiquer aux vers et insectes qui se nourrissent de leurs racines ou de leur feuillage une saveur mortelle pour les oiseaux qui les absorbent.

Le voisinage de ces plantes est tout aussi dangereux que d'enterrer, à la portée des poules, un animal mort de maladie infectieuse. De nombreuses observations ont établi d'une manière définitive le danger que peut faire courir aux animaux domestiques l'absorption de certains vers, insectes ou graines.

En résumé, pour se préserver de nombreux accidents, il suffira d'enterrer loin des poulaillers les oiseaux morts de maladie et de bien veiller au choix des essences d'arbres ou d'arbustes qui devront garnir les parquets à volailles.

LE FUMIER DE VOLAILLE. — UN BON DÉSINFECTANT

Nous avons écrit plus haut qu'il était nécessaire de nettoyer le poulailler tous les jours, c'est-à-dire d'enlever les déjections des volailles dont on n'apprécie pas assez souvent la valeur.

Le *Journal d'Aviculture*, paraissant à Saint-Pétersbourg, publie à ce sujet des renseignements fort intéressants :

« Les oiseaux dont nous utilisons la chair, les plumes et le duvet, fournissent encore un produit fort utile, leurs déjections, qui, en Russie. sont considérées comme n'ayant aucune valeur et restent sans emploi. En Chine, au Japon et dans certains pays de l'Europe occidentale, c'est cependant presque l'unique engrais dont on se sert, surtout pour les potagers, les vignobles, les melons, le lin et le tabac, ainsi que pour bien faire venir les arbres et les buissons d'ornement.

D'ordinaire, cette subsistance n'est utilisée qu'après avoir été séchée et réduite en poudre. On en saupoudre simplement la surface à fumer, on se sert également d'une solution composée d'une partie de cette poudre dissoute dans dix parties d'eau, pour arroser la terre autour des jeunes végétaux. L'établissement d'aviculture pratique récemment fondé à Liesnoï, près de Saint-Pétersbourg, le seul, peut-être, en Russie, qui ait mis son élevage sur le pied « européen », se sert depuis trois ans des déjections de ces animaux pour la fumure des terrains plantés de plantes potagères et de jardin, de toutes espèces, et il se félicite des résultats.

Il semble que c'est là l'unique et la plus naturelle utilisation à attendre de la substance en question : les oiseaux domestiques se nourrissent, en effet, presque exclusivement de matières végétales, de grains, et en partie seulement d'insectes. Leurs excréments contiennent donc tous les éléments minéraux et organiques qui entrent dans leurs aliments ; il ne faut pas oublier non plus que ces sécrétions sont très concentrées, les oiseaux rejetant à la fois sous la forme solide et sous la forme liquide,

Voici, d'après M. E. Wolf, quelle en est la composition chimique :

	POUR 1 000 PARTIES DE DÉJECTIONS				POUR 1 000 PARTIES D'EXCRÉMENTS FRAIS
	DE POULET	D'OIE	DE CANARD	DE PIGEON	DE CHEVAL
Il y a :					
Eau	560	771	566	519	710
Matière organique	255	134	262	308	246
Phosphate	15,4	5,4	14,0	17,8	2,1
Azote	16,3	5,5	10.0	17.6	4,5
Potasse	8,5	9,5	6.2	10	5,2
Sodium	1.0	1.3	0,5	0.7	1,5
Chaux	24,0	8,4	17.0	16.0	5,7
Magnésie	7,4	2,0	3,5	3,0	1,4
Combinaisons sulfureuses	4,5	1,4	3.5	3.3	1.2
Silice et sable	35,2	14,0	28,0	20,2	12,5

C'est-à-dire que les déjections des oiseaux domestiques sont surtout riches en substances les plus utiles pour la régénération du sol cultivé ; l'azote, les phosphateux et les alcalis. De plus, ces matières s'y trouvent à l'état si concentré, que l'on ne doit se servir d'excréments purs que par petites doses, et il est préférable de les mélanger de terre ou de les dissoudre dans de l'eau. Dans les poulaillers bien entretenus où il existe toujours de la litière, de la tourbe ou de la sciure en quantité suffisante, les excréments s'y trouvent si bien mélangés que leur ensemble forme un engrais tout préparé qui peut être transporté directement du poulailler sur la terre à féconder. Si l'on désire employer la substance pure, il ne suffit pas de la faire sécher, il faut encore prendre la précaution de la broyer, car, dans le cas contraire, les grosses parcelles roulent en boules et, en s'attachant aux racines des plantes, peuvent devenir nuisibles.

L'expérience indique que, suivant la plus ou moins grande pureté du produit et la nature de la plante dont on désire favoriser ainsi le développement, il faut de 150 à 300 kilogrammes d'excréments par hectare. Il semble plus avantageux de ne pas introduire toute cette quantité à la fois, mais de la diviser en deux : d'abord, en recouvrir une partie en labourant, et ensuite en répandre sur le sol en l'ensemençant.

* * *

L'établissement d'aviculture de Liésnoï, que nous venons de citer, emploie couramment, et avec de grands succès la naphtaline comme désinfectant. Aussitôt que l'on aperçoit des parasites sur un oiseau, on le frotte avec de la naphtaline, douze heures après, oiseau ou poussin est frais, dispos, et sans trace d'insectes.

D'après les recherches de M. Fischer, le pouvoir désinfectant de la naphtaline dans les fermentations organiques et inorganiques, dépasse celui de l'iodoforme ; de plus, n'étant point un poison, comme ce dernier, la naphtaline peut être employée en quantité indéterminée pour saupoudrer plaies et blessures. Mêlée à de la vaseline (par moitié), elle combat la gale des pattes. Dans les maladies infectieuses (diphtérie, choléra, etc.), il est utile d'en répandre sur le sol.

La naphtaline est un produit cristallin extrait du goudron de houille provenant de la distillation du gaz. On l'utilise, en agriculture, pour la destruction des vers blancs du hanneton.

Pour l'employer, en aviculture, on la fait dissoudre dans l'acool ou la térébenthine.

* * *

Mais revenons au fumier de volaille.

MM. Roullier-Arnoult estiment qu'une poule de bonne grosseur produit en une nuit 54 grammes de guano ; un troupeau de cent têtes rapportera donc par nuit 5 kilogrammes 400 d'excellent guano, qui, estimé seulement à 10 francs les 100 kilogrammes, représente 54 centimes ou 197 francs par an, soit 1 fr. 97 par tête.

Une même quantité de guano est en outre produite pendant le jour par les volailles, qui le répandent dans les parquets ou autour de la ferme.

Pour tirer le plus grand profit de ce guano, ajoutent-ils, il faut le relever *tous les matins* dans le poulailler, au moyen d'une pelle et d'un petit balai, le déposer dans de vieux tonneaux par couches de 5 à 6 centimètres qu'on recouvre de 1 ou 2 centimètres de plâtre. Ainsi traité, on le conservera longtemps pour en fabriquer, avant son emploi, un engrais de haute valeur, pouvant parfaitement remplacer le guano du Pérou.

Voici ce que dit M. Voitellier à ce sujet :

« L'engrais de poule, recueilli directement dans les poulaillers et mis en tas sans mélange, sèche difficilement et forme une masse pâteuse à peu près impossible à étendre régulièrement sur le terrain ; ainsi employé, il tue les plantes au lieu d'en activer la végétation. Reçu sur de la paille, il forme un trop grand volume et ne contient pas assez d'humidité pour amener la fermentation et la transformer en fumier. La paille reste dans son entier et ne peut être utilisée au potager. On a essayé de garnir de sable le sol des poulaillers. L'engrais s'y mélange bien, mais il devient extrêmement lourd à transporter, et le sable ne convient qu'à quelques rares terrains ; encore n'en faut-il pas abuser.

C'est en présence de ces divers inconvénients que, la plupart du temps, les déchets du poulailler sont tout simplement jetés sur le fumier et considérés comme n'ayant aucune valeur.

A force d'essais, on a fini par trouver un véhicule parfait pour l'engrais de poule qui en permet l'emploi partout, et, en tout temps, en facilite la récolte et lui donne une réelle valeur : c'est le tan.

En jardinage, le tan seul est très usité. On l'utilise comme paillis pour les fraisiers, pour les salades et même pour bien des fleurs. Une couche de quelques centimètres de tan, au pied de chaque arbre, y entretient la fraîcheur avec le moindre arrosage.

Dans les poulaillers, dans les parquets, dans les pigeonniers, enfin dans toutes les niches à volailles, le tan remplace avec avantage la litière ou le sable. Son odeur est des plus saines et peut parer aux maladies contagieuses et à l'invasion de la vermine. Il est léger, facile à répartir également partout. Enfin son prix, généralement minime, est le plus souvent nul pour les personnes qui habitent dans le voisinage d'une tannerie, car presque tous les tanneurs sont obligés de payer pour débarrasser leurs fosses, et on leur évite cette dépense en venant faire provision chez eux.

Le tan se mélange parfaitement à la fiente de poule. Il absorbe toutes les parties aqueuses, et forme un ensemble facile à employer dans tous les terrains et pour tous les genres de culture.

On peut le semer en couverture comme les poudrettes et les guanos, ou le prendre comme paillis, ou encore l'enfouir en terre en labourant. De n'importe quelle façon, son influence est égale à celle des engrais les plus actifs et les plus chers.

Pour les personnes qui entretiennent une quantité de volailles et n'ont ni culture, ni prairies, ni potager, les détritus du poulailler deviennent ainsi d'une vente facile, cet engrais pouvant s'expédier librement par voiture ou par wagon, ou même en sacs dont le maniement n'a rien de pénible.

La vente de l'engrais, dans une basse-cour bien tenue, est loin d'être négligeable, et doit, à elle seule, payer une partie des frais d'entretien.

Nous reconnaissons qu'on ne peut se procurer du tan partout; cependant les tanneries ne sont pas rares en France, et nous ne savons pas, si, dans les pays où il n'en existe pas, il n'y aurait pas avantage à en faire venir par wagon, même de loin : le prix de revient ne devrait pas dépasser beaucoup celui de la paille, et la différence dans les résultats, tant au point de vue sanitaire des animaux qu'au point de vue économique, ne manquerait pas de se faire sentir.

En tout cas, l'expérience n'est ni difficile ni dangereuse à tenter, et nous la recommandons aux éleveurs.

Les personnes qui ne peuvent se procurer de la tannée, pourront également étendre de la cendre au fond de leurs poulaillers. La cendre de bois surtout est excellente, et se mélange assez bien avec les déjections des volailles. Pour les élevages d'amateurs, elle est plus pratique et plus à la portée de tous que la tannée.

Si toutefois on habitait dans le voisinage d'un bois de sapins, on aurait tout avantage à employer le moyen indiqué par M. Vienkoff, dans la *Revue des sciences naturelles*, d'après un journal russe.

Un éleveur pratique, M. Vladimirsky, recommande, dans le *Journal d'Agriculture* de Saint-Pétersbourg, les aiguilles du pin et du sapin comme une excellente litière pendant toute la saison sèche, avril-octobre. Il en a pu apprécier, par expérience, les nombreux avantages. C'est ainsi que les poulets et les poussins, en grattant dans cette litière, recouvrent leurs excréments d'une couche d'aiguilles, chose qui n'est pas à dédaigner au point de vue de la propreté du poulailler.

Ces feuilles ont, en outre, la propriété d'enlever la mauvaise odeur ; elles retardent considérablement la décomposition des déjections, et lorsque cette litière mêlée d'excréments est retirée du poulailler, elle constitue un excellent engrais sec tout préparé.

Il n'est pas nécessaire de renouveler le lit de ces feuilles plus d'une fois par mois ; on le fera tous les quinze jours, par un temps très humide. La couche d'aiguilles dans le poulailler doit avoir de deux à trois centimètres d'épaisseur.

En se servant des feuilles du pin, on aura une litière ayant toutes les qualités des matières qui sont employées dans ce but aujourd'hui, mais n'exigeant pas, par son emploi, un nettoyage aussi fréquent et aussi difficile. La litière d'aiguilles est surtout bonne dans des locaux couverts, le fond du poulailler, quel qu'il soit, reste, après le balayage des vieilles litières, très propre. Il est facile de se procurer de ces aiguilles qui s'amoncellent sous chaque arbre.

Notons que l'emploi de cette litière n'a aucune influence fâcheuse sur le goût de la viande de la volaille ni sur les œufs.

Comme on le voit par tout ce qui précède, ce ne sont pas les systèmes qui font défaut, et chacun pourra employer celui qui lui semblera le plus pratique ; tous étant bons, nous ne pouvions en passer aucun sous silence.

SOINS GÉNÉRAUX

Quand les parquets n'ont pas une centaine de mètres de superficie pour une douzaine de poules, le sol ne tarde pas à être infecté, la verdure absolument pelée, aussi serait-il bon de laisser toujours un parquet inoccupé. De cette façon, on pourrait, de temps en temps, changer les volailles de parquet, retourner le terrain de celui qui devient sans emploi, et y faire de nouvelles plantations. Mais en principe, sans un grand espace, on a peu de chance de réussir un élevage important. Les volailles qui peuvent courir atteignent, en quatre mois, un développement double de celles qui sont élevées dans un espace restreint.

Aussi dans ce dernier cas est-il plus sage de se contenter de l'élevage de quelques jolies races, en petit nombre, on peut encore obtenir ainsi de fort bons résultats.

Il est important que les volailles aient à leur disposition du sable et du gravier qui sont indispensables pour faciliter leur digestion. Une partie sablée dans leur parc sera d'ailleurs l'endroit où les poules se rendront de préférence, après une ondée, cette place étant alors relativement plus sèche que le gazon. On prendra une excellente précaution en ayant soin de placer dans un coin, des coquilles d'huîtres cassées en petits morceaux qui procurent aux poules le principal élément qui entre dans la formation de la coquille de leurs œufs. La chaux, les plâtras, remplissent le même office.

Par les grandes chaleurs ou les grands froids, certains éleveurs étendent sur les toits et le pourtour de leurs poulaillers mobiles en bois, des claies en paille comme celles dont on se sert pour ombrer les châssis et les serres. Nous approuvons beaucoup ce système qui, suivant les saisons, entretient de la fraîcheur ou de la chaleur dans les poulaillers. D'autres dressent de la paille de seigle le long des cloisons intérieures, mais il y a toujours à craindre en ce cas que cette paille prête un abri trop propice à la vermine ; il faudrait tout au moins employer de la paille sulfatée ou bien l'imprégner de lait de chaux.

En principe, si par la bonne disposition du poulailler et du choix des matériaux employés à sa construction, on pouvait y maintenir une température de *quinze* à *dix-sept* degrés, on atteindrait un résultat excellent.

L'éleveur devra veiller à ce que les augettes et les abreuvoirs soient en quantité suffisante, et à ne pas faire ses distributions de grains et ses pâtées à la même place, car il arriverait tout simplement que les poules les plus vives et les plus hardies se nourriraient aux dépens des autres.

Nous avons indiqué, dans le chapitre précédent, le nombre de pondoirs qu'il fallait installer dans les poulaillers, mais sans en indiquer bien exactement l'emplacement.

Dans les poulaillers en maçonnerie, on les suspend généralement à une certaine hauteur du plancher. Si l'on préférait les poser à terre, on aurait bien soin de ne pas les mettre au-dessous des perchoirs, sans quoi ils ne tarderaient pas à être remplis d'excréments.

Même recommandation, si on en plaçait à l'intérieur des poulaillers en bois.

Pour notre compte, nous préférons placer les pondoirs à 25 centimètres du sol, sous l'abri ouvert que possèdent nos poulaillers. De cette façon, jamais les œufs ne seront imprégnés de l'odeur qui persiste souvent dans les logements des poules, même après un bon nettoyage.

Lorsqu'on établit des parquets distincts pour plusieurs races, mais simplement séparés les uns des autres par une clôture grillagée, il est bon de garnir le bas du parquet de planches, de claies en paille, jusqu'à une hauteur de 50 centimètres, sans quoi les coqs passeraient une partie de leur temps à se défier, au lieu de s'occuper de remplir leurs devoirs envers leurs poules. Ces sortes de clôtures ont, en outre, l'avantage de garantir les volailles du vent.

Ainsi que nous venons de l'écrire, les volailles, élevées en liberté, profitent beaucoup plus et coûtent infiniment moins cher que les autres; aussi beaucoup d'éleveurs qui possèdent des bois profitent-ils de cette heureuse circonstance pour y installer leurs élèves. Dans ces conditions, on adopte généralement les poulaillers mobiles en bois, mais il est indispensable qu'ils soient bien clos et d'en fermer la porte tous les soirs, sans quoi les fouines, les belettes et les putois pourraient rendre visite aux volailles, et faire de nombreuses victimes.

VERMINIÈRES NATURELLES. — FOSSE A POUDRER

Dans les fermes où les volailles ont un grand parcours, l'établissement d'une verminière naturelle et de la fosse à poudrer sont inutiles, les poules trouvant des insectes de toutes sortes et se poudrant à satiété, dans la poussière des routes.

Il n'en est pas de même pour les installations de volailles plus restreintes ou pour les parquets que le fermier où les éleveurs de profession voudraient établir pour l'exploitation si lucrative des volailles de race.

Ici l'établissement d'une verminière naturelle s'impose.

Mais surtout rejetez bien loin ces fantastiques projets de verminières artificielles comme on en trouve dans certains manuels pratiques d'élevage, réceptacles infects de pourriture imaginés par un vétérinaire qui dût pratiquer l'élevage des volailles dans une bibliothèque. Le plus amusant, c'est que ces projets de verminières ont été gravement reproduits par quelques ouvrages et de nombreux almanachs agricoles.

J'ai installé chez moi plusieurs verminières naturelles qui me rendent des services. Elles consistent en un simple fossé d'un mètre de longueur sur 40 centimètres de profondeur, mais celle que M. Paul Devaux décrit dans l'*Acclimatation journal des éleveurs* étant mieux établie, je préfère lui céder la plume :

« Le ver de terre, dont la poule est friande, sillonne habituellement la terre à une profondeur égale à celle que parcourt la taupe. Cette dernière ne creuse ses mines et ses contre-mines que pour piéger, dans leurs sinuosités, les vers, les larves qui, dans leur trajet souterrain, viennent fatalement tomber au milieu des galeries obscures et couvertes creusées par leur ennemie. Si donc, à l'imitation de la taupe, nous pratiquons une coupe vive dans le sol, qui nous donne deux niveaux, les vers du niveau supérieur et ceux du niveau inférieur franchiront les lignes de notre coupe et tomberont sous le bec de nos oiseaux. Ce piège perpétuel à vers constitue la verminière naturelle. Il ne nous reste plus qu'à donner la formule de cet engin économique.

« On trace sur le sol une demi-lune avec un rayon variable de 1^{m},25 à 2 mètres. La longueur du rayon dépend de la quantité d'oiseaux qui vivent sur le parquet. Cette portion de cercle se décrit avec un cordeau, des piquets, plantés de distance en distance, indiquent au terrassier le tracé qu'il va suivre. Alors, il dégazonne la place comprise entre les piquets, puis il enlève la terre soigneusement, de manière à creuser une fosse demi-circulaire, profonde de 50 centimètres, au centre, et remontant en pente douce à niveau du sol. Il est nécessaire que la coupe du fond soit bien perpendiculaire. Cette fosse est comblée de litière, de verdure, de paille; elle n'a pas besoin d'être couverte : la décomposition des matières végétales amassées se continue dans les couches profondes quand elle est arrêtée dans les couches supérieures; mais il ne faut compter sur les produits de cette décomposition que comme supplément, les vers ne tarderont pas à se réfugier sous la litière que l'on retournera en partie chaque jour, jusqu'à ce que les oiseaux la retournent d'eux-mêmes. La seule précaution à prendre, c'est de veiller à ce que le trou soit toujours comblé de menue paille, de balle d'avoine ou de vieux son, que la couche dépasse le niveau du sol, de sorte que le fond de l'adossement de la verminière soient toujours secs. Trois à quatre verminières de 2 mètres de rayon valent mieux qu'une plus grande dans un parc pour 50 à 100 poules, on en place une vis-à-vis du poulailler. Lorsque la couche inférieure noircit et passe à l'état de terreau, on la retire pour maintenir la sécheresse et la stérilité du fond. Trois semaines après sa fondation, cette verminière est en pleine activité et la dépense en nourriture des oiseaux diminue de moitié. »

La fosse à poudrer consiste tout simplement en un trou circulaire de 60 centimètres de diamètre et de 30 centimètres de profondeur et rempli de cendre, dans lequel les volailles ne manquent pas de venir se livrer à ces ablutions de poussière qui sont un de leurs besoins les plus impérieux et leur meilleur préservatif contre la vermine. On a conseillé de mélanger du soufre ou de la poudre de pirèthre à la cendre, mais c'est une précaution absolument inutile, la cendre contient suffisamment de potasse pour remplir toutes les conditions hygiéniques désirables, et il vaut mieux conserver ces substances pour en saupoudrer les pondoirs afin que les poules, en retournant au nid, ne rattrapent point des poux semblables à ceux dont elles viennent de se débarrasser.

Bien entendu, la fosse à poudrer se trouvera abritée sous un hangar ou quelques planches en tenant lieu. Des abris en chaume de roseaux remplissent parfaitement ce but.

POULES ET POUSSINS ARRIVANT DE VOYAGE

Il est d'un très bon usage de posséder un endroit bien clos, muni de sable fin, où les volailles, arrivant de voyage, peuvent se reposer et se poudrer avec calme.

On les laissera quelques jours en observation afin de constater si elles sont bien saines. Sans cette précaution, il pourrait arriver que les nouveaux venus apportent la contagion dans une basse-cour en parfait état d'hygiène. Cette sorte de quarantaine sert aussi à isoler certains coqs que l'on désire faire reposer pendant quelques jours de leurs fonctions de pachas.

Pour les poules arrivant de voyage, il est nécessaire de prendre quelques précautions ; les soins mal compris, au moment de l'arrivée, sont beaucoup plus dangereux que le voyage par lui-même.

Les volailles qui viennent de subir un voyage de plusieurs jours, sans boire ni manger, sont, la plupart du temps, dans un état de surexcitation assez facile à comprendre, aussi se précipitent-elles sur la nourriture et surtout sur la boisson qu'on leur présente. Indigestion et refroidissement sont les conséquences naturelles de cet abus de nourriture, et l'on est tout surpris de perdre les beaux sujets, bien souvent payés fort cher et sur lesquels on comptait pour remonter sa basse-cour.

Il est excessivement facile d'éviter cet ennui en ne donnant aux volailles arrivant de voyage *qu'une petite quantité* de pain trempé dans du vin ou du cidre et le restant de la journée, du pain trempé dans l'eau tout simplement.

Cette nourriture fortifiante et rafraîchissante est celle qui convient le mieux pour remettre l'estomac fatigué par un jeûne de plusieurs jours, et calmer la fièvre du voyage.

Pendant deux ou trois jours on augmente, jusqu'à la ration ordinaire, la quantité de nourriture qu'on leur destine ; la boisson est donnée à discrétion dès le lendemain.

Autant que possible, lorsqu'on connaît la nourriture habituelle des nouveaux venus, on tâche de leur en donner une identique ou analogue, jusqu'à ce qu'on les ait habitués, par degrés, à celle qu'on leur destine.

Pour les poussins arrivant de voyage, les mêmes symptômes se produisent, avec la différence que les petits êtres qui les éprouvent présentent encore moins de résistance que leurs aînés. Les soins n'en doivent donc être que plus intelligents et plus assidus pour prévenir les accidents.

Nous supposons d'abord que vous avez une poule couveuse, *très bonne mère*, ou une mère artificielle toute prête à votre disposition ; hors ces deux cas, aucun espoir de salut pour les poussins.

Ceci étant bien entendu, aussitôt l'arrivée de nos poussins, faites-leur prendre l'air un instant, et jetez à terre une très petite quantité de mie de pain au vin, pour les amuser. Au bout de dix minutes, enfermez-les sous une mère artificielle très chaude, en ayant soin que la bouillotte d'eau ne soit pas trop près de leur tête, et qu'ils ne soient pas trop pressés les uns contre les autres.

Vous les laissez sortir de nouveau quand ils sont bien réchauffés, et mettant à leur portée un billot garni d'une pâtée épaisse, avoisiné d'un petit bac contenant du lait pur. Après un quart d'heure de liberté, vous les renfermez de nouveau sous la mère pendant une demi-heure, ensuite liberté complète de boire, de manger et de courir en se conformant aux indications du chapitre spécial de l'élevage.

Les soins sont à peu près les mêmes quand les poussins sont confiés à une poule, mais toutes ne veulent pas les adopter. On met généralement les poussins sous la poule mère, à l'entrée de la nuit, ou dans une pièce très obscure. Quelques auteurs ont conseillé de bander les yeux de la poule mère pendant plusieurs jours pour lui faire adopter des poussins, on peut essayer ce moyen un peu empirique. Pour nous, une poule douce, très bonne mère, adoptera des poussins sans difficultés, mais il est certaines poules auxquelles il est impossible de les faire adopter.

Nos observations personnelles nous ont fait remarquer d'ailleurs que les poussins, habitués depuis quelques jours à la mère artificielle, se placent mal sous la poule et sont souvent étouffés.

Un bon conseil pour terminer la question des poussins.

A moins d'être fort bien installé et d'avoir un peu la pratique de l'élevage, il est toujours difficile d'élever des poussins quand ils n'ont pas passé la petite crise de la pousse des ailes et de la queue. On aura beaucoup plus de bénéfices (quitte à payer les poussins un peu plus cher), à ne les acheter lorsqu'ils sont âgés de douze à quinze jours.

Comme nous l'avons décrit dans notre avant-propos, l'installation et l'hygiène des volailles, voilà le point capital d'un élevage bien compris, aussi nous sommes-nous étendu un peu longuement sur ce sujet en raison de son extrême importance, étudiant tous les systèmes préconisés qui ont une valeur réelle, ou dont nous avons expérimenté les heureux effets.

Par une hygiène bien entendue, en suivant d'une façon précise nos recommandations, qui ne sont autres que celles des maîtres-éleveurs, fermiers, grands éleveurs et amateurs, seront certains d'atteindre le même but, c'est-à-dire d'obtenir pendant toutes les saisons, le maximum de réussite et de rendement.

CHAPITRE III

NOTIONS D'ANATOMIE GALLINE

Lorsqu'on veut se livrer à l'élevage ou à l'étude des races de poules, il est indispensable de connaître, au moins d'une manière succincte leur formation générale ou anatomique. Ces connaissances facilitent grandement les explications descriptives, en même temps qu'elles permettent de se mieux rendre compte des diverses maladies auxquelles les volailles sont sujettes et des soins qui en résultent.

Dès le premier examen, on remarque que la poule présente une organisation particulièrement favorable aux aptitudes du vol. La légèreté et la conformation de son corps la résistance des muscles qui actionnent les ailes et la disposition même de ces ailes, garnies de longues plumes, en décèlent le fonctionnement d'une manière évidente.

Le développement des poumons contribue à donner aux corps une légèreté qui est encore augmentée par l'insignifiance de poids du squelette, sensiblement inférieur à celui des mammifères, toutes proportions gardées, bien entendu.

La domesticité a presque complètement détruit les facultés du vol chez les poules, mais il est bien certain que si on pouvait arriver à découvrir leur source originelle, on retrouverait un oiseau aussi apte au vol que les coqs indiens, Sonnerat, Bankiva et de Java, desquels nos races domestiques descendent peut-être en partie.

Ceci établi, nous allons de suite entrer dans quelques détails anatomiques en commençant par le squelette.

ANATOMIE DU SQUELETTE (fig. 29)

La *tête* est composée de deux parties principales.

1° Le *crâne* ou boîte cérébrale, réunion d'os qui se soudent ensemble de très bonne heure et où se trouve comprise la partie supérieure du bec.

2° La partie inférieure du bec ou mâchoire inférieure, formée d'une seule pièce.

Les deux parties du bec sont appelées, suivant leur position respective : mandibule supérieure ou mandibule inférieure.

L'*altoïde* est un os ayant la forme d'un anneau et s'articulant avec la tête par une seule facette, disposition qui permet à la poule de tourner sa tête en tous sens.

Le *cou* est composé de petits os appelés *vertèbres cervicales*, qui s'articulent de façon à laisser à la poule la faculté de se plier en S, ou de l'allonger et de le raccourcir en rapprochant plus ou moins les courbures.

Les *vertèbres du dos*, sur lesquelles le cou s'articule, sont réunies par de forts ligaments ; le plus souvent même, elles sont soudées et fixes par conséquent.

Le *sacrum* est l'os qui y fait suite et se termine par les vertèbres coccygiennes.

Les *vertèbres coccygiennes* sont au nombre de sept. Quelques races en sont complètement dépourvues .

De chaque côté du *sacrum* se trouvent les *hanches* appelées aussi *os coxaux* ou *bassin*.

Le *sternum* est une grande plaque osseuse, convexe intérieurement, concave à l'intérieur, imitant assez heureusement une cuirasse. Il recouvre le thorax, autrement dit les côtes, et une grande partie de l'abdomen. Au milieu de sa face postérieure, il porte une crête saillante que l'on nomme vulgairement le *bréchet*. Cette partie qui affecte assez bien la forme de la proue d'un navive permet à l'oiseau de fendre plus facilement l'air pendant le vol.

Les *os coracoïdiens* sont soudés aux clavicules et à la partie supérieure du sternum, soutenant ainsi toute l'ossature supérieure.

Les *omoplates*, ou os de l'épaule sont situées parallèlement aux verbères dorsales.

Les *clavicules* sont formées de deux os assez longs soudés l'un à l'autre à leur base et affectant la forme d'un V dont une extrémité se trouve en avant du ternum et l'autre rejoint l'omoplate en passant sous l'os coracoïdien, qui le maintient.

Le *membre thoracique* ou *aile* de la poule est composé de trois parties principales, comme un bras humain, il porte d'ailleurs les mêmes noms anatomiques.

L'*humérus*, gros os qui va de l'omoplate au coude.

Le *radius* et le *cubitus* sont deux os présentant une longueur égale à celle de l'humérus et s'articulant d'un côté à l'humérus et de l'autre à l'os du carpe.

L'*os du carpe* est double et s'articule sur les dernières phalanges et le pouce. On l'appelle aussi *main*.

Les *phalanges* se composent de trois os, s'articulant les uns dans les autres ; le dernier est plat et pointu.

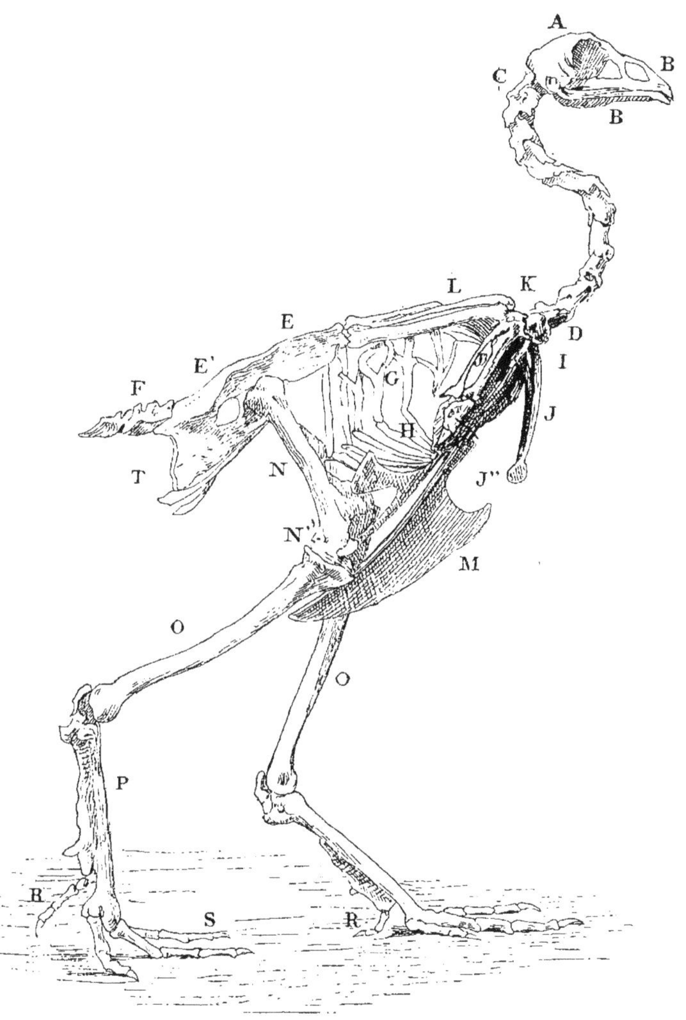

Fig. 29. — Squelette de coq.

A, crâne; B, maxillaires inférieures et supérieures; C, D, vertèbres cervicales; E, ilium; E', vertèbres lombaires; F, vertèbres coccygiennes; G, côtes supérieures; H, côtes inférieures; I, os carpiens; J, fourchette; J', os métacarpiens; J", doigts; K, radius; L, cubitus; M, bréchet; N, fémur; N', rotule; O, tibias; P, os du tarse; R, ergots; S, doigts; T, ischium.

Le *pouce* est un petit appendice soudé à l'articulation du carpe et du cubitus.

Le *membre abdominal*, ou *jambe* de la poule se compose :

Du *fémur*, ou gros os de la cuisse, dont l'extrémité antérieure s'articule au sacrum, et l'inférieure au tibia.

Du *tibia*, ou os de la jambe, allant du fémur au tarse.

Enfin, du *tarse* ou pied, qui comprend l'os du canon de la patte, l'éperon et les doigts.

L'*éperon* ou ergot n'existe que chez le coq ; très rarement et à l'état rudimentaire chez la poule.

L'ergot chez une poule est un défaut.

Les *doigts* sont au nombre de *quatre* dans la plupart des races, et de *cinq* chez la Houdan, la Dorking, la poule nègre du Japon, et quelques autres races.

Nous ferons observer à ce sujet que la poule marche sur ses doigts et non sur les pieds, ce que l'on se figure généralement. Cette confusion existe pour beaucoup d'animaux.

Il n'y a que les *plantigrades* qui marchent sur leurs pieds. C'est pourquoi le tarse ou canon de la patte de la poule n'est autre chose que le pied qu'elle poserait à terre si elle marchait comme l'homme.

ANATOMIE EXTÉRIEURE

Le squelette recouvert de sa chair ne présente que quelques muscles intéressants pour l'éleveur.

Les seuls muscles importants sont ceux qui composent la chair dont sont formées la poitrine, la cuisse, la jambe et l'aile. Tous les autres sont grêles et fournissent peu de chose à l'alimentation.

Ajoutons simplement que les muscles pectoraux sont au nombre de trois, dont le plus grand et le plus profond pèse à lui seul plus que tous les autres ensemble. Les muscles pectoraux sont désignés vulgairement sous le nom de *blanc de volaille*.

Dans le choix des reproducteurs des deux sexes, le grand développement des muscles pectoraux doit être pris en sérieuse considération.

*
* *

La *tête* (fig. 30), excepté le bec, est entièrement recouverte à droite et à gauche, en dessus, en dessous et en arrière, par une enveloppe charnue autour de laquelle on observe plusieurs appendices ou caroncules qui sont : la crête, les deux oreillons et les deux barbillons. Cette enveloppe forme en outre les joues.

Voici, pour plus de clarté, la désignation précise de chacune de ces parties.

La *crête* est une excroissance de chair prenant naissance à la partie supérieure du bec et s'étendant parfois jusqu'à l'arrière de la tête, suivant les races. Elle est toujours beaucoup moins prononcée chez la poule que chez le coq. Dans certaines races, elle est presque nulle.

La crête affecte toutes sortes de formes ; tantôt droite ou couchée, simple ou double, parfois en forme de cornes, ou circulairement épanouie, simulant une couronne ; elle est quelquefois triple, frisée, ou bien prend une vague ressemblance avec un gobelet.

Fig. 30.

Les *joues* qui se forment à la naissance du bec près des narines, s'étendent de la crête aux oreillons et aux barbillons. Elles se rejoignent derrière la tête par une continuation de chair de la même nature, mais recouverte de plumes. Elles sont souvent parsemées de petites plumes raides appelées *favoris*.

Les *oreillons* sont constitués par des parties charnues prenant naissance sous le conduit auditif, maintenus après les joues, sans solution de continuité, et se dirigeant vers les barbillons.

Les *barbillons* sont des appendices de chair transparente, plats, prenant naissance sous les deux branches de la mandibule inférieure et s'allongeant devant le cou.

La couleur, la dimension, la forme des oreillons et des barbillons sont très variables ; partiellement ou totalement absents, ils servent souvent avec la crête à caractériser la race.

Les *bouquets* sont formés d'une petite touffe de plumes qui recouvrent et protègent le conduit auditif ou oreille.

Les *narines* se trouvent placées à la naissance du bec, et diffèrent souvent de formes et de dimensions.

Le *bec*, recouvert d'une enveloppe cornée, droit ou légèrement crochu, varie de couleurs, allant du jaune au noir en passant par le brun et le gris.

*
* *

Les plumes garnissant les diverses parties du corps sont de dimensions et de formes très variées ; elles sont toujours disposées en plaques et se recouvrent les unes les autres ainsi que la couverture d'ardoises d'une maison. Malgré cette heureuse disposition, les poules craignent beaucoup la pluie et le vent.

On peut établir trois divisions principales de plumes : les *grandes*, du vol et de la queue ; les *moyennes* qui servent de recouvrement aux grandes et se trouvent aussi à l'aile et au croupion ; les *petites* qui s'étendent sur le cou, le dos, les flancs, la poitrine, les épaules et une partie des ailes.

Voici comment elles sont désignées séparément :

Huppe. — Touffe considérable de plumes longues, tantôt pointues ou arrondies, tantôt droites ou retombantes, posées sur le sommet du crâne et affectant différentes dispositions suivant la race.

Fig. 31. — Aile vue en dessous.

Fig. 32. — Aile vue en dessus.

Demi-huppe. — Composée des mêmes éléments, mais moitié moins forte que la huppe entière.

Épi. — Petite touffe de plumes courtes, ténues, droites ou un peu retombantes, occupant la même place.

Favoris. — Petites plumes un peu raides et lisses partant de chaque côté des joues.

Cravate. — Touffe de plumes prenant naissance sous le menton et retombant en s'élargissant en éventail sur le devant du cou,

Plastron. — Plumes recouvrant la poitrine.

Camail. — Plumes recouvrant le cou jusqu'au dos ; très fines, ténues et allongées chez le coq ; elles forment comme une sorte de crinière.

Lancettes. — Plumes longues et fines recouvrant la partie inférieure du dos et retombant de chaque côté des reins ; ces plumes n'existent pas chez la poule.

Rectrices. — Grandes plumes droites de la queue.

Faucilles. — Grandes et petites plumes recourbées de la queue des coqs, couvrant et dissimulant presque les rectrices, elles atteignent des proportions considérables dans les races Yokohama et Phénix.

Tectrices grandes, moyennes et petites. — On dénomme ainsi les trois rangées de plumes superposées qui recouvrent la naissance des rémiges.

Rémiges secondaires. — Grandes plumes de l'aile, fixées à l'avant-bras ou cubitus.

Rémiges primaires. — Grandes plumes du vol fixées au carpe ou à la main; elles sont au nombre de dix et sont recouvertes par les rémiges secondaires quand l'aile est fermée.

Poucettes. — Petites plumes raides partant de l'appendice des phalanges et allant jusqu'à l'articulation du cubitus.

Lorsqu'on voit réunies dans un même parquet diverses races de poules, on reste surpris de la variété inouïe de nuances et de dessins de différents plumages. Il semble impossible à première vue d'en démêler les caractères distinctifs, cependant en examinant minutieusement chaque plume, on s'aperçoit bien vite des différences qui vous avaient échappé tout d'abord. Des analogies de formes, de nuances et de dessins vous décèlent alors les membres d'une même famille; peu à peu, l'habitude aidant, on arrive à distinguer chaque espèce au premier coup d'œil.

Chez la plupart des oiseaux, c'est le mâle qui porte la livrée la plus riche; il en est de même parmi les poules dans les races d'utilité. Une particularité assez curieuse distingue plusieurs espèces de fantaisie, dans lesquelles la poule présente un plumage tout aussi varié et aussi éclatant que le coq.

ANATOMIE INTÉRIEURE

Quelque aride et fastidieuse même que soit l'étude des parties anatomiques intérieures de la poule, elle est trop importante pour que nous ne nous y arrêtions pas un instant. Nous ne comprenons pas beaucoup le dédain de certains auteurs à ce sujet, ces connaissances étant très utiles aux éleveurs, autant pour comprendre le développement et le traitement de certaines maladies, que pour préparer les volailles.

Nous ne nous attacherons d'ailleurs qu'aux détails qui présentent un réel intérêt.

Le *bec* présente une membrane muqueuse de couleur blanchâtre qui est souvent le siège de petites ulcérations désignées sous le nom d'aphtes. La *langue*, en fer de lance, est terminée par une plaque cartilagineuse mince. La maladie connue sous le nom de pépie n'est autre que l'ulcération de ce petit cartilage.

La *glotte* est une simple ouverture perpendiculaire qui se ferme lorsque s'élève la tête: c'est pour cette raison qu'on voit la poule lever le bec en l'air après avoir aspiré la boisson. Cette disposition anatomique permet l'introduction forcée des aliments liquides, sans qu'il y ait à craindre d'accidents, ainsi que cela a lieu dans plusieurs cas d'engraissement et de maladies.

L'*œsophage* commence au fond de la bouche par une ouverture longitudinale; il se prolonge à la face inférieure du cou derrière la trachée, et se termine dans l'abdomen ou ventre, du côté gauche.

Dans ce long trajet, l'œsophage se dilate en trois poches, où séjourne plus ou moins longtemps la nourriture.

Première poche. — On aperçoit très bien au dehors la première de ces poches quand elle est pleine d'aliments : on la désigne sous le nom de *jabot*. Elle est située à l'entrée de la poitrine entre les clavicules. Elle est formée d'une membrane muqueuse très mince, dont le tissu est lâche, élastique et facile à digérer. C'est dans le premier estomac ou jabot, qu'on remarque des indigestions, des météorisations, des emphysèmes.

Deuxième poche. — En se plongeant dans la poitrine, l'œsophage se rétrécit de nouveau et se dilate pour former une deuxième poche, oblongue, allongée, beaucoup plus petite que les autres; elle est désignée sous le nom de *ventricule succenturié* ou de jabot glanduleux. En effet, cette poche est remarquable par les petites glandes sécrétoires qu'on remarque dans l'épaisseur de ses parois, elles sécrètent le véritable suc gastrique.

Troisième poche. — Après un nouvel étranglement et un trajet assez court, les aliments se rendent au troisième estomac ou *gésier*. Ce dernier estomac est formé d'un muscle très fort et très épais : les fibres externes, tendineuses, sont d'une couleur nacrée. La membrane interne qui tapisse le gésier est très mince, fibreuse, dure; elle sécrète une matière colorante, jaunâtre, qui paraît jouir de la propriété de dissoudre les pierres, principalement le carbonate de chaux.

Le silicate de potasse, pierre à feu, s'y dissout plus lentement. Nous tirerons des conséquences de ce phénomène sous le rapport de l'alimentation hygiénique des poules.

Les boissons sont absorbées par le premier et le deuxième estomac; on n'en rencontre jamais dans le gésier, si ce n'est dans le cas de maladie. C'est du moins l'opinion de M. Mariot-Didieux, à qui nous empruntons une partie de ces renseignements.

Intestins. — L'intestin grêle est la partie la plus longue du tube digestif, il est pourvu de deux cæcums et se continue par le gros intestin qui est très court.

Le *mésentère*, membrane très mince, unit les parties de l'intestin. La graisse s'y accumule en abondance dans l'engraissement.

Le *rectum* aboutit dans une poche, où débouchent également les *uretères* qui y apportent de l'urine blanche concrète. Chez les deux sexes, on y trouve une poche, où débouchent les organes de la génération. Cette poche commune se nomme le *cloaque*. L'anus proprement dit ferme l'entrée du cloaque.

Le *foie* est chez les gallinacés très volumineux, et hors de proportion avec la grosseur de l'animal. Comme la nature n'a rien fait sans but, nous devons supposer qu'elle avait celui de faciliter la digestion d'animaux destinés à se nourrir d'aliments très variés et puisés dans les trois règnes de la nature. En effet on voit la poule ingérer dans son estomac des pierres, des graines et des matières animales.

Le *pancréas.* — Le pancréas est un organe granuleux, blanchâtre, mince et allongé qui verse, comme le foie, la liqueur pancréatique dans l'intestin par deux petits canaux.

Le suc pancréatique jouit bien plus sûrement que la bile de la propriété de faciliter la digestion intestinale.

Dans les affections typhoïdes des poules, le pancréas se ramollit et affecte une teinte rosée.

La *rate*. — La rate est petite, cylindrique, et paraît tenir en réserve et préparer le sang qui doit servir à l'une des sécrétions nécessaires à la digestion.

* * *

La respiration a lieu par les narines : cependant, on remarque que pendant les grandes chaleurs, ou par suite d'un exercice violent, la poule ouvre le bec pour admettre une plus grande quantité d'air dans ses poumons. Chez ces animaux la respiration est double et active, comme chez tous les gallinacés. Les cellules de leurs poumons sont plus grandes en proportion que chez les mammifères; les bronches ne se terminent pas non plus en cul-de-sac, comme chez ces derniers, mais bien dans de vastes cellules qui s'étendent dans tout le corps, dans les plis du péritoine, même dans l'épaisseur des os.

Il résulte donc de cette disposition anatomique particulière, que la poule a besoin d'admettre dans son intérieur une masse d'air plus considérable en proportion que les mammifères.

L'éleveur devra donc considérer comme de la plus haute importance les soins hygiéniques que nous avons prescrits dans la construction des poulaillers à l'effet d'éviter une foule de maladies qui n'ont d'autres causes que le manque d'air sain et respirable.

Les *deux narines*, situées au milieu de la mandibule supérieure du bec, sont assez étroites, membraneuses, diversement colorées. Dans quelques maladies, notamment dans le catarrhe nasal, affection très commune, les ouvertures nasales sont susceptibles de s'obstruer par le mucus desséché.

Les *deux cavités nasales* sont séparées par une cloison, elles sont peu profondes, et s'ouvrent intérieurement dans la bouche par une seule fente, longue, étroite, longitudinale, garnie de petites dentelures. Ouverte quand l'animal a la tête baissée ou en position ordinaire, cette ouverture se ferme quand la poule a la tête élevée. Cette disposition anatomique particulière oblige ces animaux à lever la tête pour fermer cette ouverture et boire sans danger.

Les cavités nasales sont le siège d'une irritation (catarrhe nasal) assez commune, même en été ; le mucus sécrété se coagule en grumeaux épais, jaunâtres, et gêne la respiration. C'est par la fente longitudinale du palais, qu'on peut très facilement enlever cette matière concrète, et sauver l'animal d'une mort certaine.

Le *larynx* a une ouverture oblongue essentiellement membraneuse. La trachée est composée d'anneaux cartilagineux très durs ; elle s'élargit en entonnoir vers le larynx supérieur et se rétrécit insensiblement vers le larynx inférieur. Celui-ci est comprimé latéralement, composé d'une seule pièce et concourt à la formation de la voix. Toute la trachée paraît susceptible de s'allonger et de se raccourcir. Le larynx inférieur peut se dilater, se comprimer suivant les sons que l'animal veut produire.

Les *poumons* sont petits, de couleur rose tendre, d'une texture très fine, moulés sur les enfoncements intercostaux et comme garnis de grands trous extérieurement ; ces trous paraissent établir une communication des cellules pulmonaires avec les cellules formées par le péritoine.

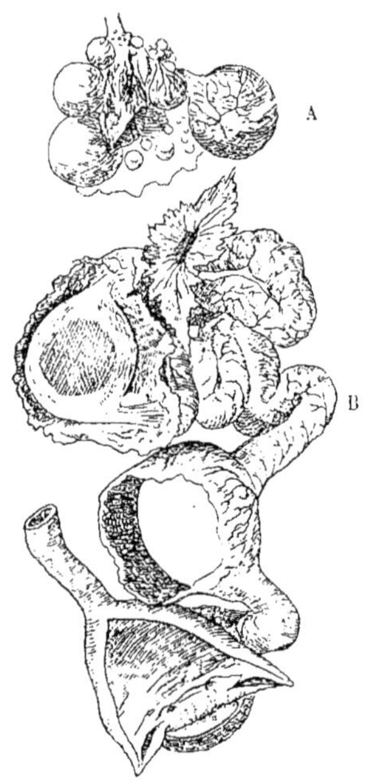

Fig. 33. — A, grappe ovarienne; B, oviducte.

La circulation du sang chez les poules se fait au moyen d'un cœur à quatre cavités, comme chez les mammifères.

Le cœur est conique, et la distribution des artères, des veines et des lymphatiques a également lieu comme chez les mammifères.

Les organes sexuels chez le coq et chez la poule ne présentant que peu d'intérêt, nous traiterons ce sujet très brièvement.

Les organes de la génération, chez le coq, présentent une grande simplicité de conformation. A l'encontre des mammifères, ils se trouvent chez tous les oiseaux à l'intérieur du corps, position qui paraît leur donner une plus grande activité sécrétoire, et expliquerait en partie, chez le coq, cette étonnante lubricité à laquelle contribue évidemment la grosseur des testicules peu en proportion de sa taille.

Ces organes comprennent : les testicules, les canaux efférents et le pénis.

Les *testicules* sont au nombre de deux, situés dans l'intérieur de l'abdomen, en arrière du foie et en avant du gésier. Ils sont fixés de chaque côté de l'épine du dos, un peu en arrière de la poitrine et occupent à peu près la même position que les reins, chez les mammifères. Le testicule gauche est placé un peu plus en avant que le droit et la masse des intestins passe entre les deux.

Les *canaux efférents* partent des testicules, du point des liens qui les attachent sur les côtés du dos, se prolongent sur les côtés de la colonne dorsale, longent le dessous du croupion, et viennent se terminer à chacun des tubercules du pénis.

Le *pénis* n'est qu'une sorte de bourrelet circulaire, logé dans le cloaque au-dessus de l'anus et terminé, de chaque côté, par un tubercule de consistance élastique.

Les parties principales qui composent les organes sexuels de la poule, sont : l'oviducte et la grappe ovarienne.

L'*oviducte* est un canal membraneux, long d'environ 10 centimètres, se terminant à la partie supérieure du cloaque, glissant sous l'os sacrum et les vertèbres du dos et rejoignant la grappe ovarienne. L'oviducte a son extrémité antérieure formée d'une membrane translucide appelée pavillon, destinée à recevoir de la grappe ovarienne l'œuf détaché de son pédoncule ; il s'épaissit ensuite et prend le nom de trompe ou transmetteur, se continue en une première chambre complémentaire ou conduit albuminipare, et se termine en un réceptacle ou chambre coquillière d'un tissu fort et résistant (fig. 33).

Chez la poulette, l'oviducte est très petit et mince. Au moment de la ponte, il prend un certain développement, et peu de temps après se rétrécit en une sorte de canal.

Dans cette période, l'oviducte a plutôt l'apparence d'une petite bandelette transparente collée le long du rein gauche, presque impossible à distinguer, disparaissant même parfois réellement.

C'est un véritable cas d'atrophie physiologique et périodique.

La *grappe ovarienne* est la partie constitutive de l'ovaire, organe principal de l'appareil génital de la femelle.

La poulette, dans le tout jeune âge, a deux ovaires (comme les femelles d'un ordre supérieur) occupant à la suite des poumons, sous les os du dos, à peu près le même emplacement que les principaux organes générateurs du coq. Cette situation n'est que transitoire : on ne trouve bientôt plus qu'un corps charnu, glanduleux, jaunâtre, de forme assez irrégulière et maintenu sous les replis d'une membrane qui enveloppe également tous les viscères contenus dans la cavité du ventre ; c'est ce corps qui forme la grappe ovarienne.

Nous aurons occasion de revenir sur ce sujet dans le chapitre traitant des œufs.

DEUXIÈME PARTIE

INTRODUCTION

L'origine de nos races domestiques de poules a déjà fait noircir beaucoup de papier sans que l'on soit arrivé à la prouver d'une façon bien évidente. La preuve n'est, évidemment, pas très facile à faire. Les races se sont modifiées sous des influences tellement diverses, perfectionnement, climat, nourriture, croisements, qu'il devient improbable qu'on puisse jamais établir leur généalogie d'une façon bien sérieuse.

Darwin et de nombreux naturalistes tels que Layard, Ward, sir W. Elliot, Blyth, Jerdon, s'accordent à considérer le coq de Bankiva comme étant la souche de la plupart, sinon de toutes nos races domestiques.

Le coq de Bankiva, originaire de l'Inde, présente, en effet, beaucoup de rapports avec le coq de combat nain, si affectionné des Anglais, qui lui-même se rapproche un peu, comme plumage, de nos beaux coqs de ferme ; de plus, il existe une certaine corrélation entre le chant des deux coqs, sauvage et combattant.

De là à établir une généalogie complète ainsi qu'un journal la publia en 1886, il y a une véritable distance.

Cette généalogie était ainsi conçue :

Bankiva engendrant coq de combat ;

Coq de combat, souche de la race Gauloise ??.....

Puis de la race Gauloise seraient dérivées les races *Espagnole*, *Hambourg*, *Dorking* et *Houdan*.

Enfin la poule *Espagnole* aurait produit les poules de *Crèvecœur*, *La Flèche*, *Bresse* et *Barbezieux*.

Cette énumération, bien que présentant certaine vraisemblance de détails telles que l'influence supposée de l'Espagnole sur les La Flèche et les Barbezieux, pèche par son point de départ même. Si l'on admet, ce qui n'est pas impossible, que les peuples Indo-Germains, si migrateurs, aient introduit dans la Celtique des coqs, rien ne prouve qu'ils n'importèrent de l'Inde que le seul coq de Bankiva et non quelque autre espèce, qui, ainsi que le coq de Sonnerat, habite les mêmes parages et se domestique également bien, quoique moins facilement que le premier.

La souche supposée indienne de nos races présentant quelque apparence de réalité, les recherches peuvent se tourner de ce côté et peut-être aboutir un jour, mais, pour le moment, en raison des différences extrêmes d'aptitudes et de formes de nos races domestiques, il ne nous est pas possible d'attribuer leur origine au seul coq de combat qui, lui, cependant, descend peut-être du coq de Bankiva.

Sous l'action de la domestication, les animaux peuvent être sujets à des variations fort sensibles, nous ne l'ignorons pas, mais ces variations ont diverses autres causes, dont la principale est due aux croisements ; or, il ne nous paraît pas possible de retrouver aujourd'hui la race qui, avec les coqs Bankiva ou de Sonnerat, a produit notre race domestique.

Si les ornithologistes voulaient nous en donner le démenti, nous serions heureux de l'enregistrer, mais nous croyons qu'eux-mêmes considèrent cette découverte comme peu probable.

Nous contentant donc de supposer que le coq de Bankiva a contribué, mais dans une petite mesure seulement, à la formation de nos races domestiques, nous allons, sans plus d'explications, nous occuper de la classification de ces races.

Cette question soulève encore de nombreuses controverses. Les uns demandent la classification par l'étude comparée du squelette, d'autres, les études monographiques indépendantes, les plus modestes se contenteraient du simple examen des caractères extérieurs des différentes races.

De cette divergence d'opinions, il résulte que la véritable classification des races de poules n'existe pas encore aujourd'hui.

Poules de la grande espèce et poules de la petite espèce, étaient les simples divisions sous lesquelles les vieux auteurs classaient les races de poules. Cette désignation un peu brève ne satisferait guère nos aviculteurs modernes, et les zoologistes même, qui se contenteraient pourtant d'une classification très restreinte du genre Gallus, ne la trouveraient point tout à fait suffisante.

Dans la distinction des races, d'ailleurs, on aura peine à faire accorder l'intérêt scientifique avec l'intérêt industriel, qui n'ont ensemble que des rapports très relatifs.

Il est évident que la division — en races — de toutes les espèces de poules connues, ne pourra guère être considérée que comme artificielle au point de vue scientifique, la plupart étant dues à des croisements.

Mais ces croisements, qui les retrouvera ?

Comment déterminer d'une façon précise, entre deux races présentant des affinités, l'influence de l'une plutôt que de l'autre ? Il y a là prétexte à toutes les théories possibles et le plus sage, croyons-nous, est de s'arrêter à la désignation comme races, de toutes celles admises actuellement dans les catalogues des expositions d'aviculture et de repousser le classement de tous les croisements qui pourraient survenir désormais.

Dans ces conditions, la classification qui nous paraît la plus rationnelle et que nous adopterons en partie, est celle de l'habitat déjà indiquée par M. Ernest Lemoine dans une conférence faite au Concours général de Paris en 1888.

Elle est ainsi divisée :

Races françaises ;

Races du Nord ;

Races Méditerranéennes ;

Races Asiatiques et Océaniennes;

Races de fantaisie.

Aux races de fantaisie nous joindrons celles dont l'habitat n'est point déterminé d'une façon très nette et qui, d'ailleurs, ne présentent qu'une utilité fort relative.

En résumé, le gros intérêt pour le lecteur étant de posséder une description claire de toutes les races connues, avec des détails un peu plus complets sur les races véritablement pratiques, le but principal de la classification adoptée sera de donner plus de clarté à notre énumération de races et de faciliter les recherches.

CHAPITRE PREMIER

RACES FRANÇAISES

LA POULE COMMUNE

La plus dépréciée, la plus avilie, possédant des caractères tellement divers, qu'il est impossible d'en fixer le type, même par à peu près, la poule commune envahit la majeure partie des basses-cours en France. Vive, alerte, très apte à chercher seule son existence, elle couve et pond d'une façon moyenne.

Mettez les gracieux Houdan, les superbes Crèvecœur, les imposants Dorking, dans la même situation de liberté et de manque de soins, sans doute ils seront, en peu d'années, dégénérés comme les poules de ferme les plus vulgaires.

Prenez, au contraire, ces poules communes, distrayez-en les plus beaux sujets, soignez-les et entretenez-en vigoureusement le type, et vous parviendrez, en peu d'années, cinq ou six ans, à reconstituer une race originelle, pleine de qualités.

Les Crèvecœur, La Flèche, Houdan, etc., ne sont autres que les poules communes de ces pays, bien entretenues et amenées, par des soins particuliers, au degré de perfection et de fixité qu'elles nous présentent aujourd'hui et qui permet de les classer comme races. Examinez attentivement les variétés de poules qui se trouvent dans les pays avoisinant le lieu d'origine des grandes races, et vous découvrirez des sous-races, des variétés, qui établissent nettement une gradation ascendante des poules les plus communes à ces races perfectionnées.

De forme et d'aspect indéfinissables, la poule commune présente, en effet, tous les caractères mélangés et abâtardis des grandes races. Certaines ont subi l'influence des Dorking, ainsi que les cinq doigts de leurs pattes semblent l'indiquer, mais l'ossature est plus grosse et les formes moins volumineuses ; d'autres présentent, en petit, les formes et le plumage de la Cochinchinoise, sans ses aptitudes de couveuse. On en voit des noires, basses sur pattes, des coucous, des blanches et beaucoup de rousses. Toutes les nuances possibles de plumages s'y rencontrent mélangées, sans l'harmonie qui fait l'orgueil de nos races pures.

De taille généralement petite, d'un développement peu rapide, pondant assez abondamment, mais de petits œufs, l'ossature plutôt forte et la chair médiocre, la poule commune a tout ce qu'il faut actuellement pour mériter la déconsidération dans laquelle la tiennent les éleveurs de profession.

Les quelques avantages de la poule commune sont dus à ses habitudes vagabondes, qui lui procurent une nourriture plus variée, et l'obligent à une défense plus active de sa couvée ; il en résulte qu'elle est rustique et bonne mère. Mais sa rage de courir, son maraudage perpétuel, sa ponte au dehors, sont aussi de sérieux inconvénients.

Dans les contrées qui ne sont pas renommées pour l'élevage d'une belle race, on trouve parfois des sujets qui ne manquent pas de qualités ; ce sont ceux-là que le fermier doit s'attacher à mettre de côté, les perfectionnant et cherchant à les ramener à un type supérieur, bien entretenu. Ce système est moins onéreux que le remplacement immédiat de toutes ses poules médiocres par des races à gros rendement. Par le perfectionnement bien entendu de sa poule commune, le cultivateur atteindrait sûrement ces deux résultats : Développement de viande beaucoup plus rapide ; ponte infiniment supérieure à celle que lui donnent aujourd'hui toutes ses poules.

Au rebours de la poule dont le plumage est généralement terne et sans cachet, le coq de ferme présente souvent une livrée des plus éclatantes. Très fier, très orgueilleux, il se promène gravement au milieu de son sérail, prenant un grand soin de sa toilette, batailleur, et ardent à remplir ses devoirs conjugaux. Il aime à se percher pour chanter, d'une voix sonore, ses victoires amoureuses et autres.

Maintenant que notre conscience est tranquille vis-à-vis de la poule commune, nous allons, sans autre préambule, aborder le chapitre des volailles de race.

RACE DE HOUDAN

De toutes les races françaises, la poule de Houdan est celle qui est la plus populaire et la plus choyée. Cet engouement est, en somme, assez justifié. C'est une des plus belles races de poules que nous possédions. Chez elle, tout est élégant : le port et la forme. Rien n'est gai et coquet comme l'aspect d'une basse-cour composée de ces gracieux Houdan, dont les qualités pratiques, exigées par l'éleveur, ne le cèdent point à la beauté. En effet, elle atteint un volume très raisonnable; la chair est d'une grande finesse, très apte à prendre la graisse de bonne heure. Avec de l'espace, les poulets poussent vite, et les éleveurs de Houdan les mettent à l'engraissement dès l'âge de trois mois et demi.

Fig. 34. — Coq et Poule de Houdan.

La poule donne de fort belles poulardes, elle figure parmi les espèces dont le poids se rapproche le plus de celui du coq.

Cette race a été recommandée d'une façon toute spéciale pour l'élevage en parquets, comme peu coureuse, s'accommodant bien de la captivité du poulailler. Elle s'habitue assez bien au manque d'espace, mais elle n'atteint jamais, dans ces conditions, son maximum de ponte et de volume.

La race de Houdan n'est point à conseiller pour les débutants en élevage qui veulent se livrer à la sélection. Est-elle la résultante d'un croisement plus ou moins éloigné, ou pour une autre cause non encore bien définie ; mais, sans des soins excessifs, elle dégénère assez rapidement, la crête ne se maintient pas suivant la mode admise aujourd'hui en forme de gobelet, le plumage blanchit ; nous avons relevé plusieurs observations d'éleveurs qui ont obtenu des Houdans complètement blancs.

Avec de grands soins, un sol propre, de l'espace, elles sont autant poules pratiques que d'agrément ; mais vienne une ondée un peu violente, si nos poules sont sans abri, les plumes de la huppe collées les unes contre les autres, ne le cèdent en rien comme effet disgracieux à la cravate plaquée contre la gorge, le tout agrémenté de la boue d'un parquet mal entretenu ou d'un sol argileux.

C'est pourquoi la Houdan, ainsi que toutes les races à huppe, sera toujours moins recommandable que les autres pour la ferme, mais l'éleveur industriel et l'amateur soigneux tireront un excellent parti de son développement si rapide, de sa chair excellente et de sa ponte qui représente une bonne moyenne.

L'aspect du plumage régulièrement alterné de noir et blanc est fort attrayant. Chez le coq, des reflets d'un vert métallique chatoyant sur les plumes du dos, de la queue, des ailes, sur les lancettes, rehaussent encore davantage la gaîté de la livrée de cette jolie race. Les deux nuances, bien tranchées, noire et blanche, sont seules admises par les amateurs.

Le plumage des jeunes poulets, jusqu'à près de trois mois, est composé de grandes plaques blanches et noires, ce n'est que plus tard qu'il acquiert cette régularité tant recherchée des amateurs. Ainsi que nous l'avons déjà dit, le coq et la poule ont des tendances à blanchir, mais surtout après la première année, c'est pourquoi les éleveurs ne conservent, pour la reproduction, que les coqs les plus noirs.

Caractères monographiques du coq.

Tête forte.
Bec fort et crochu.
Couleur du bec, noire, extrémité blanche.
Narines petites.
Œil très grand.
Iris rouge.

Pupille noire.

Huppe composée de plumes fines, retombant en arrière et de chaque côté de la tête.

Crête volumineuse, en forme de gobelet, divisée en trois parties, la plus petite au milieu, adossée contre les deux autres qui ont assez l'aspect de feuilles de chêne.

Barbillons peu développés, de 2 à 3 centimètres de longueur, repliés, d'un beau rouge vermillon, en partie dissimulés dans la cravate.

Oreillons très petits, blancs, cachés par les favoris.

Joues recouvertes par les favoris.

Cou court et épais.

Corps très volumineux, poitrine large et plate, reins très longs, dos long et légèrement incliné.

Jambes de longueur moyenne et fortes.

Tarses blanc rosé tachetés de gris foncé.

Doigts au nombre de cinq, le 4e et le 5e l'un au-dessus de l'autre et bien détachés, le 5e horizontal au-dessus de l'éperon et dans la même ligne.

Queue bien fournie et bien développée.

Taille élevée.

Favoris très épais et composés de plumes horizontales.

Cravate très saillante, plumes perpendiculaires.

Camail bien fourni en plumes longues et fines.

Lancettes longues, fines, noir bronzé, extrémités blanches.

Faucilles bien arrondies, longues, blanches et noires.

Tectrices et *rémiges* noires et blanches, moins les trois premières du vol, qui sont entièrement blanches.

Caractères monographiques de la poule.

Tête très forte.

Bec assez fort de couleur rose et noire.

Œil grand, dissimulé par la huppe.

Huppe très fournie, régulièrement arrondie, formée de plumes serrées se recouvrant les unes les autres et laissant la crête dégagée.

Crête présente une réduction exacte de celle du coq.

Barbillons rudimentaires.

Oreillons petits et blancs.

Joues cachées par les favoris.

Queue bien fournie portée peu relevée.

Favoris très fournis.

Cravate saillante et longue.

Les autres caractères sont les mêmes que chez le coq.

La poule de Houdan est une excellente et précoce pondeuse, cent vingt à cent trente œufs par an du poids moyen de 60 à 65 grammes et d'un beau blanc laiteux.

L'incubation est presque nulle.

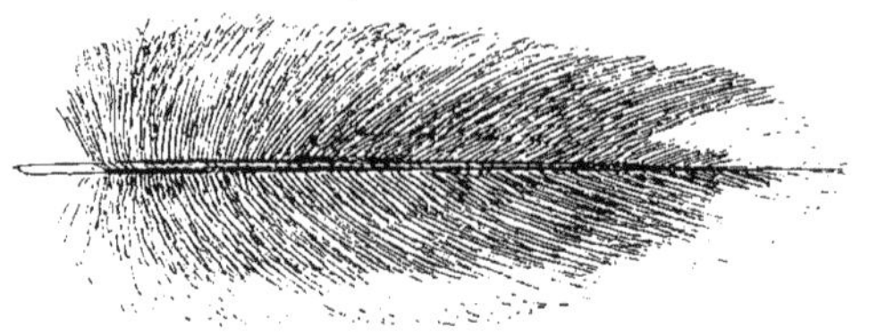

Fig. 35. — Plumes de poules de Houdan.

RACE DE CRÈVECŒUR

D'origine normande, le Crèvecœur est également une de nos plus belles et, sans doute, une de nos plus anciennes races.

Il n'a point l'aspect joyeux du Houdan, mais il est également rempli de qualités. D'un développement un peu moins précoce, il est aussi plus délicat. Il lui faut un grand parcours pour se développer d'une façon normale.

Quand il n'est pas maintenu à l'état libre, il s'engraisse avec une très grande facilité, ce qui est un avantage lorsqu'on le destine à la vente, mais un inconvénient surtout pour les poules qui sont destinées à la ponte. Dans ce cas, il faut rationner la nourriture.

D'allure grave, d'aspect lourd et massif en raison de l'abondance du plumage, le Crèvecœur est un gros fabricant de viande. Les membres sont forts mais charnus, les formes épaisses, pleines, sont constituées par une masse abondante de chair entremêlée de graisse fine. Enfin le squelette est léger.

Rappelons que, dans un concours culinaire de volailles, en Angleterre, c'est la volaille de Crèvecœur qui remporta le prix pour la finesse de la chair.

A l'âge adulte le poids moyen de la femelle est de 3 kilogrammes, on estime que douze poules doivent peser ensemble 36 kilogrammes. Il y a des exceptions remarquables en plus; certaines poules de deux ans arrivent à 3 kilogrammes et demi et 4 kilogrammes. On peut s'occuper de l'engraissement du poulet avant qu'il ait atteint l'âge de trois mois et demi et on peut le manger quinze jours après. Le développement est à peu près complet à cinq mois, sous le rapport de la taille, du poids et de la maturité. La poularde de cinq à six mois pèse 3 kilogrammes et le poulet gras, du même âge, de 3 kilogrammes et demi à 4 kilogrammes et demi.

C'est une admirable race de produit lorsqu'on peut la mener à bien.

Fig. 36. — Coq et Poule de Crèvecœur.

Sorti de son pays natal, le Crèvecœur est en effet malheureusement trop sensible aux brusques changements de température. Il craint, plus que tout autre, l'humidité, et est, par ce fait, plus prédisposé aux angines, aux maux d'yeux, aux indigestions et à la diarrhée. Les Anglais ont réussi à l'acclimater chez eux sans doute avec des soins excessifs, encore ne doit-il pas y être répandu, car, même en France, il demande de grands ménagements pour être changé de localité. Nous connaissons des aviculteurs français et des maîtres aviculteurs, qui ne peuvent arriver à les élever jusqu'à l'âge adulte. D'autre part, de nos collègues de la Société qui n'habitent point la Normandie, en réussissent bien l'élevage, mais dans des parquets vastes dont le terrain est très léger.

Malgré cette contradiction apparente, le Crèvecœur n'en reste pas moins une race dont l'élevage est délicat.

Souvent le plumage des jeunes poulets est mêlé de blanc surtout à la huppe. Ces plumes disparaissent au bout de quelques mois, mais on les voit reparaître inévitablement à la deuxième année ; il est donc important de ne choisir, pour la reproduction que des sujets n'ayant pas eu de plumes blanches dans leur jeunesse. La moindre trace de blanc, dans une race noire, doit être considérée comme un commencement de dégénérescence.

Il est à remarquer cependant que certains sujets qui ont la collerette, les lancettes des reins et les plumes du recouvrement des ailes de couleur paille, reproduisent noir, mais ces sujets n'étant point estimés, nous ne conseillons point de les garder.

Caractères monographiques du Coq.

Tête longue et forte.

Bec fort, légèrement arqué.

Couleur du bec, noire, extrémité un peu claire.

Narines très saillantes, formant comme deux petites valves et séparées par un léger caroncule rouge.

Œil grand, un peu caché par la huppe.

Iris brun, peu marqué, presque un filet.

Pupille noire, très dilatée.

Huppe bien fournie, régulière, retombant de chaque côté de la tête.

Crête formée de deux cornes rondes, lisses et bien rouges, réunies à la base où se présente, de chaque côté, une petite cavité, hauteur 3 centimètres.

Barbillons plissés, rouges, 3 centimètres de longueur.

Oreillons blancs, dissimulés par les plumes de la huppe.

Joues couvertes par les favoris.

Cou épais, très emplumé, plus court que celui du Houdan.

Corps volumineux, poitrine et reins larges, la pente entre le cou et la naissance de la queue est à peine accusée.

Cuisses fortes et très emplumées, jambes un peu basses.

Tarses lisses, ardoise foncé, éperon de même couleur et gros à la naissance.

Doigts, au nombre de quatre, longs, ongles foncés.

Queue bien fournie.

Port grave et lourd.

Favoris très développés.

Cravate longue et épaisse dépassant les barbillons.

Camail abondamment fourni.

Lancettes longues et fines.

Faucilles hautes, longues, les grandes s'élevant presque perpendiculairement.

Caractères monographiques de la Poule.

Tête forte.

Narines, mêmes caractères que chez le coq, mais un peu atténuées.

Huppe forte et bien sphérique.

Crête réduction exacte de celle du coq, les cornes dépassent rarement 1 centimètre.

Queue bien fournie, portée peu élevée.

Cravate longue, épaisse et pendante.

Les autres caractères sont les mêmes que chez le coq.

La ponte est assez abondante : 120 œufs environ par an, et de toute beauté dépassant souvent 75 grammes. Elle couve fort rarement et mal, cassant souvent les œufs qu'on lui confie, comme si elle désirait mettre fin aux ennuis de l'incubation.

Aussi les fermiers qui s'adonnent en Normandie à l'élevage de la crèvecœur, pour parer à cet inconvénient, font-ils couver les œufs par des dindes.

RACE DE LA FLÈCHE

Encore une volaille dont notre pays peut s'honorer. La plus grande de nos races françaises, haut perchée qu'elle est sur ses grosses et longues pattes, et la plus belle, d'après le dire de nombre d'éleveurs.

On lui attribue diverses origines. Certains prétendent qu'il coule dans ses veines du sang espagnol. Nous croyons que cette opinion est assez aventurée, les caractères des deux races étant bien distincts. En tout cas, la race est bien fixée et se maintient aisément dans toute sa pureté. Pour nous, aujourd'hui, elle est originaire de la Sarthe et voilà tout.

Le corps paraît moins gros que celui des races précédentes, tout en ayant plus de volume. Ce sont les plumes, collant étroitement contre la chair qui produisent cet effet. Il est solidement établi, bien charpenté et toutes les parties musculaires en sont bien développées. La peau est blanche, fine, transparente et extensible ; la chair courte, juteuse, délicate et très apte à prendre la graisse.

Le plumage est entièrement noir avec reflets verdâtres.

Le poulet peut être mangé vers l'âge de cinq mois ; mais ordinairement on ne livre ces animaux à l'engraissement que vers sept à huit mois ; moment où ils sont arrivés à peu près à leur dernier point de croissance ; le mâle prend alors le nom de coq vierge, et lorsque son traitement, qui doit durer d'un mois à six semaines, est terminé, il atteint 5 kilogrammes et plus. Un coq vierge non engraissé, à l'âge de huit mois, donne un poids brut de 3 kilogrammes et dem à 4 kilogrammes, poids égal à celui d'un coq adulte cocheur en bon état. Le poids de la chair est naturellement de proportions variables, selon l'état d'engraissement, et, si celui des os est d'un huitième à l'état normal, il est de beaucoup au-dessous à l'état de graisse.

Les volailles de La Flèche, si propres à l'engraissement, sont encore très robustes et rarement malades. Elles s'acclimatent en quelque contrée qu'on les transporte et la race se conserve facilement, pourvu qu'on évite la promiscuité. Elles s'habituent à toutes les nourritures possibles, dès qu'elles ont atteint un certain âge ; mais on doit, dans les commencements, les nourrir avec des aliments au moins analogues à ceux qu'elles reçoivent dans leur pays.

Elevées en liberté, elles ne s'écartent pas trop, surtout si elles sont pourvues de verdure.

La race de La Flèche peut être mise sans contestation au nombre des deux ou trois plus belles races françaises. Quoique son plumage soit uniformément noir, il est extrêmement riche à cause de son brillant et de ses beaux reflets verts et violacés. Sa crête et ses barbillons, d'un rouge vif, ainsi que son large oreillon, d'un blanc très apparent, forment avec le plumage un contraste aussi remarquable que dans la race espagnole. La finesse, la délicatesse et le goût exceptionnel de sa chair sont déjà très sensibles à l'état maigre et complètement déterminés par l'engraissement, épreuve à laquelle sont indistinctement soumis les poulettes et les jeunes coqs de sept à huit mois. Ces derniers sont mis à l'écart aussitôt qu'on le juge nécessaire, afin qu'ils n'aient aucun commerce avec les poules, c'est ce qui les a fait surnommer coqs vierges. On a reconnu qu'en cet état de réserve ils sont beaucoup mieux disposés à se faire au traitement, sans qu'il soit besoin de les chaponner.

Les poules sont également livrées à l'engraissement avant qu'elles aient pondu, et donnent ce qu'on appelle les poulardes. C'est, dans toutes les races, parmi les coqs de La Flèche que se trouvent les pièces les plus volumineuses qui soient destinées à la table.

Cette grande race met de neuf à onze mois pour arriver à son état de perfection, mais ce peu de précocité présente un avantage, car les poulets, étant fort longs à devenir adultes et ne poursuivant les poules que fort tard, continuent à se développer pendant l'hiver, et donnent au printemps, à cette époque où les bonnes volailles deviennent très rares, de magnifiques et délicieux produits.

Fig. 37. — Coq et Poule de La Flèche.

La réputation des poulardes du Mans n'est plus à faire, mais ce n'est pas au Mans qu'elles sont élevées ; c'est dans la ville de La Flèche et ses environs que cet élevage se pratique aujourd'hui.

Caractères monographiques du coq.

Tête forte, d'aspect dur, surmontée par un épi de plumes courtes et droites qui prend naissance à l'extrémité supérieure du crâne.

Bec long, fort, légèrement incliné à la pointe. Couleur du bec, noire.

Narines fortes, ouvertes largement en valves et supportant, à leur naissance, une petite protubérance charnue, très rouge, surnommée « le bouton ».

Œil très grand.

Iris brun très foncé, à peine apparent.

Pupille noire et grande.

Crête composée de deux cornes rondes, droites, ayant 1 centimètre et demi à 2 centimètres de longueur éloignées l'une de l'autre à leur sommet et se rejoignant à la base, mais sans se souder.

Barbillons rouge vif, bien développés, portant 5 à 6 centimètres de longueur chez les sujets adultes.

Oreillons grands, nettement blancs, de forme ovale bien arrondie.

Joues très rouges, légèrement garnies de petites plumes noires ayant plutôt l'apparence de crins.

Cou long et fort.

Corps volumineux.

Dos plat, long, très légèrement incliné.

Poitrine très large et bien bombée.

Jambes hautes, le canon de la patte, uni, long, fort, de couleur gris ardoisé.

Doigts gris ardoisé, longs, au nombre de quatre, les ongles foncés.

Queue haute, bien fournie, légèrement inclinée en arrière.

Port altier.

Taille très élevée.

Camail long, très fourni.

Lancettes fines et abondantes.

Faucilles très longues.

Caractères monographiques de la poule.

Tête forte, d'aspect éveillé, munie d'un petit épi.

Bec long, presque droit.

Couleur du Bec, corne foncée, plus claire à l'extrémité.

Crête présentant, en plus réduit, exactement la même forme que chez le coq.

Queue bien fournie, mais portée peu relevée.

D'aspect moins volumineux ; tous les autres caractères de la poule sont semblables à ceux du coq.

C'est une excellente pondeuse, précoce, donnant par an environ 140 œufs pesant 68 à 70 grammes.

Ainsi que la plupart des fortes pondeuses, la poule de La Flèche ne couve pas.

RACE DU MANS

Depuis quelques années, la race du Mans fait des apparitions de plus en plus fréquentes dans nos concours et elle y est appréciée avec beaucoup de raison.

Elle n'est à vrai dire qu'une simple variété de la race de La Flèche dont elle ne diffère que par la crête, volumineuse, plate, triangulaire et frisée et l'absence d'épi sur la tête; en faire la description serait rééditer textuellement la monographie qui précède, ce qui nous paraît bien inutile.

Cette belle variété est encore plus rustique que la race même, elle se développe bien plus rapidement et s'acclimate partout; sa chair, sans être aussi délicate, e t néanmoins excellente ; la poule couve parfois mais rarement, elle pond un peu moins bien et des œufs un peu moins gros que la poule de La Flèche.

En raison de sa ponte et de sa chair, cette race est des plus recommandables pour la ferme; on attribue sa rusticité au croisement dont elle provient et qui est assurément celui d'une poule commune du pays avec la race mère de La Flèche.

Les plus grosses poulardes de La Flèche ne sont autres que les belles poulettes de cette excellente variété.

RACE DE BARBEZIEUX

Grande et superbe race, bien fixée dans le département des Charentes dont elle est originaire et s'acclimatant bien dans tous les pays où elle trouve de l'espace, un terrain sec et un climat tempéré. C'est, avec la race de La Flèche, la plus haute des volailles de race française et celle qui atteint à six mois le poids le plus élevé. Sa chair est excellente, la poule pond bien et de beaux œufs.

Caractères généraux du coq.

Tête forte et longue.

Bec assez fort de couleur corne foncée.

Œil grand, bordé de paupières brunes.

Iris roux foncé.

Pupille noire.

Crête grande, droite, régulièrement dentelée et d'un beau rouge.

Barbillons bien rouges, grands, ovales, d'un tissu granulé.

Oreillons grands, en forme d'amandes, d'un blanc pur et bien lisses.

Cou long et fort.

Corps volumineux et d'attitude presque verticale, dos et reins larges et longs, poitrine large, épaules proéminentes.

Jambes hautes, cuisses très fortes.

Tarses longs, forts, bleu ardoisé ; ergots bien conformés et forts.

Doigts longs, nerveux, au nombre de quatre.

Queue peu fournie, portée peu relevée.

Taille très élevée.

Camail épais, bien fourni, noir à reflets métalliques verts.

Lancettes longues, de même nuance que le camail.

Faucilles assez longues et très fragiles.

Tout le plumage est noir avec des reflets métalliques verts.

Caractères généraux de la poule.

Tête fine.

Crête placée très en avant sur le bec, pliée d'un côté et renversée de l'autre comme chez la poule de la Bresse, bien souple et bien dentelée.

Oreillon blanc et de moyenne grandeur.

Queue bien fournie, portée peu relevée.

Les autres caractères sont semblables à ceux du coq.

La poule de Barbezieux est la plus grande de toutes les poules françaises et, suivant les conditions dans lesquelles elle se trouve, sa ponte varie entre 120 et 180 œufs par an du poids de 68 à 70 grammes.

Comme on le voit, elle est aussi bonne pondeuse que les races à pattes courtes, elle couve assidûment mais avec un peu de maladresse. En effet, elle brise parfois ses œufs ou écrase quelques poussins avec ses longues pattes qui lui sont alors un grand sujet d'embarras.

C'est une race des plus recommandables : chair excellente prenant facilement la graisse, développement suffisant et incubation bonne, on ne peut demander beaucoup plus ; comme nous l'avons déjà dit, il lui faut un vaste parcours, car elle dégénère rapidement dans un petit parquet.

RACE DE COURTES-PATTES

Comme son nom l'indique c'est une bassette, mais une bassette d'un joli volume qui partage avec les La Flèche et les Mans les faveurs des éleveurs du département de la Sarthe dont elle paraît originaire, en tout cas où elle est le plus répandue.

Fig. 38. — Coq de Courtes-Pattes.

On la voit aujourd'hui régulièrement apparaître dans les concours où tous les spécimens exposés sont fort beaux et bien homogènes. La race présente à peu près les mêmes qualités que les deux précédentes ; si la chair est un peu moins fine que celle de La Flèche, elle est plus rustique et d'un développement plus rapide, de plus la poule couve tardivement mais bien. Les poussins viennent assez vite sans soins spéciaux ; ils sont, à leur naissance, noirs avec le ventre blanc jaune.

Caractères principaux du coq.

Tête fine et longue.

Bec moyen, légèrement crochu.

Couleur du bec corne foncée.

Œil grand, bien dégagé.

Iris très foncé.

Pupille grande et noire.

Crête forte, charnue, droite, haute, simple, peu régulièrement dentée.

Barbillons longs et larges, rouge vif.

Oreillons bien développés et blancs.

Cou gros et court.

Corps assez volumineux, horizontal, large et long, poitrine et dos bien développés, ailes de bonne longueur et fortes.

Jambes grosses et courtes.

Tarses très courts, couleur ardoise foncé.

Doigts au nombre de quatre, ongles foncés, ergot bien développé.

Queue très fournie et portée relevée.

Port altier, malgré son air de basset, le coq se promène orgueilleusement au milieu de ses poules levant très haut la tête.

Camail très épais.

Lancettes très longues, traînant à terre la deuxième année.

Faucilles larges et très longues, formant une courbe très accentuée.

Plumage entièrement noir à reflets verdâtres.

La poule présente, en son ensemble, les mêmes caractères que le coq ; elle a la crête repliée, et porte très relevée sa queue qui est abondamment fournie ; sa ponte atteint 140 œufs par an d'un beau volume.

RACE DE LA BRESSE

Après une assez longue période d'indifférence, la vieille race de la Bresse paraît reprendre la vogue que méritent ses grandes qualités. D'après M. Chanel de Bourg, la réputation des poulardes de la Bresse, à l'étranger, remonte aux années 1815 à 1818, époque à laquelle les armées alliées occupèrent, comme frontière, la ville de Bourg.

Fig. 39. — Poule de Courtes-Pattes.

Il se fait, en ce pays et dans tous les environs, un commerce aussi important de volailles fines que dans la Sarthe et dans la région de Houdan. On y pratique l'élevage des deux variétés de la race de la Bresse : la noire et la grise, parfois malheureusement croisées avec de plus grosses races, moins estimées, ce qui fait que la race pure finit par s'y rencontrer plus rarement, heureusement que grâce à nos concours et à l'effort de nombreux amateurs on a fini par la reconstituer dans toute sa pureté et la noire de Louhans, la plus estimée, est couramment offerte dans les journaux spéciaux d'aviculture à des prix très peu élevés.

Elle n'atteint point il est vrai les dimensions des Crèvecœur, Houdan et La Flèche, mais elle dépasse cependant à six mois 1,500 grammes, ce qui est encore un poids fort raisonnable, sa chair est excessivement fine, et prenant aisément la graisse ; elle est très rustique ; la poule de la variété noire pond abondamment et ses œufs sont énormes. C'est la poule pratique, la véritable volaille de ferme. Elle perdrait beaucoup de ses qualités en parquet, car c'est une coureuse à laquelle il faut de l'espace pour bien se développer.

Variété noire.

Caractères monographiques du coq.

Tête moyenne et fine.

Bec moyen, un peu arqué et fort.

Couleur du bec corne foncée.

Narines à peine marquées, à la naissance de la crête.

Œil grand.

Iris très foncé.

Pupille noire et grande.

Crête assez grande, bien droite, prenant naissance à la moitié du bec, dentelée bien régulièrement.

Barbillons bien rouges, minces, de 0,04 de longueur.

Oreillons blanc pur, longs et légèrement arrondis.

Joues complètement rouges.

Cou moyen.

Corps moyen, dos légèrement incliné, poitrine bien développée et charnue.

Jambes assez hautes et fines.

Tarses couleur gris ardoise, ongles noirs, éperon très développé et fin.

Doigts au nombre de quatre.

Queue portée droite et bien fournie.

Port léger, coquet.

Taille moyenne.

Camail très fourni en plumes fines.

Lancettes fines et de moyenne longueur.

Faucilles bien inclinées et peu développées.

La poule ne présente pas de différences assez sensibles avec le coq pour nécessiter une description spéciale, à noter simplement sa crête qui se replie, en deux fois, légèrement d'un côté, à la naissance du bec, puis le reste dans le sens complètement inverse.

C'est une remarquable pondeuse donnant en certains endroits, dans l'élevage de Crosne par exemple, jusqu'à 160 œufs par an pesant 80 grammes, ses œufs sont extrêmement réguliers comme grosseur et comme forme et d'un goût très fin.

Elle couve assez bien, les poussins sont, à leur naissance, noirs avec le ventre jaune brun.

Variété grise.

Inférieure à la précédente, la variété grise ou de Bourg n'en possède pas moins d'excellentes qualités, son plumage est d'un gris crayonné, avec collier blanc et extrémité des plumes de la queue et des ailes d'un gris plus foncé, le bec est bleuâtre, les tarses d'un gris plus clair; les autres caractères sont les mêmes que ceux de la variété noire.

La Bresse grise est un peu plus petite que la noire, sa chair est excellente, très apte à prendre l'engraissement; la poule pond moins et de plus petits œufs que l'autre variété, elle ne couve presque jamais, les poussins sont, à leur naissance, gris, bruns et noirs.

RACE DE MANTES

Cette race est couramment classée dans les concours sous la dénomination de Mantes-Gournay, c'est M. Voitellier qui en est le propagateur, et comme il la connaît mieux que personne, c'est à lui que nous emprunterons sa description et ses états de service.

« On a prétendu qu'elle n'était qu'un dérivé de la Houdan. C'est une erreur grave. Aussi bien que celle-ci, elle peut prétendre au titre de race pure. Elle en diffère d'ailleurs, par les points principaux, la patte et la tête. Elle n'a aux pattes que quatre doigts au lieu de cinq, et, en place d'une énorme huppe, elle a la tête ornée d'une large crête simple, portée bien droite et dentelée chez le coq, retombant gracieusement sur le côté chez la poule.

« Si la huppe du Houdan est considérée comme un ornement dans une volière d'agrément, bien abritée et bien sablée, elle est un inconvénient sérieux dans une cour de ferme, où le passage des animaux cause de la boue pendant une partie de l'hiver; la huppe se charge d'humidité, pend sur le bec ou sur un œil rendant la poule borgne ou presque aveugle, et, tout en nuisant à sa santé, lui donne un aspect misérable et peu attrayant.

« Avec une crête simple, aucun de ces inconvénients n'est à redouter; la poule est toujours vive, alerte, et ne souffre ni de la pluie, ni de la boue. Elle peut, sans avoir les plumes chargées de rosée, chercher elle-même sa nourriture dans les prairies dès le lever du soleil. Elle est toujours mieux portante et coûte moins cher d'entretien.

« Comme taille, la Mantes ne le cède en rien aux houdans et aux crèvecœurs les mieux membrées. Elle est plus rustique et plus facile à élever sur n'importe quel sol, et, comme précocité, elle rivalise avec les houdans. A trois mois, un poulet élevé en bonne saison, peut être présenté sur le marché, et les gourmets seraient bien embarrassés pour se prononcer, sur la finesse de la chair, entre le poulet de Mantes et les fameux chapons du Maine ou de la Bresse.

« Comme ponte, on trouve le maximum atteint par les meilleures variétés, et les couvées, sans être excessives, sont largement suffisantes pour le repeuplement de la basse-cour.

« Le plumage rappelle celui des houdans ; également caillouté de noir et de blanc, il ne doit être ni trop clair, ni trop foncé.

« La patte, forte et bien établie, est d'un gris rosé marbré de noir, sans aucune trace de plumes.

« Les caractères principaux de la tête sont d'avoir la crête bien développée, les barbillons courts, noyés dans une épaisse cravate de plumes remontant sous les yeux en larges favoris.

« D'aspect général, le coq de Mantes est à la fois original, élégant et fier. Il est d'une rare vigueur et d'une magnifique prestance.

« La race de Mantes, assez jolie pour figurer dans un parquet d'agrément au même rang que les houdans ou les fléchois, a évidemment le pas sur ceux-ci pour peupler une basse-cour de production. C'est la poule de ferme par excellence, et nous ne croyons pas nous tromper en lui prédisant un brillant avenir dans peu d'années, ainsi qu'un large succès aux éleveurs qui s'appliqueront à l'entretenir dès maintenant dans toute sa pureté. » (Voitellier. *L'Incubation artificielle et la basse-cour.*)

Ainsi que nous l'avons dit en commençant à parler de cette race elle est la plupart du temps classée avec celle de Gournay dont elle ne diffère que par un peu plus de perfection dans l'ensemble, une chair plus fine, qualités dues sans doute à une sélection intelligente. Voici d'ailleurs ce que M. Lemoine dit de la race de Gournay :

RACE DE GOURNAY

« Très belle volaille ;
« *Chair* bonne ;
« Très bonne *pondeuse ;*
« Mauvaise *couveuse ;*
« *Plumage* noir et blanc ;

« *Oreillons* petits ; blancs chez le coq et blanc-bleuté chez la poule ;
« *Barbillons* longs et arrondis ;
« *Pattes* fines, roses et noires ;
« La *crête* du coq est simple et droite ; celle de la poule est repliée.
« La ponte va jusqu'à 140 œufs, pesant 70 grammes, les poussins, à leur naissance, sont noir et blanc. »

Comme on le voit, si la race de Mantes n'est que la race de Gournay perfectionnée, le point de départ était bon et pouvait faire présager d'heureux résultats.

RACE DE CAUX

Encore une normande fort estimée et fournissant une grande partie des œufs qui sont expédiés en Angleterre.

Elle présente une moyenne de qualités qui la rendent utile dans son pays, elle ressemble à une infinité de poules noires qu'on rencontre communément dans les basse-cours.

C'est une volaille de taille moyenne, extrêmement rustique; les poussins poussent comme des champignons ; en Normandie, il est d'usage de les nourrir durant la première quinzaine de pain bien imprégné de cidre, on leur donne, passé ce laps de temps, la même nourriture qu'aux adultes. Les poussins partagent cette particularité avec plusieurs autres races noires d'être tachetés de blanc et de conserver ces taches durant plusieurs mois.

Principaux caractères du coq.

Tête de moyenne grandeur ;
Crête simple, droite, uniformément dentelée, rouge vermillon ;
Barbillons longs, bien arrondis ;
Oreillons blancs, bordés d'un liseré bleuâtre.

RACE COUCOU DE RENNES

Vieille et excellente race très connue et très appréciée en Bretagne où elle est fort répandue.

La race est très rustique, d'un développement moyen, la chair est fine. La poule pond bien, mais elle est assez médiocre couveuse, les poussins s'élèvent facilement.

Le coq et la poule sont entièrement gris coucou, chaque penne a sur un fond blanc bleuté des raies transversales grises ombrées très régulièrement, ces raies très larges affectent presque la forme d'écailles.

Fig. 41. — Coq et Poule Coucou, à crête triple.

La race est bien fixée et transmet très exactement ses caractères et ses qualités à sa descendance.

Caractères généraux du coq.

Tête moyenne ;

Bec court et gros ;

Couleur du bec blanc rosé ;

Narines peu saillantes ;

Œil bien dégagé ;

Crête très développée, simple, droite, haute et large, bien dentée ;

Barbillons charnus, développés, bien rouges comme la crête ;

Oreillons petits et blancs pointillés de rouge ;

Iris rouge orange ;

Pupille noire ;

Joues emplumées excepté autour de l'œil ;

Cou gros et court ;

Corps bien développé, dos et poitrine larges, dos légèrement inclinée, cuisses très charnues ;

Tarses courts et gros ;

Couleur des tarses, couleur chair et blanc rosé ;

Doigts au nombre de quatre, ongles rosés ;

Queue bien fournie ;

Faucilles longues et larges, ayant également la teinte coucou ; mais, suivant la longueur des plumes, les raies sont plus ou moins espacées, et les ombres plus ou moins nuancées.

Port bien campé de belle allure ;

Taille assez élevée, le poids, à l'âge adulte est de deux kilogrammes et demi environ.

La poule ne présente pas de différences assez sensibles avec le coq pour nécessiter une description spéciale ; crête, barbillons et oreillons sont peu développés, la queue est bien fournie et portée assez élevée.

Il existe une autre variété appelée coucou de Picardie (fig. 41), en tout semblable comme plumage et comme qualités à la précédente, mais différant par la crête qui est triple, ou bien très volumineuse et frisée, celle de la poule est pareille, mais très petite.

« Ces deux variétés de volailles, écrit M. Letrône, sont très faciles à élever ; les poulets ne sont ni tardifs, ni précoces. C'est un tendre et succulent manger lorsqu'ils ont atteint l'âge de cinq ou six mois. Ils croissent parfaitement sans qu'il soit besoin d'y apporter des soins particuliers. Ces volailles vivent et produisent longtemps sans s'épuiser. Nous connaissons un coq, parfait cocheur, âgé de cinq ans, chez qui l'ardeur première et les vertus prolifiques n'ont rien perdu. Cette qualité persistante de forces, doit être regardée comme précieuse, surtout à l'égard des croisements avec des races s'usant vite. »

Il est à remarquer que le plumage coucou se rencontre communément parmi les poules de ferme, dans toute la France, sans la régularité de ces deux variétés, bien entendu, et que les fermières donnent la préférence aux poules de cette nuance comme pondeuses.

Les amateurs de cette race devront éliminer tous les sujets présentant des tons rouges dans le plumage ou dont la rayure se présenterait d'une façon assez peu nette pour donner un aspect brouillé au plumage.

RACE DE PAVILLY OU DE CAUMONT

Très estimée en Normandie où les fermiers lui donnent souvent la préférence à la poule de Crèvecœur qui est moins rustique, surtout lorsqu'on la sort de sa région. Cette variété présente à peu près tous les avantages de la Crèvecœur dont elle descend assurément, comme développement rapide, délicatesse de chair, très apte à prendre la graisse de bonne heure.

La poule est bonne pondeuse, elle couve mal, les poussins sont rustiques et s'élèvent vite et bien.

Caractères généraux du coq.

Tête assez forte ;

Crête ayant la forme d'une petite coquille très dentelée, bien rouge ;

Barbillons larges et longs ;

Oreillons larges et blancs ;

Huppe peu fournie, plumes fines et droites ;

Pas de cravate, comme en a le Crèvecœur ;

Cou gros et court ;

Corps bien développé, mais moins volumineux que celui du Crèvecœur, poitrine et dos larges, dos presque horizontal ;

Jambes courtes ;

Tarses fins, gris bleu ;

Doigts au nombre de quatre ;

Queue bien fournie ;

Faucilles longues et larges ;

Camail épais ;

Lancettes de longueur moyenne ;

Plumage entièrement noir.

La poule présente les mêmes principaux caractères que le coq, la crête est semblable comme forme mais rudimentaire ; oreillons bien accusés.

Cou assez court.

Corps de volume moyen, poitrine bien développée.

Tarses fins et courts, gris bleu.

Doigts au nombre de quatre, même couleur que les tarses.

Queue bien fournie.

Faucilles de longueur moyenne.

Plumage entièrement noir.

Chair bonne.

La poule ne présente avec le coq que les différences ordinaires des sexes. C'es une excellente pondeuse, mais elle couve rarement et d'une façon médiocre.

RACE DE GASCOGNE OU CAUSSADE

Excellente petite race, bien rustique, qui présente au premier coup d'œil un certaine ressemblance avec la race de courtes pattes, mais moins volumineuse

Voici ses principaux caractères.

Tête petite.

Crête simple.

Oreillons blancs très longs.

Barbillons longs et rouges.

Corps peu volumineux, mais bien en chair.

Tarses très courts, gris bleu.

Doigts au nombre de quatre.

Taille au-dessous de la moyenne.

Plumage entièrement noir.

Chair bonne.

La poule ne présente pas de différences sensibles avec le coq, c'est une bonn pondeuse, mais une couveuse médiocre.

RACE DU GATINAIS

Cette race qui n'est pas très bien fixée est originaire des environs de Châteat Landon, c'est celle qu'on rencontre le plus sur les marchés du Loiret, de Sein et-Marne et Seine-et-Oise. Ce sont les poulets du Gâtinais qui sont souve vendus, comme primeurs, aux halles de Paris sous le nom de poulets de Chartre

Cette race, il serait plus exact de dire cette variété, est très rustique, poule est excellente pondeuse, donnant également ses œufs en hiver, les poule s'élèvent avec une grande facilité, c'est une des volailles de ferme qui serait plus à recommander.

Le plumage est entièrement blanc avec des rayures grises dans le camail ; crête est droite et simple, les pattes roses, indice de bonne qualité de la chair.

La poule présente les mêmes caractères, elle couve assez bien.

Il n'est pas douteux que si la sélection s'exerçait sur cette volaille, comme sur les grandes races françaises et étrangères, on obtiendrait de très beaux résultats.

RACE DE FAVEROLLES

Devons-nous écrire race, alors qu'il ne s'agit que d'un croisement, croisement pratique et excellent il est vrai ; disons poule de Faverolles plutôt, en attendant qu'elle ait reçu sa classification définitive aux concours.

La plus grande partie des volailles qui se vendent sur le marché de Houdan ne sont autres que des poulets de Faverolles.

Ce sont MM. Roullier et Arnoult qui ont le plus propagé cette volaille, aussi est-ce à eux que nous nous adresserons pour nous renseigner sur cette volaille.

« Ce terme de *race* de Faverolles, écrivent-ils, adopté par la pratique, n'est pas rigoureusement exact, attendu qu'on ne trouve pas, parmi les poules de Faverolles, de caractères spéciaux nettement fixés. Pour donner une explication judicieuse, il est nécessaire de remonter à une quarantaine d'années. Faverolles ne possédait alors que des poules de la race commune et des poules de Houdan ; quand apparurent les fortes races bien étoffées de Cochinchine, de Brahma-Pootra et de Dorking, l'engouement pour ces volailles de belle apparence fut excessif et on se servit indistinctement des coqs de ces dernières races pour faire des croisements avec la poule commune et particulièrement avec celle de Houdan. De ces croisements effectués sans méthode, sortirent des sujets hétérogènes, mais ayant conservé l'ampleur et la force de leurs auteurs, tout en conservant la délicatesse de chair que procure un élevage bien compris, tel qu'il est pratiqué à Houdan et dans la région.

« Malgré ces croisements si divers, on rencontrerait cependant quelques caractères assez bien fixés, on retrouverait chez la poule de Faverolles, la cochinchinoise avec son plumage jaune et son allure lourde, la brahma-pootra avec son plumage chair et fourni et avec ses tarses garnis de manchettes ; la dorking avec son plastron de couleur saumon et ses cinq doigts. Enfin certains sujets à plumage foncé, tirant sur le coucou, rappellent la houdan.

« Mais dans ces types que nous constatons, on a le regret de voir mêlés des caractères particuliers des autres races : une huppe de Houdan avec le plastron saumon de la dorking, par exemple, des crêtes droites et dentelées avec le plumage de la houdan, etc.

« Mais partout il y a l'ampleur, le volume et la délicatesse de la chair qui font estimer tout particulièrement les poulets gras de Faverolles vendus sur les marchés comme poulets gras de Houdan. Cette race est donc à recommander tout particulièrement au point de vue industriel, pour un élevage lucratif. Ajoutons enfin que les poussins de Faverolles sont d'une rusticité tout à fait exceptionnelle, avantage précieux que les éleveurs de la contrée de Houdan n'ont pas manqué d'apprécier. »

Il est certain que si l'on se rend le samedi sur le marché de Houdan, on trouvera cent poulets de Faverolles pour dix de Houdan, les éleveurs des environs de Houdan, comme le disent MM. Roullier, Arnoult, ne s'étant attachés jusqu'ici qu'au volume et nous ajouterons même sans s'arrêter aux qualités de la chair, qui malgré cela est restée très bonne. La sélection se portait sur les plus gros sujets, en écartant autant que possible ceux à cinq doigts qui, au dire des éleveurs de la contrée, se développaient moins vite et moins facilement.

Cependant il y a un type dominant que les éleveurs auraient tout intérêt à maintenir, car cette volaille donne, à tous les points de vue, des résultats excellents.

Le type le plus répandu comporte chez le coq :

Tête moyenne, presque ronde.

Crête assez courte et simple.

Oreillons et *barbillons* peu développés.

Favoris épais, ayant bien l'aspect de ceux du brahma.

Corps massif, volumineux, poitrine et reins larges, ailes courtes et fortes ; le poids atteint facilement 3 à 4 kilogrammes à l'âge adulte et dépasse 2 kilogrammes à quatre mois.

Tarses roses, assez emplumés.

L'ensemble du plumage est généralement blanc, une teinte légère de gris ou de brun se répand souvent sur le camail, les ailes et la queue qui est peu développée à faucilles courtes.

La poule présente le même aspect et les caractères principaux du coq, mais son plumage passe généralement par tous les tons du fauve depuis le plus clair jusqu'au plus foncé ; c'est une excellente pondeuse, même d'hiver, pondant des œufs de grosseur moyenne et couvant fort bien. Son poids, à l'âge adulte, atteint souvent 3 kilogrammes. Les poussins sont très rustiques, éclosant facilement en toutes saisons et grossissant rapidement, ce qui les fait préférer à ceux des autres races par les éleveurs de la région.

MM. Philippe et Bousquet élèvent en grand cette volaille dans la région de Houdan et, sous le titre de grand élevage de Normandie, M. Delmas en a installé dans l'Eure un élevage exclusif qui, paraît-il, donne de très heureux résultats, nous avons été à même de juger les sujets qui sont superbes et de goûter les produits qui sont excellents.

On doit donc déclarer que la poule de Faverolles est une variété de produit fort remarquable.

RACE DE COMBAT DU NORD

Le type de Combattant du Nord, tel qu'il est établi, et fixé maintenant, bien que provenant sans doute d'un croisement de Malais et de Combattant de Bruges, transmet ses caractères à sa descendance avec une parfaite régularité. Il a donc tout aussi bien droit à sa classification que toutes les fabrications américaines et anglaises classées, quand bien même cette opinion serait discutée de l'autre côté de la Manche ou de l'Océan.

C'est un fort bel oiseau. Voici ce qu'écrit à son sujet le journal *l'Aviculteur* sous la signature de G. Delsaux :

LE COQ

« Ce sera l'œuvre éminemment utile et pratique de la Société des Aviculteurs du Nord d'avoir fixé le type bien caractérisé et tout à fait personnel des Grands Combattants du Nord.

« Jusqu'à ces dernières années, le type était un peu livré au hasard, tenant tantôt de l'Anglais, tantôt du Malais, tantôt de l'Indien. Il y avait dans le Nord beaucoup de combattants, élevés pour satisfaire à la passion des *coqueleux*, mais il n'y avait pas, à proprement parler, de combattants du Nord. Depuis quelques années, sous l'impulsion d'une société spéciale, et grâce à l'émulation de ses concours, la sélection a fait son œuvre et le Nord possède maintenant une race répondant à la fois aux goûts de la population et aux besoins de la ferme et de la production.

« Aussi ardents à la lutte que les champions anglais ou indiens, les combattants du Nord ont en plus un tempérament rustique, une forme plus harmonieuse, et leur produit en chair et en œufs peut donner satisfaction à la fermière la plus exigeante.

« Leur richesse de plumage surpasse celle de toutes les races connues, c'est le vieux coq gaulois reconstitué, avec sa vigueur de coloris, son œil ardent, sa poitrine large, son attitude fière et sa crête droite et fine, élégamment dentelée, rivalisant de vigueur de ton avec les plumes de son camail.

« Le combattant du Nord a la patte jaune, indice de force et de vigueur. Par là, on pourrait supposer qu'il dérive du Malais, cela ne serait pas tout à fait impossible ; mais, en tout cas, l'infusion de sang a été judicieusement faite et n'a pas altéré le type primitif.

« Le coq du Nord n'a pas la forme enlevée et heurtée du Malais, c'est la forme harmonieuse large et hardie du coq gaulois ; sa crête surtout, est bien caractéristique, elle n'a rien de celle du Malais, ni non plus de celle du Leghorn qu'on a dit à tort avoir participé à sa création. La crête n'avance pas sur le devant du bec, et elle s'allonge bien en arrière sur toute la longueur de la tête ;

assez large à sa base, elle n'est ni trop haute, ni trop volumineuse. Il est d'usage de la couper pour donner aux coqs la tenue de combat, mais on pourrait sans inconvénient la laisser dans toute son ampleur, l'oiseau n'en aurait que plus d'élégance.

LA POULE

« La poule combattant du Nord représente la poule de ferme dans toute l'acception du mot. Assez forte, sans lourdeur, capable de courir les champs et de gratter pour trouver sa nourriture, elle rappelle la Dorking sans la forme cubique affectionnée des Anglais et la Leghorn sans sa poitrine un peu étroite et sa crête exagérée.

« Son plumage, pour la variété dorée, est à peu près celui de la Leghorn dorée, avec une nuance plus douce et des tons plus chauds tout à la fois qui font bien deviner que le coq d'une telle poule doit avoir un riche manteau orné de toute la gamme du rouge dans ses nuances les plus brillantes.

« La poule combattant du Nord porte une petite crête droite, fine et dentelée son œil est ardent, son bec fort, et sa patte est d'un jaune vif et brillant. Sa patte est le plus souvent dépourvue d'éperons ; cependant quelques amateurs ne considèrent pas comme un défaut et admettent cet attribut masculin chez la poule. Pour nous, l'éperon chez une poule, nous a toujours fait l'effet de la barbe chez une femme, et nous le considérons comme un défaut à éviter avec soin chez les reproducteurs, si l'on ne veut pas lui voir prendre à bref délai un caractère envahissant. Il ne faudrait pas trois ans, si l'on sélectionnait dans ce sens, pour que toutes les poules, sans exception, d'une basse-cour, eussent des éperons. Et vraiment ce ne serait ni joli, ni agréable et il n'y a pas à hésiter à opérer la sélection en sens contraire. La poule du Nord est une couveuse de premier ordre et une mère remplie de sollicitude ; ce n'est pas la moins précieuse de ses qualités dans une ferme. De plus, les poulets qu'elle produit sont d'un développement assez rapide et fournissent une chair de première qualité.

« Avec toutes ses qualités le Combattant du Nord ne peut manquer de fournir de précieuses ressources aux agriculteurs de la contrée. Jusqu'à présent, la population galline du Nord, dont le climat est peu propice à nos excellentes races françaises du centre, laissait un peu à désirer ; elle ne peut manquer d'être bientôt régénérée par les grands combattants. Pour le moment, et en attendant que leurs qualités, au point de vue de la production, s'imposent aux agriculteurs, c'est spécialement pour le combat qu'ils sont élevés par les amateurs. »

L'article de M. Delsaux contient des choses trop excellentes pour qu'il nous soit permis d'en retrancher un mot, mais nous sommes loin de partager son avis en ce qui concerne l'utilité de la race de Combattant du Nord pour régénérer les volailles de ferme dans les départements du Nord. Le caractère hargneux de tous les combattants nous les fera toujours rejeter de nos basses-cours et, de plus, nous ne préconiserons jamais une race à pattes jaunes, quelles que soient ses qualités, l'intérêt du vendeur devant passer avant tout autre raisonnement. En somme, très jolie et très intéressante race d'amateur, mais voilà tout.

RACE DES ARDENNES

Une petite race mais charmante, mais rustique, mais pratique. Quand nous disons petite, nous entendons une taille équivalente à celle de la petite Campine.

C'est presque une race sauvage, elle possède d'ailleurs assez de ressemblance avec le coq sauvage de Sonnerat; très farouches, au moindre bruit, ces volailles se sauvent, se glissent dans les fourrés ou, si l'on s'en approche, s'envolent sur les arbres.

Comme la plupart des petites volailles elle vole très bien, courant, voletant par les champs, trouvant sans peine sa nourriture elle-même, dédaignant presque celle de la ferme, préférant avant tout courir au grand air, libre et variant elle-même son menu au hasard des bonnes rencontres d'insectes ou de fruits sauvages.

De grand matin dehors, faisant la chasse aux mille insectes qui composent son alimentation habituelle, elle gagne par cette existence une rusticité qui lui permet de résister sans gêne aux plus grands froids.

Le coq est fort joli, voici ses caractères principaux :

Tête fine et longue.

Bec court.

Couleur du bec, corne foncée.

Œil bien dégagé.

Iris rouge vif

Pupille noire.

Crête moyenne, simple et bien dentelée.

Barbillons rouges et longs.

Oreillons rouges, bien marqués.

Joues emplumées.

Cou de longueur moyenne.

Corps bien campé, poitrine et dos larges, ailes longues et descendues.

Jambes fines.

Tarses fins et nus, couleur ardoise.

Queue bien fournie.

Taille au-dessous de la moyenne.

Plastron noir brillant.

Camail épais, rouge vif.

Lancettes longues et fines, de même nuance que le camail.

Rectrices noir mat.

Faucilles très développées, noires à reflets verts.

Rectrices noires à reflet vert, formant comme une large barre qui traverse l'aile.

13

Rémiges secondaires brunes.
Rémiges primaires noir mat.

POULE

Tête très petite, vive, éveillée.

Plumage, couleur perdrix d'un bout à l'autre, rappelant comme ton la nuance de la poule Dorking, argenté, mais le dessin de la plume est différent.

Bec, œil, crête, formes du corps, comme chez le coq.

La ponte est abondante et les œufs d'assez bonne grosseur.

La chair de cette race est excellente.

CHAPITRE II

RACES DU NORD

RACE DE DORKING

De toutes les races étrangères la Dorking est la seule qui puisse se mesurer avec nos belles races françaises et, poussée au point de perfection où l'ont menée les Anglais, les dépasser quelquefois. N'est-elle que notre vieille poule de Saint-Omer à cinq doigts perfectionnée peu nous importe, il nous suffit de connaître ses qualités et ses caractères exacts.

Le coq est d'une magnifique prestance, bien que très volumineux, mais assez bien proportionné pour ne pas être lourd. La poule pond bien, mais des œufs moyens. Cette volaille est mise en Angleterre au-dessus de toutes les autres en raison de sa chair extrêmement fine et de son développement rapide.

En France avec des soins, un terrain sec, de l'espace et de la verdure, le Dorking réussit assez bien, une fois bien acclimaté il présente de grands avantages ; on peut, dans le commencement, le nourrir comme on le fait en Angleterre avec une pâtée de farine d'orge et d'avoine mêlées, du maïs et de l'orge cuits en ménageant le maïs qui porte à la graisse. C'est une volaille à préconiser car elle rend de grands services partout où elle s'acclimate bien, comme race à viande elle est de premier ordre, c'est elle qui, à six mois, atteint le poids le plus élevé, environ 2 kilog. 500 grammes. Le squelette est léger.

Caractères monographiques du Coq.

Tête très forte.

Bec fort, un peu crochu, assez court.

Couleur du bec, brun clair ou jaune foncé.

Narines moyennes.

OEil grand, bien dégagé.

Iris large, aurore foncé.

Pupille noire

Crête simple, haute et large, à dents hautes et nettement prononcées, recouvrant la base du bec et prolongée en arrière.

Barbillons bien arrondis, longs et larges.

Oreillons assez développés s'arrêtant au tiers environ des barbillons.

Joues bien rouges, parsemées de plumules noires.

Cou de longueur moyenne, bien arqué, le camail abondant dont il est couvert le fait paraître encore plus court.

Corps volumineux, sans lourdeur, poitrine large et bombée, dos et reins larges blancs à reflets soyeux ; la pente entre le cou et la naissance de la queue est assez accusée.

Jambes fortes et de bonne longueur.

Cuisses épaisses, charnues, bien emplumées.

Tarses nus et forts d'un beau blanc rosé.

Doigts au nombre de cinq, trois en avant, deux en arrière bien au-dessous de l'éperon qui est gros et long ; forts et droits, de même couleur que les tarses, les deux doigts situés en arrière doivent être nettement séparés l'un de l'autre et ne jamais toucher à terre.

Queue bien fournie, portée assez relevée.

Port grave et majestueux.

Taille dans l'attitude fière 55 à 60 centimètres.

Plastron noir brillant.

Camail très volumineux, blanc d'argent bien net.

Lancettes longues, fines, de même nuance que le camail.

Rectrices noir mat.

Faucilles larges et longues, les grandes et les petites à reflets métalliques.

Tectrices noires à reflets verts.

Rémiges secondaires blanches à l'extérieur, noires en dedans.

Rémiges primaires noires.

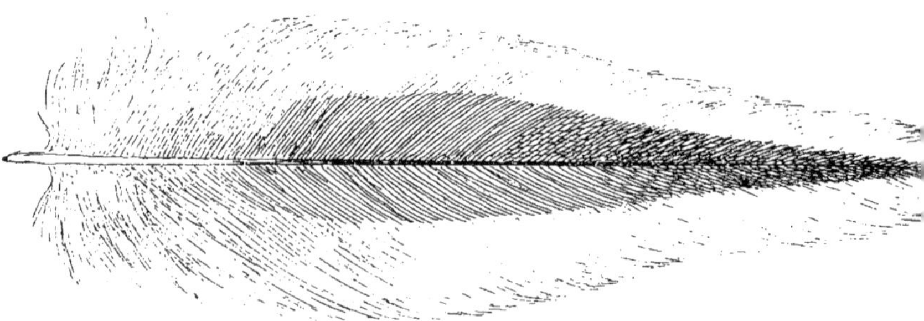

Fig. 12. — Plume du camail (coq de Dorking argenté).

Fig. 43. — Coq et Poule Dorking argenté.

Caractères monographiques de la Poule.

Tête petite, très éveillée, couverte et entourée de plumes blanches.

Crête simple, bien dentelée et renversée.

Barbillons et *Oreillons* même forme, mais plus courts que chez le coq.

Cou court et épais.

Corps volumineux et un peu lourd, dos large et long, gris pointillé de noir.

Queue très fournie.

Plastron couleur saumon, prenant graduellement une teinte grise en arrivant aux cuisses.

Camail plumes fines gris cendré bordées d'un liseré blanc.

Rectrices gris pointillé de noir.

Tectrices et *Rémiges*, comme les rectrices.

Les autres caractères sont les mêmes que chez le coq.

C'est une assez bonne pondeuse donnant 120 à 125 œufs par an, pesant 55 à 65 grammes et non 90 grammes comme l'indique M. La Perre de Roo, elle couve bien et élève parfaitement ses petits, très faciles à reconnaître dès leur naissance par la ligne large et foncée qui part de la tête pour s'étendre sur le dos et leur plumage jaune brun et blanc.

La VARIÉTÉ ARGENTÉE que nous venons de décrire est la plus cultivée et à peu près la seule qui paraisse dans nos concours.

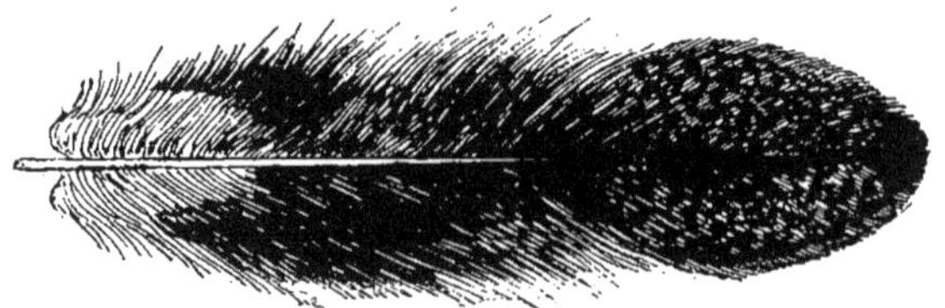

Fig. 44. — Plume du dos (poule Dorking argenté).

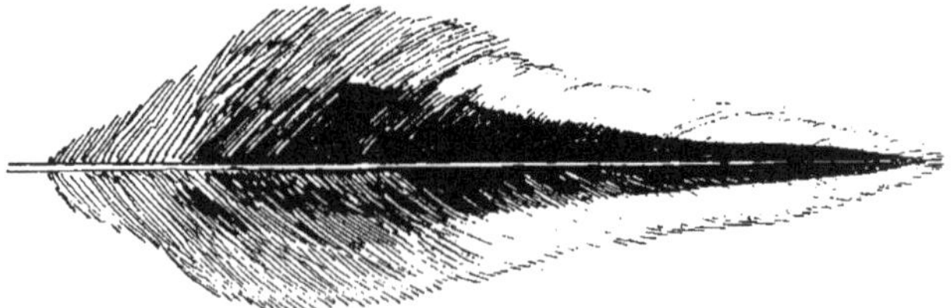

Fig. 45. — Plume du camail (poule Dorking argenté).

Variété Coucou.

Cette variété est fort jolie, coucou d'un bout à l'autre et la crête large, plate et frisée; elle est rare en France.

Variété Grise.

La variété grise diffère de la variété argentée par un peu moins de fixité dans le plumage; on lui permet le jaune paille, ou jaune paille mélangé de noir dans le camail et les lancettes, le plastron est parfois envahi par le blanc ; dans les plumes du camail de la poule, le noir domine et le plumage au lieu de se maintenir dans le gris foncé brun net, tourne au brun, au brun rouge, la tige des plumes crème se détachant avec netteté sur la nuance générale du plumage.

Cette variété est plus forte et plus rustique que la première variété, la poule pond de plus gros œufs, mais par une absurdité assez commune en élevage elle est moins estimée que la variété argentée, qui, non sélectionnée, retourne souvent aux divers types de la variété grise, dont elle provient sans doute.

Il arrive souvent aussi que, dans cette variété, les deux doigts situés en arrière de la patte sont moins nettement séparés que dans la variété argentée.

Variété blanche.

Variété fort jolie ; le coq et la poule ont parfois la crête frisée, mais plus généralement simple, le plumage, blanc pur partout, n'exige pas de description, les joues, les oreillons et les barbillons d'un rouge vif qui paraît encore plus éclatant par opposition au plumage.

Cette variété est plus petite que les autres, le coq est aussi plus bas sur pattes ; elle a malheureusement le défaut de toutes les volailles blanches dont les plumes jaunissent au soleil.

Bien que très attrayante, on la rencontre rarement dans nos concours en France.

Variété dorée.

La variété dorée rappelle chez le coq aussi bien que chez la poule nos volailles de ferme.

Camail et lancette rouge doré ; épaules et dos rouge brun, le reste du corps noir avec reflets métalliques sur les faucilles, tel se présente le coq ; quant à la poule, elle est de nuance perdrix d'un bout à l'autre.

*
* *

Les variétés les plus recommandables, pour la production, sont les variétés *Argentée* et *Grise*.

RACE DE RED-CAP

Encore une race assez nouvellement signalée aux éleveurs provenant san doute d'un ancien croisement de Hambourg papillotée dorée, mais plus forte pondant de beaux œufs, ayant moins de régularité dans le plumage et une crêt qui est l'exagération de celle de la Hambourg, elle présente d'ailleurs assez d caractères distinctifs pour ne pouvoir lui être assimilée.

Bien que classée depuis peu en Angleterre, son pays d'origine, elle y est trè anciennement connue.

« Le coq Red-Cap ou Chaperon-Rouge, écrit M. Bizé, le propagateur de cett race, est un splendide oiseau d'un aspect imposant :

Tête petite et fine.

Bec de longueur moyenne.

Crête extrêmement volumineuse recouvrant toute la tête, large et arrondi en avant, pointue en arrière, hérissée d'un nombre considérable de petites pointe qui, dans leur ensemble, forment un immense chapeau d'un rouge vermillon.

Joues nues et rouges.

Œil grand cerclé de rouge.

Oreillons très développés, pendants et rouges.

Barbillons longs et pendants, d'un tissu fin et rouge comme la crête.

Cou enveloppé d'un épais camail de couleur rouge acajou et noir.

Corps bien développé, épaules larges, poitrine large et proéminente, aile larges et longues.

Queue très développée à grandes et larges faucilles formant un magnifiqu panache.

Pattes nues et de couleur plomb.

Son squelette est léger ; il a la chair très fine et délicieuse, l'allure fière ; est très vigilant, vaillant, défendant bien ses poules et veillant sans cesse su elles. »

Les plumes du cou, des épaules, du dos et les lancettes sont rouge doré, tra versées, en longueur, par une raie noir bleu ; celles du plastron, des tectrices des rectrices noires à reflets métalliques verts et violets ; les remiges primaire et secondaires rouge bronzé et noir, ces deux couleurs divisées par moitié su chaque plume.

Chair très fine, apte à l'engraissement, le poids à l'âge adulte varie entr 2 et demi et 3 kilogrammes.

La poule présente cette particularité d'avoir la crête semblable — mais u peu plus réduite — à celle du coq ; son plumage est acajou et noir, la ponte es très abondante, mais peu précoce, elle ne couve pas, les poussins s'élèvent asse facilement.

Fig. 46. — Poule Red-Cap.

RACE DE COUCOU DE MALINES

La race de prédilection de nos voisins les Belges, bien qu'admise depuis pe d'années seulement dans les expositions. A vrai dire on ne saurait expliquer pour quoi car cette race est bien fixée et de réelle valeur ; l'engouement des éleveur belges pour elle n'a rien d'exagéré : elle atteint un des poids les plus élevés parm les volailles de table, sa chair est excellente et si la poule n'est pas une pon deuse hors ligne, elle a l'avantage de couver et d'être bonne mère, les poussin sont rustiques et se développent vite.

Assurément nous n'avons aucune raison pour chercher à acclimater cett volaille chez nous, ayant plusieurs races équivalentes, mais, avec elle, les Belge peuvent aussi se passer des nôtres, savez-vous.

Le coq est d'aspect massif, volumineux, la tête assez forte, le bec court e gros, l'œil bien dégagé et vif, la crête assez forte, prenant naissance au milieu d bec et se dirigeant bien en arrière de la tête, bien dentelée mais plutôt arrondi à son extrémité postérieure ; les barbillons longs, les oreillons peu accentués

Le cou est court et gros; le dos presque horizontal, la poitrine large et bie arrondie, les cuisses fortes, très emplumées ; les tarses gros et emplumés.

Le camail est épais de moyenne longueur, les lancettes abondantes, camail e lancettes, de teinte plus claire que le restant du corps qui est coucou, les bande bien marquées sur fond blanc.

La queue est assez fournie, les faucilles très courtes et très arrondies.

La poule présente les mêmes caractères que le coq avec les différences d sexe habituelles, la queue, très courte, accuse sensiblement la pente du dos.

RACE DE LA CAMPINE

Cette race possède à peu près la même popularité en Belgique que la préc dente, mais elle est cultivée bien plus pour la ponte que pour la chair bien que fine e délicate, mais trop peu abondante, l'espèce étant assez petite.

La Campine est une petite coureuse, vive, alerte, bonne couveuse, les pous sins sont assez rustiques, elle pond de 130 à 180 œufs pesant environ 50 grammes

Caractères généraux du coq.

Tête moyenne.

Bec gris bleu.

Œil grand, brun foncé.

Crête assez haute, bien dentelée, mince et lisse.

Oreillons blancs.

Fig. 47. — Coq et Poule Coucou de Malines.

Corps arrondi, un peu incliné en arrière, poitrine bien garnie.

Tarses gris bleu, de moyenne longueur.

Camail épais, blanc d'argent ainsi que les lancettes qui peuvent être, mais légèrement, marquées de noir.

Le restant du plumage est fond blanc et chaque plume barrée régulièrement d'une raie frangée d'un peu de gris bleu, à part la queue qui est noire à reflets verts ; les rectrices sont légèrement pointillées de blanc, les faucilles qui sont longues et portées relevées sont plus ou moins bordées d'un mince liseré blanc.

Le poids va de 1 1/2 à 2 kilogrammes.

La poule ne diffère pas d'une manière sensible du coq ; à part les caractères ordinaires, la queue est bien fournie, portée relevée et régulièrement barrée.

Il existe une variété dorée qui ne diffère de la précédente que par la couleur du fond du plumage qui est jaune ou chamois.

Certains catalogues d'expositions belges ont fait une classe à part pour une variété de la Campine désignée sous le nom de :

BRAEKEL

Cette variété est beaucoup plus forte que celle que nous venons de décrire ; elle est plus rustique et pond de bien plus gros œufs. Les différences principales avec sa congénère sont la crête granulée et épaisse, le haut du cou non moucheté formant avec le camail un collier argenté parfait, l'oreillon bleuâtre, l'œil bien noir, le bec et les pattes bleus.

On lui accorde le plumage plutôt fleuri, moucheté que barré.

RACE DE HAMBOURG

Par une anomalie assez fréquente dans la détermination des races de poules, celle de Hambourg était absolument inconnue dans la ville de ce nom et sa provenance, pour la variété crayonnée, est bien plus probablement la Hollande, où on la trouve en quantité.

La variété papillotée est de provenance ou de fabrication anglaise ; en tout cas, elle est connue dans ce pays depuis un temps très éloigné, elle était même appelée vulgairement poule faisan dans les comtés du Lancashire et du Yorkshire.

La race de Hambourg ne peut guère être classée dans les races d'utilité ; elle présente à peu près la même valeur que la petite Campine, une grande liberté lui est nécessaire. Il est inutile d'élever cette race si l'on n'a pas un grand parcours à lui donner. Elle mange peu, est fort active pour la recherche de sa nourriture et les meilleures pondeuses donnent 200 à 220 petits œufs par an ; elles couvent très rarement.

Fig. 48. — Coq et Poule Campine-Brackel.

Caractères généraux du coq.

Variété papillotée argentée

Tête assez courte.

Bec court, petit, couleur corne foncée.

Œil noisette foncée.

Crête double ou en rose, large et carrée en avant, finissant peu à peu en une longue pointe dirigée en arrière et légèrement relevée vers le bout, plate en dessus, hérissée de pointes, posée bien droite.

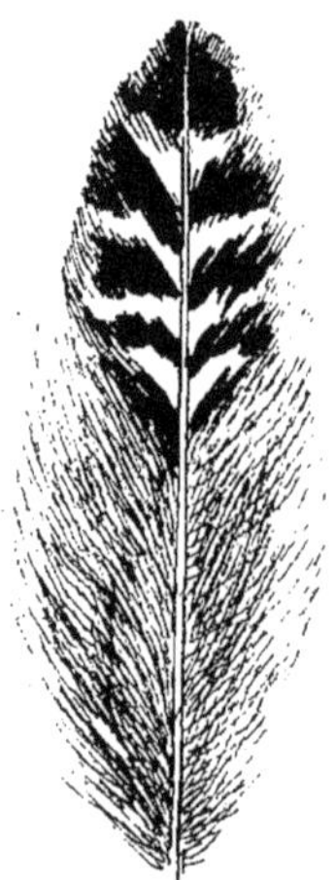

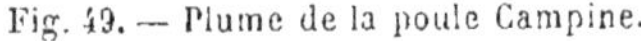

Fig. 49. — Plume de la poule Campine.

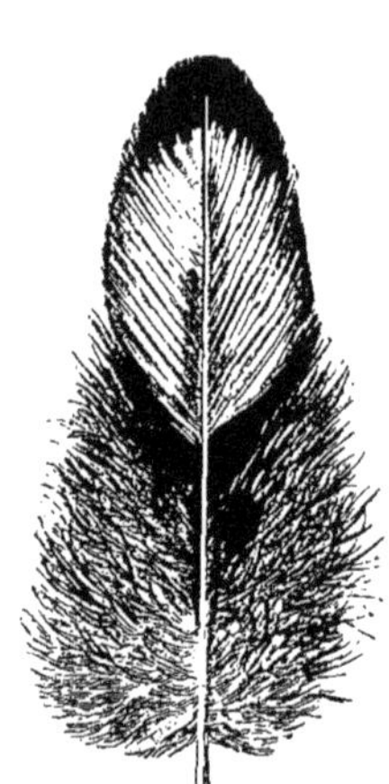

Fig. 50. — Plume de la poule de Hambourg crayonnée.

Oreillons plats, ronds, blanc bien net.

Barbillons rouge brillant.

Corps bien fait, élégant, dos assez long, poitrine pleine et bombée, ailes assez grandes, mais repliées contre le corps.

Tarses assez courts, bleu de plomb foncé.

Queue très ample et garnie de longues et larges faucilles très recourbées et portées haut.

Camail épais et long, blanc d'argent, tacheté le plus possible à la base.

Tout le plumage, en son ensemble, présente un aspect très régulier produit par une mouche noire, ronde, qui se trouve à l'extrémité de chaque plume, le noir ne doit pas dominer, mais être égal au blanc.

La queue est blanche à l'extérieur, grisâtre à l'intérieur, les rectrices mouchetées au bout, les faucilles blanc clair avec une grande mouche bien nette à chaque extrémité.

Les mêmes caractères peuvent s'appliquer à la poule, le camail est un peu moins clair, la queue très fournie, longue, portée très relevée.

Variété crayonnée.

La variété crayonnée argentée présente les mêmes caractères généraux, mais elle est un peu plus légère, plus mince que la précédente.

Chez elle le camail est admis beaucoup moins tacheté et le plumage ne présente plus le même aspect, chaque plume étant terminée par une bande noire en forme de V, mais les plumes se recouvrant les unes les autres et laissant par conséquent un espace blanc et régulier; l'ensemble a bien l'apparence rayée, crayonnée, qui lui a valu son nom.

Variétés dorées.

La variété dorée existe dans les deux que nous venons de décrire.

Comme dans la Campine, la différence est dans le fond du plumage qui est rouge brun. On prétend que les hambourgs dorées sont les plus estimables.

RACE DE PADOUE

D'après le nom qu'elle porte, cette race semblerait devoir prendre place dans la classification des méditerranéennes, mais son origine, bien que non exactement définie, est plutôt brabançonne et elle était absolument inconnue en Italie à une époque où elle était fort répandue en Hollande.

Cette race huppée est caractérisée par une conformation du crâne toute spéciale.

« Au moment de l'éclosion du poussin, la tête est surmontée d'une tumeur molle, dans laquelle sont enfermés les hémisphères cérébraux, et qui maintient les os frontaux à une certaine distance l'un de l'autre. Les parois de cette tumeur sont formées de trois couches : une couche extérieure cutanée, une couche intermédiaire qui est une partie du crâne membraneux primitif et forme entre les frontaux une fontanelle considérablement développée ; enfin une couche interne, la dure-mère. L'ossification de la couche moyenne et peut-être aussi de la couche interne se produit peu à peu, mais n'est bien complète qu'à l'âge adulte. Il y a donc là une conformation organique dont l'origine tératologique est manifeste et qui est devenue un caractère de race (Dr Dareste). »

D'après Bechtein et Blumenbach, cette conformation particulière du crâne qui caractérise la race n'appartenait qu'à la poule, c'est donc depuis cette époque (1793, 1813) que les mâles ont également hérité de cette anomalie qui se rencontre parfois, parmi les autres poules huppées.

La protubérance cranienne dont nous venons de parler est, suivant son plus ou moins de développement, l'indice certain que le sujet aura la huppe bien ou mal fournie, c'est pourquoi, dès la naissance, les amateurs ont soin, d'après cette première indication, de désigner leurs reproducteurs.

La race de Padoue est la race à huppe par excellence, bien plus oiseau d'agrément que d'utilité, malgré des qualités réelles, elle est destinée à faire la joie des amateurs par la variété, la beauté de son plumage, ses formes élégantes, gracieuses.

Elle est sédentaire et supporte fort bien la captivité du poulailler.

Les poules sont douces, très sociables entre elles, assez bonnes pondeuses, elles couvent rarement, les poussins sont délicats, il ne faut pas mettre les œufs à couver avant le mois d'avril.

Le coq est très bon pour ses poules. La chair est fine et le poids du coq est, à l'âge adulte, d'environ 2 kilogrammes et demi.

Caractères généraux du coq.

Tête grosse et courte.

Bec assez court et de couleur corne foncée.

Narines fortes et proéminentes.

Œil dissimulé dans la huppe, pupille noire, iris rouge vif bien apparent.

Huppe très volumineuse, composée de plumes longues et fines recouvrant entièrement la tête, foncées aux deux extrémités, claires au milieu.

Crête rudimentaire, à peine visible.

Pas de barbillons.

Oreillons très petits, ronds et blancs cachés par les favoris.

Joues rouges, dissimulées par les plumes.

Cou assez gros, de longueur moyenne et bien arqué.

Corps bien enlevé, large aux épaules, allant en s'amincissant vers les reins, poitrine pleine, arrondie et proéminente, ailes bien développées et serrées contre le corps.

Jambes de longueur moyenne, tarses fins et nus, bleu ardoisé, quatre doigts.

Queue bien fournie

Favoris et *cravate* bien fournis en petites plumes courtes et minces, le milieu foncé, et entourées d'un liseré de même nuance, mais plus clair.

Plastron composé de plumes à fond clair entourées d'un liseré épais de même nuance plus foncée.

Camail abondant, plumes longues et fines de même dessin que la huppe.

Lancettes, plumes longues et fines de même dessin que le précédent, mais l'ensemble un peu plus clair.

Rectrices portées très relevées, ensemble clair, tacheté au bout d'une nuance plus foncée.

Faucilles longues et larges, fond clair, entourées d'un liseré plus foncé.

Tectrices et *remiges*, même disposition de nuance que les faucilles.

La poule ne présente de différence sensible avec le coq que par la huppe également très volumineuse, bien ronde, mais composée de plumes courtes et larges, la queue bien fournie, longue, portée presque horizontalement, le dessin des plumes et à peu près le même.

Fig. 51. — Coq Padoue chamois. — Coq de Padoue argenté.

La race comporte sept principales variétés :

L'*argentée*, plumes fond blanc encadrées de noir.

La *dorée*, plumes fond brun-rouge, encadrées de noir.

La *chamois*, plumes fond chamois, encadrées de chamois plus foncé.

Toutes trois présentant les dispositions de nuances sus-énoncées.

La *blanche*, la *noire* et la *coucou* qui n'exigent pas de description.

L'*herminée* dont chaque plume du camail et de la queue est blanche, légèrement tachetée de noir à l'extrémité, et les plumes des ailes traversées de lignes noires à peine visibles. Le bec est blanc et les pattes bleu très clair.

* * *

La race de Padoue, est celle à laquelle on peut donner la préférence pour un poulailler d'agrément, et leur ponte et leur chair délicate donneront encore des compensations assez suffisantes.

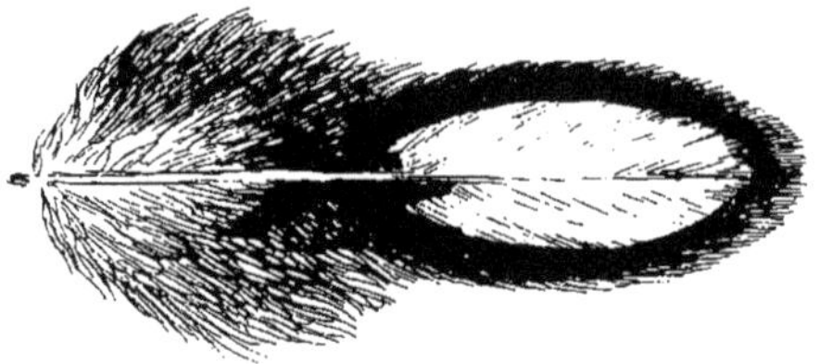

Fig. 52. — Plumes du dos Padoue argenté.

RACE HOLLANDAISE HUPPÉE

Connue généralement, mais à tort, sous le nom de Padoue hollandaise, la race hollandaise a droit à sa classification propre, elle diffère en effet de la précédente race par des caractères bien distincts.

Plus petite, mais moins délicate, coureuse, alerte et plus féconde que la race de Padoue, la Hollandaise en diffère encore sensiblement par les barbillons qui sont très développés chez le coq, plus petits chez la poule et d'un rouge vif, et l'absence de cravate qui lui donne un air plus vif, plus dégagé.

La huppe est très fournie comme chez la Padoue, mais elle est d'aspect fort original étant composée de plumes, de nuance uniforme, précédées d'un bouquet de plumes de même couleur que la robe.

Les fermiers hollandais lui reconnaissent autant d'utilité que de beauté, sa chair est très fine, très délicate.

La poule est bonne pondeuse, mais elle ne couve presque jamais.

Les caractères généraux se rapprochent sensiblement de ceux de la race de

Fig. 53. — Poule de Padoue argentée. — Poule de Padoue chamois.

Padoue ; la huppe est un peu moins volumineuse et plus aplatie, les barbillons bien développés, la cravate et les favoris nuls, le corps plus petit, mais de mêmes lignes, les pattes de même couleur, queue abondante et faucilles longues, portée relevée comme chez le coq de Padoue.

La race comprend quatre variétés :

Noire à huppe blanche;

Bleue à huppe blanche;

Bleue à huppe bleue.

Blanche à huppe noire;

Inutile de décrire le plumage indiqué par les noms mêmes des variétés.

La variété la plus estimée est la noire à huppe blanche, qui caractérise le mieux la race par l'opposition du plumage noir de velours du corps avec la huppe blanc d'argent à toupet noir.

On s'imagine aisément le joli effet que peut produire une bande de poules hollandaises noires à huppe blanche se promenant au milieu d'une pelouse.

Il ne faut pas oublier que toutes les races à huppe demandent une habitation et des soins tout particuliers.

RACE COUCOU D'ÉCOSSE

La race coucou d'Écosse, la Scotch Greys des Anglais, possède une grande vogue de l'autre côté du détroit, les fermiers écossais la mettent, en majeure partie, au-dessus de toutes les autres. De fait, on ne sait pourquoi ils pourraient la trouver inférieure à la Dorking *variété coucou*, qui présente tous les mêmes caractères à part la conformation de la crête et de la patte.

En France elle est délicate et se développe beaucoup moins rapidement que la Dorking dont elle n'atteint même jamais le volume, elle lui est également inférieure comme qualité de chair et quantité de ponte, mais les œufs sont plus gros.

Comme ponte on peut la comparer à notre Houdan.

Cette poule a été préconisée, paraît-il, pour l'amélioration de notre race commune ; ce serait commettre une grosse erreur que de suivre ce conseil, car elle est inférieure à la plupart de nos bonnes races françaises ; elle atteint tout au plus le volume de la Bresse-Noire sans la valoir EN FRANCE comme chair, ponte et rusticité.

La seule race étrangère dont il y ait un véritable intérêt à pousser l'acclimatement en France est la Dorking des variétés argentée et grise.

Laissons donc la Scoth Grey aux Anglais et passons de suite à la description générale du coq.

Caractères généraux du coq.

Tête assez forte.

OEil grand.

Iris bien marqué, brun clair.

Pupille noire.

Crête simple, haute et droite, dentelures hautes et bien nettes.

Barbillons minces et longs.

Oreillons moyens et bien arrondis, sablés.

Corps assez volumineux, se rapprochant comme taille du Dorking variété blanche ; le dos, les reins sont assez larges et la poitrine bien développée.

Jambes fortes, assez courtes.

Cuisses charnues bien emplumées.

Tarses nus, blanc rosé.

Doigts forts, bien droits, au nombre de quatre.

Le plumage est abondant, de nuance coucou d'un bout à l'autre et bien pur.

Quant au poids, M. La Perre de Roo lui accorde jusqu'à 4 kilogrammes ; peut-être un animal, savamment engraissé en chambre, comme le font si bien les Anglais, a-t-il pu atteindre ce poids, encore en doutons-nous ; quand on le verra dépasser, à l'âge adulte, 2 kilog. 500, on pourra se considérer heureux. Le coq ne dépassera jamais ce poids à moins de soins spéciaux qui n'ont plus rien à voir avec un élevage pratique.

La poule présente à peu près les mêmes caractères que le coq.

RACE DE BREDA

Cette volaille, originaire de Hollande, est fort originale en raison de la conformation spéciale de sa crête qui, au lieu de se distinguer par la saillie proéminente habituelle aux autres races, présente une cavité très accentuée ayant assez l'apparence d'une petite tasse.

Très appréciée dans son pays d'origine, où elle possède de grandes qualités, elle est peu répandue en France bien que supérieure à beaucoup de races étrangères adoptées chez nous avec plus ou moins de vogue.

Sa chair est délicate, elle se développe et s'engraisse facilement. Elle comporte quatre variétés : la variété bleu ardoisé, la variété noire, la variété blanche et la variété coucou plus communément appelée poule de Gueldre.

Variété bleu ardoisé.

Caractères généraux du coq.

Tête très forte et longue.

Bec moyen, noir à la base, grisâtre au bout.

Œil grand.

Iris aurore.

Pupille noire.

Huppe formée par un petit épi de plumes fines et dures.

Crête formant une légère cavité à bords arrondis et peu saillants, de couleu noirâtre.

Barbillons très développés presque aussi larges que longs.

Oreillons petits et rouges.

Joues rouges, couvertes d'un petit duvet noir qui ne se voit que de près.

Cou court et gros.

Corps assez volumineux, poitrine, dos et reins larges.

Jambes fortes et de moyenne longueur.

Tarses de couleur bleu ardoisé, courts et garnis, par devant et par derrière, d plumes se dirigeant de haut en bas et cachant tout le canon de la patte.

Queue bien fournie, simplement développée.

Taille assez élevée.

Plastron gris bleu.

Camail bien fourni, bleu ardoisé foncé.

Lancettes longues, même nuance que le camail.

Faucilles bien développées, portées peu relevées.

Rectrices, faucilles, tectrices et remiges bleu ardoisé foncé, le reste du plumag de nuance un peu plus claire.

La poule ne présente pas de caractères bien différents avec le coq, taille u peu moins volumineuse, conformation de tête semblable, queue très fourni longue et portée relevée et plumage uniformément gris ardoisé d'un bout l'autre.

C'est une bonne pondeuse donnant de beaux œufs, elle couve rarement.

Variété noire.

Présente exactement les mêmes caractères que la précédente, sauf le plumag qui est entièrement noir à reflets métalliques bleus et violets.

Variété blanche.

Plus petite que les deux précédentes, mais très jolie et très appréciée des ama teurs, elle ne s'en distingue que par la différence de taille et le plumage qui es entièrement blanc.

Variété coucou.

La variété coucou, ainsi que nous l'avons dit, est plus communément appelé poule de Gueldre, elle est plus forte que les deux premières et se rapproch assez comme poids de la race de Houdan. Mêmes caractères que les précédente sauf le plumage qui est coucou d'un bout à l'autre ; chaque plume a quat marques grises, régulières, apparentes à fond blanc à l'exception des faucill du coq, dont les marques affectent la forme d'un grain d'orge et se multiplient en raison de la longueur de chaque faucille.

Chez la poule, les grandes plumes de l'aile et de la queue sont souvent moins nettes qu'à d'autres régions et les marques de ces plumes vont jusqu'à six et sept.

Des quatre variétés, c'est la poule de Gueldre qui est la plus recommandable.

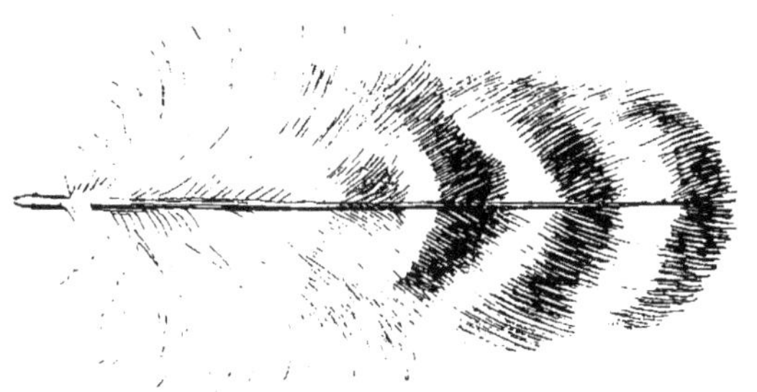

Fig. 54. — Plume caractéristique de la poule de Gueldre.

GRANDS COMBATTANTS

LES ANGLAIS

La race de combat anglaise écrit le *Mentor Agricole*[1] à qui nous empruntons la plus grande partie de ce qui va suivre, de grande taille, peut être considérée, plus que la dorking, comme la race nationale en Angleterre. C'est elle surtout qui a attiré l'attention des amateurs, et, au point de vue de l'utilité, cette tendance est discutable, car bien certainement, la dorking l'emporte de plusieurs longueurs comme volaille de table.

Sous le rapport de la beauté, l'effort des éleveurs anglais se justifie mieux, car le Combattant est un oiseau magnifique, tout pétri de grâce et d'élégance, présentant, presque toujours, les plus brillantes couleurs.

Les combattants ont donc été sélectés, soignés, astiqués comme des oiseaux de luxe qu'ils sont ; ils sortent d'un type qui avait été négligé et presque perdu et qui paraît avoir reconquis quelque faveur, car les journaux anglais en parlent fréquemment et les reproduisent par les gravures.

L'ancien type était beaucoup plus bas sur pattes que le type actuel, le cou était moins effilé le corps moins effacé et la queue plus fournie.

Le combattant admis s'est donc éloigné petit à petit de l'ancien ; il est perché haut sur des pattes lisses et verdâtres dans presque toutes les variétés, le cou est long, la tête fine et la queue est réduite à quelques faucilles et à des lancettes peu développées.

[1] Numéros de juillet et août 1892.

En France, les combattants anglais sont plus rares encore qu'en Belgique. Il est probable que la race anglaise n'est pas étrangère à la race nouvellement créée dans le Nord sous le nom de « Combattants du nord ».

Les grands combattants anglais réunissent toutes les couleurs de l'arc-en-ciel et de la façon la plus harmonieuse : rien de criard, mais une gamme de tons chauds groupés artistiquement. Il y en a des blancs, des noirs, des bleus, des coucous, tous assez rares ; puis d'autres qui sont noirs et rouges, *black-red*, bruns et rouges, *brownred;* ailes de canard *duckwing*, blancs et rouges, *pile*, ou au moins chez lesquels ces couleurs sont dominantes.

Les qualités distinctives sont, à peu de chose près, les mêmes dans toutes les variétés de combattants anglais.

L'apparence doit être celle d'un oiseau plein de vigueur, de souplesse, d'agilité ; rien d'étriqué ni de lourd ; la grâce et la force réunies.

La tête sera longue, mince et se terminant par un bec fort à la courbure vaillante. La face et la gorge seront lisses, nues et de texture fine, les yeux fixes et menaçants.

Le cou sera long, arqué, ayant un peu avec la tête l'ondoiement du serpent ; le camail court ; dru de plumes, s'arrêtant aux épaules ; le corps d'apparence légère, point bouffi de plumes, large aux épaules et descendant vers la queue en pointe, le dos plat.

Les ailes seront courtes et puissantes, les lancettes courtes et recouvrant le bout des ailes.

La poitrine devra être large, mais n'ayant pas la profondeur des volailles à chair grasse.

Les cuisses doivent être rondes, dures et longues et, étant presque perpendiculaires au corps, paraissent encore plus longues qu'elles ne le sont réellement.

Les jambes seront bien proportionnées et garnies d'écailles fines. Les éperons ne doivent pas être trop forts.

La queue qui forme un des principaux ornements du combattant doit être chez l'anglais d'une longueur moyenne, point bouffante ni épandue, plutôt mince et s'écartant peu de l'horizontale ; les faucilles sont peu abondantes, ne se recouvrant jamais, laissant même entre elles un espace à travers lequel on aperçoit les caudales.

Le pied doit être bien planté, les doigts minces et longs, les ongles réguliers.

Le poids du combattant varie, mais la bête ne doit pas être poussée en graisse, ce qui d'ailleurs ne réussit pas.

La poule des grands combattants a la structure similaire à celle du coq, sauf la queue qui n'est pas horizontale ; on ne lui coupe pas la crête qui est fine et régulièrement dentelée.

Variété black-red.

Dans les deux sexes, le bec a la couleur jaune clair, la face, y compris les

Fig. 55. — Coq de combat anglais, type actuel et type ancien.

oreillons et les barbillons, est d'un rouge écarlate, les yeux sont d'un rouge brillant, les jambes sont vertes avec tout au plus une teinte olivâtre.

En dehors de ces points communs, le coq a la tête et le camail d'un rouge luisant; le dos et la couverture des épaules rouge violet avec une teinte orangée, les lancettes de même couleur. L'aile présente trois parties diversement colorées : le dessus couleur acajou; le milieu, vert brillant, et le dessous, brun.

La poitrine est noire à reflets brillants et le dessous du corps, noir plus terne.

La poule ne présente pas les couleurs éclatantes du coq.

Le camail est jaune avec des virgules noires, la poitrine a la couleur saumon et le reste est brun perdrix plus ou moins foncé.

Variété brown-red.

Dans les deux sexes, le bec est presque noir, la face et la tête d'un rouge pourpré, les pattes d'un vert foncé, les lancettes même couleur mais un peu plus pâles. La couverture des ailes est d'un noir lustré, le dos et les épaules sont cramoisi foncé.

Les rémiges primaires et secondaires sont noires mais ternes.

La poitrine est noire, chaque plume ayant un liseré rouge brun et un léger trait au centre.

La queue est noire, bien lustrée.

Variété pile.

La couleur du combattant pile, dans les deux sexes, doit être rouge brillant dans la face, les yeux également; quant aux pattes, contrairement aux autres variétés, elles peuvent être jaunes, même c'est la couleur habituelle.

En dehors de cela, le coq doit avoir le camail rouge orange sans trace de blanc, les lancettes, comme toujours, de même couleur, peut-être un peu plus claires. La couverture des épaules, rouge avec une teinte violette. Les ailes ont trois tranches bien caractéristiques : le dessus rouge ponceau, le milieu blanc et le dessous rouge brun.

La queue est blanche.

Variété dite « ailes de canard ».

Les combattants *ailes de canard* sont, à notre avis, les plus beaux du genre, car les couleurs en sont réellement splendides, les mettant à la hauteur des faisans.

Dans cette variété, on rencontre deux couleurs : les jaunes et les blancs ou argentés.

Les combattants ailes de canard jaunes ont la face rouge dans les deux sexes. Le coq a le camail jaune pâle d'une nuance indécise, très remarquable. Les ailes et le dos sont splendides : d'un beau jaune d'or foncé, au-dessus, d'un magnifique vert au milieu, et au-dessous d'un blanc immaculé. La poitrine est d'un noir brillant et le dessous du corps noir de fumée.

La poule est plus modeste comme dans le genre faisan. La poitrine est saumon tendre et le reste du corps gris perdrix, mais, malgré la modestie relative de la robe, la poule est bien distinctive et fort élégante.

Dans la variété argentée, le coq a le camail tout blanc d'argent, ainsi que le dessus des ailes et du dos, le reste est comme ses congénères ; cette espèce est la plus rare de toutes et se rencontre fort peu dans les concours.

Inutile de dire comment sont les combattants *blancs*, *noirs* et *coucous*, le titre seul indique la couleur, les caractères distinctifs restant les mêmes.

COMBATTANT INDIEN

Il semblerait, à première vue, que la description du combattant indien ne devrait pas se trouver à cette place mais bien dans les races asiatiques, seulement cette race n'ayant d'indien que le nom, attendu qu'elle a certainement été fabriquée en Angleterre, et, sans doute, au moyen d'un croisement de malais et de grand combattant anglais de l'ancien type nous devions forcément la décrire à la suite des combattants anglais.

En voici les principaux caractères :

Tête assez forte, le sommet surplombant légèrement les yeux.

Bec fort, bien courbé, de couleur jaunâtre.

Œil assez grand, brillant et point rentré.

Crête étroite, ferme et à fleur de tête.

Face lisse et d'un tissu fin.

Barbillons peu marqués, unis, d'un rouge vif.

Oreillons étroits et réguliers.

Cou un peu arqué, de longueur moyenne.

Gorge garnie de petites plumes.

Corps, de forme élancée, mais forte en même temps, dos légèrement convexe et penchant un peu de chaque côté de l'épine dorsale ; large aux épaules ; bien rempli à la base du cou et se rétrécissant un peu vers la queue ; poitrine large, profonde, bien arrondie aux côtés, rejetant un peu les ailes quand l'animal est debout.

Jambes et *cuisses* fortes, de longueur moyenne.

Tarses forts, de moyenne longueur, couleur jaune ou orange.

Doigts longs et verts, ongles forts.

Queue de moyenne longueur, compacte, portée horizontalement.

Plastron d'un noir brillant.

Camail pas trop long, couvrant la base du cou, d'un noir verdâtre avec un triangle brun au milieu de chaque plume.

Lancettes peu abondantes, noires à reflets verts.

Rectrices peu fournies, noires.

Faucilles horizontales assez longues, noires à reflets.
Tectrices noires, noir vert entremêlé de rouge foncé.
Rémiges noires mélangées d'un peu de brun.

La poule est plus pâle, la couleur du dos et de la poitrine est bai brun avec un lacet bien lustré le long de chaque plume.

Variété aseel.

Exactement les mêmes caractères que le précédent, mais plumage entièrement blanc.

COMBATTANT DE BRUGES

« Parmi les races de combat, celle de Bruges est la plus forte qui existe. Elle n'a pas la grâce ni les brillantes couleurs du combattant anglais, le type aristocratique de l'espèce ; elle représente la force brutale avec sa carrure vigoureuse, sa lourdeur de campagnard, sa tenue gauche et provoquante de rustre.

« Le coq représente ces signes distinctifs à un plus haut degré que la poule et à le voir, campé solidement sur des pattes robustes, l'œil constamment aux aguets, le cou droit, le bec plein de défi, on s'imagine aisément que dans la gent galline, il inspire plus de terreur que de sympathie. C'est bien pour cela que les amateurs de combats de coqs en Belgique et dans le nord de la France, l'ont choisi comme champion de leurs joutes barbares.

« C'est surtout dans les campagnes et parmi les ouvriers des villes que se perpétuent des coutumes qui, depuis longtemps, auraient dû cesser d'exister. Dans la Flandre occidentale, le Tournaisis, près de Grammont, de Liège, de Tirlemont, de Lille, de Roubaix, on peut chaque dimanche et souvent en semaine, se payer le triste plaisir de voir des coqs se battre.

« Et vraiment nous ne comprenons pas qu'on puisse se plaire à pareil spectacle presque toujours fort monotone. Après la première attaque où les coups de bec et les coups d'éperon pleuvent, les coqs nus, hors d'haleine, par les efforts de la première passe, aveuglés par le sang qui leur coule de toutes les piqûres reçues à la tête, ne font généralement que tourner en rond autour de l'arène, s'attrapent encore bien de temps en temps, mais n'ayant plus la fougue du premier moment. Cela dure 20, 30 jusqu'à 40 minutes suivant les conditions. » (*Mentor Agricole.*)

Ne recherchant que les qualités de combattant, la race de Bruges n'a pu progresser, elle est plutôt restée stationnaire, car la variété bleu ardoisé, bien uniforme qui était la plus belle a presque complètement disparu. Les variétés qui se rencontrent le plus couramment sont la bleue à manteau noir ou rouge, la rouge, noire et rouge, la blanche et rouge, et la noire.

Caractères généraux du Coq.

Tête forte.

Bec court, crochu.

Couleur du bec, corne foncée.

Crête rudimentaire, noirâtre, coupée la plupart du temps ainsi que les barbillons et les oreillons.

Cou long et vigoureux.

Corps volumineux, puissant ; poitrine et dos larges, épaules saillantes, reins étroits, la pente entre le cou et la naissance de la queue très accentuée, tout le plumage collé au corps le fait paraître moins gros qu'il n'est réellement.

Jambes fortes.

Tarses longs et gros, de couleur ardoise, l'éperon très développé.

Doigts forts et longs.

Queue très fournie et presque horizontale.

Tous ces principaux caractères peuvent s'appliquer à la poule, qui présente cependant des formes un peu moins heurtées.

Elle est assez bonne pondeuse, mauvaise couveuse et douée d'un très mauvais caractère. Les poulets s'élèvent facilement mais ne sont point précoces, de plus il faut séparer les coqs de bonne heure car ils ne cessent de se battre, les poulettes également sont fort peu sociables entre elles.

La chair de cette race est peu estimée.

RACE D'ELBERFELD

Cette race, originaire d'Allemagne, est fort belle et mérite d'être appréciée pour ses nombreuses qualités. Appelée parfois chanteur des montagnes, mais à tort, elle possède dans son pays, une vogue que justifie son bel aspect, sa rusticité, sa chair fine apte à l'engraissement.

La poule est bonne pondeuse, assez bonne couveuse ; les poussins sont rustiques et se développent rapidement

Le coq rappelle assez par ses formes nos beaux coqs de ferme :

Tête forte.

Bec vigoureux, légèrement recourbé, brun clair.

Œil grand et rouge.

Crête très développée et bien dentelée.

Barbillons très amples.

Oreillons petits et blancs.

Joues rouges, et nues autour de l'œil.

Tarses assez forts et bleus.

Doigts, au nombre de quatre.

Corps volumineux, légèrement incliné en arrière, poitrine et dos bien développés.

Queue très fournie, ornée de faucilles longues et larges.

La poule présente, en son ensemble, les mêmes caractères que le coq.

Avec un peu de taille en plus, elle se rapproche beaucoup, comme le coq, de nos volailles de ferme, surtout dans la variété noire qui ressemble à s'y méprendre à nos poules communes. Le plumage des deux autres variétés a assez de rapport avec celui des poules de Padoue, dorée et argentée.

Trois variétés : dorée, argentée, noire.

Variété dorée.

Le coq a le camail doré ; les épaules, le dos et les petites couvertures des ailes, rouges ; les grandes couvertures chamois avec une pointe noire qui forme deux raies quand l'aile est fermée ; le plastron et les parties inférieures, rouges avec une large bordure noire ; les lancettes marron, la queue noire à reflets métalliques.

La poule a les plumes du camail noires, rayées au milieu de rouge, la queue noire, le reste du corps fond chamois, extrémité de chaque plume, noire.

Variété argentée.

Le coq a le camail blanc ; le restant du plumage blanc, pour le fond, et chaque plume marquée à son extrémité d'une tâche noire, ou, en certaines parties entièrement bordées de noir : rémiges et plastron ; la queue noire, à reflets violacés, fait exception à cette règle.

La poule présente les mêmes caractères.

La variété noire.

Entièrement noire, n'exige pas de description.

RACE DE RAMELSLOHER

Cette race, originaire des environs de Hambourg, est aussi estimée en Allemagne que la précédente et possède les mêmes qualités de précocité, rusticité et finesse de chair, mais elle est beaucoup moins jolie.

Les poules sont bonnes pondeuses et bonnes couveuses, les poussins s'élèvent bien et les poulettes commencent à pondre dès l'âge de six mois et continuent leur ponte en hiver.

Le coq est de moyenne taille :

Tête bien faite.

Bec bleu.

Fig. 56. — Coq et poule d'Elberfeld.

Œil foncé.

Joues rouge vif.

Crête moyenne, simple, droite, profondément dentelée.

Oreillons blancs.

Barbillons rouges.

Pattes assez fortes de couleur bleu d'acier contrastant bien avec le plumage entièrement blanc, parfois jaunâtre.

La poule ne présente pas de différences sensibles avec le coq.

RACE COSAQUE

Cette race, très originale, est aussi appelée poule à tête de hibou, les plumes bouffant presque tout autour du cou lui forment un collier d'aspect tout particulier, elle passe pour bonne pondeuse et comporte plusieurs variétés :

Variété argentée de Russie.

Le coq est d'assez belle taille et présente ces principaux caractères :

Crête double terminée par une petite corne.

Barbillons larges et longs.

Camail et *Lancettes*, blanc d'argent.

Collier et *plastron* noirs.

Queue noire à reflets.

Ailes fond blanc, extrémités des plumes noires, à part les rémiges primaires qui sont entièrement blanches.

La poule a le plumage blanc d'argent avec une tache noire à l'extrémité de chaque plume, rémiges primaires entièrement blanches.

Les autres caractères sont les mêmes que chez le coq.

Variété blanche.

Entièrement blanche, n'exige pas de description.

Variété allemande.

Thuringer Hansbackchen, plus petite, à grande crête simple et droite, sans barbillons, de plumage noir, doré ou argenté.

Variété hongroise.

Poule de ferme blanche à crête droite profondément dentée.

Fig. 57. — Coq et poule cosaques.

RACE DE TRANSYLVANIE

Plus curieuse qu'intéressante, cette race est d'importation récente.

Originaire, dit-on, de la Transylvanie, sa distinction essentielle avec nos volailles de ferme réside dans son cou qui est à peu près dénudé.

Rustique, chair fine, bonne pondeuse, voilà ses qualités, aspect affreux, voilà son grand défaut à nos yeux, nullement racheté par les mêmes qualités que possèdent une foule de jolies races.

Caractères généraux du coq.

Tête allongée, garnie de plumes jusque sur la nuque.

Crête parfois creusée en forme de coupe et dentée ou simple, droite et bien dentelée.

Bec court, gros.

Couleur du bec, jaune.

Joues nues et rouge vif.

Oreillons rouges et blancs.

Barbillons bien développés et rouges.

Cou long et gros, nu et rouge sanguin jusqu'au dos et à la gave.

Queue bien développée, portée peu relevée.

Pattes jaunes ou couleur de plomb.

Plumage rappelant toutes les couleurs de nos coqs de ferme, perdrix, fauve, pie, coucou, noir, blanc.

La poule ne présente avec le coq que les différences ordinaires des sexes.

RACE DE LAKENFELDER

Jolie volaille confondue souvent avec la poule de Jérusalem assez appréciée en Allemagne. La poule est bonne pondeuse, mais mauvaise couveuse, la chair est fine. Camail noir, faucilles noires, à reflets verts, crête énorme, barbillons longs et minces.

∴

Il existe aussi en Allemagne une volaille qui sous le nom de *poule de Sundheim* tend à prendre la même extension qu'en France la poule de Faverolles, elle proviendrait d'un croisement de Dorking et de Brahma avec une poule du

Fig. 58. — Coq cou nu de Transylvanie.

pays et donnerait de remarquables résultats comme précocité, chair et ponte hivernale.

La crête est simple, de grandeur moyenne, pas de huppe, mais des favoris et une cravate très développés. La queue est le plus souvent noire ; les faucilles du coq modérément développées.

Deux couleurs dominent, celle du Brahma herminé et celle du Dorking argenté, mais plus pâle.

Les poules de cette variété passent du gris brun à l'isabelle, chaque plume striée de noir ; la poitrine va du saumon à la couleur crème.

Les coqs assortis sont noirs, à camail et à lancettes blanches ou paille. La poitrine est très souvent régulièrement pointillée de blanc et les couvertures des ailes brun marron.

La taille est très volumineuse.

Nous ne considérons pas que cette volaille mérite d'être classée, mais nous avons tenu à la citer comme exemple de croisement donnant de beaux résultats.

RACE DE PLYMOUTH-ROCH

C'est une fort belle volaille, très rustique, de belle allure et dont le plumage à fond gris de fer est rayé et ombré de noir d'une façon très régulière ce que rend bien le nom de Plymouth-Roch *barré* que lui donnent les Américains.

La race est fort estimée, à juste titre, car elle se développe vite et bien, sa chair est très délicate ; la poule pond bien et de très beaux œufs, elle est bonne couveuse et excellente mère.

Principaux caractères du Coq.

Tête expressive, de grosseur moyenne.

Bec court.

Couleur du bec jaune.

Crête simple bien dentelée.

Barbillons et *oreillons* moyens et rouges.

Cou bien arqué, couvert d'un épais camail.

Corps bien charpenté, poitrine et reins larges, ailes fortes.

Pattes jaunes.

Queue bien fournie.

Faucilles longues et larges.

La poule possède tous les caractères principaux du coq.

Il existe une variété de plymouth-roch, barré, à crête triple, et une variété blanche à crête simple.

Fig. 59. — Coq et Poule Plymouth-Roch.

RACE DE DOMINIQUE

Cette race possède de grandes qualités, comme rusticité, précocité et finesse de chair; comme forme et comme plumage, elle rappelle beaucoup le dorking coucou à crête frisée, mais elle lui est inférieure comme volume et s'en distingue encore par ses pattes qui sont jaunes.

La poule est bonne pondeuse, excellente couveuse et très bonne mère; son plumage et celui du coq sont coucou d'un bout à l'autre.

Le coq a pour principaux caractères :

Tête assez forte.

Crête volumineuse, frisée, hérissée de petites pointes régulières, formant une surface plane, carrée par devant où elle recouvre la base du bec et se terminant, en pointe, en arrière.

Œil large.

Iris rouge aurore.

Bec fort et jaune.

Barbillons moyens, arrondis et rouges.

Oreillons ovales et rouges.

Cou court et volumineux.

Corps gros, poitrine large et bien arrondie, ailes de moyenne longueur.

Cuisses longues.

Tarses gros et courts.

Pattes jaunes.

Queue bien fournie.

Faucilles longues et larges et portées assez relevées.

La poule ne présente aucune particularité nécessitant une description spéciale.

RACE DE WYANDOTTE

Cette volaille étant admise et classée aujourd'hui dans toutes les expositions, il est nécessaire d'en donner la description, mais nous croyons qu'il serait intéressant de faire connaître auparavant de quelle façon elle a été obtenue.

« Après divers croisements plus ou moins heureux, écrit le *Wyandotte Fowl* un croisement du coq hambourg argenté avec des poules brahmas foncées, produisit un type plus désirable ayant une crête triple (*pea comb*).

« Mais les sujets issus du premier de ces croisements présentaient des points peu stables ayant les pattes tantôt emplumées, tantôt nues; la crête également présentait des différences notables, étant simple, double ou en forme de rose. On appelait alors ces volailles des *eurékas*.

Fig. 60. — Coq et Poule Wyandotte.

« On croisa entre eux les sujets issus de ces divers essais et, en sélectionnant les produits, on obtint des produits présentant des points plus stables, plus caractéristiques et chez lesquels dominait évidemment le sang des hambourgs; la crête affectait à peu près la forme de celle propre à cette dernière race, mais était plus petite et plus rapprochée de la tête. En même temps, toute trace de plumes aux pattes disparaissait, tandis que la couleur jaune des pattes, due au croisement avec le brahma foncé, se maintenait. Alors que les coqs empruntaient la plus grande part de la couleur du plumage à celui des Brahmas foncés, les poules, elles, se rapprochaient davantage par le plumage de leurs ancêtres de la race de Hambourg, dont elles portaient également la livrée maillée.

« Aujourd'hui cette race est arrivée à un grand degré de fixité, grâce aux soins et à la sélection intelligente pratiquée par des éleveurs compétents. »

Comme on le voit, nous sommes en présence d'une race de pure fabrication, mais qui ne manque ni de beauté ni de qualité.

De taille élevée et de fort volume, le coq a un fort bel aspect.

Tête assez forte.

Crête énorme, plate et frisée.

Bec court, gros.

Couleur du bec jaune.

Barbillons bien développés.

Cou court, gros, bien arqué.

Corps volumineux, poitrine profonde, bien arrondie, les épaules larges.

Tarses courts, forts et jaunes.

Queue courte fournie et ramassée comme un poing qui se ferme.

Dans la variété argentée, la plus estimée, tout le poitrail est à fond blanc d'argent, chaque plume bordée d'un très large liseré noir ; le camail très épais et les lancettes longues et abondantes sont blancs avec des mouchetures noires à chaque plume, la queue est noire à reflets métalliques avec quelques rayures blanches.

Mêmes principaux caractères chez la poule qui est bonne pondeuse d'hiver en beaux œufs, bonne couveuse et bonne éleveuse. Les poussins sont rustiques et s'élèvent assez rapidement. La chair n'est pas bien fine et se trouve encore disqualifiée sur les marchés par ses pattes jaunes.

Il existe trois autres variétés moins bien fixées la *dorée*, la *blanche* et la *noire*.

Variété dorée.

Mêmes caractères que la précédente et même disposition de dessin, mais le fond du plumage est d'un ton rouge brun très chaud.

Variétés blanche et noire.

Le plumage étant entièrement unicolore n'exige pas de description.

CHAPITRE III

RACES MÉDITERRANÉENNES

RACE ESPAGNOLE

Comme prestance, aspect altier et élégance, la race espagnole prendrait peut-être la première place. Ses joues énormes se confondant avec les oreillons, le tout d'un blanc farineux, lui donnent un aspect unique parmi toutes les races de volailles connues, mais son lent développement, sa délicatesse dans le premier âge, la font classer parmi les oiseaux plutôt de luxe que de pratique. On l'a souvent préconisée pour la ponte, la poule pondant abondamment et de très beaux œufs, mais cette qualité, à notre avis, ne compense point les défauts de sa chair qui est ordinaire, et de la taille qui est au-dessous de nos grandes races.

En résumé, ravissante race d'amateur quand on peut la tenir dans un parquet vaste, mais donnant des compensations insuffisantes pour l'élevage industriel ou la ferme.

Caractères monographiques du Coq.

Tête assez forte et longue.

Bec fort, presque droit, de 2 centimètres et demi de longueur environ.

Couleur du bec noire.

Narines moyennes.

Œil grand.

Iris brun rouge.

Pupille noire.

Crête énorme, haute, large et longue, simple, régulièrement dentelée, prenant naissance au dedans des narines pour s'étendre bien en arrière de la tête et de couleur rouge rosé.

Barbillons longs, minces et repliés, de même couleur que la crête.

Oreillons longs, épais et larges formant avec les joues, une large plaque qui semble passée au blanc de céruse, bien lisse; on n'aperçoit de noir que les petites plumes qui cachent l'orifice auriculaire.

Joues exactement de même nuance que les oreillons, encadrant bien l'œil et séparées de la crête par un léger filet de plumes noires. Quand le coq vieillit, les joues se remplissent de sinuosités qui le déparent d'une façon malheureuse.

Cou fort et bien arqué, porté très droit.

Corps très élancé, poitrine très développée pour la taille bien arrondie et proéminente, dos rond assez court et légèrement incliné.

Jambes hautes et élancées.

Cuisses moyennes et bien dégagées.

Tarses nus, longs et fins, de couleur plomb foncé ou noire.

Doigts au nombre de quatre, longs et fins.

Queue très fournie.

Port élégant et hautain.

Taille, dans l'attitude fière, 50 à 55 centimètres.

Plastron noir de velours.

Camail assez épais, d'un beau noir à reflets métalliques.

Faucilles et *lancettes*, *tectrices* et *remiges* même nuance que le camail.

Rectrices noir mat.

Caractères monographiques de la poule.

Tête petite et très éveillée.

Bec moyen.

Joues et *Oreillons* d'un blanc mat, mais bien moins développés que chez le coq.

Barbillons rouge rose, bien arrondis et sans trace de blanc.

Crête longue, finement dentelée et portée sur un côté de la tête sans tomber sur les joues.

Cou assez long.

Corps moyen, poitrine bien arrondie et bombée.

Jambes assez hautes.

Tarses assez longs et fins.

Queue peu fournie et portée assez relevée.

Taille moyenne et bien élancée.

Quelques petits bouquets de poils noirs parsèment souvent les joues, mais très fins, ne se distinguant que de près, les autres caractères monographiques sont les mêmes que chez le coq.

La poule espagnole est vive, alerte, caqueteuse; elle pond bien et de gros œufs, mais nous avouons n'en avoir jamais vu pesant 85 grammes, comme l'affirment imperturbablement certains auteurs; s'ils atteignent une moyenne de 75 grammes c'est fort joli, la belle ponte, en France, est de 160 œufs par an.

L'incubation est nulle.

Fig. 61. — Coq et Poule de race Espagnole.

Les poussins sont extrêmement délicats, il ne faut pas faire couver les œufs de cette race avant le mois d'avril ; couverts d'un duvet noir bleuâtre sur le dos, le ventre jaune, les petits s'élèvent et grossissent lentement, ils sont très frileux et longs à s'emplumer; durant les six premières semaines, il est nécessaire de les surveiller très attentivement, de ne leur donner qu'une nourriture délicate, souvent renouvelée et en petite quantité. Une fois le quatrième mois passé, ils sont bien rustiques, mais les coqs seront tenus les nuits d'hiver dans des poulaillers bien clos, leur grande crête étant très susceptible de geler.

Il existe une variété toute blanche de cette race qui ne présente qu'un intérêt de curiosité.

RACE ANDALOUSE

Si nous avions à faire le classement pour un concours, des races espagnole par ordre de mérite et même de beauté, c'est la race andalouse que nou mettrions en tête, puis viendrait la race de Minorque, ensuite la race d'Ancôn et, pour terminer, la race espagnole que nous avons décrite de prime abord.

Le coq andalous, en effet, a la même prestance, la même élégance que l coq espagnol, et son plumage est plus gai, plus joli à notre avis, il est, de plus plus rustique, s'emplume vite et bien, le développement est assez rapide et l chair plus fine ; la poule est beaucoup plus jolie que l'espagnole et pond encor mieux. En résumé la race andalouse a toutes les qualités de la race espagnol sans en avoir les défauts.

Caractères généraux du coq.

Tête forte.

Bec fort, de couleur brun clair.

Œil comme l'espagnol.

Crête bien développée, régulièrement dentelée mais pas trop haute, 6 à 7 centimètres, rouge rosé.

Barbillons longs, larges et rouges.

Oreillons grands et longs, d'un blanc farineux.

Joues nues de même couleur que les barbillons, éviter le blanc.

Cou fort et élancé.

Corps de proportions gracieuses, poitrine bien arrondie, dos légèrement incliné.

Jambes hautes et fines.

Tarses longs, gris bleu, quatre doigts.

Queue bien fournie, portée très relevée.

Port altier.

Taille moyenne comme l'Espagnole.

Fig. 62. — Poule Andalouse.

Camail touffu, noir à reflets bleus, mais assez court.

Lancettes longues, fines, de même nuance que le camail.

Tectrices et *faucilles* bleu ardoisé, semé de points gris peu apparents.

Le plastron, les rémiges, les rectrices et le reste du corps sont uniformément bleu ardoisé, mais chaque plume étant bordée d'un liséré d'un ton beaucoup plus foncé, le plumage présente un aspect maillé du plus joli effet.

Caractères généraux de la poule.

Il est inutile de donner une description complète de la poule andalouse ses caractères ne différant du coq que dans la crête qui est repliée et dans le plumage qui est uniformément de même nuance d'un bout à l'autre, c'est-à-dire gris bleu comme fond et chaque plume bordée d'un liséré plus foncé, à part les plumes de la tête et du haut du cou qui sont noir-bleu.

Les nuances de plumage bleu foncé, comme velouté, sont les plus jolies et les plus estimées dans les deux sexes; il ne faudrait pas rejeter cependant les sujets dont les teintes varient du bleu argenté à l'ardoise foncée.

La poule andalouse est vive, alerte, c'est une bavarde qui caquette du matin au soir, sa ponte atteint facilement 165 œufs par an, du poids de 70 à 75 grammes, quand elle est dans de bonnes conditions.

L'incubation est nulle.

Les poussins, à leur naissance, sont gris ardoisé avec le ventre gris clair, parfois plus foncés quand les sujets ne sont pas parfaitement purs; sans se développer aussi rapidement que les crèvecœur, houdan, bresse et dorking, ils font à trois mois de fort jolis poulets.

En même temps qu'une race de luxe, l'andalouse est une race pratique pour la chair et la ponte.

La variété de couleurs qui se produit parmi les poussins fait souvent le désespoir des amateurs, on en voit en effet d'absolument blancs, de blancs avec taches bleus, de bleus avec du brun dans les ailes, et d'entièrement noirs. Tous ces sujets devront être dirigés vers la broche et les reproducteurs choisis parmi des sujets bleus dès leur naissance.

RACE DE MINORQUE

Le rapprochement qui a été souvent établi entre les races espagnole et andalouse, aurait plutôt lieu d'être fait entre les races andalouse et minorque.

La minorque est moins jolie que la précédente comme plumage, mais elle présente la même conformation, les mêmes habitudes, les mêmes qualités, c'est une andalouse à plumage entièrement noir, ou entièrement blanc chez la variété blanche.

Fig. 63. — Coq et Poule de Minorque.

Comme son nom l'indique, elle est originaire de Minorque, une des îles Baléares. Peu répandue en France, on la voit beaucoup en Angleterre où cependant elle possède bien moins de vogue que la race espagnole dont les grandes joues blanches et originales font la réputation.

Tous les caractères étant les mêmes que ceux de l'andalouse, il est inutile d'en reprendre la description, la crête est cependant plus développée, elle est énorme chez le coq minorque.

Certains amateurs prétendent que la minorque est plus rustique encore que l'andalouse, nous n'avons jamais pu constater de différence, élevant aussi facilement l'une que l'autre et, fait assez curieux, trouvant souvent des minorques parfaits parmi des sujets provenant de père et mère andalous, ce qui ferait supposer une origine commune à ces deux races.

RACE D'ANCONE

Cette race jouit, paraît-il, d'une grande réputation en Espagne ; on la voit très rarement apparaître dans nos concours, ce qui ferait présumer qu'elle est peu répandue en France où pourtant ses nombreuses qualités ne sauraient manquer d'être appréciées.

Cette race diffère des deux précédentes, en ce que son plumage est entièrement et uniformément coucou, tous les autres caractères et aptitudes sont exactement les mêmes.

Ces trois races ont tant de points de ressemblance les unes avec les autres, qu'on pourrait ne les considérer que comme des variétés, mais quelle serait la variété type ? voilà ce que tout le monde ignore.

RACE DE LEGHORN

Classée à tort parmi les volailles de races américaines par M. La Perre de Roo, la poule de Leghorn est une italienne, vieille race très anciennement connue qui, sans doute a été exportée en Amérique et nous est peut-être revenue avec quelques modifications, mais enfin les éleveurs belges qui en sont fort amateurs, vont la chercher en Italie et sans modifications.

Il a été fait grand bruit depuis quelques années autour de cette race et nous avouons ne point partager l'enthousiasme qu'elle a provoqué.

C'est assurément une pondeuse hors ligne comme toutes les races méditerranéennes, mais sa chair laisse beaucoup à désirer, au point de vue de la finesse, et elle sera toujours dépréciée sur tous les grands marchés en raison de ses pattes jaunes.

Fig. 64. — Coq de Leghorn blanc.

Il faut n'avoir jamais fréquenté aucun marché pour ignorer que les volailles à pattes jaunes sont toujours cotées 20 p. 100 au-dessous de celles à pattes noires, c'est pourquoi nous ne préconiserons jamais une race à pattes jaunes, défaut qu'ont également presque toutes les races américaines.

Maintenant que nous avons cité le défaut principal de la race, revenons à ses qualités.

Le coq est un joli oiseau, d'un dessin élégant, rappelant un peu le coq de la race andalouse mais moins haut sur pattes, et de plumage très éclatant dans la variété rouge, la poule, nous l'avons dit, est très bonne pondeuse, donnant souvent 190 œufs pesant 60 à 63 grammes, elle ne couve presque jamais; les poussins se développent rapidement et bien, ils sont, à leur naissance, brun noir ou havane clair.

Principaux caractères du coq.

Tête fine.

Crête énorme, haute, bien droite, profondément dentée, très prolongée en arrière et d'un beau rouge vif.

Bec fort et jaune.

Œil grand.

Iris large et rouge vif.

Barbillons très developpés et d'un tissu fin.

Oreillons assez longs et blancs.

Joues nues et rouges.

Corps arrondi et bien développé, de volume moyen.

Pattes fines, nues, d'un jaune brillant.

Queue bien fournie, garnie de faucilles longues et larges.

La poule a la crête repliée, tombant presque sur l'œil, elle porte la queue à peu près droite.

Variété rouge.

Dans la variété *rouge*, le plumage de la tête et du camail du coq est rouge, la poitrine noire, le manteau brun. Les petites couvertures des ailes sont brunes, les moyennes sont jaunes et les rémiges sont noires; lancettes rouge vif. Queue noire à reflets métalliques.

La poule est couleur perdrix à l'exception de la queue qui est presque entièrement noire.

Variétés noire, blanche et coucou.

Les variétés noire, blanche et coucou ne nécessitent pas de description; il suffit de les indiquer.

CHAPITRE IV

RACES ASIATIQUES ET OCÉANIENNES

RACE DE NANKING

DITE COCHINCHINOISE

Les trois premières races que nous décrivons dans cette série sont les géants de l'espèce galline. La cochinchinoise a été introduite de Chine en Angleterre en 1843 où elle fut accueillie, soignée, sélectionnée avec enthousiasme sous l'inspiration même de la reine ; en France, elle ne fut connue que trois ans plus tard, grâce aux soins du vice-amiral Cécile, qui en avait acheté un certain nombre de sujets dans une ferme située près de Shanghaï. Malgré cette origine et les efforts du vice-amiral Cécile, le nom de *cochinchinoises* qui leur fut appliqué à leur arrivée resta, suivant, en la circonstance, la logique des appellations des padoues et des hambourgs.

En France, la race a plutôt dégénéré que progressé, mélangée à toutes nos poules communes, sans choix, sans soins ; elle n'a pu apporter aucune amélioration, au contraire, dans nos espèces de fermes ; aussi n'a-t-elle point tardé à perdre la vogue qui l'avait accueillie et qui persiste toujours en Angleterre où la race a été conservée dans toute sa beauté. Nous sommes convaincu qu'en dehors de quelques grands éleveurs français, Voitellier, Roullier-Arnoult, Pointelet, Favez-Verdier, Branger, on ne pourrait trouver de types réellement purs de cette race.

Pour notre part, nous ne lui trouvons pas d'ailleurs des qualités bien excessives, elle se développe lentement, les poussins sont frileux et la chair est médiocre ; la poule pond abondamment, mais de petits œufs, par contre, c'est une couveuse hors ligne, sitôt sa série de ponte, qui est d'une vingtaine d'œufs environ, terminée, elle demande à couver, n'importe comment et en quel endroit pourvu qu'elle couve.

Variété fauve.

Le coq est haut, large, d'aspect lourd et massif, de formes heurtées, toutes en saillie.

« Les épaules, extrêmement saillantes et anguleuses, écrit Ch. Jacques, forment avec le dos et les ailes, qui sont élevées au niveau du dos une grande surface plate et *horizontale*. Le plastron est haut et large ; les plumes des flancs, extrêmement aplaties et se rejoignant en deux grandes plaques, laissent bien voir la proéminence du sternum. Les ailes sont courtes et presque cachées par les lancettes, qui cependant ne descendent pas beaucoup plus bas qu'elles.

« Tout ce que je viens de décrire compose la partie supérieure du coq, laquelle est recouverte de plumes généralement courtes et collantes, qui laissent bien comprendre la forme heurtée des membres qui les recouvrent; aussi cette partie supérieure présente-t-elle un grand contraste avec les cuisses, qui sont enveloppées de plumes longues, légères, épanouies, bouffantes et forment avec le cul d'artichaut une masse vraiment disproportionnée, mais qui constitue les caractères les plus saillants de l'espèce. Les jambes ou pilons sont à peu près cachées sous les plumes des cuisses, et laissent à peine apercevoir l'endroit où elles s'articulent au canon de la patte. »

Autres caractères généraux du coq.

Tête moyenne, longueur environ $0^{m},08$.

Bec fort, légèrement incliné au bout.

Couleur du bec, jaune.

Narines peu développées.

Œil assez grand, regard doux.

Iris aurore.

Pupille noire.

Crête petite, simple, droite régulièrement et finement dentelée.

Barbillons peu développés, minces et arrondis, rouge vermillon comme la crête.

Oreillons petits, rouges et fins.

Joues nues et rouges, d'un grain fin.

Cou court et volumineux.

Jambes très fortes, courtes, assez écartées l'une de l'autre et presque cachées par les plumes longues et bouffantes des cuisses.

Tarses de couleur jaune clair, courts, très forts, couverts extérieurement de plumes raides, depuis le calcanéum ou talon, qui, lui, est recouvert de plumes molles ; les plumes des tarses viennent s'épater sur les doigts, l'interne excepté, formant matelas et donnant à l'animal un aspect encore plus pesant.

Doigts au nombre de quatre, très forts, droits et longs, de même couleur que les tarses.

Fig. 65. — Race de Nanking dite Cochinchinoise.

Poule (variété blanche). Coq (variété perdrix).

Queue très peu développée, à peine saillante et horizontale.

Rectrices courtes et molles.

Faucilles très courtes et soyeuses.

Allure pesante, grave et gauche. Le cochinchine semble calquer sa démarche sur celle d'un homme obèse qui voudrait courir ; rien n'est plus bouffon ni plus caractéristique que cette pesanteur empressée. Au repos, dans la position droite, sa tournure est pleine de gravité ; son cou est droit, sa tête est haute et son dos paraît horizontal.

Le cochinchinois est d'intelligence aussi lourde que d'allures ; en outre de ce point, il diffère encore de nos races françaises en ce qu'il a la faculté du vol si peu développée qu'il est nécessaire d'établir les perchoirs assez rapprochés du sol dans les poulaillers.

Le plumage de la variété fauve est d'une belle couleur fauve d'un bout à l'autre, y compris les plumes de l'abdomen et celles des pattes. Le camail qui est collant et court, les lancettes et les épaules sont d'un ton chaud, plus foncé, paraissant comme doré : les rectrices et faucilles, fauve foncé sans taches noires.

Le coq n'est pas très attentionné pour ses poules. Comme il est de croissance très lente, on fera bien de ne le livrer à la reproduction qu'à l'âge d'un an, au plus tôt, les beaux sujets de cette race naîtront de coqs âgés de deux ans, qui, à deux ans et demi, seront réformés.

Sa taille est de 60 à 70 centimètres et son poids, à l'âge adulte, va de 4 à 5 kilogrammes.

La poule présente, à peu près, les mêmes caractères que le coq, mais elle est encore plus ramassée et paraît plus lourde et trapue, le cou étant plus court, et les parties charnues, crête, oreillons, barbillons de bien moindre importance ; les formes générales sont plus heurtées, et ne forment qu'un assemblage de grandes masses, se détachant les unes des autres, provoquant des saillies très distinctes, nettement séparées. La queue, pour ainsi dire nulle, se confond avec les plumes qui recouvrent les reins ; le tout forme comme un vaste coussin. Vue par derrière, elle n'a plus l'aspect habituel d'une poule étant plus large.

Son plumage est uniformément fauve d'un bout à l'autre, sa chair est d'un meilleur goût que celle du coq, sans arriver à être fine, sa taille varie entre 45 et 50 centimètres et son poids, à l'âge adulte, est d'environ 3 kilogrammes.

Comme couveuse, nous l'avons dit, elle n'a pas sa pareille, il n'y a que les dindes qui puissent entrer en lice avec elle.

On aura soin de ne choisir comme reproducteurs que les sujets ayant les reins très larges et très développés.

Variété rousse.

La variété rousse ne diffère de la précédente que par la teinte plus foncée de son plumage qui est d'un roux ardent.

C'est généralement dans cette variété que se trouvent les sujets les plus élevés.

Variété perdrix.

Le principe général du plumage de cette variété est un bariolage qui semble confus au premier aspect, mais dont le dessin se décèle nettement à l'examen attentif.

Les plumes supérieures de la tête sont rousses ; les plumes du camail et les lancettes rouge doré, rayées au milieu d'une bande noire ; celles du manteau rouge acajou, ainsi que les petites et moyennes couvertures des ailes, toutes marquées de rayures longitudinales gris marron, celles du recouvrement de la queue, des cuisses, des pectoraux, sont entièrement noires, avec mélange d'autres nuances.

Les plumes du devant du cou sont d'un ton tanné très sombre, presque sans taches ; celles de l'abdomen, de l'intérieur des cuisses, des flancs et celles des pattes de même teinte ; celles du recouvrement de l'aile comportent deux bandes bien marquées sur fond fauve foncé, les grandes du vol, en parties cachées, d'un noir brun et, dans la partie visible, bariolées de marron comme le restant du plumage. La queue est noir-bronzé.

Chez la poule qui comporte deux variétés, la *claire* et la *foncée*, les mêmes dessins se présentent mais d'une façon beaucoup plus nette, tout le fond du plumage est beaucoup plus clair que chez le coq, le noir est remplacé par le marron foncé, ou marron clair dans la variété claire.

Les sujets les plus foncés sont les plus recherchés par les amateurs.

Les trois variétés, fauve, rousse et perdrix, sont les mieux caractérisées et celles qui paraissent le mieux n'être le résultat d'aucun croisement.

Variété blanche.

Cette variété n'atteint jamais la taille des précédentes. Est-elle le résultat d'un croisement de cochinchine jaune clair avec la poule malaise blanche, comme l'affirme Ch. Jacques, cela nous paraît fort peu probable, mais en tout cas le fait que les taches rousses ou jaunes réapparaissent dans le plumage des sujets issus de la variété blanche ferait supposer qu'elle est le résultat d'un croisement ou d'une sélection basée sur la consanguinité.

Le plumage de cette variété doit être d'un beau blanc de neige, les volailles doivent être abritées des rayons du soleil si l'on veut éviter qu'il prenne rapidement une teinte jaunâtre.

Variété noire.

Comme dans la précédente, les sujets de cette variété d'un plumage absolument uniforme sont extrêmement recherchés ; il arrive aussi souvent que des sujets parfaitement noirs, la première année de leur existence, sont affligés de plumes rouges ou blanches en vieillissant.

Les sujets parfaitement noirs n'en ont que plus de valeur.

Le bec, dans les deux sexes de cette variété, est parfois de couleur corne ou noir à la base et jaune à l'extrémité, les tarses jaune foncé ou noirs.

Inutile de dire que la sélection devra surtout se porter sur les sujets à pattes noires et à bec foncé.

Variété coucou.

Cette variété est fort curieuse et fort intéressante pour les amateurs, mais les sujets parfaits sont assez rares.

Le plumage chez la poule rappelle assez exactement celui de la poule de Gueldre ; il est absolument coucou d'un bout à l'autre sur un fond uniforme, gris bleu clair. Presque tous les coqs ont le camail plus ou moins doré et les ailes d'un brun rouge velouté ; on ne doit garder pour la reproduction que les sujets où ces disqualifications sont le moins apparentes.

On suppose comme origine de cette variété le croisement du cochinchine noir et de la poule de Gueldre, mais le fait, bien que possible, n'est pas suffisamment prouvé pour être admis. En tout cas, les amateurs de difficultés pourraient en faire l'essai.

Pour nous résumer en ce qui concerne la race de Cochinchine nous déclarerons qu'en dehors de sa qualité de couveuse poussée à l'extrême, c'est une magnifique race d'amateur mais non de produit.

RACE DE BRAHMA-POUTRA

Cette race se rapproche comme forme de la précédente, certains auteurs prétendent même qu'elle n'en est qu'une variété dépassant en qualité et en beauté la cochinchinoise.

Les formes du corps pourtant sont moins en saillie, moins heurtées, le volume plus grand, la queue un peu plus développée, portée moins bas, les ailes plus longues, bien que courtes encore, le plastron bas, au rebours du cochinchinois et la poitrine beaucoup plus volumineuse.

On ne sait rien de précis sur l'origine de cette race si ce n'est qu'elle a été introduite en France vers 1853.

C'est assurément une fort belle race, de chair sensiblement meilleure que la cochinchinoise, plus forte pondeuse, un peu moins couveuse et excellente éleveuse, lespoussins sont rustiques et d'un développement un peu moins lent que ceux de la race cochinchinoise, il est néanmoins préférable de les faire éclore au printemps.

Caractères généraux du coq.

Tête moyenne.

Bec gros à la naissance, court et crochu.

Couleur du bec jaune.

Fig. 66. — Poule et coq Brahma herminée.

Œil grand, bien dégagé.

Iris rouge.

Pupille noire.

Crête admise petite, simple et droite en France ; à l'étranger, on la prim frisée, petite et très basse, la crête de fraise, ayant l'apparence de trois crête réunies, la plus grande au milieu.

Barbillons moyens, arrondis et d'un tissu fin.

Oreillons rouges bien développés.

Joues rouges, parsemées d'un léger duvet.

Cou court, volumineux, bien arqué.

Corps plus épais, plus volumineux encore, que celui du cochinchinois ; épaule saillantes ; dos court très large et plat ; reins très développés de la naissance d cou à la queue, le dos présente une ligne ascendante bien marquée, le poitrail des cendant assez bas est volumineux et bien arrondi ; ailes courtes et serrées contr le corps.

Cuisses et jambes fortes, courtes, très emplumées.

Tarses courts et forts, de couleur jaune orange, garnis de plumes raides horizontales.

Doigts longs et forts, au nombre de quatre.

Queue assez fournie en plumes courtes, portée un peu relevée.

Rectrices moyennes et raides cachées par les petites faucilles et les lancette.

Faucilles les grandes courtes et peu recourbées, les petites retombantes ain que les lancettes.

Taille, dans l'attitude fière atteint jusqu'à 75 centimètres.

Poids, à l'âge de six mois les beaux sujets atteignent 2^{kg},500, à l'âge adulte l très beaux atteignent 4^{kg},1/2 à 5 kilogrammes. Il est bien entendu que nous exce tons les volailles de fabrication anglaise pour expositions. Le squelette est propo tionnellement plus léger que celui du cochinchinois.

POULE

Tête petite.

Crête, barbillons, oreillons de même forme que chez le coq mais rudimentaire.

Queue très petite, portée presque perpendiculaire.

Ponte très abondante, même en hiver ; cent dix à cent trente œufs, pesant d 50 à 65 grammes.

Caractère très doux, familier.

Les autres caractères sont les mêmes que chez le coq.

Deux variétés : l'*herminée* et la *foncée*.

Plumage de la variété herminée.

Le coq a les plumes de la tête blanche et celles du camail noires bordées d blanc. Les lancettes sont blanches rayées de noir au milieu. La queue est noir et le reste du corps blanc.

Le plumage de la poule est semblable comme nuance et dessin à celui du coq, son corps est abondamment pourvu de plumes épaisses formant coussins, qui lui donnent des formes pleines et arrondies.

Il sera préférable d'éliminer de la reproduction les oiseaux marqués de noir, ailleurs qu'au camail, aux lancettes, aux remiges primaires et secondaires à la queue et aux plumes des pattes.

Plumage de la variété foncée.

Le coq a les plumes du camail et des lancettes blanches rayées de noir au milieu.

Celles du manteau sont blanches ; entre les épaules, les plumes sont noires bordées d'un liséré blanc. Les ailes sont blanches et noires. Les plumes de la queue, de la poitrine et des cuisses sont noires.

La poule a également les plumes du camail blanches rayées de noir au milieu. Les plumes de la poitrine, des ailes, du dos, des reins et des pattes sont gris foncé avec une petite rayure noire bordant l'extrémité de la plume.

Ces deux variétés herminée et foncée manquent un peu de fixité, l'amateur devra bien veiller à ce que ses reproducteurs présentent bien tous les signes distinctifs de la race, sans quoi il les verrait dégénérer, ou plutôt s'éloigner du type de convention que nous avons décrit et qui est l'officiel d'aujourd'hui.

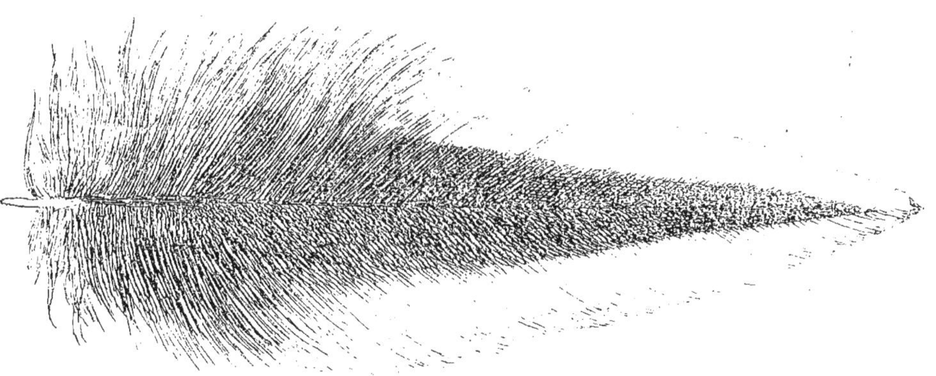

Fig. 67. — Plume du camail (coq de Brahma herminé).

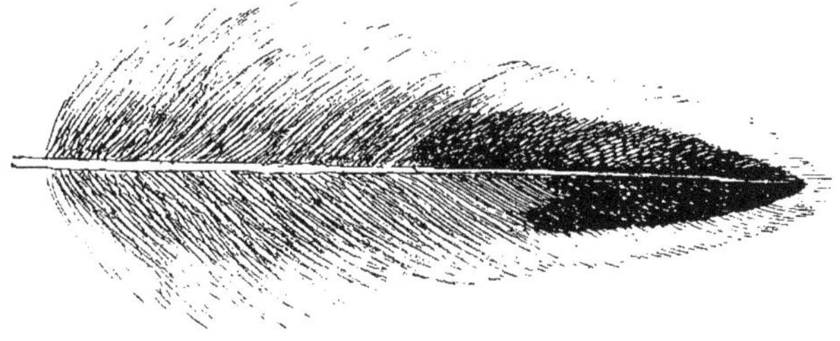

Fig. 68. — Plume du camail (poule de Brahma herminé).

RACE DE LANGSHAN

Magnifique race et la plus pratique des races asiatiques, sans son développement un peu lent elle mériterait une des premières places parmi les volaille élevées en Europe; croisée avec nos races indigènes à développement rapid Bresse, Mans, Crèvecœur, elle donne des résultats étonnants.

On pourrait sans doute par un très beau choix des reproducteurs, une alimentation abondante et très substantielle, arriver à activer la croissance ainsi qu'o l'a fait pour les races bovines et ovines, mais cela demanderait plus de temps qu'u croisement intelligent.

Le coq est un superbe oiseau, d'aspect beaucoup moins lourd que le cochi et le brahma.

La poule est une bonne pondeuse d'hiver donnant de cent vingt à cent trent œufs pesant 60 grammes, elle est très bonne couveuse et excellente mère.

Les poussins sont un peu longs à s'emplumer, c'est pourquoi il est bon de n pas mettre les œufs à couver avant le mois d'avril, à six semaines ils sont trè rustiques.

L'âge adulte chez le coq et chez la poule ne commence réellement qu'à l seconde année, pour finir dans le courant de la quatrième; tous deux sont trè rustiques et peu sujets aux maladies.

La race de Langshan a été introduite en Europe en 1872 par M. le majc Croad, qui l'avait tirée directement de Langshan pour la répandre en Angleterr Ce n'est que quelques années plus tard qu'elle fut vulgarisée en France pa MM. Geoffroy Saint-Hilaire et de Foucault.

Caractères généraux du coq.

Tête forte, mais paraissant petite en proportion du corps volumineux du coq

Bec gros, court, légèrement recourbé.

Couleur du bec corne foncée.

Œil grand.

Iris brun clair.

Pupille noire.

Crête moyenne, simple, droite, régulièrement dentelée.

Barbillons assez longs et larges.

Oreillons moyens, bien arrondis.

Crête, barbillons, oreillons d'un tissu fin et bien rouges.

Joues rouges, très légèrement emplumées,

Cou gracieusement arqué, volumineux, de longueur moyenne allant de 19 22 centimètres.

Corps très volumineux et de formes moins heurtées que le cochinchinois ave

Fig. 69. — Coq de Langshan.

lequel il a quelque ressemblance, poitrine pleine, large, profonde et bien arrondie; brechet très développé et très charnu ; dos large et long formant une ligne ascendante en allant vers la queue ; ailes longues, portées peu élevées et serrées contre le corps.

Cuisses fortes et charnues, bien écartées l'une de l'autre.

Tibias gros mais assez courts, recouverts de plumes molles très serrées, plus abondantes aux *calcanéums* ou talons.

Tarses gros et longs, garnis extérieurement de trois rangées de plumes molles, de couleur ardoise foncé.

Doigts au nombre de quatre, forts et bien d'aplomb, le doigt externe seul un peu emplumé, de même couleur que les tarses, mais avec une légère teinte rosée entre chaque doigt.

Queue bien développée, en forme d'éventail, portée assez relevée.

Port majestueux, allure grave et pesante.

Taille très élevée, atteignant $0^{m},75$ dans l'attitude fière.

Camail de longueur moyenne et très fourni.

Lancettes larges, très fines et très abondantes.

Faucilles longues et larges portées très relevées.

Plumage très abondant, bien serré au corps, entièrement d'un beau noir brillant avec des reflets métalliques verdâtres.

Peau blanche, fine chair excellente.

Poids, un beau coq doit peser de neuf à dix livres.

« Un coq Langshan, écrit M. Rouillé [1], suffit à féconder les œufs de 10 poules dans un vaste espace clos, de 7 s'il jouit d'une liberté absolue; les poules s'écartant davantage, il les rencontre moins fréquemment. L'accouplement féconde 8 œufs d'une façon à peu près constante.

« Comme tous les coqs asiatiques, il n'est ni si bon mari ni si bon père que les coqs communs. Il appelle peu ses poules, les accompagne rarement, les chasse même de ses côtés quand il découvre quelque nourriture; il poursuit égalemen les jeunes et ne leur ménage pas les coups de bec, sans cependant y mettre colère ou acharnement. Quand il trouve une mère avec ses poussins, la lubricité le poussant, il se soucie peu d'écraser ceux qui sont sur son chemin. Il supporte généralement les autres coqs, et les combats se réduisent le plus souvent à la perte de quelques plumes de part et d'autre. Ils paraissent d'ailleurs avoir conscience de la faiblesse de leur ergot et combattent plutôt avec le bec; ils se saisissent et se secouent à la façon des dindons.

« Le langshan est peu brave ; il est assez familier mais inintelligent; il n'accepte pas la tâche de chercher une nourriture qu'il attend de la main de l'homme. »

[1] M. Louis Rouillé a publié sur cette race une magnifique étude à laquelle nous renvoyons nos lecteurs pour renseignements complémentaires. Les deux gravures qui accompagnent la présente monographie sont extraites de cette étude qui se trouve chez l'auteur à Boismarjac-Fouras (Charente-Inférieure).

Fig. 70. — Poule de Langshan.

POULE

Tête fort bien faite, fine et allongée.

Crête basse et longue, simple et droite, d'un tissu fin.

Corps plus ramassé que celui du coq, dos large et court, reins très larges et plus élevés que le dos.

Queue très fournie, en forme d'éventail.

Poids dépassant 2 kilogrammes à l'âge adulte.

Taille 0,45 à 50 centimètres dans l'attitude fière.

La poule est gracieuse de forme et d'allures; pour les autres caractères, elle est en tout semblable au coq.

Voici ce qu'écrit encore M. Rouillé au sujet de la poule Langshan, dans la brochure déjà citée:

« La poule se promène peu, n'est ni vive, ni querelleuse. Elle préfère aux jeunes coqs les coqs plus âgés. Elle est douce, peu bavarde et chante peu. Elle accepte sans combats toute nouvelle venue dans la basse-cour. Mère, sa mansuétude est poussée à l'exagération, car elle ne sait pas défendre la pâture de ses petits des déprédations des autres poussins ou des jeunes. Tous ces traits de caractère seraient considérés comme défauts chez la poule de ferme; chez la Langshan, qui est une poule de parquet, on les considère généralement comme des qualités. On est heureux, il est vrai, de ne pas avoir avec la Langshan les luttes perpétuelles de la poule commune qui se terminent parfois gravement; mais nous croyons qu'elle ne pourrait que gagner à être plus vivante, plus gaie, plus *débrouillarde.* »

Variété blanche.

La variété blanche de la race Langhsan a le plumage uniformément blanc, les parties charnues rose vif.

Bec couleur corne claire.

Tarses gris clair et très emplumés.

Doigts de même couleur que les tarses.

Ongles blancs.

On prétend que la ponte de la Langshan blanche est plus abondante et plus précoce que celle de la Langshan noire, tous les autres caractères sont les mêmes que dans la variété type.

Variété bleue.

Bleue tout à fait, bleu ardoisé, le manteau du coq étant plus foncé que le reste du corps.

Ces deux variétés sont fort peu répandues, la *bleue* n'a dû être obtenue que par sélection; quant à la *blanche*, un certain nombre de sujets ayant été importés directement de Chine en Angleterre, on a tout lieu de supposer que c'est une sous-race pure.

Pour les personnes qui veulent essayer les croisements, la Langshan a une très grande importance.

Le croisement de la Campine avec la Langshan a donné un produit pondant de très gros œufs, quelque curieux que soit le fait, il est facile à constater.

La race française qu'on aurait le plus d'intérêt à croiser avec la Langshan est celle de la Bresse. On obtiendrait ainsi aisément, par la sélection, une race à développement rapide, d'un beau volume, pondant abondamment et de gros œufs et couvant d'une façon suffisante.

RACE MALAISE

Originaire des Indes, la race malaise doit être ancienne, car on la retrouve communément dans son pays d'origine conservant son type bien spécial, bien que chez les Orientaux la sélection soit inconnue.

C'est la race asiatique la plus anciennement connue en Europe, celle dont on se servait comme croisement pour donner du poids et du volume aux volailles de table ; en Angleterre, où elle est fort appréciée, on l'a beaucoup croisée avec les coqs de combat.

Peu répandue et peu appréciée en France, cette race a été pourtant fort bien jugée par un grand éleveur M. Voitellier, à qui nous allons emprunter son opinion sur la race.

« Originaire de climats chauds et presque sauvages, la poule malaise semble avoir pris le caractère et les mœurs des habitants de son pays. Robuste et forte, elle a l'aspect général d'un oiseau de proie, sa tête rappelle celle du vautour. Elle est batailleuse et sanguinaire ; c'est même là un de ses principaux défauts, car il est presque impossible d'introduire un nouvel hôte dans un parquet de malais sans le voir battu et tué le plus souvent.

« Comme taille, le malais rivalise avec les plus fortes races. Il paraît moins gros que les cochinchinois et les brahma, parce qu'il a la plume collée au corps, mais il atteint facilement le même poids.

« Sa principale qualité, au point de vue comestible, est d'avoir l'estomac très large et abondamment garni de viande. Un poulet à la broche a tout à fait la forme d'un perdreau et il faudrait qu'il fût très maigre pour avoir seulement la poitrine d'un de nos bons poulets ordinaires. Malgré son apparence nerveuse, il prend facilement la graisse, et un poulet gras, par suite de la conformation de son estomac, présente toujours un aspect supérieur à celui des autres races. Sa chair est suffisamment fine. » (*L'incubation artificielle.*)

La poule malaise est une bonne pondeuse, elle couve assez bien, mais il ne faut pas la déranger ; elle est bonne mère, mène bien ses petits qui sont un peu longs à s'emplumer et, pour cette raison, ne devront pas éclore avant la fin d'avril, ils craignent l'humidité, comme tous les poussins d'ailleurs, mais, une fois le premier mois passé, ainsi que toutes les grandes races asiatiques, ils sont très rustiques.

Pour en donner une description plus parfaite, nous allons nous adresser aux grands amateurs de cette race et traduire les points d'après l'*Illustratel Book of Poultry*, de Louis Wright.

Caractères généraux du coq.

Tête. Ensemble morose et cruel avec un peu d'excès de peau.

Bec lourd, fort et crochu.

Crête ressemblant à la moitié d'une fraise ou d'une noix, assez petite, ferme et non penchée, bien placée en avant.

Oreillons et *barbillons* épais, mais rudimentaires.

Face et *gorge* dénuées de plumes, arcade sourcilière, lourde et proéminente, ajoutant encore à l'expression méchante.

Cou long, très peu courbé et porté très droit.

Camail très court et peu fourni.

Lancettes courtes, peu fournies comme le camail.

Corps assez long et mince, large aux épaules et diminuant peu à peu vers la queue. Dos long, oblique, et d'un contour un peu convexe. Croupe étroite et fort ravalée. Poitrine dure et fort remplie, l'os de la poitrine très profond et proéminent.

Ailes osseuses, très proéminentes aux épaules et assez longues.

Cuisses longues, dures, à plumes très courtes, laissant le jarret nu.

Pilons très longs et osseux, sans vestiges de plumes et régulièrement couverts d'écailles.

Doigts longs et droits, mais pas très gros, avec le talon très large et fort, le doigt opposé plat et touchant partout à terre.

Queue de longueur modérée, fermée et un peu pendante.

Faucilles belles, très brillantes et peu courbées.

Taille à l'origine était très forte, devient plus modérée de nos jours, le poids variant de 6 à 9 livres.

Ensemble long, mince, grand avec un plumage extraordinairement dur et lustré. Port très élevé, relevé en avant et descendu en arrière.

Caractères généraux de la poule.

Présente tous les caractères principaux du coq, moins la queue qui n'est pas portée aussi basse, mais légèrement au-dessus de la ligne horizontale, jouant librement comme si elle était articulée à son point d'insertion.

Taille généralement un peu au-dessous de la moyenne.

Ensemble et *port* ressemblant au coq.

La race comporte cinq variétés.

Fig. 71. — Coqs Malais.

Variété dorée (Black-red Malay).

Chez les deux sexes :

Bec jaune ou jaune rayé de noir corne.

Crête et *face* d'un rouge brillant, quelquefois d'une teinte foncée.

Oreillons, *barbillons* et *gorge*, même nuance que la crête.

Œil perlé jaune ou blanc, ordinairement perlé à fond jaune.

Pilon jaune brillant.

Couleur spéciale au coq.

Poitrine et *abdomen* noir brillant.

Camail, *lancettes*, *manteau* rouge foncé brillant, variant jusqu'au marron rougeâtre.

Ailes traversées par une barre noir brillant ; les plumes secondaires sont rougeâtres ou bai rouge, plumes du vol ordinairement noires sur les barbes intérieures et bai ou rouge, ou avec une étroite bordure de l'une ou de l'autre de ces couleurs sur les barbes extérieures.

Queue noire, à reflets verts.

L'ensemble ressemble à un coq de combat doré foncé.

Couleur spéciale à la poule.

Il n'existe pas de *standard* absolu.

La poule est ordinairement d'une teinte assez uniforme, de rouge brun ou de couleur cannelle, quelquefois plus foncée et de temps en temps marquée comme le plumage des perdrix.

Ce dernier plumage est préféré, parce qu'il se rapproche davantage du type doré.

Le camail est plus foncé, généralement d'un brun pourpre foncé et intense, ou brun strié de noir.

Variété brun rouge (Brown-red Malay).

COQ

Crête, *face*, *pilons* comme chez les dorés.

Camail et *lancettes* brunes.

Dos et *épaules* marron.

Pastron plumes noires bordées de brun.

Le restant du plumage est noir.

Ensemble du plumage ressemblant assez bien au type combattant brun rouge ou à poitrine gingembre.

POULE

Camail noir avec un liséré doré et le reste du corps brun marron foncé.

Variété Pile (Pile Malay).

COQ

Camail et *lancettes* rouges ou brun rougeâtre.
Epaules brun rougeâtre.
Plumes secondaires baies, la barre de l'aile blanche, à peine touchée de brun.
Pastron blanc ou légèrement marbré.
Queue blanche ressemblant en tout au combattant *pile*.

POULE

La poule est blanche, marbrée de brun rougeâtre, ressemblant le plus possible au *standard* du combattant.

Variété blanche (Withe Malay).

Plumage, entièrement blanc, ne nécessite pas de description.

Chez les malais *pile* et *blancs*, seuls, une teinte verdâtre sur le jaune des pattes est admissible, mais peut être *objectionnable*.

Variété noire (Black Malay).

Comme la blanche ne nécessite pas de description.

Nous reproduisons, toujours d'après le même auteur, le pointage des défauts tel qu'il se pratique en Angleterre.

La perfection est représentée par un oiseau parfait comme forme, taille, couleur, tête et crête avec les caractères particuliers au malais, brillant et dureté du plumage en parfaite santé et condition. Comptons 100 points.

Défauts à déduire.

Mauvaises tête et crête.	12
Plumage allongé, lâche ou doux.	20
Manque d'épaule.	15
Queue en éventail ou trop droite	10
Couleur ou marques défectueuses.	15
Teinte verdâtre sur la patte des oiseaux pâles	5
Manque de taille [1]	20
Manque d'ensemble.	15
Manque de condition.	15

[1] La taille des malais doit être jugée principalement d'après la hauteur. Il sera assez correct d'admettre pour un coq idéal 30 pouces de hauteur (76 centimètres) et de déduire à peu près 3 points par 5 centimètres qui manquent. Tous les malais de l'époque actuelle devront perdre plus ou moins de points sous ce rapport.

Disqualifications : Crête simple, joints pliés ou autres défauts corporels. Pattes emplumées ou autres que jaunes, ou jaunes verdâtres chez les *blancs* et les *pile*.

Il existe aussi des malais nains dont le livre de M. Louis Wright ne fait pas mention. Les variétés et les caractères sont les mêmes que dans la grande race ; c'est la petite taille qui en fait principalement la valeur. Cette fabrication prouve une fois de plus à quels résultats on peut arriver par une sélection et des soins particuliers.

RACE DE SONNERAT

Les espèces sauvages asiatiques et océaniennes présentent un assez grand intérêt en raison de ce qu'on les suppose être la souche de nos races domestiques actuelles ; c'est donc plutôt à titre de curiosité que nous les ferons entrer comme complément de ce chapitre, car au point de vue du produit, elles n'ont pas d'intérêt pour l'éleveur et pour l'amateur.

La race de Sonnerat est une fort jolie petite race habitant particulièrement l'Inde du Sud. Elle s'acclimate très facilement, et les oiseaux lâchés en liberté, deviennent assez familiers pour venir manger dans la main des personnes qui les élèvent.

Voici comment la décrit M. Magaud d'Aubusson dans le *Bulletin de la Société d'Acclimatation* d'octobre 1887 :

« Le mâle a le sommet de la tête couvert de plumes courtes, noires, à tiges blanches, s'élargissant à l'extrémité en forme de spatule ; les plumes du camail ou scapulaires longues, étroites, à extrémité arrondie, à tige grosse, déprimée, marquée d'une raie blanche très luisante, recouvrant la partie supérieure dans toute son étendue ; la tige s'élargissant en forme de disque corné blanc, puis s'amincissant pour former, à l'extrémité, un second épanouissement d'un jaune roux vif, les barbes d'un brun noirâtre ; les parties supérieures d'un brun noirâtre, les plumes bordées de gris à tiges blanches ; les couvertures des ailes à tiges aplaties et dépourvues de barbes, terminées en lancettes, et formant une plaque luisante d'un marron très vif ; les rémiges primaires et secondaires d'un noir brunâtre ; les plumes des parties inférieures du dos ou lancettes grises à tiges et à bordures plus claires, les plus externes rouges à tiges et à bordures jaunes ; les faucilles très longues d'un vert foncé à reflets métalliques violets et pourprés, les rectrices d'un noir vert lustré, les deux médianes à reflets violacés et pourprés, se recourbant en faux aux extrémités, après avoir été recouvertes par les faucilles ; la poitrine noire à reflets verdâtres, les plumes à tiges blanches et à bordures d'un blanc grisâtre ; les flancs noirâtres, rayés de jaune et de brun rouge ; l'abdomen d'un gris noirâtre ; la crête simple, droite, irrégulièrement et légèrement dentelée, d'un rouge vermillon ; les barbillons rouges et pointus ; les joues nues, recouvertes d'une peau fine d'un rouge vermillon, les oreillons formant avec les joues une seule plaque rouge ; l'iris brun clair ; le bec couleur de corne ; les tarses couleur de chair.

« La femelle n'a ni crête ni barbillons ; ses joues sont emplumées. Elle a le sommet de la tête et le cou d'un brun clair ; le reste des parties supérieures d'un brun roux, tacheté de noir, les plumes à tiges blanches ; la poitrine et les flancs blanchâtres ainsi que l'abdomen ; la queue d'un brun foncé tacheté de brun roux ; le bec jaunâtre ; la taille d'un tiers plus petite que celle du mâle.

« Cet oiseau, dit Darwin, a été regardé longtemps comme la souche de nos races domestiques, preuve qu'il s'en rapproche beaucoup par sa conformation générale ; mais ses plumes sétiformes consistent en lames cornées très particulières, transversalement barrées de trois couleurs, caractère qui, à ma connaissance, n'a été observé chez aucune race domestique [1]. Cette espèce diffère aussi beaucoup de nos races communes par la fine dentelure de sa crête, et par l'absence de vraies plumes sétiformes sur les reins. Sa voix est toute différente. Elle se croise aisément avec la poule domestique dans l'Inde ; M. Blyth [2] a obtenu une centaine de poussins métis, mais fort délicats, et qui périrent presque tous jeunes. Ceux que l'on put élever demeurèrent entièrement stériles, tant entre eux qu'avec l'un et l'autre des parents. Quelques métis, ayant la même origine, élevés au Jardin zoologique, se sont cependant montrés moins inféconds. M. Dixon m'informe que, d'après quelques recherches sur ce sujet faites par lui, avec le concours de M. Yarrell, il a pu, sur une cinquantaine d'œufs, obtenir cinq ou six poulets. Quelques-uns de ces métis, recroisés avec un de leurs parents un Bantam, ont donné quelques poulets extrêmement délicats les plumes à tiges ; la poitrine et les flancs blanchâtres ainsi que l'abdomen ; la queue d'un brun foncé, tachetée de brun roux ; le bec jaunâtre ; la taille, d'un tiers plus petite que celle du mâle.

« D'après plusieurs observations, le coq de Sonnerat offrirait à différentes hauteurs des Ghattes, deux variétés bien marquées.

« Selon Jerdon, on rencontrerait aussi, à l'état sauvage, des hybrides de cette espèce avec le coq de Bankiva.

« Le chant du coq de Sonnerat est très singulier, interrompu et saccadé, et diffère entièrement de celui du coq de Bankiva ; domestique. »

Malgré l'autorité de Darwin, nous croyons que la période d'acclimatement du G. Sonneratii n'était pas suffisante pour donner des résultats bien probants. Un éleveur anglais M. Douglas a obtenu des métis, provenant du croisement de coq de Bankiva avec Bantam, qui avaient, pour la plupart, perdu les plaques cartilagineuses qui sont pour Darwin une des preuves que nos espèces domestiques ne descendent point de la race de Sonnerat.

[1] J'ai examiné les plumes de quelques métis d'un mâle *G. Sonneratii* et d'une poule rouge élevée au Jardin zoologique, qui possédaient tous les caractères de celles des *G. Sonneratii*, les lames cornées étaient seulement plus petites. (Note de Darwin.)

[2] Lettre de M. Blyth sur les oiseaux de basse-cour dans l'Inde, dans *Gardener's Chronicle*, 1851, p. 619. (Note de Darwin.)

En captivité la femelle pond vers juillet une douzaine d'œufs de couleur crème rosée, elle couve bien et soigne assidûment ses poussins.

RACE DE LAFAYETTE

C'est dans l'île de Ceylan que se tient cette race et plus habituellement dans les provinces du Nord et du Nord-Ouest.

Layard prétend que les coqs se croisent assez fréquemment avec les poules domestiques des villages isolés, ils sont pourtant de nature très méfiante et se tiennent presque constamment dans les fourrés dont ils ne sortent que le matin et le soir pour chercher leur nourriture. Si deux coqs se rencontrent ils se battent avec acharnement, souvent jusqu'à la mort de l'un des combattants.

Les femelles demeurent généralement réunies dans les fourrés n'accompagnant point le coq dans ses excursions alimentaires, elles pondent de six à douze œufs de couleur crème, finement tachetés de petits points d'un rouge brun.

Le coq a pour principaux caractères :

Tête moyenne couverte de plumes rouge orange.

Bec court, de couleur corne.

Œil bien dégagé.

Iris jaune orangé.

Pupille noire.

Crête de hauteur moyenne simple et droite.

Barbillons et oreillons rouges.

Joues nues et rouges.

Corps allongé, bien conformé, ailes longues serrées contre le corps.

Pattes fines de couleur chair.

Queue bien fournie, horizontale.

Faucilles très longues, retombantes, noires à reflets métalliques violacés.

Rectrices brun noir.

Camail très fourni, jaune d'or rayé de noir.

Manteau rouge rayé de noir.

Lancettes rouge éclatant, rayées de noir à reflets pourpres.

Plastron rouge brillant, rayé de marron foncé.

Abdomen noir.

Tectrices rouge acajou, mélangé de noir et de brun rougeâtre.

Remiges secondaires, noires à reflets bleus.

Remiges primaires, noir brun.

La femelle a la tête et le cou d'un brun roussâtre, striés de noir ; les parties supérieures du corps d'un brun jaunâtre, finement vermiculées de noir ; la poitrine d'un brun blanchâtre, rayée longitudinalement de larges bandes brunes ; la queue d'un brun rougeâtre tachetée de noir ; le bec d'un brun foncé ; les tarses couleur de chair.

RACE DE BANKIVA

C'est surtout à cette race que les naturalistes font remonter la souche de nos races domestiques, ainsi que nous le verrons un peu plus loin Darwin, partageait cette opinion, elle a en effet assez de rapports avec nos petites races de combat, mais cependant faire descendre les gros Crèvecœur, La Flèche et Dorking du coq de Bankiva, nous paraît un peu excessif.

La race est petite, moins brillante d'aspect que les autres espèces sauvages, mais fort jolie néanmoins. Comme plumage le coq rappelle un peu nos brillants coqs de ferme mais il porte la queue à peu près horizontale.

Caractères généraux du Coq.

Tête moyenne, couverte au sommet de plumes d'un jaune doré brillant, tournant au rouge vers l'occiput.

Crête simple, droite, irrégulièrement dentelée, recouvrant la base du bec, dépassant l'arrière de la tête et d'un beau rouge vermillon.

Bec assez fort et recourbé.

Couleur du bec, corne foncée.

Œil bien dégagé.

Iris large, rouge orange.

Pupille noire.

Barbillons arrondis de même couleur que la crête.

Oreillons ronds, bien marqués, blanc nacré.

Joues nues et rouges.

Cou assez allongé.

Corps allongé, haut sur pattes, ailes longues, collées au corps.

Tarses longs, noir ardoisé, éperon très développé.

Doigts, au nombre de quatre de même couleur que les tarses.

Queue peu fournie.

Taille petite, le poids des coqs de l'espèce sauvage varie entre 900 et 1 500 grammes.

Plastron et abdomen noirs à reflets métalliques verts.

Camail très abondant, allant jusque sur les épaules, plumes d'un brun foncé au milieu bordées de jaune doré passant au rouge vers les extrémités.

Manteau plumes d'un brun pourpre sur les côtés, d'un rouge éclatant au milieu, avec bordures d'un brun jaune.

Lancettes longues, très retombantes, de même couleur que le camail.

Rectrices noires, avec des reflets verts sur les barbes des plumes.

Faucilles très longues, portées horizontalement, d'un vert métallique.

Rémiges secondaires brun foncé à reflets vert doré.

Rémiges primaires brunes.

Port altier, démarche vive, un peu précipitée, quand il court, son allure rappelle beaucoup plus celle des faisans que celle de nos coqs de ferme.

Chez la femelle, écrit M. Magaud d'Aubusson [1], la queue est dirigée plus horizontalement que chez le mâle ; les plumes du cou noires bordées de blanc jaunâtre ; celles du manteau tachetés de brun noir : celles du ventre isabelle ; les rémiges et les rectrices d'un brun noir ; la crête et les appendices rostraux ne sont qu'indiqués.

« Cet oiseau varie beaucoup à l'état sauvage. D'après Blyth, les individus de l'Himalaya ont le plumage plus pâle que celui des coqs qui proviennent des autres parties de l'Inde et ceux de la péninsule Malaise et de Java ont des couleurs plus éclatantes que les Indiens. Les coqs malais ont généralement les oreillons rouges, tandis qu'ils sont blancs chez les sujets indiens. Les pattes sont d'un bleu plombé chez ces derniers, elles sont plutôt jaunâtres dans les exemplaires malais et javanais. Les Poules malaises ont la poitrine et le cou plus rouges que les indiennes. D'après Temminck, les échantillons de Timor sont, comme race locale, différents de ceux de Java. »

Dans son ouvrage sur la *Variation des animaux et des plantes sous l'action de la domestication*, pages 250 et suivantes, Darwin écrit encore au sujet de cette race des choses fort intéressantes :

« Le capitaine Hutton, connu par ses recherches sur l'histoire naturelle de l'Inde, a observé plusieurs croisements de l'espèce sauvage avec le Bantam chinois ; ces métis reproduisaient librement avec les Bantams, mais on n'a pas essayé de les croiser *interse*. Le même observateur s'est procuré des œufs de *G. Bankiva*, et en a élevé les poulets, qui d'abord très sauvages, s'étaient ensuite complètement apprivoisés.

« Cette espèce est, de tous les Coqs sauvages, celle qui par la coloration du plumage, la conformation générale et surtout la voix, se rapproche le plus du Coq de nos fermes. Aussi, si l'on ajoute à ces caractères la fertilité des croisements, la facilité de l'apprivoisement et les variations de l'espèce à l'état sauvage, est-on porté à la considérer comme la souche primitive de nos races domestiques, ou, tout au moins, comme l'ancêtre de la forme la plus typique de ces races, le Coq de combat.

« Mais même en admettant que le *G. Bankiva* soit l'origine de nos races de combat, on peut encore se demander si les autres races ne peuvent pas descendre de quelques autres espèces sauvages qui existent encore quelque part inconnues, ou se sont éteintes. Cette extinction de plusieurs espèces est une hypothèse improbable, si nous considérons que les quatre espèces connues ne se sont pas éteintes dans les régions si anciennement et si fortement peuplées de l'Orient.

[1] *Op. cit.*, p. 623 et 624.

Ce n'est pas, comme le font les éleveurs, dans le monde entier que nous devons chercher à découvrir de nouvelles, ou à retrouver d'anciennes espèces de *Gallus*; car, ainsi que le fait remarquer M. Blyth, les grands Gallinacés ont généralement une distribution restreinte. . . . .

. . . .

Comme patrie d'espèces inconnues du genre, l'Australie et ses îles sont hors de question. Il serait encore aussi peu probable de trouver des *Gallus* dans l'Amérique du Sud, que de rencontrer des oiseaux-mouches dans l'ancien monde. D'après les caractères qu'offrent les autres Gallinacés africains, il est aussi fort peu probable que le genre *Gallus* puisse se trouver en Afrique. Il est inutile de chercher dans les parties occidentales de l'Asie, car MM. Blyth et Crawfurd, qui se sont occupés de cette question, doutent que le genre Gallus ait jamais existé à l'état sauvage aussi loin vers l'ouest que la Perse. Il est probable que, bien que les premiers auteurs grecs parlent du Coq comme d'origine persane, il n'y a là qu'une indication de la direction générale de sa ligne d'importation. C'est vers l'Inde, l'Indo-Chine et les parties nord de l'archipel Malais, que nous devons diriger nos recherches pour découvrir des espèces inconnues. Les parties méridionales de la Chine semblent les plus favorables ; mais, ainsi que le fait remarquer M. Blyth, on a depuis longtemps importé de Chine bien des peaux, et l'on conserve dans ce pays trop d'oiseaux vivants pour qu'une espèce indigène de *Gallus* ait pu nous rester inconnue. D'après les passages d'une encyclopédie chinoise, publiée en 1609, mais compilée d'après des documents plus anciens, et dont je dois la traduction à M. Birch, du British-Museum, il résulte que les Coqs sont des oiseaux venus de l'Ouest, et introduits dans l'Est (c'est-à-dire la Chine) sous une dynastie régnant 1400 ans avant Jésus-Christ. Quoi qu'on puisse penser de cette date reculée, nous voyons que les Chinois regardaient autrefois, comme la patrie des Gallinacés domestiques, les régions indiennes et indo-chinoises. C'est donc, d'après ces diverses considérations, vers les parties sud-est de l'Asie, la patrie actuelle du genre, que nous devrions chercher les espèces qui, actuellement inconnues à l'état sauvage, auraient été autrefois domestiquées ; mais les ornithologistes les plus expérimentés ne regardent pas cette découverte comme probable.

. . . .

. . . .

« Finalement, nous n'avons pas pour le Coq une démonstration aussi évidente que pour le Pigeon de la provenance de toutes ses races d'une souche primitive unique. Dans les deux cas, l'argument tiré de la fertilité a quelque valeur : pour les deux il y a même improbabilité que l'homme ait anciennement réussi à domestiquer à fond plusieurs espèces supposées, la plupart de ces espèces supposées devant d'ailleurs être fort anomales, comparées aux formes naturelles dont elles sont voisines, et qui toutes seraient inconnues ou éteintes, tandis que presque pas une des souches primitives d'aucun autre oiseau domestiqué ne s'est perdue. Mais, si nos recherches sur les souches parentes supposées des races du pigeon ont pu être restreintes à l'examen de quelques espèces caractérisées par des habitudes particulières, il n'en est pas de même pour les coqs, rien dans les habitudes ne les distinguant d'une manière marquée des autres gallinacés. Nous avons montré que, dans les pigeons, les oiseaux purs de toutes les races, ainsi que les produits du croisement des races distinctes, ressemblent souvent ou font retour au Bizet sauvage par leur coloration générale et certaines marques caractéristiques. Nous verrons chez les races gallines des faits analogues mais moins prononcés. »

*
* *

En résumé, comme on le voit, Darwin, lui-même, n'est guère affirmatif en ce qui concerne l'origine de nos races domestiques. Si nous admettons d'ailleurs, comme possible, l'hypothèse du coq de Bankiva comme souche des races de combat, elle nous paraît absurde en ce qui concerne les autres races. En supposant que nos aïeux les Celtes aient amené avec eux de l'Asie centrale des races de volailles, comment peut-on croire que c'est une des plus petites et une des moins productives qu'ils auraient choisie? Pourquoi ne serait-ce pas plutôt les grands Malais ou même des Langshans ou belles races voisines, habitant les contrées asiatiques berceau primitif des Celtes.

Il y a deux mille ans, nous disent les vieux auteurs Columelle et Varron, les Romains possédaient au moins une dizaine de races bien définies; pour retrouver la filiation de la poule domestique, il faudrait donc rechercher d'abord l'origine de cette dizaine de races et calculer ce qu'elles ont pu subir de variations durant le laps de temps, quinze cents ans environ, qui s'est écoulé entre l'invasion des Celtes et l'époque dont nous parlent les vieux auteurs, cela tient plus du rêve que de la réalité. Aussi rappellerons-nous, comme conclusion, la phrase de Darwin citée plus haut disant que les ornithologistes les plus expérimentés ne regardent pas cette découverte comme probable.

RACE DE JAVA

Le Coq de Java, dit Bernstein, habite les fourrés les plus impénétrables, où il échappe facilement aux regards des voyageurs. Au moindre bruit qui lui est suspect, il s'y réfugie sans s'envoler, mais en courant entre les touffes d'alang-alang. Cet oiseau, s'il ne trahissait pas sa présence par son cri, passerait complètement inaperçu. Toutefois, si on l'entend fréquemment, on l'aperçoit rarement. C'est le matin qu'on y réussit le mieux. A ce moment l'oiseau, se croyant le plus en sûreté, quitte les fourrés et va chercher dans les endroits découverts les graines, les bourgeons, les insectes dont il se nourrit. On le voit très souvent en quête de termites, dont il est friand. Son cri est dissyllabique et rauque et pourrait se rendre par *kukruu*, *kukru*.

« Pris vieux il ne s'apprivoise jamais et même quand on fait couver ses œufs par des poules domestiques, les jeunes, à peine grands, profitent de la première occasion pour s'échapper. »

Le même auteur décrit ainsi un nid de la poule de Java qu'il avait rencontré : « Le nid était dans une légère dépression du sol, au milieu d'une touffe d'alang-alang et n'était formé que de feuilles sèches et de tiges de cette graminée. Il renfermait quatre œufs d'un blanc jaunâtre dont l'incubation était déjà avancée. »

Caractères généraux du coq.

Tête assez forte, d'aspect étrange, couverte de petites plumes vert métallique brillant.

Bec court et crochu.

Couleur du bec : mandibule supérieure noirâtre, mandibule inférieure jaune.

Œil grand, bien dégagé.

Iris large, jaune clair.

Crête de forme très originale, simple, non dentelée, tricolore, verdâtre à sa base, jaune au milieu, rouge cramoisi à son extrémité.

Barbillon unique, s'allongeant librement dans toute la longueur de la dénudation du haut du cou ; comme la crête ce barbillon est tricolore, vert sous le bec et près du cou, jaune d'or un peu plus loin et d'un rouge cramoisi sur le bord antérieur.

Joues nues, recouvertes d'une peau rouge cramoisi, bordées extérieurement d'un liséré jaune doré.

Cou assez long et fort.

Tarses couleur chair, à éperons très longs, arqués et aigus.

Queue assez fournie.

Faucilles longues, d'un noir vert à reflets métalliques.

Rectrices de même nuance que les faucilles, les deux médianes s'écartant en forme de fourche.

Camail composé de plumes arrondies au lieu d'être lancéolées et d'un vert métallique brillant, chaque plume bordée de noir.

Plastron et *Abdomen* noir brillant.

Tectrices : les grandes, noir de velours à reflets métalliques verts, les petites noir brillant bordé largement de jaune doré éclatant.

Lancettes très longues, d'un vert foncé brillant et bordées de jaune clair.

Rémiges secondaires rouge brun, bordées extérieurement de jaune fauve.

Rémiges primaires d'un noir marron.

La poule, d'un tiers moins grande que le coq, n'a ni crête ni barbillons ; elle a la tête et le cou d'un gris brun ; le dos d'un vert doré, bordé de gris brun ; les ailes brun foncé, traversées de barres irrégulières chamois, les rémiges primaires, brunes ; la queue noire marquée de chamois, les plumes médianes à reflets d'un vert métallique ; la gorge blanche, la poitrine et le ventre d'un brun roux, les plumes bordées de brun noirâtre ; le bec couleur de corne ; les tarses couleur chair ; l'iris jaune brun clair.

CHAPITRE V

RACES DE FANTAISIE

RACE DE PHÉNIX

Un nouveau venu parmi la gent galline et bien digne d'être placé en tête des oiseaux de fantaisie et de volière, car c'est un des plus beaux spécimens du genre, brillant, superbe, chamarré comme un prince d'Orient qu'il est, car il nous vient directement du Japon.

Encore peu connu et peu répandu en France, le phénix du Japon y a été introduit, en 1882, par M. Tony Comte, secrétaire de l'ambassade de France, qui en fit don au Jardin d'Acclimatation. Depuis cette époque, sa propagation est restée stationnaire.

Ce n'est point seulement le plumage, mais surtout la queue, qui fait la beauté et l'ornement de la race, bien que cette qualité soit assez rare parmi les sujets européens elle est essentielle ; il ne faudrait pas que les grandes faucilles eussent moins de 1m,25 de longueur ; dans son pays d'origine, on trouve communément des phénix ayant une queue de 1m,75 à 2 mètres de longueur ; on peut voir au Jardin d'Acclimatation deux plumes, renfermées dans des étuis de verre, et mesurant respectivement 1m,80 et 2m,30.

Les exemplaires qu'on peut voir dans les parquets du Jardin d'Acclimatation sont fort jolis, et la race en est bien fixée, mais leur queue ne mesure guère plus d'un mètre de longueur ; tels qu'ils sont, ils formeraient cependant encore le plus bel ornement d'une basse-cour d'agrément possédant une vaste pelouse où les coqs pourraient se promener sans craindre d'abîmer leur plus bel apanage.

En raison de leur beauté, les phénix se rapprochent plutôt des faisans, et, pouvant être un des plus beaux ornements d'une volière d'agrément, il serait à désirer que de nouvelles importations puissent nous donner des oiseaux possédant l'appendice phénoménal qui les font tant apprécier dans leur pays.

Il est bon aussi de dire qu'au Japon on les entoure de soins tout particuliers, placés dans une ombre discrète, afin que les rayons trop ardents du soleil n'altèrent en rien la beauté de leur plumage ; tenus en une cage vaste et brillante, à perchoir très élevé, le soir, leur queue est entourée de papillotes pour conserver toute sa splendeur.

Sans s'astreindre à des soins aussi méticuleux, on pourrait, avec certaines précautions, conserver en France de fort beaux sujets. Le phénix est assez facile à élever, à la condition de le garantir de l'humidité, qui lui est fatale ; aussi, dès l'automne, sera-t-il bon de l'enfermer et de ne le laisser dehors que par les beaux temps. Durant la belle saison, il ne nécessite pas d'autres précautions que celles accordées aux volailles de luxe : de l'air et de la liberté, voilà ce qui lui va le mieux.

La poule n'est point mauvaise pondeuse ; ses œufs sont moyens ; elle couve bien et élève parfaitement ses poussins, qui se développent d'une façon toute normale. Il est bon, comme aux faisandeaux, de leur donner un peu de nourriture animale ; leur croissance est assez lente.

Leur bel ornement caudal ne dépasse point, la première année, la moyenne de longueur de nos coqs ; ce n'est que la deuxième année que leur queue commence à se développer d'une façon plus spéciale, pour grandir encore les années suivantes, de telle sorte qu'on pourrait à peu près indiquer l'âge des coqs d'après la longueur de leur queue.

On a remarqué que dans les couvées les coqs étaient en majorité, sans doute par suite de l'âge inégal des reproducteurs, car la proportion devrait être à peu près égale avec des sujets de même année.

Variété argentée.

Caractères principaux du coq.

Tête moyenne.

Bec moyen, légèrement recourbé.

Couleur du bec, corne claire, jaune à l'extrémité.

Crête petite, simple et droite, assez bien dentelée.

Barbillons, petits et ronds.

Oreillons très petits, rouges ainsi que la crête et les barbillons.

Cou long et assez volumineux.

Corps de moyen volume, élégant, bien pris en toutes ses parties.

Jambes longues et fines.

Tarses nus et bien lisses.

Couleur des tarses très variable : jaune, grise ou verte ; les couleurs les plus appréciées sont la verte et la grise.

Doigts au nombre de quatre, de même couleur que les tarses.

Queue bien fournie, horizontale.

Port léger, alerte.

Taille variant entre 50 et 60 centimètres dans l'attitude fière ; le poids va de 2 à 2 kilogrammes et demi.

Plastron entièrement noir.

Camail long, épais, couleur blanc d'argent.

Manteau rouge.

Lancettes extrêmement longues, traînant à terre, jaune paille.

Rectrices noires à reflets métalliques.

Faucilles extrêmement longues, les grandes démesurées, noires, à reflets brillants, portées toujours basses et traînantes.

Remiges primaires parfois jaunes ; le restant de l'aile se trouve très largement barré de rouge, de vert et de blanc.

La poule, comme conformation générale, ne présente pas de différences sensibles avec le coq ; elle est, bien entendu, de volume inférieur ; sa queue est très développée et les faucilles fort longues ; fine, élancée, haute sur pattes, elle est de plumage fond gris à dessin un peu perdrix.

Sa taille varie entre 40 et 50 centimètres et son poids va de 1 à 2 kilogrammes.

Variété dorée.

Présente tous les principaux caractères de l'autre variété, est beaucoup plus rare et de plumage foncé, un ton chaud de brun rouge remplaçant généralement le blanc.

RACE DE YOKOHAMA

La race que nous venons de décrire est plus encore une race de volière que de parquet d'agrément ; celle-ci rentre tout à fait dans ce dernier cadre. Fort jolie, fort élégante, mais moins brillante que sa congénère, la race de Yokohama à ailes rouges est un des plus charmants oiseaux qui puissent orner une pelouse agrémentée d'un poulailler rustique.

Comme structure générale, elle rappelle assez le malais, mais un malais comme il faut, élégant, distingué, ayant perdu ses usages et ses façons de rustre dans un salon du faubourg Saint-Germain.

C'est encore du Japon, ce pays de rêves et de merveilles, que nous vient cette jolie race ; c'est le père Girard qui lui donna ses lettres d'introduction auprès de M. A. Geoffroy Saint-Hilaire, qui l'a fait connaître et propagée en France. Les spécimens, qu'on peut actuellement admirer au Jardin d'Acclimatation, sont fort jolis.

Cette race, très délicate, très difficile à élever, lors de son introduction en France, est devenue plus rustique ; on l'élève aujourd'hui assez facilement, mais il est préférable de lui laisser un parcours gazonné un peu étendu, où les insectes qu'elle rencontre lui procurent une nourriture animale qui lui est nécessaire; à défaut de cet aliment, on le remplacerait par des pâtées additionnées de sang cuit et de phosphate de chaux. Avec cette alimentation dans le jeune âge, les préservant bien du vent et de l'humidité, on arrivera, en peu d'années, à donner aux races les plus délicates une rusticité égale à celle de notre poule commune.

La race n'est point de mœurs très douces; un peu de sang de la race de combat lui coule évidemment dans les veines; coqs et poules sont assez batailleurs; espérons que ce défaut s'atténuera avec les bienfaits de la civilisation. La poule est bonne pondeuse et bonne couveuse, soignant, élevant bien ses petits.

Caractères généraux du coq.

Tête moyenne et longue, couverte de plumes brunes.

Bec gros, long et recourbé.

Couleur du bec jaune.

Œil brillant, bien dégagé.

Iris jaune.

Pupille noire.

Crête ayant assez de ressemblance avec celle du coq malais, rouge vermillon, petite, épaisse, d'une seule pièce et ayant assez l'apparence d'une couronne s'avançant légèrement sur le bec pour se terminer au milieu du crâne.

Barbillons très peu développés.

Oreillons petits, de même nuance que la crête ainsi que les barbillons.

Joues presque nues et rouges.

Cou long et volumineux, porté très en avant.

Corps très dégagé, de forme presque conique, étant assez large aux épaules et très étroit aux reins ; la pente du dos est assez accentuée ; la poitrine et l'abdomen sont peu développés.

Jambes très longues ; cuisses peu charnues.

Tarses nus, fins, lisses et très longs ; couleur jaune vif.

Doigts au nombre de quatre, bien développés, de même couleur que les tarses.

Queue très fournie, portée horizontalement, puis retombant à terre.

Port très élégant et tout particulier, le coq tenant son cou presque continuellement penché en avant.

Taille 60 à 65 centimètres dans l'attitude fière qu'il prend peu souvent.

Plastron étroit, brun rouge.

Camail très fourni en plumes très longues, qui retombent jusque sur le dos et cachent une grande partie de la poitrine, blanc d'argent.

Manteau brun rouge.

Lancettes très abondantes et longues, blanches.

Rectrices abondantes, légèrement recourbées, blanches.

Faucilles, les grandes et les moyennes très fournies et très longues, rasant la terre, bien blanches, mais parfois les petites faucilles sont tachetées de brun rouge.

Tectrices et *remiges* blanches.

Les petites et les moyennes tectrices sont d'un beau ton velouté rouge feu.

POULE

La poule ne présente pas de différences sensibles avec le coq ; chez elle cependant la crête est simple et droite, la queue est très développée, bien horizontale, très légèrement retombante. Le plumage est de même aspect que chez le coq, mais généralement plus clair, la tête en particulier, qui est couverte de plumes blanches.

Variété blanche.

La variété blanche présente exactement les mêmes caractères que la précédente, mais, ainsi que son nom l'indique, elle est de plumage entièrement blanc.

Cette variété est beaucoup moins jolie que l'autre, dont le charme principal est provoqué par l'opposition des beaux tons de brun rouge avec le blanc ; elle n'est pas d'ailleurs aussi estimée.

RACE DE SUMATRA

La race de Sumatra est un Yokohama tout noir, aux formes plus lourdes, plus épaisses, se rapprochant davantage encore de la race malaise, qui pourrait bien ne pas avoir été étrangère à sa création.

Cette race est nouvellement connue en France ; on la rencontre peu dans les expositions. En raison de ses formes, assez pleines et assez arrondies, elle pourrait peut-être ne pas manquer d'intérêt, mais le coq et la poule ont un caractère fort désagréable.

RACE SULTANE

Qu'est cette race? un composé de Crèvecœur blanche et de Padoue de même nuance, additionnée peut-être d'un peu de race asiatique pour fournir aux pattes leurs manchettes ornementales. On peut supposer tout cela mais ne rien affirmer, la recette de fabrication de cette jolie volaille ayant sans doute été égarée dans les archives turques d'où, paraît-il, elle nous viendrait.

Encore plus rare à Constantinople qu'en Belgique et en France, on la voit très rarement dans nos expositions.

Elle est d'ailleurs toute de fantaisie, bien que présentant la moyenne de qualités que possèdent les races de Padoue et hollandaise. De taille moyenne, d'allure vive, elle est coureuse, alerte, éveillée, en quête perpétuelle d'une pitance nouvelle ; n'était sa déplorable huppe on pourrait la laisser vivre à sa guise et s'exposer à toutes les intempéries des saisons, car elle est de tempérament assez rustique.

Ne blâmons point trop cette huppe après tout, qui, bien que sujet constant à corysa ou autres maladies du même genre, n'en est pas moins son principal ornement. Et vraiment à la bien examiner elle est toute gracieuse, ses larges manchettes aux pattes sont bien l'accompagnement complémentaire de cet abondant plumage qui arrondit gracieusement toutes ses formes.

La poule est assez bonne pondeuse, couvant rarement. Ses poussins sont délicats, il ne faut pas mettre les œufs à couver avant le mois d'avril sous peine de nombreux mécomptes.

Caractères généraux du coq.

Tête grosse et courte, le crâne possède la même protubérance osseuse que celui de la Padoue.

Bec gros et court, légèrement recourbé.

Couleur du bec blanc.

Narines très ouvertes et saillantes.

Œil moyen, presque couvert par la huppe.

Iris large, rouge aurore.

Pupille noire.

Huppe volumineuse, recouvrant toute la tête.

Crête formée de deux petites cornes rouges.

Barbillons peu développés, nuance de la crête.

Oreillons petits, perdus dans les favoris.

Joues complètement recouvertes par les favoris.

Cou assez court et épais.

Corps de volume moyen, dos et poitrine larges, cette dernière rouge et proéminente, ailes fortes, un peu retombantes.

Jambes courtes et très emplumées.

Tarses courts et très emplumés, les calcanéums ou talons recouverts de longues plumes, saillantes et formant des manchettes très accusées à chaque patte et venant s'épater sur les doigts médian et externe.

Doigts au nombre de cinq se rapprochant plus de la disposition de ceux du Dorking que de ceux du Houdan.

Queue très fournie, portée très relevée.

Taille, de même taille que la race hollandaise.

Port gracieux et léger.

Favoris très épais.

Cravate bien fournie et saillante.

Camail volumineux.

Lancettes longues, fines et abondantes.

Faucilles longues, larges et bien arrondies.

Plumage entièrement blanc.
Poids environ 2 kilogrammes et demi à l'âge adulte.
Chair fine.

POULE

La poule ne présente de différences sensibles avec le coq que par la huppe qui est très volumineuse et régulièrement sphérique, composée de petites plumes arrondies se recouvrant bien les unes les autres, et par la queue bien fournie, portée relevée comme chez le coq, mais formant jusqu'à la naissance du dos une pente assez accentuée.

Le coq et la poule sont très doux et très familiers.

Variété Ptarmigan.

Nous n'avons jamais rencontré cette variété dans aucune exposition française ni étrangère. Il paraît qu'elle était assez répandue en Angleterre il y a une vingtaine d'années.

Cette variété aurait beaucoup de ressemblance avec la race sultane, elle en différerait seulement par une taille un peu plus élevée, le corps moins volumineux et une huppe allongée et renversée en arrière.

Comme beaucoup d'autres, on la suppose de fabrication anglaise tout en ignorant par quel croisement elle aurait été provoquée.

Pour avoir à peu près complètement disparu, il est à présumer que la variété Ptarmigan ne devait pas présenter un bien grand intérêt.

RACE FRISÉE

Hérissée serait peut-être le nom le plus exact de cette race, ou plutôt des nombreuses variétés qui se réunissent sous ce nom.

La principale est fort anciennement connue, car le savant naturaliste italien Aldrovandi la décrivit, ce qui nous fait remonter au XVIe siècle. On la rencontre mélangée avec les poules communes, nous l'avons trouvée plus ou moins pure dans plusieurs fermes du département de Seine-et-Marne.

Linné la cite et la désigne sous le nom de *Gallus Pennis revolutis*. Sonnini de Mononcour la dit d'origine asiatique et croit qu'elle a été acclimatée à Java, à Sumatra et aux îles Philippines ; d'autre part, Layard écrit que les Ceylanais appellent ces volailles *Caprikukullo* et leur attribuent une origine javanaise.

Asiatique ou Océanienne, l'origine exacte de cette volaille n'a pas assez d'importance pour que nous nous étendions plus longuement sur ce sujet.

Très originale et d'aspect bizarre, cette race, portant bien son nom, a les plumes redressées, retournées même serait plus précis, on conçoit que lorsqu'elle est mouillée elle ne présente pas un coup d'œil bien attrayant, elle est plutôt ridicule en cet état.

Bien qu'excellente comme chair, elle sera toujours dépréciée sur les marchés en raison de son épiderme rougeâtre.

Elle ne diffère guère comme rusticité de notre poule commune et présente à peu près la même moyenne de qualités et de défauts. D'un développement égal, la poule pond bien et couve peu. La race est douce, familière; les poussins s'élèvent bien et demandent à être préservés de l'humidité et de la pluie, ainsi que la plupart des poussins d'autres races d'ailleurs.

Caractères généraux du coq.

Tête assez forte et longue.

Bec court et gros.

Œil moyen.

Iris aurore.

Pupille noire.

Crête volumineuse, frisée et se terminant par deux pointes.

Barbillons bien développés et rouges.

Oreillons en amande et bien marqués.

Cou court et gros.

Queue bien fournie, faucilles longues et larges.

La poule ne présente aucune différence autre avec le coq que celles habituelles.

Le plumage est de variation presque aussi sensible que celui de la poule commune. Sonnini de Mononcourt dit que la nuance dominante est le blanc et que les tarses sont nus mais qu'on en rencontre également dont les pattes sont emplumées, cependant c'est la variété noire à crête volumineuse et frisée qui est la plus recherchée. La crête est aussi variable que le plumage; on en rencontre des simples, des doubles et des frisées.

Il existe aussi en Hollande une petite race frisonne très estimée sous le nom de *Friesche Pel*, qui est très bonne pondeuse, mauvaise couveuse et dont la chair est fine.

Sous le nom de Padoue frisée du Chili, nous voyons aussi maintenant une nouvelle race frisée à plumage chamois.

Enfin, dans la nouvelle édition de son livre (*Book of Poultry*), M. Lewis Wright fait mention de bantams frisés qui prouvent que, par la sélection et le croisement, on arrive aisément à provoquer le plumage frisé.

Jusqu'à preuve du contraire, d'ailleurs, notre opinion est que le plumage frisé est surtout un cas tératologique entretenu et exagéré par la sélection attendu que l'on trouve fort rarement le plumage parfaitement frisé autre part que chez les sujets d'amateurs.

RACE DE WALLIKIKI

Cette race assez étrange, en raison de son absence d'appendice caudal, n'a pas encore pu retrouver d'une façon bien nette son état civil. Buffon l'appelle coq de Ceylan, Aldrovandi coq de la Perse, des voyageurs l'ont rencontrée dans la Virginie et de nombreux amateurs en France, en Belgique et en Hollande.

Ne cherchons donc point à soulever le voile qui couvre ses origines et contentons-nous de rechercher les qualités qu'elle peut posséder.

C'est une petite race rustique vagabonde et alerte, courant du matin au soir à la recherche de sa nourriture. « En Bourgogne, écrit un vieil auteur, M. Mariot-Didieux, les habitants des fermes isolées élèvent cette race de préférence, parce que, disent-ils, les renards ne peuvent la prendre. Elle est, en effet, très éveillée, défiante et vole avec une grande facilité. »

La poule est une bonne pondeuse, mais les œufs sont petits, elle couve rarement. La chair est bonne, peu abondante cependant, cette race atteignant rarement un poids élevé, de plus son absence de croupion en rend la vente difficile sur les marchés.

Voici comment M. Mariot-Didieux la décrit :

« Tête petite, crête lisse, rudimentaire, barbillons petits, bec fin, pointu, de couleur noire ou brune ; cou long, corps petit, arrondi, jambes fines, assez courtes pattes de couleur plombée, ailes assez grandes, absence de queue, croupion rond et ovale, abdomen assez volumineux, bas, artichaut assez prononcé. »

Comme conformation, cette race a beaucoup de ressemblance avec les cailles. Son plumage est généralement brun mélangé de noir, mais on en rencontre aussi souvent de coucou, toutes les autres nuances communes aux poules de ferme se rencontrent aussi plus ou moins.

La race désignée en Belgique sous le nom de *sabot Hollandais* (fig. 73) n'est qu'une variété de la Wallikiki, mais une variété naine qui ne présente guère qu'un intérêt de curiosité.

Variété huppée.

On prétend que cette variété est originaire de la Turquie d'Asie, elle ressemblerait assez à la race sultane sans la difformité dont elle est affligée. Ainsi que la race que l'on rencontre chez nous, cette variété est alerte et vagabonde mais elle est beaucoup moins familière.

Caractères principaux du coq.

Tête assez forte et ronde.
Bec moyen.
Couleur du bec corne foncée.

Œil à moitié caché par la huppe.
Iris rouge orange.
Pupille noire.
Huppe volumineuse, aplatie, retombant tout autour de la tête.
Favoris très fournis.
Cravate saillante.
Cou assez long, porté redressé comme si l'oiseau voulait allonger sa taille.
Corps court, ovoïde, dos très incliné en arrière, ailes légèrement retombantes.
Jambes courtes et très emplumées.
Pattes, tarses courts et couverts de plumes formant manchettes.
Doigts au nombre de cinq.
Taille très petite.

Le plumage de la variété blanche est très abondant par tout le corps, bien blanc à reflets soyeux, camail et lancettes très fournis en plumes longues et fines.

Exactement le même dans la variété noire sauf la nuance, qui est en outre agrémentée de reflets métalliques.

La poule des deux variétés blanche et noire ne diffère du coq que par la huppe qui est sphérique et composée de plumes courtes et arrondies.

En raison de la ressemblance de formes, de l'analogie de la patte, de la même origine supposée, on serait tenté de croire que cette variété huppée n'est que la race sultane qui, ayant perdu son croupion et continuellement occupée à le chercher, est devenue si coureuse et si vagabonde[1].

RACE NÈGRE

Un des plus curieux et des plus originaux spécimens de la gent galline, en raison de la texture toute spéciale de ses plumes dont les pennes sont décomposées de telle sorte qu'elles ont l'apparence d'un long duvet soyeux, faisant paraître le corps poilu plutôt que couvert de plumes.

Cette petite race, entièrement blanche de plumage malgré son nom, est originaire de la Chine, mais elle est très anciennement connue en France et très appréciée des faisandiers en raison de son aptitude spéciale de couveuse et de sa légèreté, qualité très appréciable pour faire couver des œufs de faisan.

En dehors de l'aspect particulier de son pennage la race nègre se distingue encore par la couleur spéciale de son épiderme qui est noir et des parties charnues de la tête qui sont couleur lie de vin foncé, tranchant vigoureusement sur le ton blanc du plumage.

De conformation générale la race représente un petit cochinchinois, mêmes

[1] Le lecteur nous excusera d'avoir laissé subsister cette boutade en songeant que nous sommes à présent dans les races de fantaisie où la tenue sévère que nous avons toujours observée est moins de rigueur.

formes nettement accusées et même lourdeur ; la taille établit le passage entre les Bentams et notre race commune.

Cette petite race est rustique, très douce, très familière ; la poule est pondeuse médiocre, mais comme nous l'avons dit excellente couveuse, et très bonne mère, les poussins s'élèvent facilement; seulement à l'âge de poulets, leur chair est aussi mauvaise que celle de leurs parents et ce n'est pas peu dire.

Il n'y a donc lieu d'utiliser cette petite race que comme couveuses. Comme race d'agrément, à part l'originalité, il y a beaucoup mieux parmi les races de fantaisie.

Caractères généraux du Coq.

Tête petite et presque ronde.

Bec gros, court, légèrement recourbé.

Couleur du bec grisâtre.

Œil moyen, bien dégagé.

Iris brun foncé.

Pupille noire.

Huppe petite, renversée en arrière.

Crête frisée, en couronne, large et de couleur vineuse.

Joues nues.

Barbillons moyens, de la même couleur que la crête ainsi que les joues.

Oreillons longs, bleu nacré.

Cou court et très volumineux.

Corps d'aspect massif, encore accentué par sa petite taille, poitrine large et bien arrondie, dos et reins larges formant une ligne ascendante en allant vers la queue, ailes courtes, grosses, un peu retombantes.

Jambes courtes et très emplumées.

Tarses courts, emplumés extérieurement et noirs.

Doigts au nombre de cinq, comme chez la Houdan, de même couleur que les tarses.

Queue petite, ayant l'apparence d'un poing qui se ferme.

Camail très fourni ressemblant à de longs poils soyeux.

Faucilles et rectrices très courtes et soyeuses.

Plumage entièrement blanc, d'un blanc léger et chatoyant.

La poule se rapporte à peu près complètement aux caractères que nous venons de décrire pour le coq; elle en diffère seulement par sa huppe qui est sphérique et sa queue qui est à peine indiquée et forme avec le dos une ligne presque horizontale.

RACE SOYEUSE

Nous trouvons dans l'*Acclimatation*, journal des éleveurs, n° 85 de 1892, une monographie de cette race non signée mais que nous supposons être de M. La Perre de Roo et que nous reproduisons en son entier, n'ayant rien recueilli d'aussi complet et surtout d'aussi bien fait.

« Quoique le coq soyeux soit d'une figure bien caractérisée, la plupart des nomenclateurs et des naturalistes confondent les oiseaux de cette race avec ceux de la *race nègre* (Gallus Morio) qui sont tout différents ; car il n'existe d'autre analogie entre les deux races que le duvet de cygne qui, au lieu de plumes ordinaires, recouvre leur corps et leur est commun.

Les différences les plus saillantes, qui existent entre les deux races, consistent en ce que la race nègre, *the negro fowls*, a l'épiderme *noir ;* l'œil de vesce, presque noir ; la crête frisée, plus large que longue, à peine hérissée de quelques rares pointes irrégulières, et d'un rouge violet noirâtre ; les barbillons et les joues de la même couleur rouge violet sombre ; les oreillons d'un bleu ciel ou bleu turquoise quand le sujet est jeune ; les pattes noires, emplumées, munies de *cinq* doigts chacune ; la queue rudimentaire et les formes du corps heurtées et identiquement semblables à celle de la race cochinchinoise. Tandis que la race soyeuse, *the silky fowls*, a, au contraire, l'épiderme *blanc*, l'œil rouge vif ; la crête allongée, d'un *rouge vif*, simple ou frisée et hérissée de pointes fines : les barbillons et les joues d'un rouge vif comme la crête ; les joues garnies de duvet blanc ; les pattes nues, d'un blanc rosé, et munies de quatre doigts seulement ; la queue longue ; les formes du corps semblables à celles des volailles communes et la taille beaucoup au-dessous de celle de la race nègre.

Les deux races portent une demi-huppe, sphérique chez la poule, renversée en arrière chez le coq ; ont le corps recouvert de plumes décomposées ayant l'apparence du duvet du cygne ou de poils soyeux légèrement hérissés, et c'est ce qui les a fait confondre par les observateurs superficiels.

La race soyeuse diffère encore de la race nègre en ce qu'elle porte des bouquets touffus et allongés en forme de demi-collerette, et qu'elle a quelquefois la tête lisse.

Caractères généraux et moraux.

COQ

Tête gracieuse, petite, fine et allongée, lisse ou huppée.
Bec fort, long et crochu.
Couleur du bec blanche ou couleur de chair.
Narines ordinaires.

Œil rouge vif.

Crête allongée, simple et droite, ou frisée et hérissée de petites proéminences rondes ou pointues dont l'ensemble forme une surface plane, carrée en avant, pointue en arrière.

Couleur de la crête rouge vermillon, comme chez le coq commun.

Barbillons de longueur moyenne, bien arrondis et d'un rouge vif, comme la crête.

Joues rouges et légèrement recouvertes de duvet blanc.

Oreillons blancs, mais petits.

Bouquets très prononcés et s'allongeant en forme de collerette.

Huppe tête lisse ou surmontée d'une demi-huppe plus ou moins garnie de plumes qui se rejettent sur l'occiput.

Cou court, gracieusement arqué et enveloppé de longues plumes duveteuses et soyeuses.

Corps gracieux, arrondi, formes moelleuses ; dos et reins larges ; poitrine large, ouverte et saillante ; ailes assez longues et portées bas ; queue longue et portée assez relevée, mais pas près de la tête ; allure fière et élégante.

Chair assez fine.

Taille au-dessous de la moyenne, un peu plus grande que celle du Bantam.

Squelette léger, os minces.

Pilons courts et charnus.

Tarses courts et nus.

Couleur des tarses blanc rosé.

Doigts longs, droits, au nombre de quatre à chaque patte.

Queue grande, garnie de faucilles longues, soyeuses, formant un beau panache blanc.

Caractère doux, très bon pour ses poules, peu batailleur.

POULE

Gracieuse et mignonne, la poule a la crête simple ou frisée comme celle du coq, mais réduite à de plus petites proportions ; comme lui elle a la tête lisse ou surmontée d'une demi-huppe renversée en arrière et a le plumage ressemblant au duvet du cygne ou à des poils soyeux qui lui recouvrent entièrement le corps.

Ponte médiocre.

Œufs petits.

Incubation excellente.

Elle est bonne mère comme la poule nègre et, comme elle, très recherchée par les faisandiers.

Son plumage est blanc d'un bout à l'autre ; mais il en existe aussi une variété à crête simple, qui a la robe fauve comme le cochinchinois, et que les Anglais désignent sous la dénomination de *Yellow silk fowls*.

RACE BARBUE D'ANVERS

Cette race petite et drolatique jouit d'une certaine considération en Belgique. Sa démarche grave, et sa petite tête encadrée de gros favoris lui donnent un aspect assez comique. Doux, familier, méthodique, le coq s'avance à pas comptés et vient vous prendre délicatement dans la main la friandise ou la bouchée de pain que vous lui avez préparée.

La race est rustique, la poule pond et couve assez bien, elle est excellente mère.

Les caractères principaux sont une crête double frisée, le bec court assez gros de couleur corne, les favoris et la cravate formant collier presque tout autour de la tête, les pattes blanches ou roses, le corps d'aspect lourd, les ailes retombantes. Le plumage est coucou d'un bout à l'autre, chaque plume portant en général quatre bandes distinctes d'un gris foncé se détachant sur fond gris clair; les marques augmentent naturellement sur les plumes de grande dimension.

Deux variétés :

Variété noire entièrement noire.

Variété blanche entièrement blanche.

RACE DE BANTAM

Nous voici transportés dans le royaume de Lilliput des volailles. Les Bantams tiennent la tête des races naines pour la joliesse, la grâce, la légèreté. Petites merveilles de volière, mais qui n'ont point besoin d'être enfermées, car elles sont douces, familières ; cependant dans un jardin... dame, elles ont des ailes et elles sont si mignonnes, si légères... toute réflexion faite, si vous avez des plates-bandes précieuses, ou des légumes un peu tendres, il sera prudent de les tenir enfermées.

La race est un peu délicate, la poule est bonne pondeuse, couve bien et élève parfaitement ses poussins.

Caractères généraux.

Tête fine, courte, d'aspect très éveillé.

Bec court et fin.

Couleur du bec corne.

Œil vif.

Iris rouge aurore.

Crête frisée, carrée en avant, pointue en arrière, la pointe légèrement relevée.

Barbillons moyens, arrondis, bien rouges comme la crête.

Oreillons petits et rouges.

Joues nues, de même nuance que la crête.

Cou court, gracieusement arqué, peu volumineux.

Corps admirablement proportionné, dos et reins larges et assez inclinés, poitrine pleine et très bombée, ailes longues et très retombantes.

Jambes courtes.

Tarses courts, fins et nus, de couleur gris bleu.

Doigts au nombre de quatre, fins et bien déliés.

Queue très large, très fournie, mais *sans faucilles*, portée perpendiculairement.

Port gracieux, léger, ayant beaucoup de ressemblance comme allures et comme forme avec le coq de Hambourg.

Taille minuscule : plus elle est exiguë, plus elle est appréciée.

Camail peu fourni, composé de plumes courtes et non allongées comme elles le sont dans les autres races.

Lancettes courtes et arrondies.

La poule ne présente de différences avec le coq que par la crête, qui est beaucoup moins prononcée ; la queue plus allongée et la forme générale du corps qui est plus svelte ; la poitrine est moins bombée et la pente du dos à la naissance de la queue plus accentuée.

Il existe trois variétés de cette jolie petite race :

La *Variété argentée*, qui présente un plumage maillé avec une parfaite régularité, chaque plume à fond blanc et régulièrement encadrée de noir, à part les rémiges primaires, où le dessin est moins parfait et les plumes de l'abdomen, qui sont grises.

La *Variété dorée* même dessin, fond du plumage brun.

La *Variété citronnée* même dessin, fond du plumage jaune citron.

La variété la plus estimée est la variété argentée.

La régularité du dessin est un des points les plus importants et les plus difficiles à maintenir sans une rigoureuse sélection.

Fig. 72. — Coq et poule Bantam argenté.

RACE DE PÉKIN

Cette petite race, comme celle de Java, reçoit très souvent le qualificatif de Bantam : nous allons en emprunter les points principaux à un article paru dans le *Feathered World,* sous la signature de MM. Ethel, Armitage, Southam :

« Les bantams de Pékin seront la miniature exacte de leurs plus importants voisins : les Cochins ; cependant, la couleur du coq fauve est plus vive et plus uniforme.

« Comme formes, les Pékins seront aussi « Cochins » que possible ; la poitrine doit être large, le dos court ; le corps entier doit avoir une apparence massive et large. La selle du coq formera la prolongation immédiate du dos, sans présenter la moindre courbe, et les plumes de la selle (lancettes) cacheront presque entièrement celles très courtes de la queue. La crête, simple et entièrement droite, sera fortement dentelée et ne pourra être trop grande ; les pattes, fortement emplumées, doivent être d'une belle couleur jaune brillant.

« Le plumage des poules de la variété fauve sera entièrement uniforme.

« Contrairement aux coqs qui n'atteignent la perfection qu'à leur seconde année, les poules arrivent à l'apogée de leurs qualités pendant la première année ; généralement, leur livrée pâlit énormément lors de la seconde mue, ou se parsème de plumes de couleurs plus foncées ou plus pâles.

« Les Pékins fauves doivent avoir le plumage *absolument* vierge de plumes blanches ; ceux dont la livrée accuserait quelques plumes noirâtres doivent être également écartés des concours, mais peuvent servir de reproducteurs.

« Les poussins de cette race sont un peu délicats et réclament beaucoup de soins et d'attention pendant le premier mois de leur existence, mais après, ils grandissent et s'emplument rapidement, pourvu qu'ils soient bien logés, bien nourris et tenus dans un endroit ombragé.

« Les poules Pékins sont de bonnes pondeuses et des couveuses émérites ; elles sont, en outre, très familières. »

Il existe une variété coucou de cette petite race, mais elle est fort rare, et les sujets ne transmettent que fort rarement leur plumage exact à leur descendance.

RACE DE JAVA

Aussi gracieuse et aussi élégante que la précédente race, elle est également appelée par de nombreux amateurs *Bantam de Java*, bien qu'elle en diffère par des points caractéristiques.

Cette gentille race a les mêmes qualités que les bantams types ; elle est de plus petite taille encore ; c'est la race de volaille lilliputienne par excellence et

Fig. 73. — Coq et poule Bantam blanc (variété pattue).

présentant peut-être pour les débutants plus d'intérêt que toute autre en ce qu'elle s'accommode d'un parquet restreint et n'est point d'un élevage ni d'une sélection difficile.

La poule est bonne pondeuse, bonne couveuse et élève parfaitement ses petits, qui poussent avec facilité. Inutile de dire que les œufs se rapprochent sensiblement, comme grosseur, des œufs de pigeons.

Le plumage de cette mignonne race est noir d'un bout à l'autre, à reflets lustrés ; elle diffère essentiellement du bantam type par la queue à faucilles bien développées ; les plumes du camail et des lancettes longues et fines, les oreillons bien blancs, les ailes portées assez relevées, les reins étroits et plus de sveltesse dans l'apparence générale du corps.

La crête est frisée, triangulaire, les barbillons bien rouges comme la crête, assez développés, arrondis et comme creusés au milieu.

La poule est la réduction exacte du coq, moins la queue, qui est longue et arrondie, et le ton plus terne du plumage.

RACES NAINES DIVERSES

Les variétés *perdrix*, *blanche*, *blanche pattue*, présentant la même conformation générale que la précédente, il est difficile de leur donner une classification bien exacte et de les admettre comme races.

La *Variété perdrix* est, chez la poule, perdrix d'un bout à l'autre, le coq rappelle comme plumage le coq rouge de ferme : rouge avec le plastron noir. Pattes fines et de couleur ardoise.

La *Variété blanche* a le bec blanc, les pattes blanc rosé, plumage entièrement blanc.

La *Variété pattue* est exactement semblable à la blanche, sauf les pattes, qui sont garnies extérieurement de longues plumes raides qui viennent s'épater sur les doigts; on admet la crête simple dans cette variété (fig. 73).

La qualité principale de ces trois variétés est la petitesse; plus les sujets sont petits, plus ils ont de valeur.

RACE DE NAGAZAKI

Une des plus jolies et des plus originales parmi les races naines. Originaire du Japon, elle est bien digne de cet étrange pays où le bizarre se mêle au merveilleux. Toute en crête ou queue, pomenant son gros petit corps sur des pattes lilliputiennes d'un jaune brillant, elle vous vient presque caresser en traînant ses deux longues ailes qui semblent vouloir raser la terre.

Fig. 74. — Sabot hollandais (coq et poule). Nagazaki coucou (coq et poule).

Race douce, mignonne, un peu délicate ; la poule est bonne pondeuse, excellente couveuse et pleine de tendresse pour ses petits.

Caractères principaux.

Crête simple, droite et haute chez le coq, retombante chez la poule.

Bec court et jaune.

Oreillons et joues rouges.

Barbillons rouges, longs et ronds.

Corps volumineux proportionnellement à la taille, poitrine bombée, dos très court, ailes longues et traînantes.

Queue bien fournie, faucilles très longues portées si relevées qu'elles touchent souvent la crête, queue très longue également chez la poule.

Pattes jaunes très courtes.

Cette petite race comporte quatre variétés :

Variété herminée

Le coq et la poule de cette variété ont le camail noir bordé de blanc, les ailes blanches et noires, la queue noire et le reste du corps blanc.

Variété foncée.

Chez le coq les faucilles sont noires avec un liseré blanc foncé; le plastron noir et blanc, les ailes noires, moins les petites couvertures qui sont blanches; les lancettes et les plumes du camail sont à fond noir largement entourées de blanc.

La poule a les plumes du camail et du plastron noires bordées de blanc, le restant du corps est brun très foncé, presque noir.

Les variétés blanche et noire et coucou (fig. 74) ne nécessitent pas de description, la noire a été importée par M. E. Lemoine.

RACE COUCOU D'ÉCOSSE NAINE

Réduction parfaite de la race Scoth Grey que nous avons décrite dans les races du Nord.

RACES NAINES DE COMBAT

Ces petites races, très appréciées et très soigneusement sélectionnées en Angleterre, comportent les mêmes variétés que les grands combattants, le coq et la poule n'en diffèrent que par l'exiguïté de leur taille, qui est réduite à sa plus simple expression.

Il nous suffira donc de rappeler les noms des variétés de la grande espèce, pour ne point répéter une description déjà faite :

Variété rouge à plastron brun.
Variété rouge à plastron noir.
Variété dorée à ailes de canard.
Variété argentée à ailes de canard.
Variété blanche.
Variété pile.
Variété noire.
Variété coucou, etc., etc.

TROISIÈME PARTIE

CHAPITRE PREMIER

LES ŒUFS

Nous l'avons dit et le répétons encore : notre production d'œufs est beaucoup trop peu importante en France ; un choix mal entendu des races, une nourriture insuffisante, une mauvaise hygiène, font que les poules ne réalisent pas le rendement que le cultivateur serait en droit d'en attendre, s'il leur donnait les soins nécessaires.

D'ailleurs, même dans les exploitations avicoles bien entendues, nous croyons que par des soins spéciaux et une étude attentive des fonctions ovariennes, on arriverait à augmenter d'une façon sensible la production des œufs. Mais ce sujet demande des développements que nous lui donnerons en ses lieu et place. nous devons, avant tout, nous occuper de la formation et de la constitution de l'œuf.

FORMATION DE L'ŒUF

Sous la forme d'une petite boule jaune, appelée vitellus, l'œuf commence à se constituer dans les ovules qui sont autant de petites loges formant la substance fondamentale du tissu ovarien. En même temps que les ovules, l'œuf grossit, se forme, se détache de la membrane vasculaire qui l'entoure et le retient, et se trouve reçu par le *pavillon*, qui l'enveloppe exactement.

Du pavillon, il est rapidement transmis par la trompe dans la première chambre complémentaire où il se trouve recouvert de substances sécrétées par ce conduit, qui enveloppent d'abord le globe du jaune d'une pellicule protectrice appelée membrane chalazifère, qui se trouve elle-même entourée des trois couches concentriques de l'albumine ou blanc d'œuf (fig. 33).

L'œuf se trouve donc tout à fait formé, mais sans coquille. C'est alors qu'il arrive dans la dernière partie de l'oviducte ou chambre coquillière, dont les parois sécrètent le liquide calcaire destiné à la formation de la coquille et où il se recouvre enfin de son test protecteur. Sitôt terminé, l'œuf sort de l'oviducte, le côté pointu en avant.

L'oviducte ne recevant que le jaune ou *vitellus* a donc pour fonction de compléter, à lui seul, l'organisation de l'œuf. C'est durant le temps que l'œuf se constitue dans les premières parties de l'oviducte que, dans la dernière, se forme la membrane dite coquillière. Ce travail dure environ trois heures.

COMPOSITION DE L'ŒUF

L'œuf formé, quels en sont sa composition, son poids, son aspect intérieur, son anatomie enfin (fig. 75).

Sa forme, il n'est guère besoin d'en parler, tout le monde l'a devant les yeux. On lui attribue deux diamètres : l'un longitudinal, l'autre transversal. Notons simplement que, coupé par son diamètre transversal, il nous présente une extrémité ronde ou gros bout, et une extrémité pointue.

Ses trois parties constitutives sont :

Le jaune ou *vitellus* ;

Le blanc en partie formé d'albumine ;

La coquille, enveloppe calcaire extérieure.

Le jaune, plus léger que le blanc, se rapproche davantage de l'extrémité ronde de l'œuf. Etant destiné à fournir à la nutrition du futur embryon, sa composition est plus riche que celle du blanc. Il en est séparé par une membrane pelliculaire ronde appelée *membrane vitelline*, et se trouve englobé dans une couche de vitellus blanc qui résiste à la cuisson. Il présente, dans sa constitution, trois couches concentriques, jaunes et blanches, qui contournent la vésicule de Purkinje, au sommet de laquelle se trouve la cicatricule qui, fécondée, sera le germe de l'embryon. Non fécondée, cette cicatricule est désignée sous le nom de faux-germe. Elle présente 2 à 3 millimètres de diamètre, de couleur gris clair ; on la dénomme parfois sous les noms de *vitellus plastique*, *vitellus de segmentation*, *disque proligère*, tandis que, en raison de sa fonction, la partie principale du jaune reçoit le nom de *vitellus nutritif*.

La composition du vitellus est en majeure partie formée d'albumine; on y trouve encore de l'acide phosphorique, deux matières colorantes une rouge et une jaune, ayant de l'analogie avec le principe colorant de la bile, des sels organiques, de la vitelline, enfin un corps gras à base d'oléine et de stéarine qui a reçu le nom de *lécithine*.

Accolés contre la membrane chalazifère, on aperçoit deux cordons de contexture albumineuse, très denses, et qui ont pour mission de maintenir la boule du jaune au milieu de l'œuf. Ces cordons sont appelés *chalazes*. On remarquera que la membrane chalazifère forme un globe parfait autour du vitellus.

Il est très important de se bien rappeler la disposition de ces diverses parties constitutives de l'œuf, lorsqu'on veut s'occuper d'incubation artificielle.

Le *blanc de l'œuf* est un liquide transparent, incolore, sans odeur et sans goût lorsque l'œuf est frais. Ce liquide est en majeure partie composé d'albumine, dont la coagulation par la chaleur se produit à 60 degrés centigrades. L'albumine est insoluble dans l'eau ; elle se divise nettement dans l'œuf en trois couches : une première qui enveloppe la membrane chalazifère, une seconde

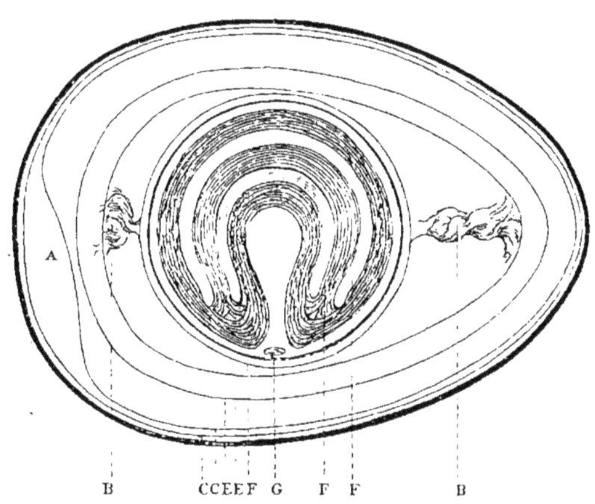

Fig. 75. — Anatomie de l'œuf.

A, chambre à air; B, chalazes; C, feuillets externe et interne; E, E', albumen; F, vitellus; G, cicatricule.

que nous désignerons sous le nom de moyenne, une troisième enfin qui vient s'appuyer sur une des membranes qui tapissent la coquille.

L'albumine est composée de carbone, d'oxygène, d'hydrogène, d'azote, de phosphore et de soufre en proportions variables. Durant l'incubation, ou quand l'œuf vieillit, la partie la plus liquide composée d'oxygène et d'hydrogène s'évapore.

Nous venons de dire que la dernière couche d'albumine s'appuyait sur une des membranes qui tapissent l'intérieur de la coquille ; ces membranes, ou feuillets, sont au nombre de deux, l'une interne, l'autre externe.

L'interne enveloppe donc la dernière couche de l'albumine d'un tissu pelliculaire, et vient s'accoler contre la membrane externe, excepté au gros bout de l'œuf, où elle présente une légère déclivité, communément appelée chambre à air, qui s'augmente à mesure que l'œuf vieillit.

L'externe tapisse étroitement la coquille.

La coquille forme l'enveloppe extérieure et protectrice de l'œuf. Elle présente certaines colorations, très fixes selon les espèces : blanche, rose ou jaune pâle. Elle est poreuse, afin de permettre l'immixtion de l'air et fournir à la respiration du poussin. Sa composition est pour les neuf dixièmes formée de carbonate de chaux, d'une très petite quantité de phosphate de chaux et d'un vingtième environ de gluten animal qui a pour mission d'assembler les sels calcaires.

Parfois, l'œuf s'échappe de l'oviducte sans être revêtu de sa coquille ; on a l'habitude alors de le désigner sous le nom d'*œuf hardé*. L'absence de la coquille est souvent attribuée à une fécondité trop grande de la poule, relativement à sa puissance digestive, mais la principale cause est le manque de matières calcaires dans son alimentation. Ce fait a été souvent observé dans les régions où le sol manque de calcaire. C'est pourquoi nous avons recommandé au chapitre de l'*Hygiène* de mettre des coquilles d'huîtres écrasées dans un coin du poulailler. Les poules qui sont trop grasses pondent souvent aussi des œufs sans coquille.

Pour éviter les œufs hardés, certains éleveurs écrasent des coquilles d'œufs, et les mêlent aux aliments des poules ; d'autres donnent de l'oseille en abondance. Ces moyens sont bons, mais il est préférable de sacrifier les poules, si elles persistent à pondre des œufs sans coquille.

POIDS DE L'ŒUF

Le poids de l'œuf est évalué à *cinquante* grammes, soit *vingt œufs* au kilogramme.

Le jaune est compté pour 15 grammes.

Le blanc est compté pour 25 grammes.

Nous ferons observer que ce poids total de 50 grammes communément admis n'est point exact pour nos bonnes races françaises, dont les œufs dépassent toujours 60 grammes.

Le poids des œufs est d'ailleurs généralement en rapport avec le volume de l'animal qui les pond. Il y a pourtant une exception à cette règle en ce qui concerne les grosses races de Langshan et de Cochinchine dont les œufs sont d'un volume moyen.

Le volume des œufs varie, non seulement selon l'espèce, mais encore selon l'âge des volailles ; les jeunes poulettes pondent des œufs plus petits que celles de deux à trois ans.

DE LA PRODUCTION DES ŒUFS

La production des œufs, à notre avis, n'a pas été suffisamment étudiée dans les ouvrages d'aviculture : on s'est beaucoup plus occupé d'augmenter le volume des volailles que de développer leur ponte. Cependant un poulailler de pondeuses, bien organisé, peut donner des bénéfices extrêmement importants, surtout si l'on arrivait à augmenter la ponte d'une manière sensible.

Les poules très précoces pondent à cinq mois, mais c'est vers la fin de la première année que la plupart d'entre elles commencent leur ponte. L'époque habituelle commence en janvier et atteint son maximum pendant les mois de mars, avril et mai, pour continuer durant tout l'été et s'arrêter à l'époque de la mue[1].

La fécondité des poules varie. Une poule, convenablement nourrie et ne couvant pas, peut fournir un œuf tous les jours ou tous les deux jours, pendant plusieurs mois de suite. On compte en moyenne quatre ou cinq jours de ponte par semaine. Souvent les poules ne pondent que tous les deux jours. C'est une moyenne de cent œufs par an. Dans son *Mémoire* sur la ponte des oiseaux, Marcel de Serres dit que les poules qui n'ont pas dépassé quatre ans pondent constamment de la fin d'octobre jusqu'au 15 janvier. « D'après nos remarques, écrit M. Lemoine, ceci est une erreur : il n'y a que les poulettes nées en mars et en avril qui pondent en décembre et janvier. »

La manière dont les poules sont entretenues exerce une grande influence sur leur ponte. Les poules trop grasses pondent peu ; les poules trop maigres pondent des œufs très petits.

D'après ce que l'on vient de lire, la ponte moyenne des poules est de cent œufs par an dans les races ordinaires ; cependant, si l'on examine le tableau de la ponte que nous résumons ci-dessous, on trouvera un écart sensible entre cette moyenne et les chiffres de ce tableau.

TABLEAU COMPARATIF DE LA PONTE CHEZ NOS PRINCIPALES POULES DOMESTIQUES

RACES	NOMBRE DES ŒUFS	POIDS DES ŒUFS	RACES	NOMBRE DES ŒUFS	POIDS DES ŒUFS
Hambourg.	225	0.048	Houdan	125	0,062
Campine.	220	0,048	Crèvecœur.	120	0,070
Leghorn	190	0,063	Brahma.	120	0,064
Andalouse.	165	0,072	Langshan	120	0,062
Minorque	165	0.070	Cochinchine	115	0.059
Espagnole.	160	0,068	Cosaque.	110	0,062
La Bresse noire . . .	160	0.080	Dominique.	110	0.063
La Bresse grise . . .	150	0,054	Scoth-Grey.	110	0,063
Barbezieux.	150	0.070	Combattant-Anglais. .	110	0,063
Courtes-Pattes. . . .	150	0,061	Bantam argentée. . .	80	0.032
La Flèche	140	0,070	Padoue	100	0.058
Mans	140	0,065	Nègre.	98	0.035
Gournay.	140	0,070	Nangasaki.	95	0,031
Dorking.	130	0.060	Combat nain.	90	0,029
Coucou de Rennes . .	130	0,060	Hollandaise	98	0,057

Expliquons d'abord l'écart qui existe entre les résultats de la ponte, résumés ci-dessus, et la moyenne de cent œufs par an, que nous avons donnée.

D'abord, ce tableau représente un maximum de ponte. La poule andalouse, qui a pondu 170 œufs dans son année, n'en a pas donné la première année plus de 100, et n'en donnera sans doute la quatrième plus que 130 environ ; en calcu-

[1] Ce n'est point une règle, les poules copieusement nourries ne s'arrêtent point de pondre durant la mue.

lant deux années à 170 œufs, nous trouvons en quatre ans une moyenne de ponte de 142 œufs, moyenne dépassée dans nos parquets cependant.

Cette moyenne est évidemment supérieure à celle des poules ordinaires, et c'est sur ce sujet que nous voulons attirer l'attention du lecteur.

On remarquera tout d'abord que ce sont les poules de la région méditerranéenne qui présentent le maximum de ponte et que, parmi les poules françaises, ce sont les poules de : la Flèche, le Mans, Barbezieux, qui paraissent réellement avoir du sang andalou dans les veines, qui donnent, comme ponte, le résultat le plus satisfaisant.

D'autre part, si nous attribuons la descendance du coq de combat au coq de Bankiva, nous trouvons, pour l'espèce sauvage, une ponte absolument insignifiante : 8 à 10 œufs, en juin ou juillet, tandis que l'espèce domestique produit jusqu'à 120 œufs.

Enfin, pour terminer notre démonstration, si nous examinons la composition et le fonctionnement de la grappe ovarienne, nous trouvons un organe dont on est parvenu à accroître la vitalité fonctionnelle sous certaines conditions dont la plupart ne sont pas encore déterminées d'une façon précise, mais dont nous retenons deux faits principaux :

1° La domesticité a accru d'une manière extrêmement sensible le fonctionnement de la grappe ovarienne.

Exemple : Race de Bankiva, — race de Combat.

2° La température un peu plus élevée d'un climat augmente également ce fonctionnement dans de notables proportions.

Exemple : Races méditerranéennes et les françaises qui en dérivent ou paraissent s'en rapprocher.

A l'appui du premier fait cité, rappelons que Benoiston de Châteauneuf dans son *Mémoire sur la ponte des poules* a établi que le produit moyen de la ponte des poules est de 54 œufs. Ce chiffre, étant de beaucoup dépassé de nos jours, démontre qu'il y a eu des améliorations importantes introduites dans l'élevage des poules.

L'activité physiologique de la grappe n'est pas, croyons-nous, resserrée en des limites très restreintes, écrit M. Gayot. La fécondité peut s'étendre au delà du degré de développement qui suffit aux oiseaux dont l'existence est tout à fait libre, à ceux qui ne subissent pas les effets de la domesticité. Et encore, chez l'oiseau libre, la ponte n'est-elle pas si rigoureusement mesurée, puisqu'on voit les femelles auxquelles on a enlevé les œufs se remettre à pondre et couver des œufs qu'elles n'auraient certainement pas produits sans la perte des premiers. Ceci est une autre indication qu'il faut savoir interpréter à notre profit. En effet, c'est en enlevant à la poule domestique ses œufs, à mesure qu'elle les donne, qu'on excite sa faculté d'en produire, qu'on accroît son utilité. La fécondité de l'oiseau, cela est évident, peut être augmentée dans une proportion très notable, à la condition pourtant que la pondeuse sera placée dans des conditions favorables à une production abondante, à la condition aussi qu'on ne la détournera pas du but spécial vers lequel on est parvenu à diriger ses aptitudes. Il y a, nous le pensons, quelque analogie entre l'activité fonctionnelle de la grappe ovarienne et celle des mamelles, entre l'acte physiologique de la sécrétion des ovules et l'acte physiologique de la sécrétion du lait. La lactation abondante et prolongée est une conquête de la civilisation des races sur l'état de sauvagerie de l'espèce. Il en est de même de la ponte active et prolongée de la poule domestique, chez laquelle on sait élever à sa plus haute puissance l'élaboration particulière à la grappe ovarienne, sa faculté de produire plus vite et plus abondamment.

La fécondité de la poule n'est certainement pas arrivée à son apogée. Son extension ou son accroissement, doublement désirable, car les œufs ne sont produits ni assez gros, ni assez nombreux, doit être poursuivie par deux moyens à la fois : le choix, sinon le perfectionnement des races, et l'amélioration de l'hygiène qui leur est propre.

Sous l'influence d'une culture attentive et raisonnée, d'une température naturelle ou artificielle, il y a donc possibilité de produire une augmentation dans la ponte de nos poules.

De quelle manière devra-t-on procéder pour atteindre ce but désiré ?

Voici ce qu'écrit M. Lemoine à ce sujet :

« La chaleur joue aussi un rôle important. Les temps de grande sécheresse sont préjudiciables. Dans les pays où la température se maintient à 18 degrés, la ponte ne cesse que pendant la mue.

« On peut avoir une température artificielle, en installant les poules dans un poulailler sur le sol duquel on met une couche épaisse de fumier. Joignez-y une nourriture stimulante, composée de sarrasin, de chènevis, de millet, d'avoine, et la poule pourra continuer à pondre pendant la morte saison. Mais, en général, les poules cessent de donner des œufs à l'arrière-saison, deviennent très délicates, et souvent même ne résistent pas longtemps à cette ponte forcée ? »

M. Voitellier conseille de donner aux poules du grain chaulé, disant que ce moyen est excellent pour forcer la ponte des poules. Il ajoute que ce régime est inoffensif à la condition de ne pas en prolonger la durée.

D'après leurs auteurs eux-mêmes, ces deux moyens sont donc légèrement empiriques ; cependant la campine produit sans aucune excitation 200 à 220 œufs par an, petits, il est vrai, mais proportionnés à sa taille.

Si les régimes indiqués par MM. Lemoine et Voitellier ne donnent pas de meilleurs effets, c'est qu'ils produisent une surexcitation trop grande et trop rapide de la grappe ovarienne sans *compensation nutritive ;* leurs mauvais effets résident tout entiers dans ce dernier point.

Ce que nous voudrions, ce n'est pas amener tout d'un coup la grappe ovarienne à une production anormale et qui ne pourrait être que passagère, mais à une progression constante, au moyen d'un régime alimentaire approprié au but que nous désirons atteindre.

En hiver, la chaleur joue un rôle important dans la production des œufs.

Nous userons du moyen préconisé par M. Lemoine ; ce moyen est excellent, nous produirons la chaleur avec du fumier.

Pour l'alimentation, la composition de l'œuf étant en majeure partie formée d'albumine, nous fournirons cet élément avec du sang de bœuf cuit que l'on peut se procurer à un prix extrêmement minime et qui contient une très grande proportion d'albumine. Nous employons les grains surexcitants (avoine, blé noir, mélangés en hiver d'un peu de chènevis et de graine de lin) dont parlent MM. Lemoine et Voitellier mélangés avec une grande quantité de ce sang, mais moulus et additionnés d'une légère portion de son.

Enfin pour compléter cette nourriture et en faciliter la digestion nous ajoutons 15 p. 100 de gros sel de cuisine et 10 p. 100 de charbon de bois en poudre. Cette sorte de pâtée est distribuée tous les matins en été, et matin et soir en hiver. Elle tient lieu d'un repas.

Lorsque nous n'employons pas de grain chaulé, nous mettons dans notre pâtée une petite quantité de carbonate de chaux, bien que nos poulaillers soient garnis de coquilles d'huîtres écrasées.

De plus, nous donnons en assez grande quantité des feuilles d'orties sèches, sur lesquelles nous jetons un peu d'eau bouillante et que nous hachons ensuite.

Nous ne donnons jamais de grains farineux aux pondeuses.

Au moyen de ce régime, nous avons déjà obtenu de très bons résultats, malheureusement nos expériences ne nous permettent pas encore de dire si l'augmentation de ponte que nous avons obtenue a poursuivi ses effets sur les sujets issus de nos volailles. Mais l'hérédité est un fait trop incontestable pour qu'il en soit autrement.

On nous objectera qu'il n'est pas facile, pour un cultivateur ou un éleveur, de nourrir trois ou quatre cents poules à ce régime, aussi ne conseillons-nous de ne le pratiquer que sur une douzaine de volailles dont on prendra exclusivement les œufs pour les couvées.

En distrayant les meilleures pondeuses issues de ces couvées et les nourrissant de même, on arrivera, au bout de quelques générations, en poursuivant ce système, à former des troupeaux de pondeuses hors ligne.

Calculez seulement, ce qui est un minimum, une augmentation de *trente œufs* par poule, sur un troupeau de trois ou quatre cents pondeuses, on voit si le résultat serait intéressant, et si l'essai en vaut la peine.

Pour préparer le sang, on se le procure très frais et on le jette dans une chaudière d'eau bouillante ; au bout d'une demi-heure, il possède une consistance suffisante pour être facilement employé. Le sang de bœuf étant celui qui contient la plus grande proportion d'albumine doit être préféré.

Pour la préparation du grain chaulé, voici ce qu'écrit M. Voitellier :

« Il s'agit simplement de donner aux volailles du grain chaulé, tel qu'on le prépare pour semer. Sans se montrer particulièrement friandes de ce grain, les poules le mangent parfaitement et ce régime est inoffensif, à condition de n'en pas prolonger trop longtemps la durée.

« C'est généralement le blé que l'on emploie pour ce traitement. Son prix, exceptionnellement bas depuis quelques années, permet d'en faire usage pour la basse-cour, sans être accusé de prodigalité. Cependant tous les grains, l'orge, l'avoine, le maïs, peuvent être traités de la sorte.

« Beaucoup de nos lecteurs n'étant pas initiés aux questions agricoles, et n'ayant jamais vu préparer des blés pour la semence, nous donnerons la recette de cette opération. Elle est des plus simples. Prendre un litre de chaux vive et le faire éteindre dans environ dix à douze litres d'eau chaude. Disposer le grain à à chauler en un tas de forme conique et verser sur le milieu le lait de chaux, préalablement remué et bien mélangé avec un bâton. Puis prendre une pelle de bois et remuer le tas en le changeant de place plusieurs fois de suite, jusqu'à ce que tous les grains soient suffisamment imbibés. Relever le tas et laisser sécher.

« Donner ensuite le grain aux volailles suivant leurs besoins quotidiens.

« Ce mode de préparation a de plus ce grand avantage qu'il débarrasse les grains de certains parasites qui peuvent avoir une influence fâcheuse sur la santé des volailles. Combien d'épidémies, qualifiées de noms scientifiques, jusqu'au fameux choléra des poules, ne sont-elles que de simples empoisonnements causés par de mauvaises graines ou par des parasites inconnus dissimulés sous l'écorce ou dans l'intérieur des grains.

« Dans le cas où les volailles meurent en quantité, sans cause apparente, nous conseillons d'essayer pendant quelque temps l'alimentation au grain chaulé. Il y a peut-être là un palliatif. En tous cas, nous ne saurions trop la conseiller pour activer la ponte.

« Les résultats ne sont pas douteux. »

Il semblerait, au premier abord, que le moyen le plus simple pour augmenter la production d'œufs serait de repeupler sa basse-cour avec les races de pondeuses hors ligne ; ce système est très onéreux, les bons sujets se vendant fort cher. Mais, s'il réussit souvent, il donne parfois de sérieux mécomptes.

Les changements de climat et de sol ont une grande influence sur la ponte. Telle poule, réputée excellente pondeuse dans son pays, ne donne plus que de piètres résultats transportée ailleurs. Il y a ici la question de l'acclimatation qui ne peut se produire du jour au lendemain. Bien qu'on cite de nombreux exemples de poules ayant conservé leur faculté de ponte malgré leur changement de localité, il vaut mieux, en général, chercher à améliorer les pondeuses du pays, les meilleures et donnant les plus gros œufs.

Nous reviendrons sur ce sujet au chapitre des *Croisements*.

En résumé, nous ne saurions trop engager les éleveurs à tourner leur attention d'une façon très sérieuse du côté de la production des œufs. Qu'ils emploient e régime que nous avons indiqué, ou la poudre à faire pondre dont certains aviculteurs disent du bien ou d'autres moyens encore s'ils en trouvent de meilleurs, ils devront toujours se pénétrer de ce principe que pour reconstituer un produit, il faut lui fournir des éléments analogues à sa constitution même.

SIGNES APPARENTS DE LA PONTE. — ŒUFS CLAIRS ET FÉCONDÉS

Il serait intéressant de pouvoir distinguer, au premier coup d'œil, les bonnes des mauvaises pondeuses, mais l'aspect extérieur ne nous décèle pas cette qualité d'une manière absolue. On peut affirmer cependant que toutes les races qui ont les oreillons blancs et très développés sont des pondeuses hors ligne ; cependant, parmi les races qui ne possèdent pas ce caractère distinctif, la langshan, par exemple, qui a les oreillons rouges, il existe également de très bonnes pondeuses.

On prétend aussi que les poules calmes pondent mieux que les autres ; nous avons presque toujours constaté le contraire. En somme, il n'y a que les oreillons blancs et larges qui soient un caractère absolu.

Lorsque les poules sont sur le point de pondre, la crête et les barbillons rougissent et se parsèment de petits points farineux ; durant la ponte, la crête est d'un rouge ardent, l'artichaut touffu, étalé en houppe ; les paupières rouges.

Les œufs naissant naturellement et se développant dans l'ovaire, la poule pond sans que l'intervention du coq soit nécessaire ; bien entendu, dans ce cas, ils ne sont pas fécondés et sont désignés sous le nom d'œufs clairs, c'est-à-dire impropres à la reproduction.

Les œufs clairs sont ceux qui se conservent le mieux.

RÉCOLTE, CHOIX ET TRANSPORT DES ŒUFS A COUVER

Il est nécessaire de visiter plusieurs fois les pondoirs au moment des pontes réservées aux couvées, et cela, à des heures régulières, afin de ne pas l'oublier. Par cette précaution, on évite, affirment certains auteurs, que les œufs, couverts par plusieurs poules venant pondre dans le même pondoir, ne subissent un commencement d'incubation.

Ce n'est pas pour cette raison que nous recommandons de ne pas laisser les œufs dans les pondoirs, attendu que des œufs qui ont subi un commencement d'incubation aussi restreint peuvent parfaitement être menés à bien, mais il est toujours préférable, au point de vue de la propreté, de ne pas laisser séjourner les œufs dans les pondoirs.

Aussitôt récoltés, on inscrit sur les œufs la date de la ponte, la race de la pondeuse, et on les range dans une boîte peu profonde, sur un lit de son ou de grain. Dans les grands élevages, une boîte spéciale est affectée à chaque race. Certains éleveurs même se servent d'armoires à œufs d'un système spécial ou de *coquetières ad hoc* (fig. 76 et 77).

Le principal, c'est que les œufs soient serrés dans un endroit sec, à l'abri des mauvaises odeurs et des trépidations s'ils sont destinés à l'incubation. Il est d'un bon usage, dans ce cas, de les retourner une fois par jour, afin que le jaune n'ait pas de tendances à se trop rapprocher de la coquille, ce qui occasionne des ennuis au moment de l'éclosion des poussins. Si la boîte à œufs ne se trouvait pas serrée dans une armoire, il serait bon de les recouvrir d'une légère couche

Fig. 76.

de son ou de grain, afin d'éviter que le contact de l'air ne produise l'évaporation des substances aqueuses, qui a lieu encore assez rapidement.

Les œufs à couver peuvent être conservés ainsi une vingtaine de jours ; cer-

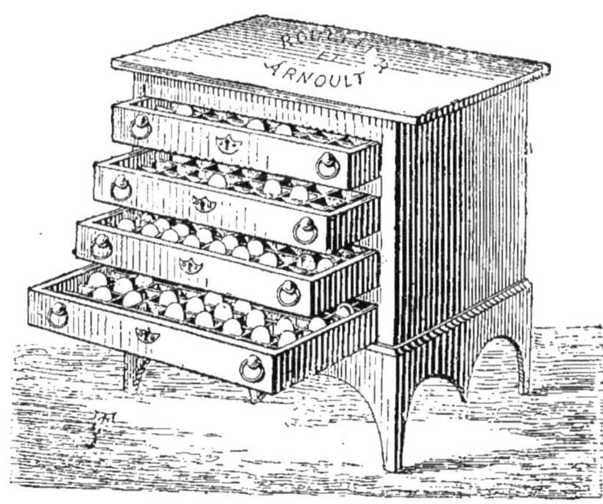

Fig. 77.

tainement,on aurait peut-être encore quelques chances de réussite en les conservant un peu plus longtemps, mais il est préférable de se contenter de ce délai. Quant à nous, jamais nous ne mettons à couver des œufs pondus depuis plus de huit jours.

« Pour faire couver, écrit M. Lemoine, je choisis les œufs qui ont une coque régulière, dure, résistante. J'élimine les œufs à coque fine ; celle-ci facilite trop rapidement la déperdition du blanc de l'œuf, qui sert à la formation du poussin.

« Bien des personnes recherchent des coquilles fines, pensant que le poussin la percera plus facilement qu'une coquille dure ; c'est une erreur.

« Entre la coque de l'œuf et le poussin, il y a une pellicule, une membrane ; lorsque la coque est dure, cette membrane est mince : et, au contraire, quand la coquille est fine, la pellicule est épaisse. Le poussin bêche facilement une coque cassante, résistante, et ne peut traverser une peau parcheminée. »

L'œuf peut voyager presque impunément quand il est frais. Dès qu'il commence à vieillir, la chambre à air, qui se trouve à son sommet, du côté du gros bout, et qui est à peine perceptible au moment de la ponte, augmente de jour en jour, par suite de l'évaporation, à travers la coquille, des parties aqueuses. Plus cette chambre à air augmente, plus le ballottage du liquide est violent. Il s'ensuit alors un mélange plus ou moins complet des parties albumineuses et séreuses qui composent l'œuf, et une altération des facultés germinatives.

Un œuf dans ces conditions peut quelquefois produire un germe au début de l'incubation ; mais les vaisseaux qui se rattachent à l'embryon étant en partie rompus ou affaiblis par la fatigue, celui-ci meurt sans avoir la force de se développer.

D'après M. Tégetmeïer, dans le transport des œufs destinés à l'incubation, on doit redouter, en dehors de la rupture de la coque, tout choc violent et prolongé susceptible, sans briser cette coque, de détruire l'équilibre interne du jaune, du vitellus et de l'albumen du blanc. La façon dont le jaune est suspendu à l'intérieur de l'albumen par deux appendices connus sous le nom de chalazes donne cependant une certaine solidité à cet équilibre. Le voyage que font les œufs dans de bonnes conditions n'en altère pas la vitalité. On peut placer au printemps, sous une couveuse, des œufs venus de France en Angleterre, et on est certain d'en obtenir une forte proportion de poulets. Les embryons n'ont donc pas souffert du voyage.

Le meilleur mode pour l'emballage des œufs consiste à envelopper chacun d'eux dans de petites feuilles de papier mince, et à les placer entre des lits de foin, dans un panier d'osier. Le panier peut, en effet, être bousculé sans que l'embryon en soit incommodé, et sans crainte de rupture de la coquille, car l'extrême élasticité du foin empêche les œufs de se heurter et les parois du panier amortissent parfaitement les chocs extérieurs. Il n'en serait pas de même avec une paroi rigide de bois qui transmet le choc. Le foin doit être employé de préférence à la menue paille, aux grains d'avoine, au son, à la sciure de bois et aux autres corps analogues, car ces matières, plus ténues, passent, par suite des trépidations dues au transport, à travers les intervalles des œufs et se rassemblent au fond du panier ou de la caisse, laissant un libre contact s'établir entre les coques, d'où de fréquentes ruptures.

On se demande souvent si un long voyage réagit sur la vitalité des œufs. On fait facilement éclore en Angleterre des œufs venus de France, et il y a de longues années, alors que la traversée de l'Atlantique exigeait deux fois plus de temps qu'à l'époque actuelle, on a souvent fait éclore, en Amérique, des œufs pondus en Europe, ou ayant effectué le voyage inverse.

Un éleveur anglais, M. Teebay, exposa même une grosse poule brahma qui avait traversé l'Atlantique à l'état d'embryon. Ces traversées n'ont cependant pas grandes chances de réussite, quand il faut franchir l'Equateur pour aller, par exemple, aux Indes ou au cap de Bonne-Espérance.

Le *Stochkupu* mentionnait récemment deux envois d'œufs destinés à l'incubation, expédiés d'Angleterre à Sydney. Ces œufs avaient été enduits de suif, enveloppés isolément dans du papier de soie et disposés par couches dans des caisses, avec de la sciure de bois. Ils arrivèrent en bon état, sans une seule rupture, et furent immédiatement placés dans un incubateur, mais aucun ne fournit d'éclosion. Quelques-uns cependant contenaient des poulets à l'état embryonnaire. Cet insuccès était inévitable, par suite de l'obturation des pores de la coque au moyen du suif.

La première précaution à prendre lorsqu'on reçoit des œufs qui ont voyagé, c'est de les laisser reposer, pendant vingt-quatre heures, sur un lit de grains. A l'appui de cette assertion, M. Dareste publia dans le *Bulletin de la société d'Acclimatation* une petite étude, dont nous reproduisons la partie principale:

« Le 1er juin de cette année (1885), je suis allé chercher des œufs au jardin d'Acclimatation. M. le directeur m'en a remis vingt-cinq. Je revins par le chemin de fer de ceinture, depuis l'avenue du bois de Boulogne jusqu'à la gare Montparnasse ; ce qui fait un trajet d'une demi-heure. Je mis la moitié de ces œufs dans un de mes appareils le soir même, et je l'ouvris le 3 au matin, par conséquent après trente-cinq heures d'incubation. Presque tous ces œufs m'ont présenté l'inconvénient d'un commencement de développement avec mort de l'embryon. Un seul sur treize était encore vivant et se développait d'une manière normale

« J'avais promis à M. le directeur de lui faire connaître le résultat complet de l'expérience. Aussi, malgré ce premier insuccès, je mis en incubation les douze œufs qui me restaient, dans la soirée du 5 juin. Je les ouvris le 7 juin au matin, et je constatai, à ma grande surprise, que tous ces œufs contenaient des embryons en pleine vie.

« Comment expliquer ces faits ? Evidemment, tous ces œufs avaient la même provenance, et je ne pouvais admettre que les douze œufs de la seconde série se trouvaient dans des conditions différentes de ceux de la première. La différence des résultats devait donc tenir aux époques différentes de la mise en incubation.

« Je me suis rappelé une opinion généralement répandue parmi les personnes qui possèdent des basses-cours : c'est que les cahots des voitures et les trépidations des chemins de fer exerceraient une influence sensible sur l'évolution des germes.

« Cette opinion est très ancienne ; toutefois, j'en avais souvent douté. Dans l'enquête faite, il y a treize ans, par M. Rufs, sur les conditions qui s'opposent au développement des œufs, on trouve sur ce sujet des réponses contradictoires.

« En effet, des œufs soumis pendant une demi-heure aux trépidations d'un chemin de fer, puis, mis en incubation au bout de quelques heures, n'ont donné que des développements incomplets, à l'exception d'un seul.

« Au contraire, des œufs provenant de la même origine et soumis, pendant le même temps, aux mêmes trépidations, mais qui s'étaient reposés pendant trois jours, se développaient d'une manière parfaitement régulière. J'ai donc pensé que la cause de mon insuccès tenait à l'influence des trépidations, mais que cette influence n'exerçait point sur le germe une action durable et qu'elle pouvait être complètement combattue par le repos.

« Depuis ce moment, j'ai toujours eu soin, toutes les fois que j'ai reçu des œufs pour l'incubation, *de les laisser reposer au moins pendant vingt-quatre heures*, et, le plus souvent, pendant deux et trois jours, et je n'ai presque plus rencontré d'insuccès.

« J'arrive donc à cette conclusion que les secousses imprimées aux œufs par les cahots des voitures ou les trépidations des chemins de fer *exercent une influence nuisible* sur l'évolution embryonnaire, qu'elles arrêtent de très bonne heure ; *mais que cette influence n'est que passagère et cesse complètement après le repos.* »

D'après ce qu'écrit M. Dareste et les nombreuses observations des aviculteurs de profession, qui sont du même avis sur ce point, on conçoit combien est important ce repos de vingt-quatre heures pour les œufs qui ont voyagé.

Bien entendu, toutes ces précautions n'ont aucune raison d'être pour les œufs destinés à la consommation.

Pour ces œufs, il existe un autre moyen d'emballage adopté récemment au Danemark, qui paraît présenter des avantages assez sérieux. Il s'agit de remplacer la paille par de la laine végétale. Des commerçants anglais qui en ont fait l'essai assurent qu'ainsi enveloppés, les œufs perdent moins de leur saveur et se conservent plus longtemps. Alors que les caisses d'œufs emballés dans la paille répandent déjà une odeur désagréable, celles où l'on a utilisé le moyen préconisé ci-dessus restent inodores. Au point de vue de la conservation des œufs, ce dernier point ne manque pas d'importance.

Tous les œufs à expédier doivent être soigneusement essuyés avant l'emballage, l'eau qui recouvre souvent les œufs ayant la propriété d'attirer, en s'évaporant, le jaune, qui vient adhérer à la coquille et s'altère rapidement.

Pour les expéditions en France, les expéditeurs sont fort habiles dans le maniement des œufs. Ils les emballent très vite et très bien dans des paniers qui contiennent souvent mille œufs.

Ils placent simplement dans le fond des paniers une couche de paille brisée, y déposent les œufs sur le flanc, et si rapprochés les uns des autres, qu'ils se touchent. Un second lit de paille est formé, puis un second d'œufs, et ainsi de suite, jusqu'à ce que le panier soit plein. Les paniers sont fermés par un gros tampon de paille ou par un couvercle bombé.

ŒUFS FRAIS. — MIRAGE ET CONSERVATION DES ŒUFS

Au point de vue de l'alimentation, l'œuf présente une très grande importance. Très sain et très nourrissant, il est aussi d'une digestion facile quand on le mange à la coque.

Nous ne nous étendrons pas sur les diverses manières de manger ou d'utiliser les œufs, laissant à qui de droit le soin d'exposer ces procédés culinaires. Nous nous contenterons simplement de constater qu'en raison de la forte proportion d'azote qu'ils contiennent, un tiers environ, les œufs représentent un élément nutritif à peu près équivalent à celui de la viande de boucherie.

En raison de leur grande importance alimentaire, il est très utile de savoir distinguer les œufs frais de ceux qui ne le sont pas.

On admet comme œufs frais ceux qui sont pondus depuis deux jours en été et six en hiver ; en cet état, ils n'ont encore éprouvé aucune altération. Mais, passé ce délai, abandonnés à l'air libre, il se produit, étant donné la porosité de la coquille, une évaporation des liquides aqueux qui amène un abaissement des feuillets et produit une augmentation dans le vide existant au gros bout de l'œuf, ou chambre à air. Cette évaporation est évaluée à 3 à 4 centigrammes par vingt-quatre heures, pendant les premiers jours. L'introduction de l'air à l'intérieur de l'œuf amène, en outre, sous l'influence des variations de température et de la chaleur surtout, une fermentation putride avec dégagement d'hydrogène sulfuré. Tout le monde a constaté ce fait et l'odeur si caractéristique qu'ils répandent alors et qui leur a fait donner le nom d'œufs pourris.

Pour reconnaître si les œufs sont frais, on s'est basé sur le principe de l'évaporation; aussi le procédé le plus usité, en cette circonstance, est-il le *mirage*.

L'œuf, soutenu entre les deux mains disposées en tuyau, est placé entre l'œil et une lumière ; quelquefois, en le posant sur une feuille de papier blanc, à quelque distance d'une fenêtre fortement éclairée, on l'examine sous diverses inclinaisons au moyen d'un tuyau de papier noirci à l'intérieur. Si l'œuf présente une parfaite translucidité, si la chambre à air ne se distingue pas, ou d'une manière insignifiante, on peut affirmer que l'œuf est frais.

Aux Halles, il y a des individus occupés uniquement au mirage des œufs, qui opèrent avec une très grande rapidité et sans jamais se tromper.

Dans l'incubation artificielle, on se sert, pour mirer les œufs, de divers ustensiles que nous décrirons à leur place spéciale et qui ne seraient point assez expéditifs pour le mirage commercial.

Avec un peu d'habitude, on se rend compte également de la fraîcheur des œufs, en les secouant légèrement dans le sens de la longueur ; si l'on ne perçoit aucun ballottement, aucun choc intérieur, c'est que l'œuf est frais ; dans le cas contraire, on ressent un léger choc produit par le jaune rendu mobile par l'augmentation de la chambre à air et le relâchement des chalazes.

Enfin il existe un autre procédé qui consiste à plonger l'œuf dans un bain salé établi dans la proportion de 10 grammes de sel pour 100 grammes d'eau. Ce liquide présente à peu près la même densité qu'un œuf frais ; il en résulte que cet œuf coule au fond du bain, tandis que lorsque l'œuf est vieux, il surnage : l'évaporation des liquides l'ayant rendu plus léger.

De toutes ces observations, on en a conclu que le meilleur moyen de conserver une fraîcheur relative aux œufs est d'empêcher la pénétration de l'air, soit en obstruant les pores de la coquille, soit en les enfermant dans des boîtes ou vases garnis de diverses matières et hermétiquement clos.

« Quand les œufs ne doivent être conservés que peu de temps, écrit M. Allibert, on pourra se contenter de les enfermer dans des caisses ou des vases remplis, soit de son, soit de grains, de sciure de bois [1], de sable sec, de poussier de charbon, etc. ; ces matières pulvérulentes assurent une conservation prolongée en s'opposant à l'évaporation, surtout si les vases ont été placés dans un lieu frais et sec, à température à peu près constante.

« Mais le moyen de conservation le plus certain et le plus durable consiste à enfermer les œufs dans un vase rempli d'eau de chaux récemment préparée, et à les garder dans un endroit frais. L'eau de chaux se prépare en prenant de la chaux vive ou de la chaux éteinte depuis peu, que l'on délaye dans une quantité d'eau froide plus grande que celle qui sera nécessaire pour baigner et recouvrir les œufs ; le *lait de chaux* qui en résulte est abandonné au repos pendant quelques heures, le liquide clair qui se sépare de l'excès de chaux employée est l'*eau de chaux*, que l'on décante pour l'usage dont il s'agit. L'eau de chaux s'oppose non seulement à l'évaporation, puisque les œufs sont plongés dans ce liquide, mais la terre alcaline qu'elle tient en dissolution bouche les pores de la coquille et s'oppose à toute fermentation soit de l'œuf, soit des matières organiques que l'eau pourrait renfermer. »

Le moyen employé par M. Mariot-Didieux consiste en la préparation de grandes caisses ou tonneaux garnis de papier à l'intérieur. Ainsi préparées, ces caisses sont placées dans un lieu frais sans être humide. Une couche de sel blanc fin recouvre le fond de la caisse d'un demi-centimètre d'épaisseur. Sur cette couche, on dépose les œufs frais récoltés les uns à côté des autres, et on remplit les interstices des œufs de sel fin. La caisse, ainsi remplie par des couches successives d'œufs et de sel, est hermétiquement fermée.

« Le sel blanc des Vosges (sel gemme) est préférable au sel marin. Ce dernier contient assez souvent quelques débris marins qui communiquent à l'œuf un mauvais goût.

« Le 1er août 1849, dit-il, nous avons ouvert par le fond une caisse remplie de six cents œufs récoltés pendant les mois de septembre, novembre et décembre 1848, c'est-à-dire après onze mois de conservation ; nous les avons trouvés bien conservés et de bon goût ; quoique n'ayant pas le fumet aussi pro-

[1] La sciure de bois doit être rejetée comme absorbant trop l'humidité, et possédant souvent une odeur prononcée qui se communiquerait aux œufs.

noncé que les œufs frais, on pourrait les employer à tous les usages domestiques. L'évaporation des liquides était à peine sensible à la chambre de l'œuf ; mais le blanc albumineux avait une apparence un peu plus liquide qu'à l'état frais.

« Au prix actuel du sel, la dépense qu'a entraînée la conservation de ces six cents œufs s'est élevée à 4 francs 50 centimes ; mais cette dépense devient insignifiante si on considère qu'après ce laps de temps les œufs n'ont pas absorbé un kilogramme de sel. Ce dernier peut donc être employé à la conservation successive de plusieurs caisses.

« Le blanc albumineux de l'œuf ainsi conservé est légèrement salé. »

Dans le procédé américain, on met les œufs dans un baril et on les recouvre d'une dissolution froide d'acide salicylique. On maintient le tout au moyen de petites planches flottant sur le liquide, et recouvertes elles-mêmes d'un linge pour empêcher la pénétration de la poussière.

Pour faire la solution salicylique, on dissout l'acide dans l'eau bouillante à raison d'une cuillerée à bouche d'acide pour cinq litres d'eau. Il n'est pas nécessaire de faire bouillir toute l'eau, l'acide se dissolvant parfaitement dans une quantité moindre ; on ajoute le reste froid. Il faut éviter de mettre la dissolution en contact avec un métal.

Par ce dernier procédé et par celui à l'eau de chaux, les œufs se conservent un certain temps, mais il faut s'en servir aussitôt qu'on les a sortis du baril ou du vase à eau de chaux.

Un autre moyen qui permet de garder les œufs environ trois mois, consiste à faire cuire les œufs dans l'eau bouillante, le jour même où ils ont été pondus, au même degré que pour les manger à la coque. Le blanc albumineux étant coagulé s'oppose parfaitement au passage de l'air. Pour être mangés à la coque, il suffit simplement alors de les faire réchauffer.

On a réussi, en Russie, à conserver aux œufs ce goût de fraîcheur si recherché, qui leur est propre, en se servant de la vaseline. Pour cela, on en enduit des œufs propres par deux fois, avec un intervalle de trois à cinq jours, et on les enfouit ensuite dans des paniers garnis de son, placés dans un local sec, frais, mais non point froid et inaccessible à la gelée. L'expérience a démontré que les œufs ainsi conservés peuvent être servis, même après deux ou trois mois, à la coque, aux gourmets les plus exigeants. Ils se conservent même plus longtemps, et jamais on n'a d'œufs complètement gâtés. La condition essentielle du succès est d'avoir un local absolument sec ; dans le cas contraire, les œufs se couvrent de moisissure et sont perdus au bout de peu de temps. Il est nécessaire également d'éloigner toute matière odorante, dont les œufs prennent l'odeur, ce qui les rend impropres à la consommation. De plus, on ne doit conserver à la vaseline que les œufs très propres.

M. Lemoine utilise la propriété qu'ont les œufs d'absorber l'air et les émanaions qui les entourent d'une façon assez curieuse. Laissons-lui la parole :

« On peut donner à l'œuf un arome exquis, ou tirer parti de la propriété qu'il possède pour lui faire contracter une excellente odeur. Que dans un bocal contenant une certaine quantité d'œufs frais on ajoute une ou deux bonnes truffes, et qu'on ferme hermétiquement le bocal pendant quarante-huit heures, les œufs prendront le goût de la truffe, et on pourra ainsi faire une omelette truffée, sans truffes. »

∴

Il nous reste peu de choses à dire pour la conclusion de cet important chapitre des *Œufs*. Que les éleveurs s'appliquent à les obtenir nombreux et gros, qu'ils les préservent bien des émanations malsaines, qu'ils se défassent de leurs pondeuses vers l'âge de trois ans, trois ans et demi. A cet âge, elles ne rapportent plus suffisamment, et sont encore possibles pour la vente. Voilà les principales recommandations que nous avons à résumer.

Nous aurions bien désiré désigner aussi à nos lecteurs, comme le font les bonnes femmes à la campagne, par quel moyen on peut distinguer un œuf contenant un coq de celui qui contient une poule, mais nos études nous ont simplement permis d'affirmer que l'examen extérieur des œufs ne donne aucune indication à ce sujet.

La seule présomption que l'on puisse avoir est basée sur ce fait que les œufs provenant de parquets composés de jeunes coqs et de vieilles poules produisent des coqs, et *vice versa*. Les coqs et poules de même âge produisent un nombre à peu près égal de coqs et de poules. Une observation de ce genre avait été faite par M. Lemoine voilà déjà longtemps, et d'autres nombreuses sont venues la compléter et appuyer les faits que nous avançons.

CHAPITRE II

ÉLEVAGE NATUREL

Nous voici arrivés à la phase de l'élevage la plus attrayante peut-être, en tout cas la plus impressionnante pour les passionnés de l'aviculture, qui sont beaucoup plus nombreux qu'on ne le suppose, et dont le chiffre s'accroît encore tous les jours.

L'incubation et l'élevage par les moyens naturels devant être encore de longtemps les plus répandus, c'est par cette partie que nous débuterons.

Nous avons donné, dans le chapitre précédent, les instructions nécessaires pour le choix des œufs à couver, reste maintenant celui des couveuses.

LES POULES COUVEUSES

Rappelons que les meilleures couveuses sont les cochinchine, dorking, brahma, langshan et les petites poules négresses. Encore parmi ces races se trouve-t-il des poules qu'on doit préférer, la réussite dépendant souvent de cette distinction.

Le meilleur moyen de s'assurer si une poule est bien réellement disposée à couver, c'est de la poser dans un nid sur de vieux œufs, et de l'y laisser quelques jours. Si elle persiste à rester sur ses œufs, se contentant de glousser, sans se déranger lorsque l'on s'approche de son nid, on peut, sans crainte, remplacer les vieux œufs, par des œufs bons à couver. Lorsqu'on a bien l'habitude de ses couveuses, on n'a même pas besoin, la plupart du temps, d'employer ce moyen.

La disposition à couver se manifeste, chez les poules, par une chaleur se produisant sur les muscles pectoraux, au lieu de se manifester sur les organes génitaux ainsi que chez les mammifères. Cette élévation de température est occasionnée par un afflux sanguin qui se produit dans la partie sous-cutanée abdominale où se développe un réseau vasculaire. On peut aisément constater ce réseau, le dessous du ventre de la poule étant, à cette époque, presque dénudé. Cette propension à couver paraît due, en partie, à l'impression de fraîcheur relative que produit le contact des œufs sur les muscles pectoraux de la poule où se trouve accumulé momentanément un surcroît de chaleur.

Dans un élevage un peu important, il est préférable de laisser parfois les couveuses sur les œufs d'essai quelques jours de plus et de ne leur donner de bons œufs que lorsqu'on a six ou huit poules disposées à prendre les nids. Cette méthode simplifie toujours le travail, un nombre déterminé d'incubations s'accomplit le même jour, et les nouvelles mères peuvent être remplacées par une autre série de couveuses.

Après chaque couvée, les nids sont soigneusement lavés avec une brosse de chiendent; puis, quand ils sont secs, on les saupoudre à l'intérieur avec de la fleur de soufre; ils se trouvent ainsi parfaitement assainis quand on les reprend pour une nouvelle série.

L'instinct de la couveuse la portant à retourner et déplacer ses œufs régulièrement tous les jours afin de leur distribuer une chaleur égale, il est très important de ne pas lui mettre plus d'œufs qu'elle n'en pourrait couvrir. On conçoit aisément quel serait le résultat d'une incubation dans laquelle les œufs seraient, à tour de rôle, couvés insuffisamment. Le premier jour, un œuf se refroidirait et l'embryon mourrait; le lendemain cet œuf serait remis inutilement au centre, un autre le remplacerait au bord et l'embryon subirait le sort du premier; ainsi de toute la couvée et l'on se montrerait tout surpris de ne pas constater d'éclosions. Il est donc indispensable de proportionner le nombre des œufs au volume de la couveuse, de veiller ensuite à ce que les œufs soient de la même grosseur et de la même époque afin qu'ils éclosent en même temps.

Si l'on mélangeait des œufs de cane, par exemple, avec des œufs de poule, la couveuse abandonnerait le nid le 21e jour avec ses poussins éclos, tandis que les canetons qui n'éclosent que le 28e jour ne pourraient terminer leur évolution embryonnaire. Il est préférable aussi, mais non indispensable, de ne mettre dans le nid que des œufs pondus à huit jours de distance; de cette façon, presque toutes les éclosions sont simultanées.

Aux grosses poules cochinchinoises, langshan et brahma, on accorde, suivant leur volume, de treize à quinze œufs, et dix à douze aux poules moyennes.

Les poules bruyantes, turbulentes, celles dont les pattes sont armées d'ergots, ne doivent pas être admises au couvoir. Parfois une très bonne couveuse est mauvaise mère; ce fait se présente souvent chez les cochinchinoises. Au lieu de lui laisser conduire les poussins, on leur donne alors une nouvelle série d'œufs à couver et leur ardeur ne se dément pas une minute. Dans ce cas, il faut soigner davantage la mère, lui donner une nourriture plus fortifiante, facile à digérer et lui accorder plus de temps qu'aux autres pour son repas, la couvée n'en souffre pas.

DES DINDES COMME COUVEUSES

Au lieu de poules, les accouveurs de Houdan et de Normandie emploient souvent des dindes. Divers moyens sont en usage pour décider ces pauvres bêtes à couver lorsqu'elles n'en ressentent pas le besoin. Nous n'en citerons que trois, et, pour notre part, nous n'admettons que le troisième.

Dans le premier, on prend, un peu au hasard, une dinde dans la basse-cour, puis le cultivateur ou la fille de basse-cour, s'asseyant commodément, maintient la bête couchée sur le dos et lui enlève toutes les plumes du ventre. Cette opération terminée, on fustige la partie mise à nu avec des orties. En hiver, on remplace les orties par l'essence de térébenthine qui produit à peu près les mêmes effets. On pose ensuite la dinde dans le nid où la fraîcheur des œufs calme un peu l'irritation causée par le cruel traitement qui vient de lui être infligé.

Fig. 78.

Le deuxième moyen consiste à enivrer la dinde avec du vin tiède aromatisé d'un peu de cannelle et à la placer ensuite dans un endroit obscur, sur un nid assez profond et garni d'œufs. On se sert pour cet usage de grandes mannes en osier fermées par un couvercle. Si la dinde ne se décide pas tout de suite, on la convainc en lui appliquant quelques coups de baguette sur le dos. On termine le raisonnement en lui fermant le couvercle de la manne sur la tête, ce qui la maintient forcément couchée (fig. 78).

Le troisième moyen, — le plus pratique, — est la simplification du précédent : la dinde est tout simplement prise au hasard dans la basse-cour et, sans autre forme de procès, placée dans une complète obscurité au fond du panier garni d'œufs. Elle est suffisamment saisie par le passage subit du jour à l'obscurité pour se tenir peureusement accroupie au fond de son panier que l'on maintient fermé sur elle par surcroît de précaution. Il est mieux de ne la poser que sur des œufs d'essai, et de ne la mettre sur des œufs bons à couver que lorsqu'elle a pris depuis quelques jours l'habitude de son nid.

Il est des dindes qui manifestent clairement leur intention de couver : avec celles-là toutes les manœuvres que nous venons d'énumérer sont inutiles, on les pose simplement sur les œufs, et tout est dit.

Les accouveurs de profession, lorsqu'ils leur donnent à couver des œufs de poules, profitent de ce que l'incubation ordinaire d'une dinde est de trente jours ; sitôt les poussins éclos, ils mettent de nouveaux œufs sous la couveuse et lui font ainsi faire de suite deux couvées normales de trente jours chacune qui donnent trois éclosions de poulets. On lâche ensuite la dinde pour lui permettre de se refaire, et on la reprend quelques semaines après. Souvent les dindes ne résistent pas à ces couvées forcées et meurent d'épuisement.

On met de vingt-cinq à trente œufs de poule sous une dinde.

Pour faire adopter aux dindes les poussins qu'elles n'ont pas couvés, on se sert des mêmes moyens que pour les obliger à couver ; elles sont généralement très bonnes mères.

C'est par l'intervention de dindes que les accouveurs de Houdan, de Lisieux, de Bourg et de la Flèche remplacent l'incubation artificielle pourtant assez répandue, et parviennent à satisfaire à la demande constante de poulets fins et précoces.

LE COUVOIR

La construction et l'aménagement d'un couvoir doivent attirer l'attention des éleveurs d'une façon toute spéciale. Nous parlons, bien entendu, pour le cultivateur qui veut se livrer à une exploitation sérieuse et importante de la volaille. Pour les petites exploitations ou élevages d'amateurs, nous développerons un peu plus loin un autre mode d'incubation.

Le meilleur couvoir qui ait été construit jusqu'ici est assurément celui qu'a fait édifier M. Lemoine dans son élevage de Crosne (fig. 79). Le maître éleveur écrit à ce sujet des choses trop intéressantes pour que nous en privions nos lecteurs.

« Un bon couvoir, dit M. Lemoine, est d'une très grande valeur, et ce ne fut pas tout de suite que j'en obtins un parfait.

« La première année, je plaçais mes couveuses dans une pièce voisine d'un grand poulailler, mais le résultat n'était pas satisfaisant : je trouvais des œufs cassés ou mal couvés. Je me mis en observation, et quelques jours après, j'étais persuadé que le chant des coqs et celui des poules pondeuses étaient cause de ce trouble. Ayant réfléchi que chez les cultivateurs les plus belles couvées étaient amenées par des poules couvant dans l'étable, dans l'écurie, j'attribuai ce résultat à la douce température, à la chaleur humide, favorables au développement de l'embryon. Vu la grande quantité de mes couveuses, je ne pouvais me servir de l'étable même : alors j'y établis une soupente. Sur les solives, je plaçai les planches les unes à côté des autres, laissant un demi-centimètre de jour; et, croyant bien réussir, j'y rangeai mes couveuses.

« Mais cette chaleur humide, sur laquelle j'avais fondé tant d'espoir, étant trop abondante, donnait un air irrespirable. Tout de suite, je fis installer un tuyau de tirage pour ventiler. Tout alla pour le mieux jusqu'au dix-neuvième jour; mais au moment où le poussin voulait sortir de la coquille, il n'avait pas assez de force pour bêcher, et il mourait sans avoir vu le jour. J'avais à peine six poulets sur treize œufs, la moitié était asphyxiée par l'air vicié de la vacherie.

Fig. 79.

« Plusieurs visiteurs, auxquels je confiai ma désolation, me répondirent que ce n'était pas étonnant, que l'année était mauvaise. Je ne me consolai pas avec cette facile réponse, je trouvai qu'il ne fallait pas s'en contenter, que je devais remédier au mal, et je cherchai le remède.

« Toujours préoccupé de cette question de couveuses, je remarquai une poule Dorking échappée, elle couvait; j'attendis patiemment, et un jour elle amena dix-sept poussins bien vigoureux.

« Ce n'était donc pas l'année qui était mauvaise, mais le couvoir qui était imparfait.

« A 50 mètres de mes grands poulaillers, sur la route de Crosne à Montgeron, j'avais une petite maison de garde, inhabitée momentanément. J'eus l'idée d'y transporter mes couveuses et leurs œufs dans une pièce au rez-de-chaussée, un peu fraîche, ayant une cheminée. Cette fois la réussite fut superbe. Sur soixante-douze œufs, j'eus soixante-sept poulets qui devinrent de remarquables sujets. Faute de place, j'avais dû laisser trois couveuses au-dessus de la vacherie, et sur quarante et un œufs, je n'eus que quinze poussins. Les autres avaient dû mourir le dix-neuvième jour, au moment où le poulet doit se trouver en contact avec la chambre à air, car lorsque je les cassai, le jaune était intact, c'était l'air impur qui les avait tués.

« J'avais donc bien fait d'opérer le changement des autres couveuses. Mais cette maison ne pouvait servir de couvoir, et, avant de faire une nouvelle dépense, il était prudent d'étudier encore, pour éviter de nouvelles erreurs. Il était évident qu'il fallait une grande tranquillité, un air très pur, ce n'était peut-être pas tout.

« Alors, je pris un coq et quatre poules et les mis en liberté : chaque poule déposa son trésor où bon lui sembla, l'une fit son nid dans un champ de betteraves, l'autre au pied d'un buis, la troisième dans un tas de mousse, et la quatrième, que je fus longtemps à découvrir, avait déposé vingt-deux œufs dans un tas de roseaux, sous un rocher construit au milieu d'un petit bois.

« Il avait plu pendant quinze jours. La poule qui couvait dans le champ de betteraves n'amena que deux poussins, les autres œufs étaient pourris.

« La poule qui était sous le buis, n'en eut pas davantage ; elle était près d'une allée et cette non-réussite était due à un passage trop fréquent des employés.

« La troisième, qui couvait dans la mousse, aurait été plus heureuse, tous ses œufs étaient bons, mais il se passa un fait très curieux. Le poulet avait à peine bêché sa coquille, qu'une foule de petits insectes s'y introduisaient et dévoraient le duvet et les yeux. Je n'ai pu sauver que dix poulets.

« Enfin la dernière, sur ses vingt-deux œufs, amena dix-neuf poussins, le vingtième était mort écrasé dans le nid, et les deux autres étaient pourris.

« Cette poule et la dorking que je citais tout à l'heure, étaient très larges et d'un gros volume.

« Ne pouvant donc rien espérer de certain avec les poules en liberté, je résolus de construire un couvoir, mais un couvoir naturel, au milieu d'un petit bois, dans un endroit éloigné de tout bruit, de tout passage, abrité par de grands arbres ; je fis construire une pièce longue de 5 mètres sur 2 mètres de large, sol et murs en ciment Portland (fig. 79). Pour laisser beaucoup d'air, je ne fis pas remplir les intervalles des chevrons de la toiture qui est en tuile. A l'intérieur, sur des potences, je plaçai de longues planches sur lesquelles reposent les paniers, qui contiennent généralement treize œufs confiés à mes bonnes couveuses.

« Sous un hangar attenant au couvoir, sont installés des casiers, et tous les jours, exactement à la même heure, à dix heures très précises, je lève les couveuses bien doucement et je les porte dans les casiers correspondants où elles trouvent de la graine, de l'eau, et du sablon pour se poudrer.

« L'exactitude est indispensable, car, l'heure habituelle passée, on pourrait trouver des œufs cassés à cause de l'impatience des couveuses.

« Chaque panier porte un numéro et j'ai bien soin de mettre la couveuse dans le casier qui a le même numéro que son panier ; je ne replace les couveuses qu'après vingt minutes, temps nécessaire dans la première période d'incubation, pour que les œufs prennent l'air et pour que les poules boivent, mangent, se poudrent et se vident : ce dernier point est essentiel pour la couveuse et pour les œufs.

« Le numéro du panier et celui du casier sont très utiles, car, sans cette indication, je pourrais remettre une poule qui couve depuis quinze jours sur des œufs qui n'ont que trois jours d'incubation, et la pauvre bête en souffrirait. »

Assurément, n'importe quel bâtiment bien sain, bien aéré, peut donner de bons résultats comme couvoir, mais en se basant toujours sur les principes adoptés dans l'établissement de celui dont on vient de lire la description, on sera certain d'une réussite parfaite.

Les paniers dont on se sert généralement pour faire couver sont des mannes rondes en osier, assez profondes et larges, dans lesquelles les couveuses disparaissent complètement, ce qui évite de les séparer

LES BOITES A COUVER

Pour les amateurs ou les éleveurs qui se contentent d'élever une centaine de volailles par an, l'édification d'un couvoir est une dépense inutile, les boîtes à couver sont alors de première nécessité. Elles se rapportent toujours à peu

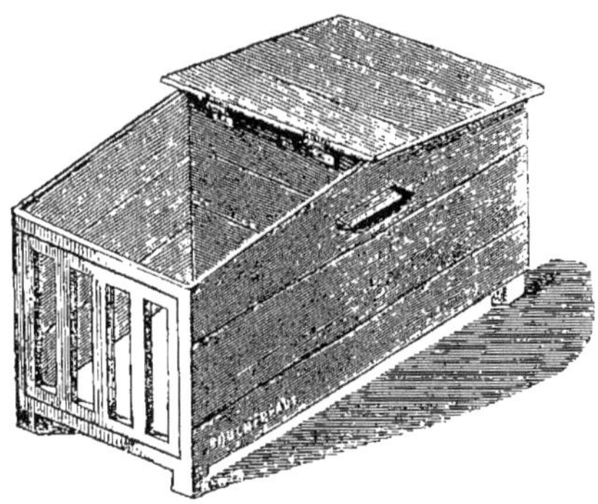

Fig. 80.

près au type dont nous donnons le modèle ci-dessus, qui est adopté au Jardin d'Acclimatation (fig. 80).

La boîte est divisée en deux compartiments : le premier, celui du devant, à claire-voie, le second, celui de derrière, clos de tous côtés. Le toit est mobile et recouvre à volonté le premier ou le second compartiment. Le premier est garni d'une couche épaisse de sable fin et dans le second on étend un bon lit de paille brisée un peu enfoncé dans le milieu, de façon à former un nid. La paille est préférable, pour la confection des nids, au foin qui s'échauffe très facilement et absorbe l'humidité, la fermentation qui s'y produit alors attire toujours la vermine.

Ainsi que le dessin l'indique, la nourriture et la boisson seront placés à l'extérieur, devant le premier compartiment.

Ces boîtes se placent n'importe où, pourvu que l'emplacement soit bien sec, les alentours tranquilles et qu'elles soient abritées. Souvent on les place les unes auprès des autres (fig. 81) dans un rez-de-chaussée quelconque qui sert de

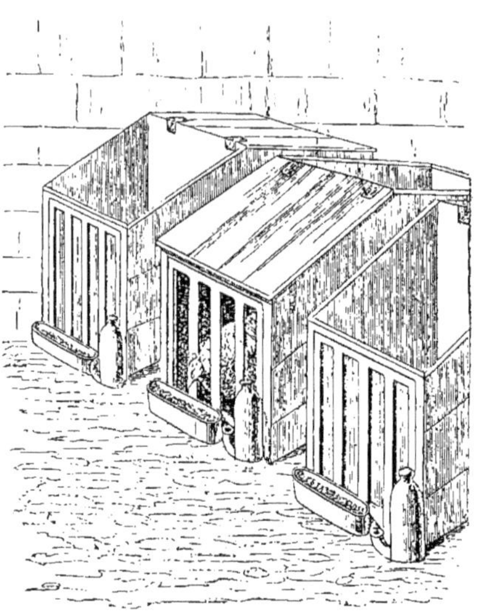

Fig. 81.

couvoir ou sous un hangar. Le couvercle baissé, tenant la poule dans une demi-obscurité, elle y est tout occupée à ses fonctions et mène tranquillement à bien sa couvée.

Les bonnes femmes de la campagne mettent toujours au fond des nids un morceau de fer pour préserver les œufs des influences de l'orage. Nous avouons ne jamais employer ce moyen, mais s'il ne fait pas de bien aux œufs, il ne peut, en tout cas, leur faire de mal.

Cette précaution est due à la prétendue influence de la foudre sur les couvées qui, d'après de nombreuses observations, est pourtant absolument nulle.

SOINS A DONNER AUX COUVEUSES

Les couveuses doivent être levées deux fois par jour, et toujours à la même heure. Suivant le système employé, on les met dans les mues du couvoir ou dans le compartiment sablé de la boîte à couver dont le couvercle est baissé sur elles. On les y laisse environ vingt minutes, sans prendre la peine de recouvrir les œufs si le temps n'est pas absolument froid. Les poules doivent être enlevées du nid avec beaucoup de précautions en ayant soin de leur écarter les ailes afin d'éviter que les œufs s'y attachant ne retombent sur la couvée et en détruisent une partie. Aussitôt leur repas terminé, les poules sont remises sur leur nid, non sans un examen attentif de leurs pattes que l'on essuie avec un torchon grossier si elles sont enduites de fiente. Il est très important que les nids soient bien propres, et, s'il arrivait au cours de l'incubation qu'un œuf se trouvât cassé dans le nid, il faudrait renouveler la paille, essuyer les œufs tachés et ne pas hésiter, si cela semblait nécessaire, à nettoyer complètement le panier ou la boîte à couver.

Parfois dans leur ardeur à couver, les poules en perdent le boire et le manger, on leur fait alors avaler cinq ou six patons de farine d'orge et de maïs avant de les replacer sur le nid.

Il nous est arrivé d'avoir plusieurs incubations parfaitement réussies sans nous être beaucoup occupé de la poule. Nous avions fait usage de la boîte à couver, figurée plus haut, mais en enlevant la séparation du milieu ; la poule venait prendre ses repas elle-même et retournait tranquillement sur son nid. Les deux premiers jours seulement il avait fallu la déplacer. Bien que l'on puisse réussir souvent de cette façon, il est préférable de maintenir la séparation ; la poule est forcée de prendre son repas sans se presser, et satisfait tous ses besoins, ce qui maintient toujours une propreté parfaite dans le nid, condition indispensable à une bonne éclosion. De plus, les œufs prenant plus longtemps l'air n'en éclosent que mieux et parfois avec une avance d'une journée.

On choisit de préférence, pour mettre à couver les œufs, des poules qui sont dans leur seconde et troisième année. L'époque la plus favorable pour les couvées est de mars à juin.

MIRAGE DES ŒUFS

Dans quelques élevages, on a l'habitude de mirer les œufs, afin de retirer de dessous les poules ceux qui sont reconnus clairs, c'est-à-dire ceux qui, à partir du sixième jour, restent transparents. Nous avons indiqué quelques procédés de mirage au chapitre précédent, les autres sont décrits au chapitre de l'*Incubation artificielle*. Nous ne considérons pas le mirage comme ayant une grande importance dans l'incubation naturelle, lorsque les œufs sont choisis dans de bonnes conditions. Il est beaucoup plus simple de faire durcir tous les œufs clairs après l'éclosion et de les donner à manger aux poussins. Tous les œufs contenant des fœtus avortés, devront être jetés, mais ils sont assez rares avec l'incubation par les poules ou les dindes. Il est bien entendu que si l'on tient à mirer les œufs, c'est pendant le repas des couveuses que ce mirage s'opère.

FORMATION DU POULET

Tandis que muette et tranquille la couveuse se tient inconsciente sur ces œufs auxquels sa chaleur va communiquer l'existence, que se passe-t-il sous la coquille, quelle évolution mystérieuse va transformer en vingt ou vingt et un jours ce blanc et ce jaune liquide en un être vivant ?

Le chapitre précédent nous a montré l'œuf au premier jour. Nous avons constaté une petite tache grisâtre en dehors du jaune, que nous avons appelée *cicatricule* ou *germe*. C'est donc cette petite tache qui sera la cause de cette évolution de matières albumineuses, jaunes et blanches qui, d'inertes, vont devenir animées.

L'évolution commence dans la deuxième journée d'incubation, la tache lenticulaire grandit, le jaune prend une teinte plus pâle, et vers la fin de cette journée le cœur commence à se former. Le docteur Dareste, dans une curieuse étude, établit que le cœur prend naissance des deux côtés de la ligne médiane en présentant les apparences de deux noyaux. Les rudiments des yeux se montrent. M. Milne-Edwards a constaté que c'est vers le même moment que le canal intestinal commence à se développer, composé d'abord de deux tronçons distincts, l'un antérieur, l'autre postérieur qui ne tardent pas à se réunir au-dessus de l'embouchure du canal vitellin pour constituer un tube cylindrique et droit. La portion gastrique ou gésier qui commence à se dessiner, se distingue difficilement des ventricules du cœur.

Le *troisième jour*, le cœur bat durant près de deux heures. Le système vasculaire se développe d'une manière sensible, le jaune s'apâlit de plus en plus. Le cœur, sous la forme d'un point rouge, contractile, avait déjà été remarqué par Aristote. C'est également le troisième jour que le foie apparaît, ainsi que le déclare Milne-Edwards.

Le *quatrième jour*, le système vasculaire s'accentue de plus en plus ; les yeux et la tête deviennent un peu plus distincts, le bec surtout, qui se détache nettement. Les ailes sont bien visibles, les pattes, déjà apparentes. La section entre l'unique ventricule du cœur et l'oreillette devient plus nette.

Le *cinquième jour*, l'agrandissement de la tête et de l'œil est assez sensible, Ainsi que l'a fait remarquer Haller, on constate l'apparence des intestins et du foie et la perfection du ventricule et de l'oreillette du cœur qui s'étranglent et se divisent de façon à présenter la constitution presque complète de cet organe. Le blanc de l'œuf diminue et commence à se troubler.

Le *sixième jour*, les principaux organes ont pris un développement suffisant pour dissimuler le cœur ; le gésier devient distinct des ventricules et les poumons présentent de chaque côté de l'œsophage comme des ramifications contournant le péricarde. Le foie, d'une couleur rouge pâle, est facile à distinguer. Les pattes, les ailes et le croupion s'accusent nettement. Les yeux paraissent énormes pour le volume de l'embryon ; ils se détachent en deux demi-boules percées, au centre, par la prunelle qui est vitreuse. La chair est transparente et le système vasculaire enveloppe complètement l'embryon d'un réseau sanguin. Le blanc de l'œuf continue à diminuer et le jaune apparaît alors d'un blanc indécis, tirant plutôt sur le vert clair. C'est à ce moment, dit Haller, qu'on constate la formation des os et les premières contractions de l'embryon d'après certains physiologistes, Aldrovandi, entre autres.

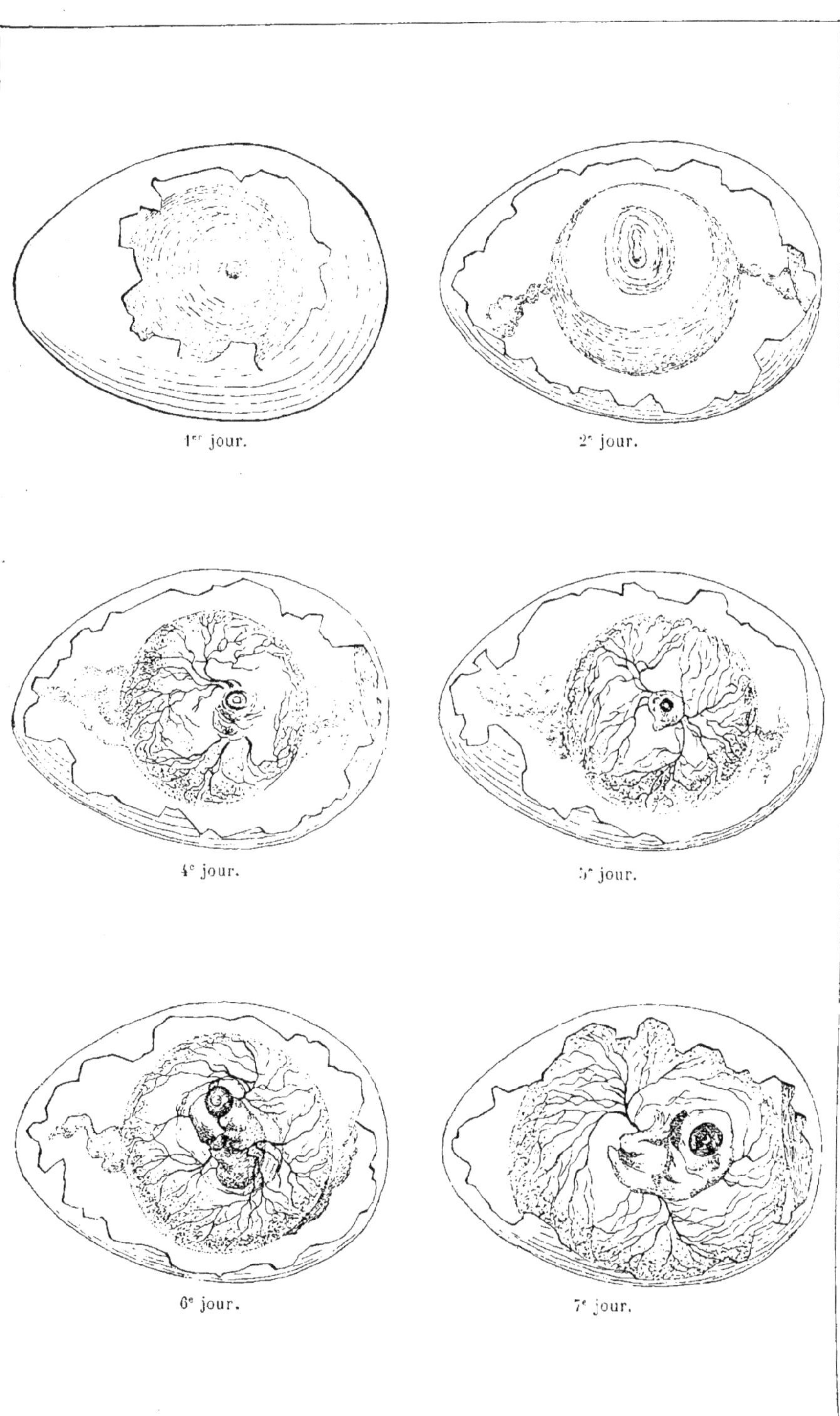

Fig. 82. — Formation du poulet.

« Le *septième jour*, écrit M. Lemoine[1], les oreillettes et les ventricules du cœur ont atteint leur perfection. Le ventricule gauche paraît par la face antérieure du cœur, parce qu'il produit seul la pointe qui est assez aiguë. On reconnaît les vaisseaux sanguins, en long et en large, assez analogues à une toile d'araignée. Le cerveau et le cervelet sont visibles ; le bec peut s'ouvrir ; il est de consistance gélatineuse. Les vertèbres, le sternum se forment. L'estomac et les intestins commencent à paraître. Les ailes et les pattes remuent. Les parties inférieures de l'embryon augmentent beaucoup plus de volume que la tête.

« Le *huitième jour* de l'incubation, le bec est saillant, les ongles sont formés, les pattes remuent. Les vaisseaux sanguins sont très délicats et de plus en plus nombreux. Le fœtus a une teinte rose couleur de chair, il est replié sur lui-même.

« Les divisions du cerveau sont distinctes. On reconnaît dans l'œil la rétine et le cristallin qui est fort petit et brillant.

« Les poumons commencent à paraître et ressemblent à des moules. On constate la première apparence de la vésicule du fiel, des côtes, du sternum, la séparation des doigts des pieds. Le cœur est parfait, les reins sont rougeâtres ; la membrane allantoïde enveloppe l'œuf presque tout entier.

« Le *neuvième jour*, le bec est formé entièrement. On aperçoit la chair de poule qui commence et la première apparence des plumes. Les quatre grands vaisseaux sanguins sont distincts. Le fœtus exécute quelques mouvements.

« Le *dixième jour*, les plumes sont plus nombreuses. La corne du bec commence à devenir très solide, ainsi que la pointe qui sert à briser la coque. Le cœur, le foie, les intestins, la colonne vertébrale sont complètement formés. Le fœtus acquiert un grand développement. On aperçoit le début de la formation des articulations des pattes. L'œil est de plus en plus volumineux et on constate un petit cercle blanchâtre autour de l'œil.

« Le fœtus nage toujours dans l'amnios.

« Quand au blanc de l'œuf, il diminue tandis que le jaune est trouble.

« Le *onzième jour*, on remarque une notable augmentation du petit poulet ; les plumes sont plus nombreuses. L'œil s'ouvre et se ferme, les pattes s'agitent. Tous les organes paraissent formés.

« Le *douzième jour* on constate l'agrandissement des organes précédents. Le foie a une couleur jaune prononcée. L'allantoïde est très grande.

« Le *treizième jour*, le bec s'ouvre tout seul. Les poumons sont plus gros et plus développés que le cœur. L'aorte se réunit avec l'artère pulmonaire. La crête commence à paraître ainsi que l'excroissance des poules huppées. Le jaune est beaucoup moins gros.

« Le *quatorzième jour*, le poulet est formé. Il est couvert de plumes. Il n'existe plus que très peu de blanc ; le jaune devient rouge. Si l'on casse l'œuf on constate que la tête est en travers.

[1] *Elevage des animaux de basse-cour*, p. 141 et suivantes.

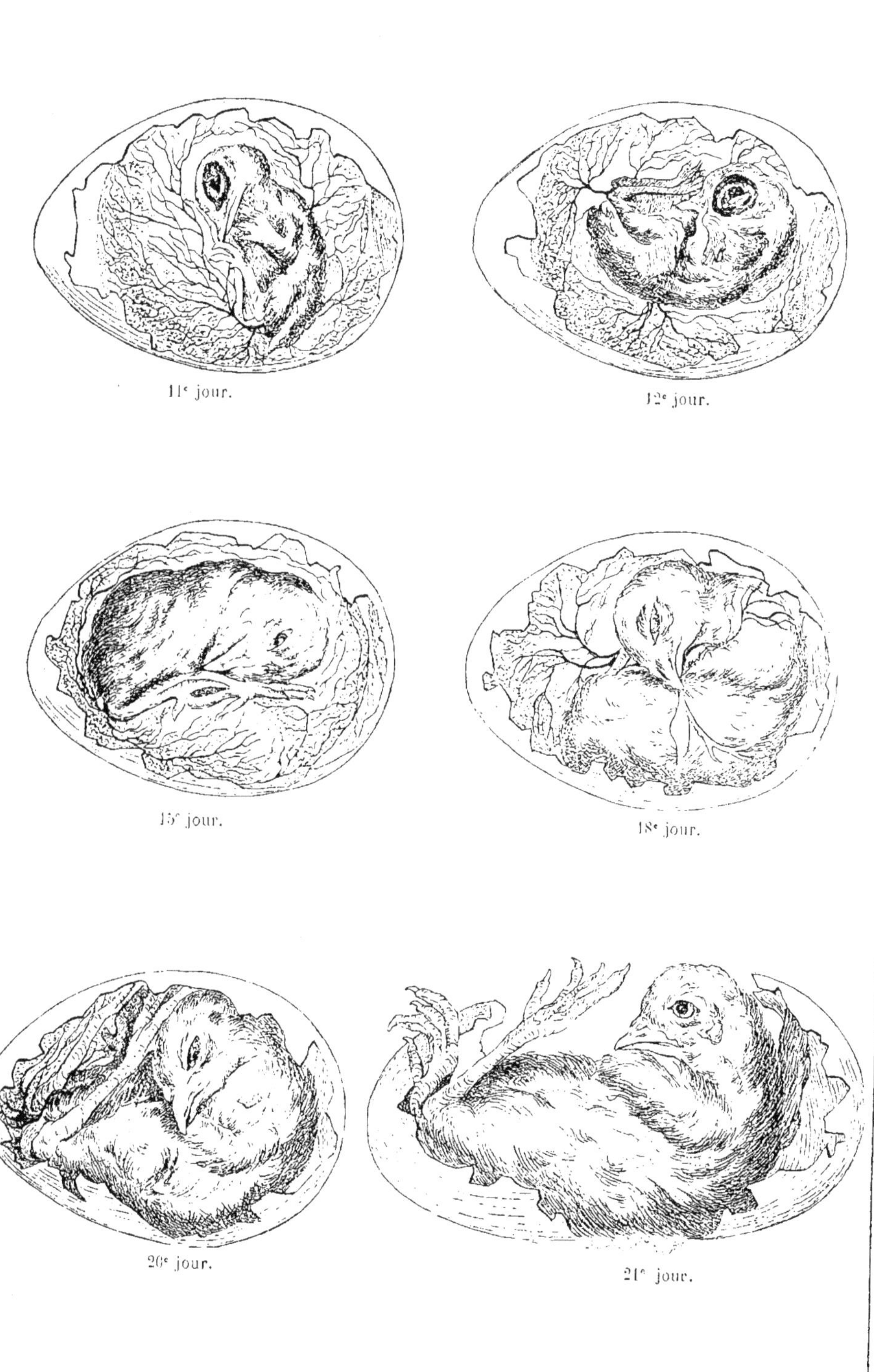

Fig. 83. — Formation du poulet.

« Le *quinzième jour*, la tête est entièrement emplumée ; les veines sont visibles dans les pattes. Les vaisseaux sanguins sont moins nombreux et plus gros. Le blanc diminue ; le jaune est plus foncé ; l'allantoïde disparaît.

« Le *seizième jour*, l'état est peu modifié ; le fœtus est augmenté de volume ; les écailles des pattes sont très accentuées.

« Le *dix-septième jour*, les pattes prennent leur couleur. Toutes les formes de l'animal sont saillantes et très accentuées par suite du développement de la charpente osseuse.

« Le *dix-huitième jour*, on constate encore un peu de jaune ; le blanc n'existe plus ; les mouvements sont brusques ; les pattes ont acquis leur développement complet ; les plumes sont très nombreuses ; la pellicule de la chambre à air est très forte : le bec est tout à fait formé.

« Le *dix-neuvième jour*, les parties osseuses sont très saillantes. L'œuf étant cassé, le jaune s'altère et devient verdâtre. »

Le *vingtième jour*, le poussin prépare sa délivrance en bêchant pour casser la coquille. Son bec est muni d'une petite protubérance cornée qui tombe peu après la naissance et lui facilite ce travail qui s'opère circulairement. C'est-à-dire que, pour l'exécuter, le poussin fait une évolution complète sur lui-même. A ce moment il est complètement formé, mais le jaune, de plus en plus sale, occupe toujours la même place à l'extrémité pointue de l'œuf.

Le *vingt et unième jour* seulement, le poussin opère la résorption du jaune qui constitue son premier aliment ; et de la tête, du bec et des pattes, écartant les deux extrémités de la coquille, il sort vainqueur et triomphant de ce combat pour la vie.

Avec des œufs très frais, l'évolution embryonnaire s'opère souvent en *vingt* et quelquefois même en *dix-neuf jours*.

ÉCLOSION

De petits piaillements discrets et argentins trahissent l'existence des nouveau-nés. On passe alors doucement la main sous la couveuse, on enlève les coquilles vides et durant douze à quinze heures, on ne s'en occupe plus afin que les poussins se *ressuient* bien sous la mère. C'est ainsi qu'il faut agir lorsqu'on n'a que deux ou trois poules qui couvent.

Si l'on a opéré par séries de six ou huit couveuses, on ne pratiquera pas tout à fait de même. On agira, comme toujours, avec beaucoup de patience. Il serait assurément fort intéressant de connaître de suite les résultats obtenus, mais ici, comme en toute chose, trop de précipitation nuit. On ne peut commettre de plus grande imprudence que d'aller soulever la poule, de prendre et remettre incessamment les poussins, de regarder les œufs. Si nous insistons sur ce point, c'est que les débutants en élevage résistent peu au désir de satisfaire leur curiosité.

Il faut attendre patiemment l'heure du repas des couveuses. On se dirige vers le premier panier ou boîte à couver et l'on soulève doucement la couveuse en lui écartant, au préalable, les ailes afin de voir si elle n'y cache ni œuf ni poussin; on la transporte dans la mue ou compartiment sablé de la boîte, et là, elle accomplit ses fonctions habituelles. Aussitôt, les poussins et les œufs sont recouverts avec des morceaux de laine, et l'on procède de même pour la première série de six couveuses, par exemple.

Tandis que les couveuses prennent leur repas, on revient au premier nid, et soulevant le morceau de drap, on retire toutes les coquilles vides. On agit de même pour chaque nid et l'on enlève tous les poussins qui sont placés dans une corbeille. Puis la couveuse est remise sur son nid et, doucement, on lui insère sous les ailes les poussins qu'on avait retirés. Grâce à cette précaution, on s'évite le désagrément d'avoir des poussins écrasés, ce qui arrive quelquefois.

La même manœuvre s'exécute le lendemain; toujours les mêmes soins, les mêmes précautions, mais alors tous les poussins sont éclos, ou à peu près.

Si nous avons procédé par série de six couveuses, en cas de belle réussite, nous aurons *soixante* poussins éclos; or, s'il est plus prudent de ne confier à une poule couveuse que *treize* œufs, on peut aisément lui accorder *quinze* poussins. Profitant donc de l'obscurité du couvoir ou de notre boîte à couver, lorsque la poule est remise sur le nid, complètement débarrassé, nous lui insérons quinze poussins sous les ailes, ou nous les plaçons devant la mère; ils sauront déjà s'installer commodément eux-mêmes. Il nous reste donc deux pauvres mères que nous avons privées de leurs enfants, mais qui, en liberté, les oublieront vite et ne tarderont pas à se remettre à pondre ou à couver. Ce sont deux bouches que, de cette façon, nous ne nourrirons pas inutilement.

On aura soin de choisir, pour leur confier les poussins, les poules qui auront fait éclore le plus d'œufs ; on a tout lieu de supposer, en ce cas, qu'elles possèdent des qualités calorifiques ou autres, supérieures à celles de leurs compagnes. On ferait exception à cette règle cependant, si l'on savait très bonnes mères certaines poules qui n'ont pas eu une incubation heureuse.

Il pourrait arriver qu'à la seconde visite on ne trouve à réunir que cinquante à cinquante-cinq poussins ; il y en aurait sans doute encore quelques-uns à éclore ; dans ce cas, au lieu de rendre à la liberté les mères sacrifiées, on les laisserait couver encore une journée le restant des œufs et les petits qui pourraient résulter de ce dernier effort seraient donnés aux mères qui n'auraient pas leur compte de quinze.

Dans l'incubation naturelle, on ne s'occupe jamais de l'éclosion des poussins ; c'est à eux, à eux seuls de se tirer d'affaire; en voulant les aider, en cas d'éclosion laborieuse, on risquerait de leur faire plus de mal que de bien. Certains poussins éclosent en une heure, d'autres mettent une journée ; le mieux est de laisser la nature agir. Le seul cas qui pourrait nécessiter une intervention étrangère, c'est quand on reconnaît qu'un poussin ne peut se débarrasser d'un fragment de coquille. On trempe alors un pinceau dans de l'huile tiède, et l'on détache le fragment récalcitrant.

Les poussins restent vingt-quatre heures sans boire ni manger ; ce temps est reconnu nécessaire à la digestion du jaune qu'ils ont absorbé en faisant éclater leur coquille. Passé ce temps, ils sont transportés dans les boîtes à élevage, où, suivant la saison, dans un bâtiment spécialement affecté à cet usage.

LES BOITES A ÉLEVAGE

Autant que les boîtes à couver, les boîtes à élevage sont indispensables.

La boîte à couver que nous avons citée pourrait en tenir lieu en remplaçant la séparation du milieu par une autre à claire-voie, en adaptant un toit sur la partie découverte. Cependant nous avouons notre préférence pour la boîte à élevage double dont nous donnons le dessin, ou un modèle s'en rapprochant. Tous

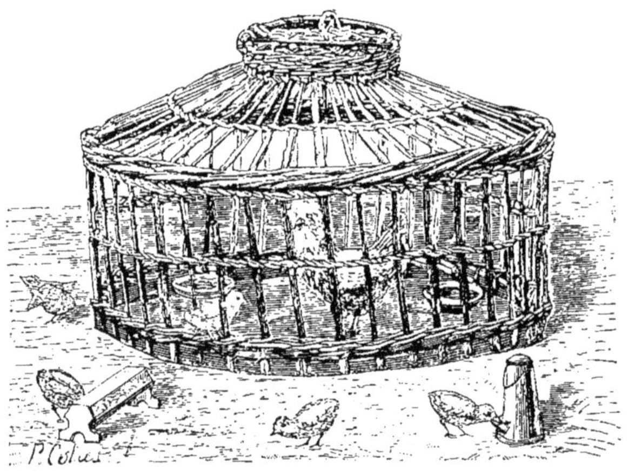

Fig. 84.

les modèles que nous indiquons sont très simples et peuvent être aisément fabriqués par tous les amateurs un peu au courant de la menuiserie. Dans les campagnes, on se sert tout simplement de mues ou grandes cages d'osier (fig. 83), sous lesquelles on place la poule et où viennent souvent se réchauffer les poussins. S'il survient une averse, la poule et les poussins sont trempés, et la couvée se trouve rapidement réduite. Parfois aussi la poule va en liberté et les malheureux poussins la suivent en trébuchant, piaulant à qui mieux mieux, faisant des efforts inouïs pour obtenir ce qui leur est le plus nécessaire, c'est-à-dire de se fourrer sous leur mère, afin d'y trouver cette chaleur bienfaisante qu'elle ne songe même pas à leur donner. Toute à son ardeur de maraude, la poule n'a qu'un désir, c'est de découvrir une pâture quelconque à offrir à ses poussins. Elle retourne la terre en tous sens, quitte à envoyer promener un des pauvres petits placé trop près. Si, par malheur, elle rencontre une autre mère suivie de ses poussins, il y a infailliblement bataille, et les petits délaissés, ne sachant plus que devenir, emplissent

Fig. 85. — Boîtes à élevage.

les airs de leurs cris, bien heureux quand ils ne sont pas battus et éreintés par la mère de la partie adverse.

Enfin, quand la moitié de la couvée est arrivée à l'âge de trois à quatre mois,

Fig. 86. — Boîtes à élevage.

la fermière va vendre ses petits poulets de grains qui pèsent environ 300 grammes, et elle en obtient 2 fr. 50 la paire. Elle affirme ensuite gravement que la volaille ne rapporte pas. En employant de pareils moyens, elle a tort de se plaindre bien qu'il y ait une sérieuse différence entre les prix qu'elle obtient et ceux de 4 à 6 francs pièce que rendent, au même âge, les volailles élevées par les Houdanais et les éleveurs de Bourg et de la Flèche.

Comme notre but est, avant tout, de produire de belles et bonnes volailles, il nous faut employer les procédés les plus perfectionnés et les plus pratiques. C'est une dépense de première installation, mais qui veut la fin veut les moyens.

Nous adopterons donc les boîtes à élevage dont nous donnons les dessins (fig. 85 et 86) ou d'autres analogues. Tous les marchands en vendent, ou, ce qui est encore mieux, nous les fabriquerons nous-mêmes en ne nous écartant jamais de ces principes généraux :

1° Qu'elles soient assez vastes pour que la mère et ses poussins s'y trouvent à l'aise;

2° Que le toit présente une pente suffisante pour bien faciliter l'écoulement des eaux, et, par conséquent, maintenir l'intérieur toujours parfaitement sec.

En général, la boîte à élevage est divisée en deux compartiments : dans l'un la poule se trouve renfermée et les poussins y accèdent en traversant la séparation qui est formée de barreaux suffisamment espacés pour leur rendre le passage facile. C'est dans le compartiment que n'occupe pas la mère qu'on met la nourriture des petits qui peuvent également sortir du deuxième compartiment, la fermeture en étant établie de la même façon que la séparation.

Dans ces conditions, la poule a sa nourriture à part, dans son compartiment, et les poussins ont la leur, qui est très différente, dans l'autre compartiment, à l'abri du vent et de la pluie.

Ces boîtes sont légères et peuvent se placer partout. On a soin de les disposer sur une petite éminence et, si la saison est chaude, à l'abri des rayons du soleil de midi. Les boîtes doivent être tenues très proprement, nettoyées tous les jours afin que la vermine ne se développe pas. Une bonne précaution serait de verser sur la paille du nid quelques gouttes de naphtaline. Tous les soins d'hygiène que nous avons préconisés précédemment doivent être appliqués en cette circonstance.

Le terrain d'élevage est très important : les amateurs disposeront la boîte à élevage dans leur jardin ; jusqu'à six semaines, les poussins ne causeront aucun dégât, mais dans un élevage important, il faut choisir un terrain vaste avec une partie sablonneuse. Il est même d'un bon usage de disposer le terrain spécialement pour un élevage. Une longue bande de verdure bien ombragée et bornée par une large allée sablée présenterait un terrain d'élevage atteignant la perfection. Plus on donnera d'espace aux poussins et plus ils profiteront. Si l'on disposait d'un petit bois et que l'on puisse y établir ses boîtes à élevage, on serait certain d'obtenir de magnifiques résultats.

Il faut que, outre la fermeture à claire-voie, la boîte possède aussi une fermeture pleine, afin que dans les couvées précoces les poussins ne puissent sortir de trop bonne heure. Si l'on emploie la boîte avec parquet vitré (fig. 86), on ferme simplement la petite porte, et les poussins prennent leurs ébats dès l matin. Cette précaution n'est nécessaire que pour les mois de février, mars ou avril ; les mois suivants, il n'y a plus de raison pour boucher la fermeture à claire-voie.

Quand on le peut, d'ailleurs, pour les couvées précoces, il est préférable d'édifier un petit bâtiment spécial ; celui que M. Lemoine avait fait construire à Crosne peut servir de type.

« Aux mois de février, mars, avril, écrit M. Lemoine, mères et poussins sont portés dans un bâtiment exposé au sud-est, couvert en chaume, ayant dix-huit compartiments de 1m,50 sur 1 mètre de large. Dans l'intérieur règne un corridor pour le service ; sur le devant existent de petites portes avec des lames de bois qui permettent aux poussins seulement de sortir ; à l'intérieur, une barrière, encore en lames de bois, protège un endroit réservé aux poussins pour leur nourriture spéciale. Sur le devant de ce bâtiment, au-dessus des petites portes, il y a une partie vitrée qui donne une grande lumière et procure une très bonne température. »

LES POUSSINS

Nous sommes maintenant fixés sur les boîtes à élevage et le terrain qu'elles doivent occuper ; nous savons quels soins on doit donner aux couveuses, parlons un peu des poussins maintenant.

Vingt-quatre heures après leur éclosion, — sitôt éclos même, si l'on veut — les poussins sont placés dans une corbeille, affectée à cet usage, que l'on transporte auprès de la boîte destinée à les recevoir. On introduit d'abord la mère dans son compartiment, puis les poussins sont placés doucement un à un sous ses ailes ou sous son plastron. Ensuite, on place assez près de la mère, pour qu'elle puisse y toucher sans se déranger, la pâtée dont nous donnons la formule plus loin. Durant cette dernière opération, la mère se ramasse sur ses petits comme si elle craignait de se les voir ravir encore, les couvre, dissimule, les réchauffe sous ses ailes, mais aussitôt qu'on s'est un peu reculé, elle commence une série de petits gloussements, picore la pâtée, et, peu à peu, les poussins encore mal affermis sur leurs petites pattes, après avoir sorti tout d'abord leurs têtes fines de dessous leur abri protecteur, s'avancent timidement. La mère fait mine de manger afin de leur donner la première leçon, éparpille des miettes devant eux, leur en présente même au besoin. La leçon est vite sue, et l'instinct aidant, les petits ne tardent pas à avaler la pâtée avec ardeur et accompagnement de piaillements joyeux. Leur repas terminé, les poussins retournent sous la mère pour retrouver cette bienfaisante chaleur dont ils ont tant besoin les premiers jours, ils en usent et abusent toute la journée, à moins que la température ne soit très élevée.

La nourriture se distribue quatre fois par jour, parce que la mère dévore tout ce qui reste après chaque repas. L'augette à boire est également placée près de la mère qui donne à ses poussins la même leçon que pour la nourriture.

Les plus hardis apprennent tout seuls; la curiosité inhérente à tous ces petits animaux les pousse à fourrer leur bec partout; ils rencontrent une goutte d'eau, l'avalent, trouvent cela bon et recommencent.

Dès le troisième jour, la nourriture est sortie du compartiment de la mère et placée dans le second, mais encore assez près pour que la poule puisse y toucher un peu et entraîner par son exemple les poussins à ne pas se laisser pâtir. Il en est beaucoup qui n'ont pas besoin de cet exemple et qui, aussitôt la pâtée apportée, se jettent dessus, mais enfin la précaution n'est pas inutile.

Dès le troisième jour également, l'augette à boire est placée dans le compartiment des poussins, mais assez près de la poule pour qu'elle puisse s'y désaltérer à son aise. La nourriture et la boisson sont beaucoup mieux préservées des souillures dans le compartiment des poussins, qui n'y viennent absolument que pour boire et manger.

Il est préférable de mettre la boisson dans des siphons en verre ou en terre, afin que les poussins puissent boire sans s'éclabousser; dans des augettes basses ils mettent continuellement les pattes dedans, souillent leur eau, et risquent d'attraper des maladies. La nourriture est placée dans des augettes ou sur des billots spéciaux, si elle est composée de farine délayée.

Les poussins ne doivent pas quitter la boîte à élevage les trois premiers jours; le quatrième, on les laisse sortir, quand le soleil commence à chauffer un peu, mais pas plus d'une heure. On augmente ainsi progressivement le temps de sortie pendant trois ou quatre jours encore, et on finit par leur laisser la liberté complète d'aller et de venir. Par les mauvais temps, malgré leurs piaillements de désespoir, on ne laisse point les poussins se promener, tout au moins pendant un mois. Passé ce temps, ils sont assez raisonnables pour se garer du mauvais temps.

Il faut toujours commencer, dans un élevage, par suivre scrupuleusement les préceptes que nous indiquons; peu à peu, suivant la rusticité de la race que l'on élève, suivant le terrain, l'installation des boîtes, l'expérience aidant, on apporte des modifications pratiques à tous ces préceptes. Nous avons élevé des poussins de grosse race commune presque sans soins dans une boîte à élevage simple, tandis que d'autres, de race pure, non acclimatés encore dans nos pays, nous demandaient des soins infinis.

NOURRITURE DES POUSSINS

Nous avons dit que les poussins devaient rester vingt-quatre heures sans manger, ce temps étant nécessaire à la digestion du jaune qu'ils ont absorbé au moment de leur naissance. Mais quelle sera la nourriture à leur donner, ces vingt-quatre heures de jeûne écoulées? Cette question comporte deux réponses, car la nourriture des poussins sera différente suivant l'usage auquel ils sont destinés. Si les sujets doivent servir à la reproduction, au peuplement du poulailler dont quelques-uns seulement seront distraits pour la consommation particulière, on se contentera d'une nourriture moins délicate. Si, au contraire, on les destine surtout à la vente et à l'engraissement, ayant l'écoulement certain de poulets fins, on emploiera les procédés Roullier-Arnoult que nous décrirons ensuite et qui sont employés par la plupart des éleveurs de Normandie.

Dans le premier cas, on peut employer la méthode alimentaire de M. Jacque, qui, pour être ancienne, n'en est pas moins excellente.

Voici donc comment s'exprime M. Jacque dans le *Poulailler* :

« On prend gros comme le poing de mie de pain *rassis* que l'on émiette *très fin* entre les mains. On ajoute un œuf dur, qu'on hache très menu, le jaune et le blanc y compris[1] ; on prend quelques feuilles de salade ou de jeune oseille, de navet, de chou ou de betterave, etc., que l'on hache fin et dont on met à peu près comme l'œuf. On mélange ensemble ces substances en les brouillant sans les presser ni manier, de façon que les parties restent désunies et ne forment pas une pâte. L'addition de la verdure conserve pendant le jour une certaine fraîcheur, qui sert de liaison et empêche les mies de pain de durcir. C'est de cette pâtée que l'on commence à nourrir les poussins ; ils en sont extrêmement friands. Dès le premier jour, on donne aussi du millet blanc de bonne qualité. Le compartiment réservé aux poulets doit toujours être pourvu de cette nourriture, aux places indiquées à l'article des soins à donner aux élèves.

« Au bout de trois jours, on ajoute du blé, que les poulets, quoique petits, commencent à manger.

« On passe un nombre régulier de fois par jour, afin de remettre de la nourriture, s'il en manque. Il faut aussi la varier, c'est-à-dire que chaque jour un des repas est composé d'une nourriture à part, afin qu'un nouvel élément vienne s'ajouter à l'alimentation générale et réveiller l'appétit des élèves. Ainsi, aujourd'hui, on donne à un des repas du riz cuit ; demain, au repas correspondant, des pommes de terre cuites avec du son ; après-demain, de la pâte de farine d'orge, le jour suivant, du pain grossier, détrempé, etc.

« Pour qu'on puisse se faire une idée exacte de ce que je veux dire, je donne ici la liste des repas que j'ai dressée pour diriger la personne chargée de mes élèves.

« Après les trois premiers jours, addition de blé tous les matins, soit par terre, dans un coin, soit dans une augette.

« Depuis ce moment jusqu'à la fin de l'élevage, cette graine doit être donnée à discrétion.

« En outre, tous les matins, dès l'apparition du jour, pendant le premier mois un repas, de la pâtée d'œuf.

« A dix heures du matin, un repas de millet.

« A deux heures du soir, riz cuit.

« A six heures du soir, pâtée d'œuf.

[1] Il n'est point inutile d'y mélanger les coquilles de l'œuf.

« Le lendemain, un des repas, celui de deux heures, est changé de nature. Au lieu de riz cuit, on donne une pâtée de pommes de terre avec du son ou avec du remoulage.

« Le jour suivant, au même repas, on donne de la pâtée de farine d'orge.

« Le surlendemain, on reprend le riz cuit et l'on continue dans le même ordre.

« Au bout d'un mois ou six semaines, la pâtée d'œuf est supprimée, ainsi que le millet, et l'on remplace ces substances par une petite ration d'avoine. Il ne faut jamais donner aux poulets trop de cette graine, qu'ils finissent par préférer à toutes les autres, mais qui les échauffe trop et rend leur chair coriace. On peut leur donner, dans les pays où on en récolte, une portion de graine de sarrasin ou blé noir, ou du maïs cuit, etc., etc.

« Il n'est pas besoin de dire que la pâtée d'œuf, le millet et toutes les nourritures friandes peuvent être continuées tant que l'on veut pour les poulets très précieux; leur suppression n'a lieu que par économie.

« La nourriture est variée, autant que possible, jusqu'à l'achèvement de la croissance. Néanmoins, quelque simplifiée qu'elle soit, il est toujours bon d'y faire entrer une pâtée humide, accompagnée d'herbages cuits, comme choux, navets, feuilles de betteraves, etc. Cependant, l'année passée et encore cette année, dans un clos garni d'un épais gazon, et assez grand pour que ce gazon reste toujours abondant, j'ai élevé des poulets auxquels on n'a donné que du blé à discrétion et une petite portion d'avoine. Ils sont parfaitement venus ; mais, je le répète, jamais l'herbe n'a manqué, et, dans ce cas, surtout, elle est de la dernière importance. D'autres poulets, élevés de cette façon, ou avec la nourriture variée, ont été laissés libres et pouvant parcourir un bois taillis de vingt arpents. Ce sont ceux qui ont grandi le plus rapidement et qui sont devenus les plus vigoureux.

« On jugera donc à quel programme on devra s'arrêter, suivant les lieux et la nourriture dont on peut disposer. »

Voici maintenant le mode de nourriture appliqué par MM. Roullier et Arnoult pour les poussins destinés à l'engraissement :

Les poussins doivent toujours avoir à discrétion de la nourriture qui doit être renouvelée très souvent, car plus on la renouvelle, plus ils la mangent avec avidité, et plus ils mangent, plus ils profitent ; c'est ce que doit rechercher l'éleveur, car le poulet habitué à manger à discrétion, non seulement grossit plus vite, mais a l'estomac plus dilaté et, lorsque vient le moment de l'engraissement, il supporte très facilement le nouveau régime qu'on lui applique.

Tous les poulets ne sont pas susceptibles d'engraissement aussi bien les uns que les autres.

La nourriture n'est pas tout à fait la même depuis les premiers jours de la naissance, jusqu'à l'âge adulte.

La nourriture du premier âge se compose d'une pâtée ferme de farine d'orge ou de maïs délayée avec de l'eau, du petit lait ou du lait coupé de 50 p. 100 d'eau.

On appelle *petit lait* ce qui reste après avoir enlevé du lait la crème et le caillé qui sert à faire les fromages.

On appelle *lait cuit* les mattes, ou résidu de caillé qui reste dans les pots après qu'on a enlevé ce qui sert à la fabrication des fromages. Ces mattes sont mises sur le feu environ cinq minutes. Après ébullition, on sépare, au moyen d'une passoire, la partie dure de la partie liquide. La partie liquide, ou petit lait, sert à confectionner les pâtées, tandis que la partie dure ou lait cuit s'émiette comme du pain et est donnée aux poussins, soit dans la pâtée, soit sur des plateaux.

La pâte doit être ferme, parce qu'étant molle, elle coule sur les billots et salit les poussins qui perdent le brillant de leur duvet ; il ne faut pas cependant la faire trop dure, parce qu'alors leur bec ne pourrait l'attaquer.

Voici la composition de la pâtée destinée aux poussins jusqu'à l'âge de six semaines :

Un litre de liquide pour un kilogramme de farine fera une pâtée d'une épaisseur telle, que les petits poulets la becqueteront facilement ; plus dure, ils ne le pourraient pas ; plus molle, ils saliraient leur duvet et en quelques jours ne seraient plus que grelots de pâtée sèche, ce qui leur donnerait un aspect malpropre et maladif.

Nous faisons cependant une exception pour les oies et les canards, auxquels il faut, quel que soit leur âge, une pâtée plus molle, la conformation de leur bec ne leur permettant pas d'attaquer une pâtée dure ; aussi réduisons-nous à *huit cents grammes* la quantité de farine.

La proportion d'un litre de liquide pour un kilogramme de farine étant adoptée, il reste à rendre le gâteau plus ou moins succulent et nutritif ; aussi n'épargnons-nous rien de ce côté, certains de toujours y retrouver notre compte ; car l'éleveur doit considérer ses poulets comme autant de machines à transformer les aliments en chair, et son intérêt est de tirer beaucoup de travail de ces petites machines en leur donnant à satiété la meilleure nourriture. Tel éleveur fera en quatre mois un poulet qu'il vendra *cinq* francs et qui lui aura dépensé 2 fr. 50 à 2 fr. 75 ; tel autre mettra six mois pour arriver à la même dépense ; mais son poulet n'aura plus la même valeur de précocité et de finesse, la nourriture ayant été donnée parcimonieusement ou ayant été de moindre qualité. Ce dernier aura donc eu plus de peine et moins de bénéfices.

Le petit lait pour la partie liquide, le lait caillé et le lait écrémé coupé de 50 ou de 25 p. 100 d'eau forment un excellent aliment. Du reste, plus on se rapprochera du lait naturel, mieux on fera, et ceci dépendra surtout des ressources dont on disposera ; on est quelquefois forcé de se contenter d'eau pure.

On ajoutera à la farine, avant de la pétrir, et sans rien changer à la proportion indiquée, environ *cent* grammes de brisures de riz, ou riz à veaux, 50 grammes de millet, et enfin 50 grammes de lait cuit.

On aura ainsi une pâtée fine et délicate que l'on déposera sur des billots ou dans des augettes ; on en fera peu à la fois et on la renouvellera souvent ; plus elle sera fraîche, plus elle excitera l'appétit des poussins.

En la déposant sur les billots ou dans les augettes, on évitera de l'*unir* et de la *lisser* comme un gâteau parce qu'elle se sécherait immédiatement, mais au contraire on lui laissera le plus possible d'aspérités, ce sera tantôt un peu de lait cuit, tantôt un grain de riz ou de millet qui apparaîtra et réveillera la gourmandise des poulets.

Pour nous résumer, nous dirons que : *un litre* de liquide pour *un kilogramme* de farine formera la pâtée ; comme friandise *cent grammes* de riz, *cinquante grammes* de millet et *cinquante grammes* de lait cuit ; mais il reste entendu que ces proportions de liquide et de farine pourront varier un peu selon la nature et la densité de l'un et de l'autre.

Il est nécessaire de mélanger de la verdure à la pâtée si les parquets d'élevage sont petits et n'ont pas de gazon, mais si les parquets sont vastes et suffisamment garnis de verdure, il est inutile d'en mettre ; cependant il est toujours bon de mélanger à la farine de l'oignon haché menu, les poussins en sont friands et le recherchent avec avidité.

Indépendamment de la pâtée déposée sur les billots, il est nécessaire de les occuper à chercher et à gratter ; pour cela, on sème dans la chambre d'élevage et dans la menue paille quelques poignées de millet et de riz cru. Mais ce qui leur cause une grande joie, c'est de leur jeter, le plus souvent possible, des vers de terre ou lombrics ; au début, ils sont étonnés de voir remuer ces vers, mais bientôt l'instinct prend le dessus, le poussin saisit un ver dans son bec et se sauve, pour mieux le savourer ; aperçu par les autres, il se trouve bientôt poursuivi, enfin un deuxième le lui vole, puis un troisième vole le deuxième, et alors c'est une course générale jusqu'à ce que le lombric soit haché et avalé.

On donne cette nourriture aux poussins jusqu'à six semaines ; on peut ensuite supprimer le millet et le lait cuit, mais on doit toujours délayer la pâtée avec du petit lait. Nous allons voir, d'ailleurs, comment on prépare celle des poulets de six semaines à trois mois et plus, c'est-à-dire jusqu'au moment de les vendre maigres, ou de les soumettre à l'engraissement.

A six semaines, les poulets sont forts, hors de danger ; on pourra alors leur donner une pâtée moins délicate, plus ferme ; on supprimera le riz et le millet, qu'on remplacera par de l'avoine, du petit blé, du sarrasin en grains.

Pour *un litre* de liquide (toujours se rapprocher du lait), on mettra *cent grammes* de plus que pour les poussins, soit *un kilogramme cent,* plus *200 grammes* de grains.

Cette pâtée sera placée aussi dans des augettes ou sur des billots de plus grande dimension ; jamais à terre ni dans des plats ou objets analogues, car elle serait bientôt piétinée et salie de façon à dégoûter les poulets qui n'y toucheraient plus.

Nous répétons ici ce que nous avons déjà dit : donner peu à la fois, mais souvent.

A trois mois et demi, les poulets élevés à ce régime seront bons à vendre au marché et pèseront en moyenne *1 kilogr. 200 à 1 kilogr. 500;* ce sont des poulets maigres (beau maigre comme on le voit), mais il faut pour cela nos belles races françaises : Houdan, Faverolles, la Flèche, etc. »

Lorsque, au contraire, on les destinera à l'engraissement, les poulets seront soumis à un nouveau régime dont nous nous occuperons dans un prochain chapitre.

Nous avons tenu à citer ces deux méthodes fort différentes et excellentes toutes deux comme résultats, l'éleveur pouvant appliquer l'une ou l'autre à son gré, les mélanger au besoin, suivant les ressources du pays qu'il habite, mais nous avouons que, personnellement, malgré l'autorité des auteurs que nous venons de citer, nous ne l'employons pas.

Dès le premier moment nous donnons à nos poussins une pâtée composée, par parties égales, de pommes de terre écrasées, de farine de maïs et de son. Nous donnons aussi la pâtée à la mie de pain et à l'œuf, mais seulement dans les premiers jours et en petite quantité.

Nous formons également un des repas journaliers avec une pâtée composée de sang cuit, phosphate de chaux et farine quelconque, orge, maïs ou avoine additionnée de verdure hachée fin, herbe, trèfle, oseille ou choux.

Cette pâtée très fortifiante les aide à passer la petite crise de la poussée des plumes, qui se produit vers le huitième ou le neuvième jour.

A ce moment on se trouvera bien de mélanger à leur eau un peu de cidre ou de vin.

Enfin comme complément de nourriture nous jetons toujours sur le sol un peu de graines de millet, de petit blé et d'avoine.

La dernière pâtée est toujours donnée le plus tard possible afin que durant la nuit, son jabot étant plein, la croissance du poussin ne subisse pas de ralentissement.

Nous pouvons affirmer avoir obtenu par ce régime des sujets tout à fait hors ligne comme vigueur et comme précocité.

Lorsque les couvées sont très précoces il n'est pas prudent, aussitôt leur naissance, d'exposer les poussins à l'air libre ; il faut leur éviter les brusques changements de température assez fréquents dans les premiers mois de l'année. Il est préférable, à cette époque, de transporter la poule avec ses petits dans une pièce chaude, bien préparée pour la circonstance et de les y garder une quinzaine de jours, ne les laissant sortir que lorsqu'il apparaît un rayon de soleil.

Il arrive un moment où la poule commence à se fatiguer de ses petits ; elle les rebute continuellement. Il est prudent, à ce moment de l'en séparer et de la rendre au poulailler.

La boîte à élevage doit posséder des dimensions suffisantes pour que les poulets l'habitent jusqu'à leur complet développement. On prend seulement la précaution de retirer le grillage du milieu et il est bon aussi d'établir un perchoir placé à $0^{m},25$ du sol où les poulets commencent à se percher. Le départ de leur mère ne les peine point outre mesure, et ils continuent à venir coucher dans leur boîte d'élevage, comme par le passé.

Les soins qui viennent ensuite doivent être énumérés autre part, ce chapitre n'étant relatif qu'à l'incubation et à l'élevage naturel des poussins. Nous conclurons en priant les éleveurs de bien réfléchir que de ces premiers soins dépend tout le succès de l'élevage.

Si durant les *dix* premiers jours les poussins sont soignés avec une attention et une régularité excessives, si aucune mesure d'hygiène n'est négligée, on pourra être certain d'avoir un résultat superbe.

CHAPITRE III

ÉLEVAGE ARTIFICIEL

L'INCUBATION

HISTORIQUE

Recueillir en quelques jours plusieurs douzaines d'œufs dans son poulailler ou dans ceux de ses voisins, les installer symétriquement au fond d'une boîte ou d'un tiroir *ad hoc*, et voir, au bout de dix-neuf à vingt-un jours, éclore de petits poussins vivaces et piailleurs, n'est-ce pas une des surprises les plus amusantes que la science moderne puisse nous faire éprouver.

Quelque curieux que soit le fait, il est loin d'être nouveau, et, s'il n'est guère connu que par ouï-dire du grand public, il n'en est pas moins entré dans la pratique depuis une vingtaine d'années.

Vingt ans! c'est bien peu lorsque l'on songe qu'il est question de l'éclosion artificielle des œufs dans Aristote, et que, plus tard, Pline, le naturaliste, en fit également mention. Ces deux excellentes gens nous apprennent que les anciens Egyptiens mettaient leurs œufs dans des vases qu'ils enterraient ensuite en les recouvrant de fumier pour y entretenir une chaleur régulière. On suppose que les Chinois, si avancés anciennement comme civilisation, connaissaient ce procédé bien avant les Egyptiens ; ils s'en servent encore d'ailleurs pour faire éclore les œufs de cane.

Les Egyptiens remplacèrent, on ne sait à quelle époque, ce procédé primitif par l'incubation artificielle à l'aide de fours couvoirs appelés *mammals*, qui fonctionnent encore aujourd'hui dans un certain nombre de villages dont Bermé est le centre. On donne le nom de Berméens aux habitants de ces villages.

Le *mamal-el-katakgt*, ou *el-farroug* (fabrique à poulets), dont ils se servent, est à demi souterrain et se présente, en sa partie principale — non apparente extérieurement — sous une forme rectangulaire. Ce rectangle est divisé en six chambres ou cellules traversées par un couloir qui, en avant, longe, en faisant une courbe très accusée, la partie gauche du rectangle, et va rejoindre une pièce en forme de rotonde, où se tiennent habituellement les employés du couvoir. A cette chambre, se trouve adjointe une petite pièce où les œufs sont serrés. Du côté opposé, à l'autre extrémité du couloir existe une autre pièce également en forme de rotonde, où sont remisés des paquets d'étoupe. Dans la partie qui se trouve entre les cellules, le couloir est parsemé d'un certain nombre de piliers courts et carrés sur lesquels le conducteur du four saute sans avoir à craindre d'écraser les poussins qui circulent librement autour les premiers jours qui suivent leur éclosion. Les six cellules dont il vient d'être parlé sont autant de fours-couvoirs ; elles se terminent intérieurement en voûte et sont coupées, environ vers le milieu, par une cloison en briques, percée elle-même d'un large trou carré. Les œufs sont placés dans la partie inférieure, le feu entretenu dans la partie supérieure, dans des rigoles *ad hoc*, au moyen de matériaux composés de paille hachée, de bouse de vache et de fiente de chameau. Les œufs sont mirés le dixième jour et transportés aussitôt après dans la partie supérieure du four, dont le feu est éteint, mais la chaleur retenue et réverbérée par suite de la construction ingénieuse du couvoir ; de plus, toutes les issues sont bouchées avec les paquets d'étoupe mis en réserve pour cet usage.

Les meilleurs couvoirs sont ceux construits en briques, les éclosions manquant souvent, par les temps de pluie, dans ceux construits en torchis, pisé ou matériaux de ce genre.

Lorsque les Egyptiens mettent un four couvoir en marche, pour se rendre compte s'ils possèdent la température qui leur est nécessaire, ils se servent d'un mélange de suif et de beurre dont la fusion leur donne des indications suffisantes.

Les habitants apportent à chaque propriétaire des mamals trois œufs pour lesquels ils reçoivent deux poussins. Ces poussins sont ordinairement élevés par des femmes. Elles en ont parfois trois ou quatre cents à la fois et les tiennent bien sèchement et bien chaudement, car ces petits animaux demandent de grands soins, surtout les trois premières semaines.

Dans le jour, elles les mettent sur les terrasses qui couvrent leurs maisons et les abritent soigneusement pendant la nuit.

M. Maurice Lecesne a donné dans l'*Acclimatation*, journal des éleveurs, des détails fort intéressants sur un système de four égyptien, qui n'est pas tout à fait le même que celui que nous décrivons, mais repose sur les mêmes principes. Ainsi qu'on peut le voir, cette description est accompagnée de détails fort curieux :

« Le personnel d'un four à poussins, écrit M. Lecesne, se divise en deux classes bien distinctes : les *Farargui* (marchands de poules) et les *Birmaouï* (natifs de Birma). Les *Farargui* s'occupent de l'achat des œufs et du placement des poussins ; les *Birmaouï*, au nombre de trois, ont à leur charge le travail du four et sont responsables de son bon fonctionnement. Ils sont engagés par les Farargui à Birma, province de Garbech (basse Egypte), au prix de 30 francs par mois, plus la nourriture et une part des poussins. Les Birmaouï s'adonnent, de père en fils, à la conduite des fours à poulets, et les Farargui eux-mêmes, avec lesquels ils sont journellement en contact, ignorent leurs procédés.

« L'incubation artificielle n'est pratiquée que durant trois mois de l'année, du 15 janvier au 15 avril ; pendant la saison des pluies aussi bien que pendant la période des grandes chaleurs, qui coïncide avec l'humidité des nuits, la température serait en effet très nuisible aux poussins nouvellement éclos. Dès le 20 décembre, les Birmaouï se rendent chez le propriétaire qui les a pris à gage ; ils remplissent le four de paille de fève, y mettent le feu et ferment toutes les ouvertures. A défaut de paille de fève, ils emploient d'autres matières combustibles, notamment le fumier de cheval, mêlé de trèfle sec haché.

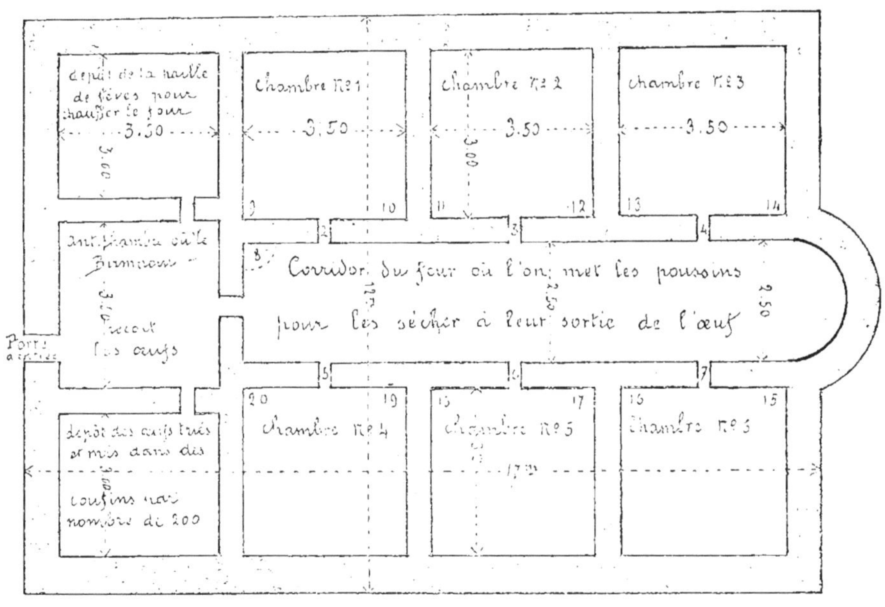

Fig. 87. — Four égyptien.

« Ce premier feu couve pendant vingt ou vingt-cinq jours et sert à chauffer les parois du four qui sont construites comme toutes les maisons des fellahs (cultivateurs), en terre mêlée de paille et de fumier.

« Pendant ce laps de temps, les Farargui doivent faire apporter les œufs que leurs agents ont achetés dans les *esbehs* (fermes) des villages environnants, à à raison de 1 fr. 50 ou 2 francs le cent et les Birmaouï ne se mettent au travail que lorsqu'ils ont au moins trente mille œufs en dépôt.

« Accroupi sur une natte de paille, le Birmaouï reçoit les œufs du Farargui qui lui en passe toujours cinq à la fois ; il prend deux œufs de la main gauche, trois dans la main droite, et, les faisant voltiger, pour ainsi dire, d'une main à l'autre avec une rapidité telle que l'on peut à peine suivre son mouvement, il trie ainsi, sans les regarder, cinq à six mille œufs dans une journée, et écarte tous ceux qui sont fêlés ou trop petits.

« Si l'on prend au hasard un de ces œufs mis de côté par le Birmaouï et qu'on l'examine avec le plus grand soin, on ne saurait distinguer la moindre fêlure, mais si l'on appuie légèrement sur les extrémités, une fente se produit aussitôt.

« Les Birmaouï doivent rendre en poussins 75 p. 100 des œufs qu'ils ont ainsi acceptés ; s'il y a excédent, c'est à leur profit ; s'il y a déficit, ils sont responsables de la différence. Ils commencent par mettre *six mille* œufs dans l'*étage inférieur* de la chambre n° 1 du plan ; trois jours après, *six mille* œufs dans la chambre n° 2 ; quatre jours après, *six mille* œufs dans la chambre n° 3 ; trois jours après, *six mille* œufs dans la chambre n° 4 ; quatre jours après, *six mille* œufs dans la chambre n° 5 ; trois jours après, *six mille* œufs dans la chambre n° 6.

« Pendant les trois mois que dure l'incubation, les Birmaouï placent aux endroits indiqués sur le plan, sous les numéros 8 à 20, des vases en terre contenant de la braise de paille de fève, afin d'entretenir une chaleur toujours égale, qui ne doit pas dépasser 30 degrés centigrades, et comme la porte du four reste toujours fermée, ils travaillent absolument au milieu de la fumée. Ils retournent les œufs trois fois dans les vingt-quatre heures, et le troisième jour, ils les mirent un à un et voient d'un coup d'œil si l'œuf est clair ou fécondé ; les premiers leur appartiennent, et ils les font vendre au marché. Le douzième jour, ils placent les œufs à l'*étage supérieur* des chambres, et le vingt et unième jour, ceux de la chambre n° 1 commencent à éclore et sont immédiatement remplacés par de nouveaux œufs.

« Au moment de l'éclosion, on voit à chaque instant des poussins qui brisent leurs coquilles et prennent leurs ébats sur leurs congénères, qui ne sont pas encore éclos. Placé à l'ouverture du four (n°s 2 à 7 du plan), le Birmaouï imite le caquetage de la poule pour appeler les poussins et aide les plus faibles à briser leurs coquilles ; il les entasse ensuite dans le corridor, qui est recouvert de paille hachée et chauffé par le voisinage des fours, et les laisse sécher pendant deux ou trois jours sans leur donner aucune nourriture. Après ce laps de temps, le Birmaouï consigne les poussins au Farargui, et n'a plus à s'en occuper.

« Dès que les Farargui ont pris livraison des poussins, ils s'empressent de les mettre en vente, à raison de *cent piastres courantes* (12 fr. 96 le 100) ; ils écoulent assez rapidement les premières couvées dans les villages environnants ; puis ils vont jusqu'à 20 et 30 kilomètres pour placer leur marchandise chez les fellahs et même chez les bédouins nomades. Quand ils ne peuvent plus vendre au comptant, ils ont recours à une sorte de cession en compte social, et donnent les poussins aux gens du pays, qui en prennent trois ou quatre cents à la fois et se chargent de les élever. Les femmes arabes, auxquelles leurs maris ne donnent jamais une seule piastre, ont, par contre, à leur disposition, le magasin de blé, orge ou maïs ; elles sont donc très heureuses de prendre des poussins aux Farargui, et elles les élèvent avec le plus grand soin, en les logeant sur un terrain sec et préservé surtout de l'humidité.

« Le placement se fait d'abord de compte à demi, c'est-à-dire qu'après deux mois, les Farargui réclament la moitié des poussins qu'ils ont donnés à élever, quelle que soit la perte qu'a pu subir la personne qui s'en est chargée. Puis en compte tiers, réception après trois mois ; en compte quart, réception après quatre mois ; en compte cinquième, réception après cinq mois, et ainsi de suite, jusqu'en compte huitième, réception après huit mois.

« Les premiers poussins sont, comme nous l'avons dit, vendus au comptant à raison de 100 piastres courantes le cent ; les seconds, placés en compte à demi, sont vendus au marché 4 piastres la paire, soit 100 piastres les 25 paires que reprend le Farargui après deux mois ; les troisièmes 6 piastres la paire, soit 99 piastres les 12 paires et demi ; les quatrièmes, 8 piastres la paire, soit 100 piastres les 12 paires et demi, les cinquièmes, 10 piastres la paire ; les sixièmes, 12 piastres la paire ; les septièmes, 14 piastres la paire et les huitièmes 16 piastres la paire. Ce mode de placement est très ingénieux, car il permet aux Farargui qui tiennent une comptabilité très en règle de vendre toujours leurs poussins sur le taux de 100 piastres courantes le cent.

« Le four de Galawa, dont le plan est ci-annexé (fig. 87), a produit en 1891 quatre-vingt-seize mille poussins. »

Le consul général des Etats-Unis dans un rapport fait à son gouvernement au sujet de l'industrie des poussins en Egypte, décrit un couvoir qui contient *douze* salles d'incubation susceptibles de couver 7,500 œufs à la fois. Sur 270,000 œufs par saison, cet établissement fait éclore 234,000 poussins.

D'après ce rapport, l'Egypte ferait encore éclore aujourd'hui 75 millions d'œufs par an dans des établissements analogues.

Une partie de ces faits étaient connus des Grecs et des Romains qui essayèrent, mais sans succès, d'introduire chez eux le procédé égyptien.

Charles VII fit construire des fours à Amboise ; il fit même venir des conducteurs de fours égyptiens, mais cet essai ne réussit point en France, Plus tard, le Régent, ayant besoin d'argent, songea à établir dans toute la France des fours couvoirs dans le genre de ceux des Egyptiens, en s'en réservant le monopole, mais la mort vint interrompre ce projet avant qu'il pût être mis à exécution.

Vessling, médecin de Padoue, fit aussi des tentatives pour introduire en Europe les méthodes d'incubation artificielle ainsi que Nieburg, savant suédois, que le roi de Danemark envoya spécialement en Egypte pour y étudier le fonctionnement des fours couvoirs.

Porta, physicien italien, fit construire un couvoir portatif basé sur l'utilisation de l'air chaud, d'après le système des Egyptiens, mais l'Académie de Rome prit ombrage de ces tentatives qui lui semblaient devoir dépasser les bornes du savoir humain et ordonna la destruction de ce couvoir. Porta dut se considérer heureux de ne pas avoir été condamné à être brûlé pour crime de sorcellerie.

Puis vint Réaumur qui, en France, poussa très loin l'étude de l'incubation artificielle, mais sans suivre les procédés égyptiens qu'il avait cependant consciencieusement étudiés. Son tonneau d'incubation était des plus ingénieux : il y entretenait une chaleur constante de 32 degrés à son thermomètre au moyen de fumier de cheval dans lequel ce tonneau se trouvait enterré. Le dessus du tonneau se trouvait fermé par des rondelles en bois, assez semblables à celles qui se trouvent sur les fourneaux, ces rondelles étaient percées de trous qu'il débouchait lorsqu'il avait besoin de produire un abaissement de la température (fig. 88).

Fig. 88. — Tonneau d'incubation d'après Réaumur.

Réaumur ayant remarqué qu'une certaine quantité d'humidité était nécessaire pour la bonne réussite de l'éclosion, imagina de se servir d'un œuf frais comme hygromètre, mais cet œuf subissant lui-même les phases de l'incubation, il le remplaça par un œuf vide dont l'ouverture était bouchée par de la cire.

Ses premiers essais avaient été faits au moyen de fours de boulangers et n'avaient pas donné de mauvais résultats, mais Réaumur espérait obtenir une température plus égale avec la chaleur dégagée par le fumier. Il commença par établir une épaisse couche de fumier dans laquelle il pratiqua plusieurs fosses (fig. 89) où reposaient les œufs, mais les vapeurs produites par la fermentation du fumier ne tardèrent pas à corrompre les œufs, c'est alors que l'on imagina son tonneau.

Ce tonneau lui-même fut remplacé par une sorte de four (fig. 90) également chauffé au moyen du fumier ; les œufs y étaient introduits par un petit chariot à roulettes dans lequel ils reposaient tout le temps de l'incubation, la manipulation en était beaucoup plus facile que dans les tonneaux, mais le calorique dégagé n'était pas suffisant. Réaumur essaya de suppléer au manque de chaleur en introduisant dans son four des terrines pleines de cendres chaudes. C'est après cette dernière tentative qu'il abandonna ses essais d'incubation artificielle.

Un peu plus tard, l'abbé Copineau fit de nouveaux essais d'incubation artificielle. Il fit sauter le plafond de la chambre qu'il habitait afin de laisser passer le dôme du four-couvoir qu'il construisit et qui avait un peu la forme des huttes

Fig. 89. — Couches d'incubation d'après Réaumur.

qu'édifient les Sioux et les Apaches. Ce four était chauffé par une lampe et l'on peut le considérer comme le point de départ des incubateurs modernes.

Le résultat des essais de Réaumur et de Copineau fut médiocre.

Après Copineau vint la méthode de *Dubois*, puis celle de *Bonnemain*. Cette dernière fut publiée en 1816.

Bonnemain, physicien à Nanterre, est le premier qui, dès 1777, établit des fours-couvoirs susceptibles de communiquer la chaleur aux œufs, par le moyen de la circulation de l'eau chaude.

Bonnemain fit de longues recherches, et, après bien des tentatives infructueuses, il fonda un établissement, 4, rue des Deux-Portes, à Paris, où il possédait des couvoirs assez vastes pour lui donner mille poulets par jour. Il est accusé d'exagération ; mais, quoi qu'il en soit, l'histoire témoigne qu'il fournissait en toutes saisons des poulets à la cour impériale de France, et qu'il inondait les marchés de Paris de ses produits.

Les événements désastreux de 1814 causèrent la ruine de ce bel établissement.

Bonnemain publia une brochure en 1816, pour donner un aperçu de ses couvoirs avec régulateur du feu ; mais, comme il le dit, sa méthode est sa propriété, elle est le fruit de plus de cinquante ans de travaux et de profondes méditations.

Dans cette brochure, il ne donne pas la clef de sa méthode ; mais il demande des souscripteurs pour l'achat de ses couvoirs ; et, pour attirer les amateurs, il donne la statistique des bénéfices que chaque couveuse peut donner par an.

1° Une couveuse de deux cents œufs, dit-il, qui travaillerait toute l'année, ferait environ dix-huit couvées. Il n'accorde la réussite qu'aux deux tiers des

Fig. 90. — Chariot à roulettes d'après Réaumur.

poulets, qui, vendus à trois mois, à raison de 1 fr. 20 centimes la pièce, donneraient la somme de 2,850 francs, puisqu'il ne compte que sur l'éclosion de deux mille trois cent soixante-seize poussins. Il réduit moitié pour les frais, et il trouve le bénéfice de 1,425 francs.

2° Une couveuse de dix mille œufs, qui travaillerait toute l'année, ferait dix-huit couvées ; il n'accorde la réussite qu'aux deux tiers des œufs, ce qui donnerait onze mille neuf cent vingt poulets à 1 fr. 20 centimes le poulet, et produirait la somme de 143,000 400 francs ; il en déduit la moitié, et il reste un bénéfice de 71,710 francs.

Bonnemain assure avoir obtenu les succès qu'il désigne pendant quinze ans, et ce n'est qu'après la ruine de son établissement par l'armée étrangère qu'il demande aide et protection au gouvernement, aux capitalistes, aux amateurs et aux éducateurs

Les uns et les autres lui ont fait défaut, soit par dédain, soit par suite des circonstances politiques de l'époque.

Le prix de ses couveuses était très élevé, celui des petites était fixé à 10 francs l'œuf, et celui des grandes à 3 francs.

Son régulateur du feu fut considéré comme une invention très utile aux arts économiques.

Lemare et Sorel vinrent ensuite. Lemare construisit un couvoir à peu près semblable à celui de Copineau. Sorel se servit d'un appareil à compression d'eau chaude.

Mais, ainsi que Réaumur l'avait remarqué le premier, l'appareil donnait des résultats assez satisfaisants, puis les éclosions diminuaient progressivement aux essais suivants, le dégagement de l'acide carbonique produit par les œufs acidifiant les appareils et les rendant, croyait-il, impropres à l'incubation.

En 1844, M. Bir, fabricant à Courbevoie, envoya à l'exposition de cette année une boîte-couvoir contenant soixante œufs.

En 1848, M. Vallée, conservateur de la galerie des serpents au Muséum du Jardin des plantes, à Paris, envoya également à l'exposition de cette année une boîte-couvoir pouvant faire éclore jusqu'à cent poulets. Ces deux couvoirs, modification de celui de Bonnemain, mais beaucoup plus petits, sont chauffés avec des lampes. De l'aveu même de M. Vallée, son couvoir ne peut entrer en grand dans la pratique ; c'est un meuble d'amateurs et de curieux.

Vers la même époque, parut le couvoir de M. Adrien jeune et Tricoche, qui fondèrent un établissement d'éducation en grand à Vaugirard.

Ce grand couvoir pouvait incuber mille cinq cents œufs à la fois, et son prix était de 3,000 francs.

Voici la description qu'en donne M. Mariot-Didieux :

« Ce couvoir se compose d'une vaste chaudière en zinc, qui reçoit dans son intérieur et son centre un cylindre en tôle de *six* centimètres de diamètre et qui traverse cette chaudière de part en part, de manière à avoir jour aux deux extrémités. Ce cylindre est destiné à contenir du charbon, et il est pourvu de soupapes pour augmenter ou modérer la combustion. La chaudière a la forme d'une cloche renversée et porte à son tiers supérieur une échancrure transversale de un mètre d'étendue. A cette large échancrure s'adapte une toile en caoutchouc ou gomme élastique galvanisée de 3 mètres de longueur et de 1 mètre de large. Cette toile ou plutôt cette nappe élastique, s'étend horizontalement, en forme de table soutenue par des pieds, à *un* mètre de hauteur du sol ; elle est fixée et en quelque sorte lattée sur les côtés de la table. A l'autre extrémité de la nappe existe un réservoir en zinc de la largeur de la toile ; ce réservoir lui est inférieur ; il a *dix* centimètres de profondeur et *six* de largeur.

« Ce réservoir est pourvu de deux tubes en zinc ou en plomb, qui descendent obliquement ou rétrogradent au-dessous de la table pour venir se terminer au fond et dans l'intérieur de la chaudière.

« La nappe fixée et bien nivelée avec l'échancrure de la chaudière et le bord supérieur du petit réservoir en zinc qui est à l'autre extrémité, on remplit la chaudière d'eau, l'eau finit par sortir par l'échancrure qui est pratiquée dans la chaudière, s'étend sur la nappe, remplit le réservoir de l'autre extrémité et les tubes rétrogrades. Quand l'eau est nivelée à *deux* centimètres d'épaisseur sur la nappe, la quantité est suffisante.

« Cette opération terminée, on allume environ *un* kilogramme de charbon dans l'intérieur du cylindre.

« L'eau chaude, étant plus légère que la froide, vient à la surface de la chaudière, sort par l'échancrure qui y est pratiquée, s'étend sur la nappe, chasse la froide, et vient en se refroidissant tomber dans le petit réservoir, où les deux tubes rétrogrades la conduisent au fond de la chaudière pour y être chauffée de nouveau, et venir successivement faire le même contour. Ce système est encore une modification de la couveuse Bonnemain.

« Cette eau en circulation lente et permanente est un effet de la plus grande légèreté de l'eau chaude, qui vient à la surface de celle qui est froide.

« L'eau bouillante d'une chaudière n'est pas également chaude partout. Celle de la surface l'est beaucoup plus que celle qui est au fond, et c'est sur cette découverte que Bonnemain a fondé son système de circulation d'eau chaude pour établir ces couvoirs.

« Cette eau, étendue sur la nappe, doit acquérir 35 à 36° de chaleur, au thermomètre de Réaumur, ou 45 à 46° centigrades.

« Ce degré de chaleur serait trop considérable pour incuber les œufs, mais, comme ceux-ci sont placés sous la toile, ils n'en reçoivent que 30° Réaumur, ou 40° centigrades, ce qui est le degré fourni par les poules, dans l'incubation naturelle.

« Ces degrés peuvent varier de 25 à 32° Réaumur, mais pas au delà, pas au-dessous.

« L'eau, ainsi distribuée et réglée, est restée jusqu'ici à ciel ouvert sur la nappe. Celle-ci doit être couverte avec des planches ou liteaux en bois blanc et léger; ce couvercle est luté avec du mastic pour éviter le refroidissement et l'évaporation de l'eau ; il est ensuite recouvert d'une couche de sable de 4 centimètres d'épaisseur, et muni de bords relevés de chaque côté, parce que plus tard il servira d'étuve pour les jeunes poulets; ceux-ci y trouveront de l'air et de la chaleur.

« La surface de ce couvercle est percée aux deux extrémités pour recevoir un tuyau qui plonge dans l'eau qui circule sur la nappe ; on y plonge des thermomètres qui y restent toujours, mais qui se retirent à volonté pour s'assurer du degré de l'eau en circulation. Ce degré peut s'élever ou s'abaisser, suivant les besoins, au moyen des soupapes du cylindre qui activent ou ralentissent la combustion du charbon.

ÉTUVES

« Nous voyons, d'après ces dispositions, la chaudière vide de son tiers supérieur; un couvercle est adapté à la surface de l'eau chaude, de manière à former un évasement creux et libre à la partie supérieure de la chaudière.

« Ce vide est muni de deux couvercles mobiles et à charnières qui ferment le haut de la chaudière. C'est dans cette étuve, dont le fond est garni d'un linge en laine, que doivent être placés les poulets qui naissent, pour les sécher et leur fournir la chaleur nécessaire aux deux premiers jours. Le haut de la table, dont le sable est chaud, peut être converti en étuve ; mais il est préférable d'en faire leur première cour aux ébats.

TIROIRS A INCUBATION

« Au préalable, la table est agencée de manière que le dessous de la table repose sur des liteaux en bois qui en supportent le poids. Ces liteaux sont distancés de manière à former des carrés nus, où devra reposer le dessus des tiroirs qui contiendront les œufs.

« Ces tiroirs sont sur deux rangs, parce qu'un liteau longitudinal partage en deux longueurs le dessous de la toile. Chaque tiroir a un peu moins d'un 1/2 mètre de longueur et *trente-cinq centimètres* de largeur, *huit centimètres* de profondeur ; il a à peu près la forme des tiroirs de nos petites tables carrées, excepté que le fond est en toile métallique pour y faciliter la circulation de l'air dont l'œuf aura besoin pendant l'incubation. Chaque tiroir est rempli d'une quantité suffisante de balles d'avoine sur lesquelles reposent les œufs et ceux-ci doivent être de niveau avec les bords du tiroir. Chaque tiroir est à peu près large et long comme les carrés du dessous de la toile.

« Comme les œufs doivent toucher le dessous de la toile, comme ils touchent le ventre de la poule qui couve, ces tiroirs sont difficiles à placer convenablement. MM. Adrien et Tricoche ont imaginé de placer sous les tiroirs des mancherons plats et dont la largeur calculée fait que, après avoir posé le tiroir rempli d'œufs sur ces deux mancherons, on les tourne de champ et le tiroir se trouve enlevé de manière que les œufs touchent la face inférieure de la toile.

« Cette toile étant chaude et humide, et fournissant à la face supérieure de l'œuf de 28 à 30° degrés de chaleur, il s'ensuit qu'on a réuni toutes les conditions de l'incubation naturelle.

« Chaque côté de la table reçoit quinze tiroirs et chaque tiroir cinquante œufs.

« Les tables plus grandes ne fourniraient pas la chaleur nécessaire à l'extrémité la plus éloignée.

« Ce couvoir est alimenté de charbon deux fois par jour. Le degré de chaleur varie très peu, cependant il a besoin d'être examiné et vérifié de quatre en quatre heures.

« Nous avons vu fonctionner cet appareil pendant cinq mois consécutifs avec un succès qui ne s'est pas démenti une seule fois. L'incubation de quinze cents œufs donne naissance à environ douze cents poulets forts, vigoureux et bien portants. »

Malgré les affirmations de M. Mariot-Didieux nous avouons n'avoir qu'une très médiocre confiance dans la réussite des couvoirs Adrien et Tricoche ; nous avons tenu à en reproduire la description parce qu'ils sont intéressants, au point de vue de l'histoire de l'incubation artificielle, mais on ne doit pas leur accorder d'autre importance.

Il est à noter d'ailleurs que ces couvoirs, basés sur les principes de Bonnemain, furent abandonnés au bout de cinq à six ans.

Terminons cette étude historique en citant quelques cas d'incubation dans lesquels l'oiseau est plus ou moins étranger.

∴

L'autruche ne couve pas ses œufs, elle se contente de les déposer dans le sable en plein soleil lorsqu'elle vit sous un climat très chaud. Sous une température moins élevée dont elle mesure exactement l'insuffisance, elle les couve alternativement avec le mâle, à moins que la température ne s'élève auquel cas, comme nous venons de le dire, elle abandonne ses œufs à la chaleur solaire.

Le flamant donne à son nid la forme d'un cône tronqué et le constitue avec une sorte de mortier composé de matières végétales ; il ne couve que la nuit, mais, par sa forme particulière le nid présente une surface qui permet la conservation et surtout la réverbération de la chaleur qui, durant le jour, remplace la couveuse absente.

Le talégalle, gallinacé d'Australie, met ses œufs au milieu de petits tas de matériaux fermentescibles formés par ses soins, avec un grand art, surveillés et très convenablement entretenus par lui, durant toute la durée de l'incubation, à laquelle mâle et femelle ne prennent, ainsi qu'on le voit, qu'une participation indirecte.

Une incubation à laquelle les oiseaux sont encore plus étrangers est celle des œufs de canards telle qu'elle se pratique chez les Indiens Tagales de Luçon (Philippines). En ce pays ce sont les hommes qui remplissent les fonctions de couveuses et ce métier de l'incubation humaine s'apprend et se pratique comme chez nous celui de serrurier, tourneur, plombier, etc.

Le couveur s'emprisonne, durant toute la durée de l'incubation, dans une petite cabane construite en paille, ayant forme de ruche, mise en lieu sec, abritée du vent et exposée aux rayons du soleil. Il maintient contre sa poitrine les œufs renfermés dans un filet à mailles. Chaque jour sa nourriture lui est passée par une petite ouverture ménagée dans une des parois de la cabane d'où il ne sort qu'après l'éclosion des poussins.

Ces dernières citations établissent d'une manière évidente qu'il est possible de faire éclore des poussins sans le concours de la poule.

Dans un exposé rapide, nous avons tenu à donner à nos lecteurs une idée des phases par lesquels l'incubation artificielle a passé avant d'arriver au point où elle en est aujourd'hui. Il nous a paru indispensable de relater ces recherches puisqu'elles ont servi de point de départ pour la construction des appareils modernes dont nous allons nous occuper maintenant.

LA COUVEUSE MODERNE

Il existe un certain nombre d'appareils d'incubation en France de mérites égaux ; les plus connus sont ceux de MM. Roullier et Arnoult, Voitellier, Martin, Philippe, Fanfillon, Bouchereaux et Lagrange.

Tous distribuent la chaleur au-dessus des œufs au moyen de l'eau chaude qui se trouve réchauffée par des briquettes, par des lampes ou simplement renouvelée. Nous allons les décrire très brièvement, les gravures que nous en publions en donnant à nos lecteurs une idée suffisante.

Commençons par celui de MM. Roullier et Arnoult.

C'est tout simplement une boîte en bois de forme cubique, renfermant un réservoir à eau chaude et un tiroir à œufs qui se trouve placé au-dessous (fig. 91).

Fig. 91.

Au milieu du réservoir à eau chaude et le traversant dans toute sa largeur, se trouve réservée une ouverture dans laquelle on place une briquette de charbon aggloméré pour maintenir l'eau à la température nécessaire.

Ces couveuses se font de toutes grandeurs, certaines, comme celle figurée plus loin (fig. 92), de 500 œufs, possèdent une sécheuse vitrée où l'on met les poussins aussitôt après leur éclosion.

Voici ce qu'écrivent MM. Roullier et Arnoult au sujet de leurs appareils :

« La chaleur, venant d'en haut, surplombe toute la surface des tiroirs à œufs et se trouve répartie d'une manière uniforme; les œufs en recevant leur chaleur de haut en bas se trouvent donc dans les mêmes conditions que sous la couveuse naturelle.

« L'aération s'opérant au moyen des tubes latéraux placés de chaque côté de nos appareils, se fait d'une manière régulière ; ces mêmes tubes latéraux servent encore au dégagement de l'acide carbonique produit par les embryons.

« L'humidité nécessaire à l'incubation s'obtient naturellement par la différence même de température qui existe entre le tiroir à œufs et l'air ambiant de l'appareil ; les tubes latéraux mettant en contact les deux températures, il en résulte à l'intérieur du tiroir une vapeur, effet qui se produit, sur les vitres d'une chambre chauffée quand il fait froid au dehors. »

M. Voitelier décrit ainsi sa couveuse (fig. 93 et 94) :

« La chaleur est donnée par l'eau chaude, renfermée dans un réservoir circulaire placé au-dessus des œufs ; ceux-ci reposent sur un fond de bois, garni

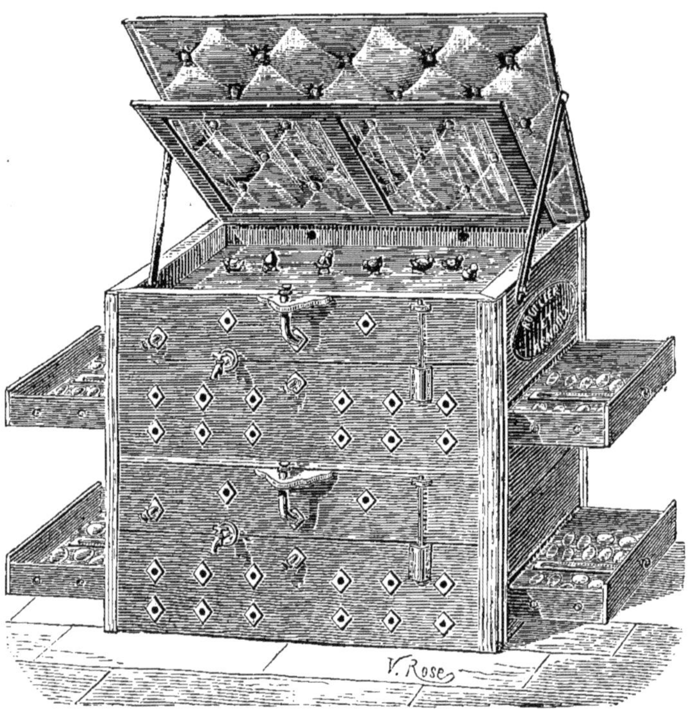

Fig. 92. — Couveuse Roullier-Arnoult.

d'une épaisse couche de sable humide, recouvert d'un lit de paille mince. Les œufs n'ont aucun contact avec le métal, et ne reçoivent aucune chaleur, ni dessous, ni sur le côté ; ils ne sont chauffés que par les rayons caloriques qui, partant du réservoir circulaire, convergent vers le centre, et donnent la même chaleur que la poule quand elle est posée sur son nid. — *Les œufs sont donc uniquement chauffés par-dessus et nullement dessous, ni sur le côté.*

« Par suite de la forme circulaire, la chaleur est exactement la même sur tous les points. Dix thermomètres placés sur toute l'étendue du diamètre marqueraient juste le même degré.

« La paroi extérieure du réservoir est garnie d'une épaisse couche de sciure de bois (un des corps les plus mauvais conducteurs de la chaleur).

« L'eau chaude est ainsi maintenue pendant douze heures à la même température, sans qu'il soit possible de constater au thermomètre plus de 1° 5/10 de déperdition pendant ce laps de temps. Encore cette légère déperdition ne se fait-elle sentir que vers la dixième ou onzième heure. Une faible addition d'eau bouillante, toutes les douze heures, suffit pour entretenir une température parfaitement régulière.

« Pour les personnes qui éprouvent quelques difficultés à se procurer de l'eau bouillante, la température peut être entretenue au moyen d'un *thermo-siphon* d'un nouveau système, très perfectionné, qui se chauffe au gaz, au pétrole, à l'essence, au méthylène, ou au moyen de tout autre produit combustible. La surveillance et l'entretien de ce thermo-siphon sont des plus simples et demandent à peine quelques minutes par jour.

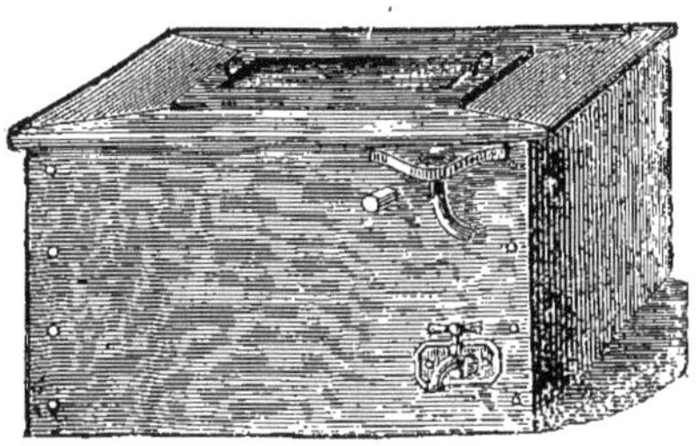

Fig. 93. — Couveuse fermée.

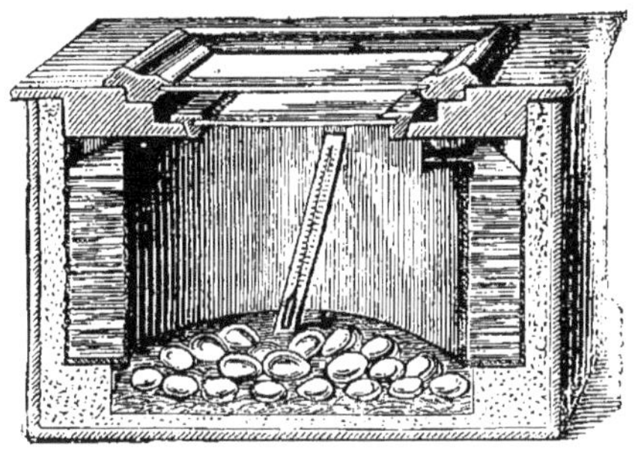

Fig. 94. — Couveuse ouverte.

« Le thermomètre régulateur est placé au milieu des œufs, dans la position verticale. La couveuse n'est fermée que par deux châssis vitrés superposés. Cette fermeture permet de contrôler à chaque instant le thermomètre, sans ouvrir et sans perdre aucune partie de calorique.

« Par suite de ces dispositions, les œufs se trouvent placés dans des conditions absolument identiques à l'incubation naturelle. Ils ont la chaleur *en dessus* et une fraîcheur relative en dessous.

« Tous les œufs de la couveuse étant soumis à une température égale, il est inutile de les changer de place pendant tout le cours de la couvée ; il suffit de les retourner, matin et soir, comme le fait une poule quand elle rentre à son nid après avoir mangé. — Cette opération est très simplifiée par l'emploi des casiers tourne-œufs.

« Les conditions de température régulière, d'aération et de chaleur humide sont réunies et la vapeur, dégagée de temps en temps à l'intérieur de la couveuse, remplace pour les œufs la transpiration de la poule en incubation.

« Ce contrôle permanent de la température peut se faire sans déranger l'économie de la machine, par suite de la transparence des châssis. »

La couveuse bain-marie d'Odile Martin n'est pas la moins intéressante de toutes celles que nous citons ; en outre de la couveuse elle comprend également la sécheuse et l'éleveuse avec parc à poussins. La température de l'eau est maintenue au moyen d'une lampe

Dans la couveuse Philippe (fig. 95) la disposition du réservoir est la même que dans les couveuses Roullier-Arnoult et Fanfillon, mais elle possède un régulateur fort bien imaginé qui ne peut manquer d'avoir une grande influence sur les éclosions.

En voici la description avec figure à l'appui :

« Un tube vertical traverse de part en part le centre de la chaudière, dans ce tube se trouve une tige métallique *b* qui porte à sa partie inférieure sur une plaque *a* placée dans une cavité située au-dessus des œufs.

« Cette plaque *a* est formée de deux petites cloisons métalliques très minces,

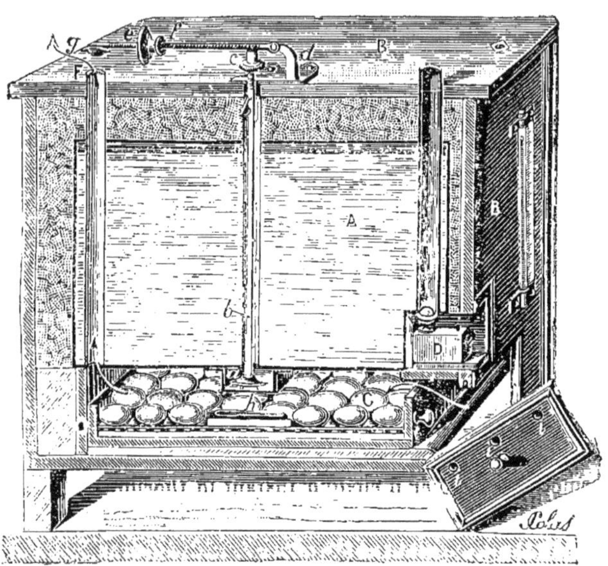

Fig. 95.

soudées par leurs bords et parfaitement étanches. Entre ces deux cloisons se trouve un liquide composé de produits combinés de telle façon qu'il s'évapore à une température voisine de 40 degrés. Les vapeurs produites, occupant un plus grand espace que le liquide, et douées d'une grande force d'expansion, gonflent les cloisons de la plaque *a* et soulèvent la tige *b*.

« Or cette tige *b* supporte à sa partie supérieure un levier mobile *c* coudé en *d* sur le dessus de la couveuse. Ce levier *c* est muni à son extrémité d'une plaque circulaire *g* qui s'applique sur le tube *f* lequel traverse la chaudière et aboutit, dans sa partie inférieure, au fond du tiroir aux œufs.

« L'appareil décrit, voyons comme il fonctionne.

« La température de la couveuse se trouve, supposons, à 40 degrés au moment de l'expérience. C'est la température dont il faut toujours se rapprocher dans tout le cours de l'incubation. Tant que le thermomètre marquera ces 40 degrés la plaque circulaire *g* appliquée sur le tube *f*, le fermera complètement. Mais que la chaleur s'élève d'un degré ; alors le liquide contenu dans la plaque *a* s'évapore ; les vapeurs produites gonflent les cloisons métalliques qui poussent la tige *b* laquelle met à son tour en action le levier *e*, et le tampon *g* se soulève découvrant l'orifice du tube *f*. Aussitôt un courant d'air se produit entre ce tube *f* et des trous d'aération *iii* pratiqués dans les parois de la couveuse. L'air extérieur pénètre dans la chambre aux œufs, rafraîchit la température et la ramène à son point normal, point maintenu automatiquement par son régulateur et au-dessous duquel elle ne peut descendre ; car dès que le thermomètre est revenu à 40 degrés, le liquide contenu dans la plaque *a* se condense, les cloisons métalliques s'affaissent en communiquant ce mouvement de descente à la tige *b*, au levier *e* et conséquemment au tampon circulaire *g* qui vient recouvrir l'orifice au tube *f* et intercepter le courant d'air.

« La tige *b* porte à son extrémité supérieure une partie montée sur vis *c* qui sert à augmenter ou à diminuer la longueur de cette tige suivant les besoins.

« Le levier *e* est également muni d'un contrepoids qui se meut au moyen d'un écrou.

« Ces deux parties du mécanisme servent à régler l'appareil ; voici comment : après avoir obtenu, de la façon qu'on verra plus loin, la température de 40 degrés dans la chambre aux œufs, on manœuvre la tête *c* de la tige *b*, montée sur vis, et le contrepoids *f* de façon que le tampon obturateur *g* s'applique exactement sur l'orifice du tube *f*. Il est bien entendu que le contrepoids n'est pas avancé de manière à exiger trop de force pour que le levier le soulève ; le jeu doit être doux, il faut qu'à la moindre pression communiquée par la capsule *a* le mécanisme fonctionne aisément. C'est une affaire d'expérience, quelques minutes suffisent, et l'appareil est réglé pour une période de temps indéterminée. »

La couveuse Fanfillon (fig. 96), dont nous donnons le dessin ci-après, en outre du réservoir qui domine les œufs, en possède un autre en dessous qui a pour mission d'échauffer l'air extérieur qui entre pour alimenter la respiration de l'embryon. Cette couveuse est bien conditionnée et facile à régler.

Pour terminer nous décrirons la couveuse à réservoir conique de M. A. Bouchereaux.

« Cette couveuse est composée d'une caisse quadrangulaire en bois, de $0^m,80$ sur $0^m,65$ de hauteur.

« Dans cette caisse se trouve placé horizontalement un réservoir en zinc, d'une contenance de 65 litres environ. Ce réservoir est empli et vidé par un système analogue aux autres couveuses ; l'eau qu'il contient est entretenue à une température constante au moyen d'un petit thermo-siphon sous lequel est placé soit un brûleur à gaz, soit une lampe à pétrole. Ce brûleur est muni d'un régulateur au mercure placé à l'intérieur. Ce régulateur n'est autre qu'un fort thermomètre, dans lequel passe le gaz au degré exigé ; le trou donnant passage au gaz se trouve donc entièrement bouché lorsque la température arrive au degré voulu ; le mercure forme obturateur et règle la chaleur à un dixième de degré près ; il est complètement impossible, sans régler à nouveau le thermomètre, de pouvoir dépasser la chaleur nécessaire ; avec ce régulateur aucune pression ni changement de chaleur dans le gaz.

« Un système de tuyautage, réglé avec soin, amène sur les œufs un air toujours renouvelé, qui entraîne en même temps l'acide carbonique. L'air, en arrivant ainsi, se trouve chauffé tout le long du parcours sur le réservoir et ne refroidit pas les œufs. Cet air est donc dans les mêmes conditions que celui qui passe au travers des plumes d'une couveuse naturelle. Au-dessous de ce réservoir se trouve un tiroir dans le fond duquel on placera un peu de paille et de sable.

« Les œufs sont placés sur ce lit, la chaleur dégagée par le réservoir vient s'emmagasiner dans la chambre, et, arrêtée en haut par deux vitrages superposés

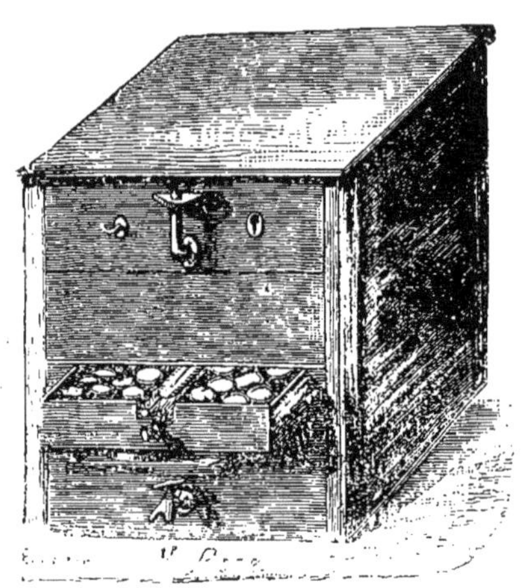

Fig. 96.

(avec une couche d'air entre eux), redescend sur les œufs et fait que ces derniers sont toujours plus chauffés sur la partie supérieure.

« On peut laisser des poussins vingt-quatre heures après l'éclosion, dans la chambre d'incubation, sans que cela nuise en aucune façon à leur bonne venue.

« Cette couveuse, fermée, comme il est dit plus haut, sur le dessus par deux vitres superposées, rend les différentes phases de l'éclosion visibles pour tout le monde.

« En résumé, avec cette couveuse : impossibilité absolue de donner aux œufs plus de chaleur qu'il ne leur en faut, régulateur permettant de modifier cette chaleur à mesure que les embryons prennent de la vitalité, humidité nécessaire à l'incubation et à l'éclosion se donnant peu ou beaucoup, aération constante et naturelle ; enfin beaucoup d'inconvénients de l'incubation artificielle évités.

Dans le cas où l'on jugerait que l'humidité, si nécessaire à la bonne réussite de l'éclosion, n'est pas suffisante, on pourrait se servir d'un vaporisateur rempli d'eau tiède et asperger les œufs à partir du douzième jour de l'incubation, cette aspersion, une fois par jour seulement, en s'arrangeant pour qu'elle ne soit pas dirigée deux fois de suite sur le même côté de l'œuf. Ne pas oublier qu'il ne s'agit pas de mouiller l'œuf mais plutôt de le couvrir d'une légère vapeur tiède.

Nous avons indiqué dix minutes pour le refroidissement des œufs, si la température est très douce on peut les laisser un quart d'heure à l'air sans craindre de retarder l'éclosion excepté les derniers jours où les dix minutes sont bien suffisantes.

Nous venons de recevoir la description d'une nouvelle couveuse qui nous paraît fort bien conditionnée. Le dessin (fig. 97) que nous en donnons vaudra

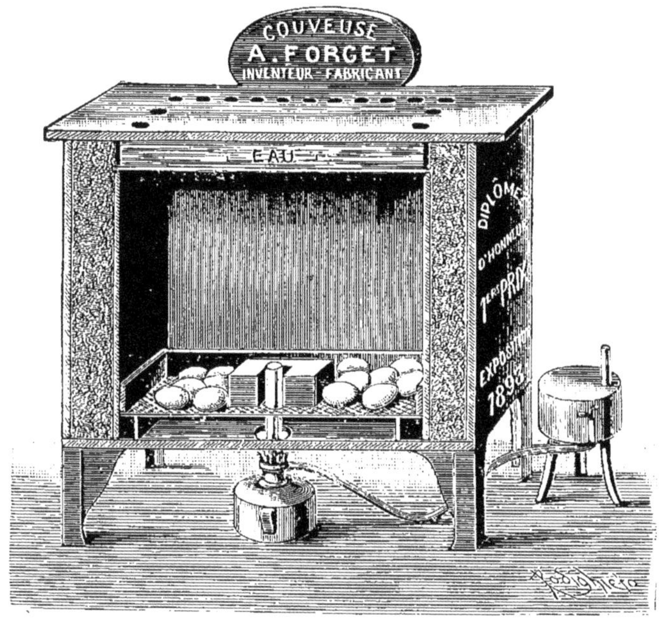

Fig. 97.

mieux qu'une description. Contentons-nous simplement de noter que le manchon entourant le verre de la lampe est rempli d'eau et sert à donner l'humidité nécessaire aux œufs. La lampe est alimentée par un petit réservoir à pétrole qui lui fournit du gaz artificiel ne répandant aucune odeur. Nous approuvons beaucoup ce mode de chauffage.

MIRAGE DES ŒUFS

Lorsque nous nous sommes occupés de l'incubation naturelle nous avons laissé un peu de côté cette question du mirage des œufs qui n'a de réelle importance que lorsqu'il s'agit de l'incubation artificielle. Ici en effet il s'agit en général d'une couvée d'au moins soixante œufs, s'il s'y trouvait une quinzaine ou plus d'œufs clairs on a toujours intérêt à les utiliser. Des œufs clairs qui n'ont encore subi que cinq ou six jours d'incubation peuvent encore parfaitement être utilisés par la cuisine.

Fig. 98.

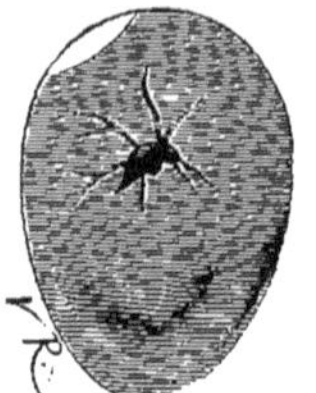

Fig. 99.

Le mirage des œufs dans l'incubation artificielle est non seulement une opération très importante mais très délicate. Il peut s'opérer le cinquième ou le sixième jour de l'incubation et a pour but de discerner les trois cas principaux qui se présentent dans les œufs. L'œuf clair, figure 98; l'œuf faux germe et l'œuf fécondé, figure 99.

Fig. 100. — Mire-œufs.

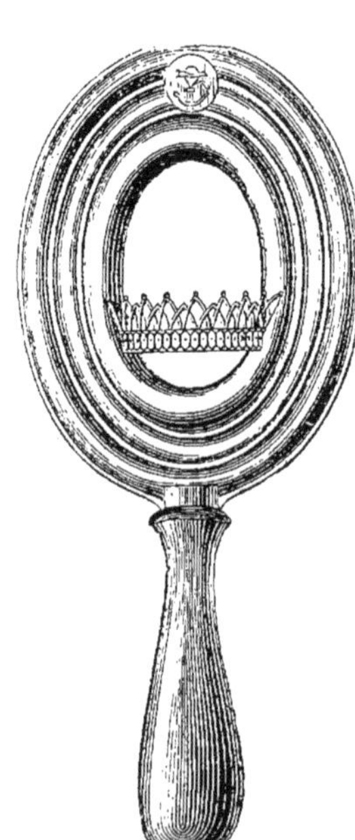

Fig. 101. — Mire-œufs.

L'œuf clair est celui qui, après plusieurs jours d'incubation, a conservé toute sa transparence. L'œuf faux germe présente comme une masse noirâtre, irrégulière, flottant au milieu de l'œuf. L'œuf fécondé laisse apparaître le réseau vasculaire du poussin s'étendant autour d'un petit corps rouge le tout prenant assez l'apparence d'une araignée ayant les pattes étendues. Quand on n'a pas une grande habitude du mirage il est beaucoup plus simple de n'enlever de la couveuse que les œufs clairs, les douteux seront marqués d'un trait de crayon afin savoir s'ils ont été bien jugés.

Certaines personnes mirent les œufs à la main, le soir devant une lampe, la main droite tenant l'œuf le petit bout en bas, la main gauche étendue au-dessus et faisant ombre ; d'autres se servent d'un petit couloir en bois de dix centimètres de longueur dont on applique une extrémité sur l'œuf tandis que par l'autre on regarde.

Il existe une multitude d'appareils à mirer français, anglais, américains, les plus simples sont les meilleurs, les deux que représentent nos figures 100 et 101 sont très commodes, tous les fabricants d'incubateurs en vendent d'ailleurs.

On prendra garde en procédant au mirage des œufs de ne pas les laisser longtemps près de la flamme de la lampe dont la chaleur pourrait tuer l'embryon et de les manipuler avec beaucoup de délicatesse.

ÉCLOSION

Le vingtième jour de l'incubation, parfois même le dix-neuvième, en ouvrant la couveuse, on aperçoit quelques œufs dont la coquille se soulève. Nous voici arrivés au moment de l'éclosion, moment palpitant où, comme des diables sortant d'une boîte à surprises, des petites boules couvertes de duvet vont s'évader de leur prison calcaire pour entrer plus ou moins victorieusement dans l'existence; tous ne sont pas aussi vigoureux les uns que les autres, il en est de débiles, de délicats qui demanderont plus de soins, plus d'attention que les autres.

Le point de la coquille qu'on aperçoit soulevé ne tarde pas bien longtemps avant de s'ouvrir légèrement, c'est ce qu'on appelle, en terme de métier, un œuf bêché. A ce moment le retournement des œufs devient plus délicat encore, il ne faut prendre les œufs qu'avec de grandes précautions, examiner si l'on n'aperçoit pas de point bêché qui doit, en ce cas, être placé sur le dessus, sans quoi le liquide qui reste dans l'œuf pourrait s'accumuler vers l'orifice et mettre le poussin dans l'impossibilité de respirer. On n'opère ce travail qu'aux heures réglementaires du retournement habituel des œufs.

L'ouverture trop fréquente de la couveuse favoriserait le collage des poussins en faisant évaporer l'humidité qui doit régner dans les appareils surtout au moment de l'éclosion. Du dix-huitième au vingt et unième jour, certains éleveurs introduisent même dans leurs couveuses des vases remplis d'eau chauffée à 70°. Nous ne croyons cette précaution nécessaire que si l'on s'était servi d'œufs ayant plus de quinze jours de ponte dont les parties aqueuses auraient par suite, subi une certaine évaporation, mais avec des œufs de huit jours les précautions que nous avons indiquées sont parfaitement suffisantes.

Examinons cependant ce qui se passe dans le cas où la saturation hygrométrique de la couveuse, pour une raison quelconque, serait insuffisante. Le poussin ayant brisé trop brusquement l'endroit bêché, la membrane se trouve déchirée, l'air pénètre alors dans l'intérieur de la coquille et, si le poussin s'est arrêté dans son travail de bêchage, le liquide qui enduit la membrane s'est épaissi, transformé en une sorte de glu qui enserre le pauvre petit, l'ankylose et le met dans l'impossibilité de terminer son travail de délivrance. On conçoit qu'il est préférable de ne pas trop souvent ouvrir son incubateur plutôt que de provoquer cet accident.

Dans ce cas seulement on pourrait intervenir et chercher à sauver le poussin en introduisant dans l'œuf un peu de blanc d'œuf tiède après avoir légèrement agrandi le travail du bêchage, l'œuf est remis ensuite dans la couveuse et, si le poussin est viable, il doit se tirer d'affaire tout seul.

Il arrive parfois que les poussins se promènent au fond de la couveuse avec des morceaux de coquille après eux, quand viendra l'heure du retournement des œufs — seulement à ce moment — on pourra humecter la partie collée avec un pinceau enduit d'huile d'olive tiède et les morceaux de coquille ne tarderont pas à se détacher.

Malgré l'impatience assez légitime de voir de près les nouveau-nés, il faut agir avec beaucoup de sang-froid, veiller à ce que la température se maintienne bien égale, laisser les poussins quelques heures encore après l'éclosion s'essayer à l'existence dans cette étuve qui leur a procuré « la joie de vivre », ne les sortir que lorsque le moment est venu. Alors seulement les coquilles vides seront retirées en même temps que les nouveau-nés, l'éclosion pouvant durer deux ou trois jours, les œufs non bêchés seront retournés comme d'habitude, les autres traités ainsi que nous l'avons dit.

LA SÉCHEUSE

Aussitôt sortis de la couveuse, les poussins seront placés dans la sécheuse dans laquelle on les laissera douze heures.

La sécheuse est une boîte spéciale dont le fond est muni d'un réservoir à eau chaude et recouverte d'un édredon ; elle est construite de manière à donner aux poussins une chaleur douce inférieure à celle de la couveuse, et à laisser pénétrer l'air extérieur auquel ils devront s'habituer.

Des paniers au fond desquels on place des boules d'eau chaude et qu'on recouvre d'une couverture de laine douce ou d'un édredon peuvent tenir lieu de sécheuses.

Le transfert des poussins de la couveuse à la sécheuse ne se fait que lorqu'ils sont déjà ressuyés, que l'air circule bien autour du doux duvet qui les recouvre. Ils sont placés rapidement sous l'édredon afin de ne pas se ressentir de la différence de la température de la couveuse et de l'air extérieur.

On laisse encore les poussins cinq ou six heures dans la sécheuse — on a pris soin de ne pas trop les accumuler s'ils sont nombreux — puis on les retire pendant cinq ou dix minutes, suivant la température ; ils se vident, respirent et prennent un peu de forces. Deux heures après on recommence et quand les douze heures sont écoulées les poussins sont placés dans la mère artificielle.

LA MÈRE ARTIFICIELLE

Il s'agit maintenant de remplacer la poule, de donner aux nouveaux éclos la chaleur toutes les fois qu'elle leur sera nécessaire et, souvent, ils en auront besoin.

La mère artificielle est là, prête à les recevoir, ils s'habitueront à elle, l'affectionneront comme une mère véritable, revenant sans cesse lui demander la bonne chaleur qui les fortifie, les aide à vivre.

Fig. 102.

L'éleveuse ou mère artificielle est en général une boîte carrée dans laquelle se trouve un réservoir d'eau chaude qui est placé au-dessus des poussins, afin que la chaleur se répande sur eux comme avec la poule.

Il existe de nombreux modèles d'éleveuses appropriés aux divers usages auxquels on les destine. Les uns, comme le modèle ci-dessus (fig. 102), se placent dehors entouré d'un petit parc lorsque le temps est beau. Quand le temps n'est pas propice ils restent dans la pièce spécialement affectée à l'élevage des poussins.

D'autres (fig. 103, 104 et 105), munis de vitres, permettent l'élevage des poussins dehors, par tous les temps, mais on prendra bien soin d'abriter des rayons du soleil les éleveuses vitrées soit au moyen de paillassons, mais surtout en les

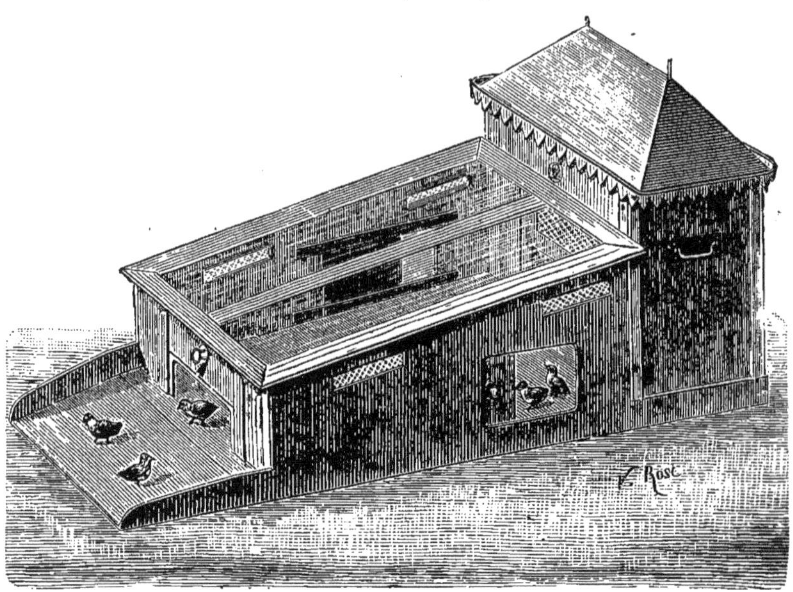

Fig. 103. — Éleveuse vitrée.

Fig. 104. — Éleveuse vitrée.

plaçant sous des arbres touffus au derrière des buissons ; il ne faudrait pas transformer ces chambres d'élevage portatives en serres chaudes dans lesquelles

les poussins au lieu de prendre des forces se débiliteraient, s'étioleraient, finissant par réduire le gentil troupeau à sa trop simple expression.

Fig. 105. — Éleveuse vitrée.

Nous donnons aussi la figure d'un chariot d'élevage (fig. 106) qui rappelle en réduction le poulailler roulant, il ne manque pas d'utilité lorsque l'on possède des prairies à quelque distance de l'établissement d'élevage, la mère artificielle est placée au fond du chariot.

Le plancher de l'éleveuse est ordinairement garni de menue paille, à quelque distance on place des billots ou des augettes garnies de pâtée et, sitôt les poussins placés sous l'éleveuse, commence un mouvement de va-et-vient des plus divertissants. Les plus hardis commencent à sortir, furetant, cherchant pâture et bientôt tombant le bec dans le plat nourricier, les autres ne tardent pas à les suivre, puis on rentre se réchauffer un peu à la chaleur bienfaisante de la mère, on revient becqueter encore et le même manège se répète toute la journée.

Il faudra bien veiller à ce que l'éleveuse soit de dimensions suffisantes pour ne pas nuire au développement des poussins, les fonctions de la respiration sont tout aussi importantes que celles de la nutrition.

En général on ne chauffe les éleveuses que le jour, à moins que la température soit basse ou le nombre des poussins trop peu élevé pour qu'ils ne puissent se réchauffer les uns contre les autres. La température à y maintenir est, suivant l'époque de 20 à 25 degrés. Le système de chauffage est le même que pour les couveuses, mais les variations de température ont ici beaucoup moins d'importance.

Dans le cas où les éleveuses seraient placées dans une chambre d'élevage, la température de la pièce peut aller de 12 à 15 degrés.

Ainsi que nous l'avons dit au chapitre de l'*Élevage naturel*, les poussins doivent passer au moins les vingt-quatre premières heures sans manger, passé ce temps on commence à leur donner la nourriture qui est exactement la même que

Fig. 106. — Chariot d'élevage.

celle déjà indiquée. Les mêmes soins d'hygiène et de propreté sont bien entend nécessaires.

Au bout de trois ou quatre jours, si le temps est beau, il faut faire sortir le poussins, toujours accompagnés de leur mère; on les laissera le plus longtemp possible dehors.

A six semaines les poussins sont hors de danger et, s'ils sont bien venus peuvent se passer de la mère artificielle remplacée par un petit poulailler de dimensions suffisantes pour qu'ils ne puissent y éprouver aucune gêne. Un mois plus tard ils commencent à devenir poulets et nécessitent les soins qui feron l'objet du chapitre suivant.

Quant à l'alimentation des six premières semaines, elle est exactement la même que celle des autres poussins et indiquée dans le chapitre de l'*Élevage naturel*.

L'INCUBATION ARTIFICIELLE INDUSTRIELLE

Nous venons de passer en revue toutes les phases de l'Incubation Artificielle, mais nous devons constater qu'au point de vue industriel elle n'a pris en France qu'un développement restreint. Nous la voudrions voir sortir pourtant des préjugés actuels.

Qu'on se souvienne de la campagne entreprise, il y a une vingtaine d'années, par le comte Foucher de Careil en faveur des industries laitières. Cette campagne a ruiné les vieux monopoles de la fourniture du lait dans les grandes villes, augmenté la consommation et forcé la production.

Il y avait à entreprendre une lutte contre la toute-puissante routine, mais les capitalistes qui ont eu le bon esprit de suivre la voie indiquée par M. Foucher de Careil ont eu grandement à se louer de leur hardiesse. Grâce à cette heureuse initiative, des laiteries furent construites, des fermes modèles créées et l'industrie laitière menée rapidement à son apogée.

Cette œuvre de bon Français enrichissant son pays en développant une des branches de la production nationale, un autre ne pourra-t-il l'entreprendre pour l'Incubation Artificielle, qui, arrivée au degré de perfection que nous recherchons, pourra, seule, augmenter d'une manière sensible l'industrie des Animaux de Basse-Cour qui présente un intérêt beaucoup plus considérable qu'on n'est porté à le supposer.

Plusieurs essais de couvoirs ayant très malheureusement échoué ont peut-être découragé quelques bonnes volontés, ces couvoirs n'étaient assurément pas édifiés d'une façon suffisamment bien comprise.

Lorsqu'il s'agit de mettre en marche une couveuse, de faire de l'incubation d'amateur, une chambre bien saine, comme nous l'avons dit, peut suffire, il en est tout autrement lorsqu'il s'agira de monter une affaire industrielle.

Des bâtiments spéciaux sont absolument nécessaires ; il faut que les conditions d'aération, de tranquillité même y soient minutieusement calculées, que l'épaisseur des murs les mettent à l'abri des variations de température, que les appareils soient assez abrités pour que les déplacements d'air produits par le ouvertures des portes ne se fassent pas ressentir, que la pièce soit suffisamment vaste et bien proportionnée au nombre d'appareils qu'elle devra contenir.

Les couvoirs de MM. Roullier-Arnoult et Voitellier à Gambais et à Mantes sont fort bien installés, ils pourront déjà donner une idée au lecteur de ce que peut être une installation industrielle pour l'éclosion des poussins.

Mais nous constatons avec regret que ces installations sont fort rares en France. MM. Philippe en possèdent également une à Houdan qui fonctionne toute l'année comme les deux précédentes, pourquoi d'autres que des fabricants d'incubateurs ne pourraient-ils réussir aussi ? Il faut bien se persuader d'un fait c'est que, sans les couveuses artificielles, il est difficile en France de mener à bien un élevage industriel qui doit, pour réussir, produire des poussins toute l'année

Fig. 107. — Couvoir de l'École de Gambais.

et surtout à l'époque où les poules ne couvent pas. Par ce moyen seulement nous pourrons arriver à lutter contre les importations d'œufs et de volailles qui se

Fig. 108. — Couvoir de l'École de Gambais.

font chez nous et redevenir, comme par le passé, les fournisseurs habituels de l'Angleterre au détriment de l'Italie et de la Belgique qui ont su nous enlever cette clientèle.

Il existe encore d'autres systèmes de couveuses : « La Haerson », couveuse anglaise et dans les américaines « L'Excelsior Incubator », « Le Monitor », « Surprise Incubator », « Monarch Incubator », etc., qui présentent à peu près toutes les mêmes dispositions générales que celles que nous connaissons. Toutes sont

Fig. 109. — Établissement Voitellier.

chauffées par des lampes, mais le réservoir à eau chaude surplombant les œufs est beaucoup moins élevé que ceux des couveuses françaises.

Ces couveuses sont assurément bien comprises, mais nous ne les croyons pas supérieures aux couveuses françaises.

INSTALLATION ET MISE EN MARCHE DE LA COUVEUSE

Le choix du local dans lequel on devra installer la couveuse n'est pas indifférent. On donnera la préférence à une pièce située au rez-de-chaussée où les variations de température ne sont pas trop brusques, ni trop répétées. Pour une installation importante il faut un local spécial, nous en reparlerons plus loin. En principe l'appareil doit être mis à l'abri de la chaleur et de l'humidité du dehors ; si la température de la pièce dans laquelle l'appareil se trouve placé pouvait se maintenir vers 14 degrés centigrades, ce serait parfait ; si l'on obtenait 12 à 18° comme limites extrêmes de variation, le résultat serait encore très bon, à la condition que la pièce soit sèche et bien aérée.

Les indications absolument spéciales à chaque appareil étant fournies par le fabricant, il est inutile de s'en occuper ici, elles sont d'ailleurs de peu d'importance en observant la marche à suivre que nous donnons.

Le local choisi, l'appareil sera placé sur deux tréteaux bien solides de 40 à 50 centimètres de hauteur, et surtout bien d'aplomb ; il faut que l'air circule librement tout autour.

Ceci fait, toutes nos couveuses étant munies d'un réservoir à eau chaude, nous le remplirons d'eau chauffée à 70 degrés ou, ce qui est plus simple, d'un tiers d'eau froide (l'eau froide d'abord), et de deux tiers d'eau bouillante, nous aurons ainsi les 70 degrés devant amener le thermomètre placé dans la couveuse à marquer 40 degrés. La couveuse étant prête à fonctionner, nous déposons les œufs dans le fond s'il s'agit des couveuses Voitellier ou Martin [1], dans les tiroirs si nous employons un des autres systèmes cités. Les œufs ont été, au préalable, trempés dans l'eau tiède et bien essuyés afin d'enlever les saletés qui pourraient en obstruer les pores et ont été laissés vingt-quatre heures en repos s'ils ont subi le moindre transport. Il n'est rien de plus facile que de les ranger les uns auprès des autres.

RÈGLEMENTATION

Aussitôt que les œufs sont installés dans la couveuse, il se produit un abaissement de température extrêmement sensible mais dont il n'y a pas lieu de s'inquiéter ; au bout de douze heures la température normale de 40 degrés sera ramenée par le mode de chauffage inhérent à l'appareil.

Si l'appareil est à renouvellement d'eau, la température sera ramenée par une addition d'eau bouillante remplaçant une égale quantité d'eau que l'on aura eu soin de soutirer auparavant. Toutes les douze heures la température sera maintenue par ce moyen.

Dans l'appareil Roullier-Arnoult, la briquette de charbon aggloméré est remplacée au bout du même laps de temps ainsi que l'huile ou le pétrole des lampes dans les autres couveuses.

Le guide, le grand maître durant toute la durée de l'incubation, c'est le thermomètre. C'est sur lui qu'on devra toujours avoir l'œil fixé, c'est lui qui indiquera les additions d'eau, de briquettes, l'élévation ou l'abaissement de la flamme de la lampe ou l'emploi du régulateur dans les couveuses qui en sont munies.

Il sera donc de la plus haute importance de posséder un thermomètre de *précision* dans la couveuse et d'en placer un dans la pièce où se trouvera placé l'appareil qui servira de guide avant-coureur annonçant les variations de la température extérieure.

Dans la couveuse le thermomètre devra être exactement placé à la même hauteur que les œufs. Pour cette raison on aura soin de n'y mettre, autant que possible, que des œufs de même grosseur afin que les uns ne reçoivent pas 41° tandis que les plus petits n'en obtiendraient que 39°.

[1] Dans le système Voitelier on met au fond de la couveuse un lit de sable de 2 à 3 centimètres d'épaisseur, recouvert d'un lit de paille de 2 à 3 centimètres.

Les fabricants de couveuses conseillent de maintenir la température sur les œufs à 40° ; cette température est trop difficile à maintenir dans les appareils de moins de cent œufs pour que nous puissions partager leur avis ; 39 degrés sont suffisants les douze premiers jours de l'incubation et l'on peut varier d'un demi ou d'un degré au-dessous les jours suivants et même arriver à 37 degrés le jour de l'éclosion. Nous avons mené à bien une éclosion en maintenant la température à 36 degrés, les poussins ne sont nés que le vingt et unième jour, mais ils étaient parfaitement vivaces.

L'abaissement de la température est beaucoup moins dangereux qu'une trop grande surélévation ; c'est pourquoi nous conseillons de se maintenir à 39 degrés.

MANIPULATION DES ŒUFS

Les œufs devront être retournés matin et soir.

Nous avons vu que dans les couvoirs égyptiens ils sont retournés trois fois par jour, deux sont suffisantes dans les appareils modernes.

Dans les couveuses Martin et Philippe, le retournement des œufs se fait mécaniquement ; dans la couveuse Voitellier il se fait au moyen de casiers tourne-œufs, dans les autres avec la main.

Le retournement des œufs à la main, que nous préférons, doit être fait avec beaucoup de soin ; les tiroirs ou les casiers tourne-œufs seront retirés de l'apareil et laissés environ environ dix minutes à l'air. Pour les œufs retournés à la main on procédera ainsi : Ceux qui sont placés au bord devront être replacés au centre ou à un endroit différent de celui qu'ils occupaient ; de cette façon les œufs se trouveront placés à tour de rôle dans toutes les parties de l'apppareil. Dans les couveuses de 50 ou 60 œufs, il est plus simple d'enlever la dernière rangée d'œufs et de repousser toutes les rangées d'œufs suivantes, la dernière revient prendre la place de la première qui se trouve ainsi la seconde. Au retournement du soir on opère dans l'autre sens.

Pour retourner les œufs il faut les rouler tout doucement sur eux-mêmes, jamais dans le sens du gros bout à la pointe, en procédant par rangées comme nous venons de le dire, l'œuf subira un demi-tour de rotation, ce qui est parfaitement suffisant. Il est de toute nécessité d'avoir les mains propres pour retourner les œufs. Avec un peu d'habitude cette opération se pratique très rapidement et sans crainte d'omelettes.

Au moment de la fermeture du tiroir il sera bon d'agiter au-dessus des œufs un plumeau ou même un éventail, un plumeau fait de plumes de poules cochinchinoises (plumes du dessous du ventre) serait préférable.

* * *

L'édification de bâtiments spéciaux pour installer des appareils d'incubation est tout aussi naturelle que celle de bâtiments pour une fonderie, une teinturerie ou une sucrerie. L'exploitation des animaux de basse-cour est une industrie tout autant que celle de fondeur ou de teinturier, aussi, malgré que l'idée en puisse sembler étrange au premier abord, cette exploitation peut nécessiter des besoins équivalents aux autres industries et, de plus, une instruction préparatoire tout aussi complète.

Le grand tort qu'ont eu un certain nombre de personnes de bonne volonté, c'est de croire que l'on pouvait s'improviser aviculteur du premier chef et faire éclore des milliers de poulets sans expériences préparatoires.

La première condition est de bien connaître le maniement de l'incubateur que l'on a adopté.

Nous avons consulté un nombre considérable de personnes possédant des couveuses de différents systèmes 40 p. 100 ont complètement échoué ; 30 p. 100 ont eu des résultats assez satisfaisants et 30 p. 100 de bons résultats.

Pourquoi ces écarts de résultats alors qu'en diverses mains les mêmes appareils étaient en fonctionnement?...

Simplement parce que les couveuses artificielles actuelles ne sont pas assez parfaites pour être mises entre toutes les mains.

Le fermier, la fermière, l'amateur patient, l'éleveur qui veut faire de l'industrie avicole, avec de la persévérance, tireront un bon parti de cet instrument parfois du premier coup, souvent après des essais patients et comparatifs.

Déplacement de l'appareil, surveillance plus attentive de la réglementation de l'humidité et de la température : repos d'au moins quinze jours et large aération ; examen des races qui ont fourni les œufs, ces œufs ont-ils voyagé (mauvaise affaire en général). — Voilà des précautions et des enquêtes dont vous ne pouvez la plupart du temps charger le garçon ou la fille de ferme et qui font que bien souvent, après des insuccès, des éleveurs peu patients envoient au diable leurs appareils et le marchand qui les a vendus.

Pratiquez toujours avec les mêmes appareils, tachez de posséder une bonne race d'incubation, ces races existent, — avec un peu de patience on les crée au besoin — et vous devez infailliblement obtenir des résultats équivalents, à ceux de la couveuse naturelle; avec un peu d'habitude vous arriverez à régler vos appareils et à mener vos incubations avec rapidité et moins de tracas qu'avec les poules.

Une couveuse artificielle de deux cents œufs demande beaucoup moins de soins que 18 poules et même que 8 dindes; elle a de plus l'avantage énorme de pouvoir être mise en marche à n'importe quelle époque de l'année.

Pour toutes ces raisons nous ne saurions trop encourager cette industrie, conseillant aux fabricants français de ne pas se laisser devancer par les étrangers, de ne pas s'arrêter dans les perfectionnements à apporter à leurs appareils, répétant après bien d'autres cette banalité toujours vraie, « Le progrès est une roue qui tourne sans cesse » et que bien que le résultat atteint soit fort intéressant, on ne doit pas stationner en si beau chemin [1].

[1] En dehors des systèmes que nous avons cités, il existe encore en France les couveuses de Lagrange, Gombault et Dervilles qui donnent des résultats fort satisfaisants.

Nous avons écrit un peu plus haut qu'il fallait posséder une bonne race d'incubation pour entreprendre l'élevage artificiel.

Cette règle est trop importante pour qu'avant de terminer ce chapitre nous ne disions à l'éleveur de l'avoir toujours présente à l'esprit. L'œuf est la matière première sur laquelle il doit opérer; nous en connaissons la constitution anatomique mais point la vitalité qui sera la cause de nos échecs ou de notre réussite. Il en est des embryons comme des êtres formés, les uns sont faibles, délicats, les autres sont vigoureux. Tout œuf fécondé, même mené dans les conditions normales, ne doit pas infailliblement réussir, il faudra donc soigner d'une façon toute particulière son troupeau de reproducteurs et réserver pour la couveuse naturelle les races parmi lesquelles on remarquera le plus d'œufs clairs.

L'organisation, la comptabilité d'un couvoir industriel sont des points assurément fort importants, on ne peut établir de règles à ce sujet, tout dépendant de la situation de l'éleveur et du but qu'il se propose d'atteindre ; quant à la construction, nous avons indiqué les conditions générales auxquelles elle est astreinte, le reste est l'affaire de l'architecte.

ÉCLOSION D'ŒUFS D'AUTRUCHE ET DE TORTUE PAR LES MOYENS ARTIFICIELS

Dans une conférence faite au concours général agricole de 1888, M. Bouchereaux, du Jardin d'Acclimatation avait traité de plusieurs incubations artificielles, fort originales, menées par lui avec succès. Nous croyons intéressant de citer, à peu près dans son entier, cette conférence qui contient l'exposé de faits réellement curieux et terminera d'une façon assez concluante ce chapitre de l'incubation artificielle.

« Un amateur, M. Pays-Mellier, un des meilleurs éleveurs d'oiseaux exotiques, m'avait envoyé une dizaine d'œufs de nandou (autruche d'Amérique) ; ces œufs, comme vous le voyez, sont magnifiques ; leur couleur, semblable à l'ivoire, les fait rechercher par les monteurs en bronzes qui en font des trousses, des nécessaires et des coupes : c'était à peu près le seul parti qu'on en tirait. Ces oiseaux se refusant très souvent à couver les œufs, ou les abandonnant au bout de quelque temps, il n'était pas facile de remédier à cet inconvénient en faisant terminer l'incubation par d'autres animaux. Les poules, les oies et les dindes ne sont pas assez grosses pour couver ces œufs ; il n'y avait guère qu'une couveuse artificielle qui pût remplacer les parents. M. Pays-Mellier me conseillait d'essayer, et il se mettait au besoin à ma disposition pour me procurer d'autres œufs, si les premiers ne réussissaient pas.

A la réception, je retirai les œufs de la caisse avec soin, en prenant beaucoup de précautions pour ne pas les secouer, et je les laissai reposer quarante-huit heures. Vous savez que plus les œufs ont été remués, plus longtemps il faut les laisser reposer ; des œufs ayant fait un voyage et qui seraient mis en incubation aussitôt leur arrivée, ne donneraient aucun résultat ; le peu de jeunes qui viendraient seraient éclopés ou infirmes. Il faut toujours laver les œufs, s'ils sont sales ; cela fait disparaître les ordures qui nuisent au développement de l'embryon ensuite le lavage empêche toujours un peu l'évaporation des liquides.

Il est à remarquer que, dans l'incubation artificielle il y a deux écueils qu'il faut éviter avec soin : l'excès de température (il ne faut jamais dépasser 40 degrés) ; ensuite il faut prendre garde à l'évaporation des liquides qui sont renfermés dans l'œuf ; pour moi, tout le succès de l'incubation artificielle tient à l'observation exacte de ces deux choses.

Une fois mes œufs bien reposés, je les mis dans un incubateur à œufs d'autruche. Ces appareils sont les mêmes que ceux dont je me sers pour les œufs de poule, sauf les dimensions qui sont beaucoup plus grandes. Ma couveuse était chauffée au thermo-siphon, système Odile-Martin ; les œufs reposaient sur un tiroir dont le fond était garni de paille et de sable, entretenu un peu humide par addition d'eau tiède. Ces œufs étaient retournés matin et soir. Jamais pendant la durée de l'incubation, le thermomètre n'a indiqué plus de 39 degrés 1/4, car j'ai remarqué bien des fois que plus les oiseaux sont gros, moins ils développent de chaleur ; vous pouvez essayer la vérité de cet axiome en mettant un thermomètre minuscule dans un nid de mésange et en le plaçant ensuite sous une poule ou une dinde couveuse : vous verrez qu'il y aura une différence de 1 degré et 1/2 en moins.

Quand j'ouvrais les tiroirs de la couveuse, je retournais mes œufs vivement, et tout de suite je fermais le tiroir, non pour empêcher le refroidissement, qui ne fait aucun mal, mais pour que les œufs ne se dessèchent point.

Au bout de trois semaines je remarquais avec plaisir que quatre des œufs étaient fécondés et que le germe se développait on ne peut mieux. Les autres œufs avaient été secoués par le voyage, ou peut-être au moment de la ponte avaient-ils été projetés trop fort sur la terre ; ce qu'il y a de certain, c'est que les enveloppes qui retiennent le jaune et le blanc avaient été rompues, et qu'en les remuant, on entendait le clapotement du liquide. Je les mis hors de l'appareil et je m'armai de patience, car, s'il en faut déjà pas mal pour les œufs de poule, ce n'est rien en comparaison des œufs de nandou, qui demandent de cinquante-quatre à cinquante-six jours d'incubation.

Vers le quarantième jour, mes œufs avaient toujours la chaleur animale bien connue des personnes qui font l'élevage, mais je ne pouvais savoir si véritablement l'embryon était toujours vivant. Quand l'incubation est faite par une poule, une dinde, ou une cane, on plonge les œufs dans l'eau tiède ; le poussin s'agite, l'œuf remue et on est vite renseigné, mais il ne faut pas faire de même avec les œufs confiés à un incubateur ; l'animal qui couve enduit ses œufs d'un suint ou d'une graisse naturelle qui empêche l'eau de s'introduire à l'intérieur. La couveuse artificielle n'a pas cet avantage, et si l'on mettait les œufs dans l'eau tiède, la coquille devenue poreuse absorberait trop le liquide et amènerait la mortalité ; c'est pourquoi je mis mes œufs sur le verre de mon appareil et je vis avec plaisir les oscillations vigoureuses qui me prouvaient que chacun d'eux renfermait un jeune vivant.

Le cinquante-deuxième jour on entendait parfaitement les sifflements des jeunes et j'ai eu, je vous assure, bien des fois envie de casser la coquille pour voir quelle mine avaient mes élèves. Le lendemain, cinquante-troisième jour, toujours les mêmes sifflements se produisaient, mais pas d'éclosion ; c'est à regret, le soir que j'allais me coucher. Je me donnais jusqu'au lendemain matin, me promettant, s'il n'y avait rien de nouveau, de briser la coquille, craignant de voir mes oiseaux mourir, faute d'air.

Le cinquante-quatrième jour, aussitôt levé, je courus à la couveuse. Ma joie fut grande, trois petits autruchons se livraient à toutes sortes de contorsions; c'était curieux de voir ces grands cous, ces grandes pattes et ces yeux vifs, vous regardant déjà avec inquiétude. Le quatrième œuf n'était pas béché, je le pris pour le porter à l'oreille et écouter si le petit vivait encore, l'œuf éclata dans mes mains, et je n'eus que le temps de saisir le petit plein de vie qui s'en échappait. Ceci me prouvait que l'éclosion ne se faisait pas du tout comme je l'avais lu dans plusieurs livres. Quoique le bec des jeunes fût armé d'une petite corne qui tombe quelques jours après, comme chez les poulets, le jeune autruchon s'en sert à l'intérieur pour ne produire qu'un éclat, et, ainsi que chez la pintade, les ailes et les pattes font le reste, tandis que chez le poulet, la caille et la perdrix, le bec sert à casser la coquille dans toute sa partie transversale.

Je laissai mes autruchons toute la journée de l'éclosion et la nuit suivante, dans la couveuse, en la chauffant à 38 degrés; le lendemain je les mis dans une sécheuse et la température fut baissée d'un degré. Pendant cette deuxième journée, malgré tous les moyens employés, il fut impossible de faire prendre aucune nourriture aux jeunes; le troisième jour, je fis hacher du cœur de bœuf, du pain rassis, du cresson avec un œuf dur, et j'eus la satisfaction de les voir goûter à ce mélange; les jours suivants, l'appétit vint vivement et il était difficile de les rassasier. Ces animaux sont très gloutons; ils aiment ce qui brille : un morceau de verre, de porcelaine, tout ce qui reluit les attire, et il faut éviter avec soin de laisser de ces objets en évidence sur leur parcours. Ils sont très friands de l'herbe et principalement de liseron. Vous comprendrez facilement la quantité de nourriture absorbée quand je vous aurai dit que la croissance atteint, au bout d'un mois, 35 et 40 grammes par jour. Il est nécessaire de donner à ces élèves beaucoup de nourriture animale dans les premiers jours, car ils sont sujets, souvent, à une grande faiblesse dans les pattes. Si l'on ne donnait pas une alimentation substantielle, le corps prendrait plus de développement que les jambes, et on ne pourrait élever ces animaux, trop faibles pour se soutenir.

Il y aurait un grand avantage à élever ces animaux, qui profitent très vite sans beaucoup de soins une fois passé le premier âge; ce sont de grands mangeurs d'herbe, et un nandou de dix mois peut donner facilement de 30 ou 35 kilogrammes de viande excessivement saine et délicate, qui sera très appréciée des gourmets. La plume est aussi très recherchée. Une femelle de ces oiseaux peut pondre de 35 à 40 œufs du poids de *un* kilogramme. — Tout est bon et utile dans cet animal.

M. Bouchereaux donne ensuite de très curieux détails sur une incubation d'œufs de tortue. — Nous lui rendons la parole :

« Voici un œuf que beaucoup de personnes vont prendre pour un œuf de pigeon. Même coquille, même blancheur, même forme, la différence seule est que, dans les œufs de pigeons, il y a un petit et un gros bout, tandis que dans les œufs de tortues, ces deux extrémités sont de même grosseur. Comment me suis-je procuré cet œuf? C'est très simple; j'ai à la maison un couple de tortues ramenées d'Algérie et qui chez moi se croient encore chez elles, car elles travaillent et se reproduisent très bien (en les aidant un peu). J'ai eu le bonheur d'assister plusieurs fois à la ponte de ma tortue, qui se distingue du mâle par la nuance de son écaille, qui est beaucoup moins foncée; chaque écaille se trouve séparée des autres par deux ou trois petites raies noires. Chez le mâle, ces raies existent sur toutes les écailles sans exception; chez la femelle l'écaille de la dernière rangée du bas, celle qui se trouve au-dessus de la queue, n'est pas rayée de noir. Quand arrive la fin de juillet, la tortue femelle creuse, avec ses pattes de devant, un creux de 10 centimètres de profondeur sur 15 de circonférence, elle dépose au fond de ce trou quelques brins de paille ou de foin, et, plaçant ses pattes de derrière au fond du trou, elle pond un œuf, elle le range sans se retourner, et une minute après un deuxième œuf vient se placer à côté du premier. Si elle pond 7 œufs, ce qui est le maximum chez la mienne, la ponte dure 7 minutes. Ces œufs sont placés les uns à côté des autres, jamais superposés; elle recouvre ensuite le tout de terre et de fumier qu'elle traîne avec ses pattes de devant. On trouverait difficilement la place si tous les jours elle ne venait pas là déposer ses excréments, ce qui me fait croire que la chaleur nécessaire à l'incubation est produite par la fermentation de ces matières en décomposition.

« La première année, je laissai la nature agir; j'avais complètement parqué l'endroit occupé par le nid, et rien ne pouvait s'échapper sans que je le visse; au bout de six semaines, je sortais les œufs, mais je ne trouvais qu'un commencement d'incubation; la chaleur avait sans doute manqué, ou il y avait eu trop de pluie. Je notai mes observations et j'attendis l'année suivante.

« En 1886, la femelle, que j'observai à nouveau, fit sa ponte le 28 juillet; elle prit les mêmes précautions, mais j'enlevai les œufs le lendemain. Il y en avait 7 Je ne sais si elle s'aperçut de leur disparition, mais elle recommença le 15 août une ponte de 5 œufs seulement. Ces œufs furent enlevés de même que les premiers, mais craignant que cela ne nuisît à la ponte de l'année suivante, et comme il pouvait se faire qu'elle vînt découvrir les œufs dans la nuit, je remplaçai ces derniers par des œufs en porcelaine, de même teinte. Je mis 10 œufs en incubation : 2 à 40 degrés, 2 à 36 degrés, 2 à 32 degrés, 2 à 28 degrés, et 2 à 25 degrés. Ces deux derniers furent mis dans du fumier en fermentation.

« Au bout de cinq semaines seulement il y eut trace d'embryron dans tous les œufs. Deux semaines après, les œufs, sauf ceux placés à 25 degrés, était mauvais, l'embryron était mort ou l'œuf était pourri. Je ne savais pas combien pouvait durer l'incubation ; les œufs restant paraissaient habités, il y avait déjà sept semaines que j'attendais ; la huitième semaine je cassai un de ces œufs ; le sang s'échappa de la coquille et je vis avec regret que le petit était parfaitement vivant ; la carapace du dessus commençait à se former ; il restait beaucoup de jaune, et je pensai qu'il y avait encore au moins douze jours à attendre avant l'éclosion. Il ne me restait plus qu'un œuf que j'examinais presque tous les jours. J'ai eu tout de même la patience d'attendre encore 21 journées, ce qui faisait depuis le commencement de l'incubation 77 jours. Je n'y tenais plus ; ayant mis l'œuf sur un verre et voyant qu'il ne remuait pas, je le cassai un peu sur le dessus ou chambre à air. Le petit était prêt à sortir ; la carapace était bien formée, toute bleue, et le nez était armé du petit bouton en corne qui sert à percer la coquille ; j'essayai de reboucher le trou que j'avais fait, mais le petit mourut au bout de deux jours. J'en étais pour mes frais, mais je ne désespérais pas, connaissant désormais la durée de l'incubation et le degré nécessaire.

« Le 27 juillet, l'année dernière, cette tortue refit sa ponte. Je lui enlevai ses œufs le 29, et le 30 je les mis dans une couveuse à 25 degrés. Ces œufs n'ont pas été retournés, comme ceux des gallinacés. La ponte avait été de 7 œufs, je les avais mis tous ; j'attendis patiemment jusqu'à la fin de septembre. Le 2 octobre, au soir, je mirai les œufs et vis avec plaisir qu'un d'eux était béché ; dans cinq des autres on voyait la tête remuer et dépasser la ligne de la chambre à air ; enfin le 3 octobre au matin, six petites tortues se promenaient dans la couveuse. le septième œuf était pourri. Au moment de l'éclosion la carapace était bleu de ciel, les pattes et la tête roses, l'œil tout petit était luisant et ressemblait à une petite perle incrustée dans du corail, mais toutes ces teintes s'assombrirent vite ; la carapace, molle à l'éclosion était durcie le soir. Les pattes et la tête devinrent gris jaunâtre, le deuxième jour, et restèrent ainsi. Les soins ne sont pas difficiles pour ces petits animaux, il n'y a qu'à mettre à leur portée un peu de jaune d'œuf les premières semaines et quelques feuilles de salade tendre. Quand elles n'ont pas à manger, elles dorment. »

QUATRIÈME PARTIE

CHAPITRE PREMIER

ADULTES

ALIMENTATION

L'alimentation des volailles adultes comporte trois divisions principales demandant, toutes trois, une attention spéciale :

L'alimentation des volailles conservées pour la ponte;

L'alimentation des volailles destinées à la vente et à l'engraissement;

L'alimentation des volailles destinées aux concours.

Il nous paraît préférable de passer d'abord rapidement en revue les divers modes d'alimentation les plus usuels en nous arrêtant d'une façon spéciale sur les plus économiques.

La poule étant omnivore, son alimentation peut se varier à l'infini, ce qui est une des conditions essentielles de bonne santé, mais qu'on n'oublie pas que l'alimentation exerce une très grande influence sur la qualité de la chair et même sur le goût des œufs.

C'est pourquoi nous commencerons par rejeter la nourriture provenant des verminières artificielles, telle qu'elle a été préconisée dans maint traité d'agriculture, nous contentant de la verminière naturelle décrite dans un précédent chapitre. Comme autre nourriture animale, qui est indispensable aux volailles, nous nous arrêterons au sang cuit qui a le défaut de se conserver peu de jours pendant les chaleurs[1] et que, pour cette raison, à cette époque, nous remplacerons par des rognures de viande ou de bas morceaux qu'on peut obtenir à très bon marché.

[1] On nous affirme qu'en mettant dans l'eau destinée à faire cuire le sang de l'essence de coumarine dans la proportion de 1 gramme pour un litre d'eau, le sang se conserve très longtemps sans s'altérer. En raison de sa facilité d'exécution, on aurait grand tort de ne pas essayer de ce procédé de conservation.

Si l'on habitait au bord de la mer il serait facile de se procurer une nourriture animale avec peu de dépense, les poissons peu appréciés comme le chien de mer, par exemple, s'y vendant presque pour rien.

Un régal pour les poules, en même temps qu'un mets des plus hygiéniques, ce sont les colimaçons de toutes sortes dont on aura bien soin d'écraser les coquilles. Certains éleveurs en font même des provisions qu'ils conservent dans des tonneaux pour en faire des distributions régulières à leurs volailles. Nous préférons de beaucoup cette nourriture aux hannetons, qui donnent mauvais goût aux œufs, mais il n'y a aucun inconvénient à en donner aux reproducteurs et aux volailles destinées à la consommation pourvu que cette distribution cesse trois semaines avant la mise en vente des animaux.

La nourriture végétale présente une importance aussi grande que la nourriture animale d'autant plus qu'il est encore plus facile de se la procurer à bon compte.

La première de toutes les nourritures végétales, la plus commode à distribuer la plus nutritive mais la plus chère, est assurément le grain.

Blé, avoine, épeautre, orge, maïs, seigle, sarrasin forment une excellente alimentation, mais l'on ne s'est pas rendu compte, à part quelques exceptions, que les glands, les marrons, les faînes possèdent une valeur nutritive presque égale à tous ces grains ; on conçoit quel parti économique on peut en tirer si l'on habite dans le voisinage d'un bois de chênes ou de hêtres.

Pour mieux expliquer cette différence, nous donnons ci-dessous un tableau comparatif de la valeur nutritive de ces différents grains en nous basant sur celle du bon foin, qui est la plus connue, comme terme de comparaison.

Sont équivalents à 100 kilos de bon foin :

60 à 75 kilos de		Faines	45 à 55 kilos de		Seigle
60	—	Glands et marrons	40	—	Blé
60	—	Epeautre	40	—	Maïs
50 à 55	—	Avoine	37	—	Pois
50	—	Orge	36	—	Lentilles
50	—	Sarrasin	35 à 37	—	Féverolles

Par ce tableau on peut déjà se rendre un compte exact des proportions relatives qu'il faudra observer dans la distribution aux volailles de l'alimentation qu'il énumère.

Nous n'avons pas cité le riz, le millet, le chènevis, dont la valeur nutritive se maintient dans les mêmes proportions que l'avoine et l'orge.

Parmi les racines employées usuellement à la nourriture des volailles, il n'y a à citer que les pommes de terre et les topinambours, leur valeur nutritive est quatre fois moindre que celle de l'orge.

Les tourteaux de colza, de lin, de sézame, de coprah représentent une nourriture économique dont la valeur nutritive est égale au seigle ; les tourteaux de pavots valent les faînes. Cette nourriture qui, jusqu'ici, n'a guère été utilisée que pour les bestiaux, est certainement destinée à prendre une bonne place dans l'alimentation des volailles.

Le cultivateur qui sacrifierait un coin de terrain à la culture du maïs quarantain, ou de l'héliante appelé aussi soleil, ferait certainement une bonne opération et procurerait à ses volailles une bonne et saine alimentation.

L'orge, le sarrasin, le maïs, le millet, le chènevis, l'avoine, le blé, le riz, les farines, les pommes de terre doivent être employés, de préférence, quand ils sont de bonne qualité, bien que pouvant être utilisés de qualité inférieure, mais à part, pour les pommes de terre peut-être, l'éleveur ne trouvera-t-il pas la compensation du prix en raison de l'infériorité de la marchandise. Il est nécessaire de savoir distinguer la bonne de la mauvaise marchandise, connaissance qui s'acquiert facilement, le poids décidant la plupart du temps de sa valeur. Le grain le plus recherché est celui dont la maturité est complète, celui qui est nouveau et bien plein.

On peut citer comme exemple l'avoine de très bonne qualité qui pèse 50 kilogrammes les 100 litres, le poids est, en ce cas, beaucoup plus important que la couleur et la forme du grain.

Le petit blé est plus généralement donné aux poules que le beau blé. On ne doit pas ignorer que ce petit blé est en grande partie composé de grains non arrivés à maturité. Ce grain est fort souvent mélangé d'autres grains provenant du vannage que les poules dédaignent, et comme il est déjà presque vide on conçoit aisément quels peuvent être les bons effets de cette nourriture. Il y a avantage évident, si l'on ne peut se procurer du petit blé très beau à acheter du vrai blé qui, parfois, n'atteint pas des prix très élevés. Outre qu'il est inutile de charger l'estomac des animaux d'aliments indigestes, il ne faut pas oublier que de nombreuses maladies peuvent être transmises par des grains avariés. Qu'on se rappelle ce que nous avons écrit, au chapitre des œufs, à propos du chaulage des grains.

L'éleveur se gardera donc bien des denrées avariées, moisies, échauffées et n'achètera aucune marchandise qu'avec une connaissance parfaite de la qualité et après s'être enquis du cours exact.

Le millet, qui n'est en général donné qu'aux poussins et aux poules précieuses fatiguées, sera gros, lourd et d'un beau jaune paille clair. Le chènevis sera également gros et d'un beau gris, on n'y admettra pas les grains verts ou blanchâtres dont la récolte a été faite avant maturité.

Le poids est encore le guide dans les farines, le son, le remoulage ; plus ces denrées pèsent, plus elles sont riches en principes nutritifs.

Ces farines, ce son et les pommes de terre entrent en majeure partie dans la composition des pâtées, en mélange avec des herbages cuits, ces pâtées sont excessivement appréciées des volailles et elles n'influent pas seulement sur leur bonne santé, mais sur la délicatesse de leur chair et leur aptitude à l'engraissement.

La pâtée de pommes de terre, de son et de remoulage ou de farine quelconque dont nous nous servons pour l'alimentation des poussins n'est pas moins bonn pour les adultes. Les pommes de terre doivent être bien cuites, bien écrasées e mélangées de façon à être raffermies avec une certaine quantité de remoulag ou de farine d'orge et de son. A cette pâtée nous ajoutons souvent parties égale oseille, chicorée sauvage, ortie à fleurs blanches; ces verdures cuites et hachée fin ; en ce cas nous diminuons la portion de son pour ne pas rendre la pâté trop relâchante. On ne peut se figurer les heureux effets de cette pâtée distribué tous les jours au repas du matin pour les adultes, au repas du soir pour les jeunes

Ch. Jacques recommande la pâtée d'orge concassée qu'il prépare ainsi : « O fait moudre ou plutôt concasser de l'orge, ce qui produit une farine où toute les parties de la graine sont conservées.

« On met dans un seau une certaine quantité d'eau ou de petit lait propor tionnée à la quantité de pâtée voulue ; l'expérience montre bientôt quelle quantit de liquide il faut employer. Quelques poignées de farine sont jetées de nouvea et manipulées de nouveau, aucune partie n'étant laissée au fond du seau sans avoi été imbibée. On recommence toujours jusqu'à ce que la pâtée s'épaississe, on l travaille alors du poing en enfonçant la main jusqu'au fond et en ramenant l pâtée du fond à la surface. On continue jusqu'à ce qu'elle soit tout à fait ferme après quoi on la tasse, on l'aplatit bien et l'on saupoudre la surface d'un peu d farine d'orge sèche. Au bout d'une heure ou deux, la pâtée est tellement raffermie qu'elle est cassante ; c'est alors qu'elle peut être ainsi distribuée aux volailles qui en sont extrêmement friandes. En Normandie, on la fait toujours la veille pour que le lendemain, elle ait pris un petit goût fermenté qui la rend encor plus appétissante.

« On fait aussi en Angleterre une pâtée de farine d'orge et de farine d'avoin mêlées. Cette pâtée très dure et mise en boulettes grosses comme le poing, s donne de temps à autre aux poulets et aux poules précieuses. »

Le même auteur ajoute, pour la cuisson des grains, quelques renseignemen qui, pour n'être pas nouveaux, n'en sont pas moins fort utiles :

« Pour faire cuire le maïs, on met 3 litres d'eau pour 1 litre de grain. Quan placée sur un feu ni trop vif ni trop lent, l'eau est absorbée, le maïs est cuit. faut en donner avec modération, surtout aux poules parquées, que cette nourri ture engraisserait trop ; mais on peut le donner, ainsi que la pâtée d'orge et le riz aux *poulets de grain* dont on veut affiner la chair et aux volailles amaigries e fatiguées qu'on veut rétablir.

« L'orge en grain peut être distribuée crue ou cuite ; elle se fait cuire à u feu ordinaire sans être par trop mouillée. Au bout de trois quarts d'heure, le grai doit s'écraser un peu sous le doigt ; c'est alors qu'il est bon à digérer.

« Le riz est excellent ; jeunes et adultes le recherchent avec avidité. Pour l faire cuire on en met dans une chaudière 10 litres contre 20 litres d'eau. On l retourne à froid avec un bâton, assez longtemps pour que tous les grains soien mouillés ; après quoi, mis sur un feu ordinaire, mais assez fort pour ne pas l laisser languir, le riz est bientôt à sec par suite de l'absorption et de l'évaporation

On le laisse encore sur le feu jusqu'à ce que l'eau ait tout à fait disparu de l'intérieur et jusqu'à ce qu'on sente, à une petite odeur de roussi, qu'il commence à gratiner. On peut alors le retirer si l'on est bien sûr que toute l'eau a disparu ; on a soin quand il est refroidi, de l'étaler sur une planche pour le désagréger. Il est assez cuit pour être d'une digestion facile et se séparer presque comme de la graine sèche, mais pas assez cependant pour se coller de grain à grain ni empâter le bec des poules.

« Pendant la cuisson, il faut se garder de le déranger, de le remuer et de laisser le feu languir. »

Les herbages et légumes à donner aux volailles peuvent se varier à l'infini. Quand on les fait cuire, ce qui en facilite la digestion, le choix est encore plus grand ; une foule d'herbes sauvages, telles que l'ortie déjà citée, l'acanthe, le chardon, etc., le trèfle, la luzerne, les feuilles de tilleul, de frêne, d'ormeau, de vigne, de betterave, de topinambour, de haricots, toutes les salades, l'oseille et particulièrement le cresson alénois, toutes ces verdures bien cuites, bien triturées entrent avec avantage dans la composition des pâtées.

Pour ces verdures cuites il faut considérer qu'elles sont beaucoup moins nutritives que le grain et les pâtées et que, par conséquent, il en faudrait de quatre à six fois plus pour arriver à composer l'équivalent nutritif. Nous les admettons d'ailleurs seulement comme complément de la nourriture habituelle.

La volaille de moyenne grosseur nécessite environ 80 grammes de grain par jour ou de nourriture équivalente à laquelle on peut ajouter une quantité égale de verdures. Avec ce rationnement, régulièrement distribué matin et soir, les poules devront toujours se maintenir en parfait état et, si les conditions d'hygiène que nous avons indiquées sont observées, être à l'abri de toutes les maladies susceptibles d'atteindre les volailles. Pour les temps froids et humides une nourriture un peu plus nutritive et stimulante est nécessaire.

*
* *

Nous avons écrit au commencement de ce chapitre que l'attention de l'éleveur devait se porter d'une façon toute spéciale sur l'alimentation et suivant le but auquel il destine ses volailles.

Les volailles *conservées pour la ponte* seront alimentées avec une nourriture un peu plus échauffante, visant toujours l'augmentation de cette production à laquelle, ainsi que nous l'avons déjà écrit, avec de l'attention on doit fatalement arriver.

Les volailles *destinées à la vente et à l'engraissement* seront particulièrement nourries de grains farineux ou de pâtées, la verdure n'y intervenant que pour les maintenir en bon état de santé ; nous parlons ici des volailles qui seront vendues à l'état maigre de trois à cinq mois, un peu plus loin nous traiterons de l'engraissement avec l'importance que ce sujet comporte.

Les volailles qui doivent *figurer aux concours* demandent des soins et une alimentation plus spéciale. Il s'agit ici d'animaux dont la valeur peut aller de 25 à 200 francs pièce et même plus, aussi l'éleveur n'a-t-il plus à calculer, dans la circonstance, le plus ou moins de dépense que pourront lui occasionner ses élèves Il faut produire beau, avant tout, donner aux volailles une alimentation très variée et tonifiante, sans pourtant aller jusqu'à leur servir du vin de Bordeaux, comme le font certains éleveurs. Il faut donner à manger trois fois par jour aux futur lauréats. La pâtée de farine d'orge et de farine d'avoine mêlées est excellente en ce cas, l'alimentation animale devra être appliquée à un repas tous les jours. Il faut donner en général une alimentation dont la digestion s'opère rapidement, la recherche étant plutôt d'amener le développement normal et parfait de tous le muscles que d'y accumuler de la graisse. L'introduction du phosphate de chau dans cette alimentation est fort utile dès le jeune âge ; il active d'une façon heureuse le développement du squelette.

Il est bon, pour cet usage, de mettre de côté tous les os que l'on peut se procurer et de les pulvériser finement ; toutes les volailles se trouveront bien de c régime.

Il sera facile à l'éleveur de faire son choix dans tous les aliments que nou avons énumérés, et tous ceux encore que les ressources du pays qu'il habit pourront lui fournir.

Nous avons omis à dessein de parler de la nourriture de la poule à la ferm qui paraît à première vue présenter moins d'intérêt, la poule de ferme étan sensée se suffire à elle-même et n'étant un bénéfice pour le fermier qu'à cett seule condition.

Nous répondrons à cette opinion universellement répandue, que si la poule la ferme nous présente, en général, de si piètres spécimens, c'est précisément parce que cette manière de voir est partagée par la plupart de nos fermiers, d'o il en résulte, que leurs volailles atteignent généralement sur les marchés les pri de 1 fr. 50 à 3 francs la pièce. Il est certain que le fermier qui possède une exploitation assez importante pour nourrir 1 000 poules qui ne lui donnent aucu mal, trouvera peut-être ce prix suffisant, mais s'il arrivait à retirer de se volailles une moyenne de 4 francs il trouverait, nous le croyons, le résulta encore meilleur.

Et que faudrait-il pour cela ?... simplement au lieu de la maigre distribution de grains plus ou moins avariés, qui se fait en général tous les matins, donne une bonne pâtée bien nutritive, fabriquée avec les aliments les plus avantageu que puisse fournir le pays. Outre que ses volailles obtiendront un prix supérieur le fermier verra, en quelques années, son troupeau s'améliorer d'une manièr sensible et gagner en six mois 500 à 700 grammes sur les parents. Quelle serai la dépense supplémentaire ? à peine 50 centimes par poule.

Pourquoi les coqs de Dorking atteignent-elles couramment à six moi 2 kilos 400 grammes tandis que le coq de ferme, au même âge, arrive difficilement à 1 800 grammes, l'écart est encore plus sensible à trois mois ? C'est que par une alimentation rationnelle et suivie, les éleveurs sont parvenus à doter d'une grande précocité cette race qui ne possédait sans doute, il y a un siècle, pas plus de qualités que notre poule commune. Dans une ferme bien entendue on devrait pouvoir se défaire de ses volailles, à quatre mois, à un prix avantageux.

Le fermier est mieux placé que tout autre éleveur pour produire de la belle volaille à bon marché, car le prix de 4 francs, tout en étant rémunérateur pour lui, est bon marché dans les villes, il lui est donc facile de pousser à son plus parfait degré l'élevage de la volaille, qu'il y réfléchisse bien, car il se verrait supplanter, sur les marchés, par l'éleveur industriel tirant parti de la vente des œufs et de la volaille fine, ainsi que de l'exploitation lucrative des volailles de race.

En résumé, l'alimentation rationnelle est la base essentielle de toute bonne production animale. L'éleveur n'a qu'un but c'est de se servir de ses animaux comme autant de machines transformant les aliments en œufs, en viande, en graisse et pour la douer de toutes les qualités possibles. Il devra donc tourner du côté de l'alimentation tous ses soins et toute son intelligence commerciale.

ENGRAISSEMENT

L'engraissement est le complément final de l'élevage. Les belles poulardes qui font l'ornement des tables luxueuses, les poulets fins qui figurent sur les menus bourgeois ont traversé les multiples phases de l'engraissement.

Suivant l'usage auquel on les destine, les poulets sont soumis à divers modes d'engraissement qui diffèrent même suivant les pays.

Toutes les volailles ne sont pas aptes à l'engraissement, ni les très jeunes, ni les vieilles, ni les pondeuses à l'époque de leur fécondité, ne constitueront des animaux à choisir en vue de cet objectif. Il ne pourra pas s'appliquer d'une façon lucrative sur les coqs qui ont bien rempli leurs devoirs durant un an, mais, cependant, les pondeuses réformées vers leur quatrième année pourront y être soumises avec quelques chances de succès, en ne prolongeant pas la durée de l'engraissement.

L'éleveur ne devra point ignorer également que les volailles provenant d'œufs pondus par de vieilles poules fécondées elles-mêmes par de vieux mâles résistent à l'engraissement. La jeunesse des reproducteurs a une grande influence sur la précocité à l'engraissement. En général, il n'y a que les races précoces comme les Houdan, Crèvecœur, Dorking, etc., que l'on peut soumettre à l'engraissement vers trois mois et demi à quatre mois, il faut que, ainsi que dans ces races, l'animal soit d'une nature qui le porte à la graisse de bonne heure sans quoi la nourriture tourne presque toute au développement des os et des plumes.

Encore ces races précoces que nous citons ont-elles subi une sorte de préparation, un entraînement au rôle auquel on les destine, par une alimentation plus abondante et plus variée. La nourriture à la farine de maïs que nous avons décrite au chapitre de l'*Élevage des poussins*, prépare bien les volailles à l'engraissement; toutes les nourritures farineuses, ainsi que nous avons déjà dit d'ailleurs, sont bonnes en ce cas.

L'engraissement des volailles se pratique de cinq façons différentes :

L'engraissement naturel ;

L'engraissement au moyen des pâtons ;

L'engraissement par entonnoir ;

L'engraissement mécanique ;

L'engraissement libre en épinette.

L'engraissement naturel, on le devine aisément, consiste à donner une nourriture particulièrement propre à produire cet effet, orge et maïs cuits, farines, pommes de terre, racines de betteraves, etc., les volailles ont un parcours beaucoup plus restreint, et forment en peu de temps ce qu'on est convenu d'appeler les poulets demi-gras.

L'engraissement, au moyen des pâtons, qui se pratique depuis si longtemps dans le département de la Sarthe, est trop curieux pour que nous ne reproduisions pas la description si complète qu'en a faite M. Letrone :

« Le procédé pour l'engraissement des volailles n'est point un secret dans la contrée où l'on obtient ces poulardes si estimées dites du Mans. C'est à l'arrondissement de La Flèche qu'appartiennent les communes où se pratique cet engraissement.

« Le travail spécial de l'engraissement appartient principalement à des marchands de la campagne et à quelques petits cultivateurs que l'on nomme *poulaillers.* Les uns et les autres achètent dans les marchés ou chez leurs voisins, les poulettes qu'ils nomment *gélines* et qui paraissent les plus belles et les plus aptes à s'engraisser. C'est vers l'âge de sept à huit mois, qu'elles sont réputées assez avancées dans leur croissance pour être mises à la graisse. Pour faire ces belles pièces, non moins estimées, que l'on désigne sous le nom de *coqs vierges*, ce sont de jeunes coqs de l'année n'ayant pas encore servi à la reproduction, que l'on traite de la même manière que les gélines, leur engraissement demande un peu plus de temps et de nourriture.

« Les plus belles poulardes peuvent atteindre le poids de 4 kilogrammes, et les coqs vierges celui de 6 kilogrammes, on en voit quelquefois dépassant ce poids.

« Les poulaillers traitent depuis cinquante, quatre-vingts et même jusqu'à cent volailles à la fois. Ce travail commence en octobre et se poursuit jusqu'à l'époque du carnaval le plus ordinairement. Pour cela on commence à établir tout alentour et sur le sol d'une chambre ou d'un autre local disponible, de petites loges faites simplement avec des pieux en bois brut, des croûtes ou relèves à la scie, et même enfin avec le bois le plus défectueux et de moindre valeur, qui pourra servir pour l'entourage et les divisions à claire-voie. On recouvre une partie de ces loges à demeure, et l'autre reste mobile afin qu'on puisse y introduire les volailles et les en retirer. Ces constructions grossières sont faites par les poulaillers et ne coûtent pour ainsi dire que le temps employé à les faire et l'achat de quelques clous. La hauteur de ces loges doit être de 0,50 à 0,60 et la longueur est facultative : cependant les plus grandes ne doivent pas contenir plus de six poules réunies, et doivent ne fournir que l'espace nécessaire à chaque animal pour qu'il puisse y être à l'aise sans pouvoir néanmoins circuler.

« On intercepte toute lumière venant directement du dehors, on calfeutre les fenêtres et les portes du local, afin que l'air extérieur ne s'y introduise pas trop librement.

« Pour habituer les poules au régime de nourriture et de réclusion forcée auquel on va les assujettir, pendant les huit premiers jours on les renferme dans un lieu un peu sombre, et on ne leur donne pour nourriture qu'une pâte délayée, un peu épaisse, faite avec la même farine qui sert à la composition des pâtons, et mélangée soit avec un tiers, soit avec moitié de son. Pendant la durée de cette première épreuve on leur donne à boire et on les laisse manger à volonté.

« La mouture qui sert à la composition des pâtons se fait ordinairement dans les proportions suivantes : moitié de blé noir, un tiers d'orge et un sixième d'avoine ; on en retire le gros son. Tous les jours on détrempe de cette farine, dans du lait doux ou tourné, la quantité nécessaire pour deux repas, celui du soir et celui du lendemain. Quelques-uns ajoutent à la composition de cette pâte un peu de saindoux, surtout vers la fin du traitement ; et cette pâte, qui ne doit être ni trop ferme ni trop molle, est roulée de suite en pâtons ayant la forme d'une olive de $0^{m},015$ de diamètre et une longueur de $0^{m},06$.

« Le poulailler ou nourrisseur, à l'heure des repas, qui doivent être bien réglés, prend trois poules à la fois, les lie toutes trois ensemble par les pattes, les pose sur ses genoux, et, éclairé d'une lampe, il commence, pour unique fois, à leur faire avaler une cuillerée d'eau ou de petit lait ; quelques-uns ne donnent pas à boire, puis il introduit un pâton tour à tour, dans le bec de chacune de ces poules ; et, pour faciliter l'introduction immédiate de ce pâton, il exerce une pression légère avec le pouce et les deux premiers doigts, en faisant glisser la main le long du col de l'animal jusqu'à sa poche ; on évite ainsi le rejet du pâton. En soignant de la sorte trois poules à la fois, on leur donne le temps suffisant pour la déglutition et elles sont empansées à leur degré dans un prompt et égal intervalle.

« Dès les premiers jours du pâtonnement on se contente de faiblement remplir la poche de chaque volaille, et on augmente par degrés la dose des pâtons. C'est ainsi que l'on arrive à en donner à chaque repas douze, et même jusqu'à quinze. Il est essentiel de plonger les pâtons dans un vase plein d'eau avant de les faire avaler, cela facilite leur introduction.

« Le temps déterminé pour l'engraissement n'est pas fixé, il se subordonne à la plus ou moins bonne disposition de l'animal et à son degré de force. Quelques poulardes ne peuvent être conduites au degré complet d'engraissement sans danger d'accidents ; le nourrisseur expérimenté sait le moment où il doit arrêter son travail. Nuls ne sont à l'abri de subir des pertes ; il y a, disent-ils, malgré leur savoir et leur attention, de la bonne et de la mauvaise chance, des années plus ou moins favorables, sans qu'ils puissent s'en expliquer les causes. Tels après avoir pratiqué pendant plusieurs années avec bonheur dans une localité, quoique en agissant de même ailleurs, éprouvent des pertes sensibles, par l'impossibilité d'un complet achèvement d'éducation de leurs poulardes.

« Quelques volailles sont grasses à point au bout de six semaines, d'autres au bout de deux mois. Quelquefois, si la poularde paraît être encore disposée à prendre bien sa nourriture, on continue de la lui donner le plus longtemps possible et l'on arrive à obtenir des phénomènes de poids.

« On calcule que certaines poules dépensent 20 litres de farine, d'autres peuvent aller jusqu'à en absorber 30 litres.

« Ces volailles étroitement emprisonnées dans une obscurité constante, n'ont pas de litière sous elles et ne sont jamais nettoyées de leur fumier pendant la durée du traitement. Si les émanations azotées, abondantes, dans le local, sont nécessaires pour aider à l'engraissement, elles sont toutefois nuisibles à la santé des nourrisseurs, qui en souffrent d'autant plus qu'ils ont une nombreuse collection de poules à la graisse ; quatre-vingts ou cent poules à la fois nécessitent à ceux-ci de passer les journées presque entières et une partie des nuits dans ces foyers d'infection. Quand le premier repas a commencé à quatre heures le matin, à peine se termine-t-il à midi, et le second, commencé vers trois heures du soir, ne finit que vers onze heures.

« Enfin, lorsque le poulailler retire ses poulardes de l'engraissement, il se charge lui-même de les saigner et de les plumer, et, avant qu'elles refroidissent, il les place, appuyées sur le dos, sur une tablette ou un banc étroit, et leur fait prendre la forme que l'on connaît en se servant de calets en bois ou en pierre pour les maintenir dans cette position, puis il étend sur toute la partie du corps en saillie un petit linge mouillé, afin de donner un grain plus fin à la graisse. »

Comme on le voit l'engraissement au moyen des pâtons, bien que n'étant pas très compliqué, n'est pas d'une pratique absolument facile ; pour notre part, nous sommes convaincus que si les locaux étaient journellement nettoyés, les volailles s'engraisseraient au moins aussi facilement et les éleveurs n'auraient pas à subir les pertes que M. Letrone décèle dans son intéressante étude.

Pendant longtemps on a soutenu également que les porcs s'engraissaient mieux dans la saleté, alors qu'il est avéré aujourd'hui que ces animaux soigneusement lavés et tenus dans des locaux propres non seulement s'engraissent plus rapidement, mais que la qualité de leur viande est bien supérieure.

L'engraissement par entonnage consiste dans l'intromission forcée au moyen d'un entonnoir de farineux à l'état liquide.

Dans les pays où il est d'usage de procéder à l'engraissement par ce système, on dispose un certain nombre de cages ou épinettes pouvant contenir chacune dix volailles, une de ces cages qu'on laisse provisoirement inoccupée servira, comme nous le verrons, à faciliter le travail du gaveur. Ces cages sont placées dans une pièce tranquille dont la température est douce et assez égale ; elles sont isolées de terre et bien garanties des courants d'air, le fond en est garni de paille fraîche.

L'entonnoir qui sert au gavage des volailles ne diffère des entonnoirs habituels que par son extrémité qui est coupée en sifflet et munie d'un rebord, parfois garni de caoutchouc pour éviter de blesser les volailles.

La pâtée à engraisser est composée de farine d'orge ou de maïs que l'on délaye sans grumelots dans du lait coupé de moitié d'eau. On met environ 350 grammes

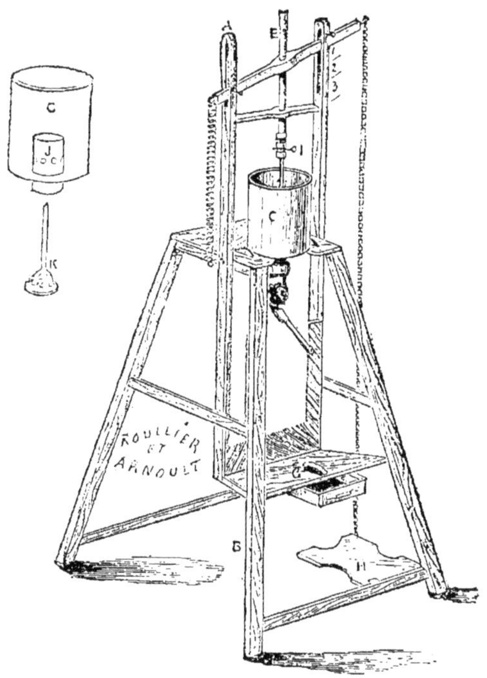

Fig. 110. — Gaveuse à pédale.

de farine pour un litre de liquide. Il est important que la farine soit bien blutée afin qu'il ne s'y trouve pas mélangé de son. Ce brouet a l'apparence d'une bouillie claire, mais il est parfaitement inutile d'augmenter la proportion indiquée de lait, cette adjonction serait plutôt nuisible.

Une fois la bouillie préparée, on la place dans un vase à large ouverture ou dans un seau, afin qu'elle puisse être aisément puisée avec une cuiller à pot profonde, puis on se saisit du poulet à engraisser et on le maintient entre les genoux la tête placée en avant. Lorsqu'il s'est un peu remis d'une première émotion assez naturelle, on lui saisit la tête de la main gauche et, allongeant bien son cou, on lui ouvre le bec de la main droite qui tient déjà l'entonnoir. Dès que le bec est convenablement ouvert, on y introduit délicatement l'entonnoir, la main gauche maintient alors et la tête et l'entonnoir.

On prend ensuite la pâtée dont on remplit l'entonnoir, puis la cuiller remise en place,. on soutient le jabot du poulet jusqu'à ce qu'on le sente s'emplir. La quantité de pâtée que doit contenir l'entonnoir et absorber le poulet est à peu près d'un huitième de litre, mais on n'en donne que la moitié au premier repas et l'on n'arrive à donner la ration complète que le troisième jour, encore faut-il avoir soin de l'augmenter ou la diminuer, suivant la force de l'animal.

Ces repas se font ordinairement trois fois par jour, à heures régulières, de cinq en cinq heures, la durée de l'engraissement, suivant la préparation des sujets, est de 18 à 21 jours.

A mesure qu'une volaille est gavée on la place dans la case vide, qui est garnie de paille fraîche, chaque case qui se trouve ainsi dégarnie est soigneusement nettoyée, la paille en est renouvelée et elle reçoit, de nouveau, dix pensionnaires.

Ce système est beaucoup plus rapide et plus pratique que le précédent, mais il est encore dépassé, comme rapidité, par l'engraissement mécanique.

L'engraissement mécanique est le perfectionnement du gavage au moyen de l'entonnoir.

Divers appareils sont affectés à cet usage mais ils reposent tous sur le même principe qui est de faire sortir avec rapidité la bouillie destinée à être introduite dans l'estomac des volailles; ils sont indispensables aux établissements qui veulent se livrer à l'élevage en grand de la volaille.

Celui que représente notre figure se compose d'un bâti en bois sur lequel repose un réservoir en forme d'entonnoir, destiné à contenir la pâtée à gaver qui est projetée dans l'estomac de la volaille au moyen d'un fouloir intérieur mû par la pédale de la machine.

Le rationnement se fait d'une manière précise, une cheville arrête la course du piston aux endroits voulus pour chaque espèce, un seul coup de pédale suffit pour donner le repas à une volaille ; on peut en entonner ainsi jusqu'à 300 à l'heure.

La pâtée est la même que dans le système à l'entonnoir et le nombre de repas également de trois par jour. Les volailles placées par dix dans l'épinette sont présentées les unes après les autres à la gaveuse.

Pour finir et compléter l'engraissement, les grands éleveurs ajoutent les trois derniers jours, par tête de volaille, 10 grammes de graisse de porc préalablement fondue avec le lait et un œuf cru par litre de pâtée.

Suivant l'état dans lequel se trouvait le poulet quand il a été soumis à ce nouveau régime il doit après la période d'engraissement avoir progressé de 750 grammes à 1 kilo.

Les races de Houdan, Crèvecœur et Dorking peuvent être avec avantages soumises à l'engraissement à l'âge de trois mois et demi, mais beaucoup d'éleveurs attendent un mois de plus et font des poulets qui atteignent un poids énorme. Il y a là une question qui ne peut être résolue que par l'éleveur lui-même, qui devra juger si la nourriture et le temps dépensés en plus sont en rapport avec le surcroît du prix de vente, il faut avoir une clientèle très spéciale

Fig. 111. — Gaveuse mobile.

pour le placement aisé de ces belles pièces qui sont d'ailleurs un peu forcées en graisse tandis que les poulets fins de trois à quatre mois sont très recherchés

Fig. 112. — Salle d'engraissement.

ar ceux qui n'aiment pas l'excès de graisse. En tout cas la vente en sera oujours plus courante et plus facile et le bénéfice réalisé plus rapidement.

Dans le système que représente notre figure, les volailles sont toutes séparées ce qui vaut mieux pour la facilité du travail. Les épinettes dans lesquelles les

Fig. 113. — Gaveuse mécanique tournante.

volailles sont placées étant munies de tiroirs, le nettoyage s'en fait très rapidement.

Pour donner au lecteur une idée plus complète de l'aspect que peut présenter un établissement industriel d'engraissement notre figure 112 représente une salle spécialement affectée à cet usage.

Enfin notre figure 113 montre une gaveuse monumentale tournante dans laquelle on peut presque sans bouger entonner un nombre considérable de volailles. Cette gaveuse est du même genre que celle d'Odile Martin qui a fonctionné pendant un certain nombre d'années au Jardin d'Acclimatation. Le plus curieux c'est que les malheureuses bêtes se prêtent parfaitement à la situation, avançant instinctivement le bec lorsque l'opérateur arrive devant elles.

Nous engageons les éleveurs à mélanger la farine de betteraves à leurs

Fig. 114. — Épinette.

farines destinées à composer les pâtées. Voilà déjà longtemps qu'on est parvenu à dessécher les betteraves coupées en tranches pour pouvoir les conserver et les livrer ensuite à la fabrication du sucre. Cette dessiccation a lieu dans des fours ou étuves ; en cet état les betteràves peuvent être râpées, moulues et réduites en farine. Le principe sucré que contient la betterave contribue à un prompt engraissement.

Durant la période d'engraissement, les volailles ne boivent pas, la pâtée liquide suffisant à tous leurs besoins de nutrition.

Certaines infusions telles que celles de l'épine blanche, des fleurs de tilleul et du mélilot jaune, vertes ou desséchées, employées à la détrempe des farines, donnent un fumet particulier et un goût agréable à la chair des volailles grasses.

Le dernier mode d'engraissement, aussi simple, et facile que l'engraissement naturel, mais plus prompt, est l'engraissement libre en épinettes.

Nous avons déjà parlé de diverses épinettes, celle-ci (fig. 114) ne diffère pas sensiblement des autres. C'est toujours une caisse montée sur pieds et divisée en compartiments munis d'une avancée pour éviter que les volailles se voient et d'augettes où se trouve constamment de la nourriture.

Cette nourriture n'est plus comme dans les deux derniers systèmes composée de farineux à l'état liquide, elle peut être formée de substances propres à pousser à la graisse. On donne à discrétion des pâtées chaudes dont la composition varie suivant les saisons, la nature des produits alimentaires que l'éleveur possède ou peut se procurer à bon compte. Dans ces pâtées chaudes peuvent entrer, pour moitié, les premiers jours, les herbes cuites et triturées telles que feuilles de choux, de betteraves, de salades diverses, laitues et chicorées dont l'acidité leur plaît et aiguise leur appétit ; des verdures cuites mélangées de farine d'orge et de maïs les mettent en point rapidement. On varie le menu tantôt du grain, tantôt des pâtées, le riz à veaux crevé est excellent, les grains d'orge cuits ainsi que nous l'avons indiqué plus haut contribuent heureusement au résultat qu'on veut atteindre. Les pommes de terre en abondance. La boisson est donnée à discrétion, eau pure ou lait coupé d'eau.

On aura soin de renouveler la nourriture trois fois par jour, afin d'exciter sans cesse l'appétit des volailles.

L'engraissement libre en épinettes est le seul à préconiser pour les maisons bourgeoises en raison de sa commodité et de ses effets assurés.

L'épinette n'a pas besoin d'être placée dans un endroit obscur, il suffit d'une pièce tranquille, où les volailles ne perçoivent pas les jacassements de celles qui sont en liberté, afin de ne point troubler la douce quiétude en laquelle elles doivent se tenir, à seule fin de vous préparer de succulents rôtis.

Ce petit meuble est trop facile à fabriquer pour que, si peu important que soit l'élevage, on puisse s'en passer.

Une dernière recommandation déjà faite mais qu'on ne saurait trop répéter, c'est de ne point soumettre à l'engraissement ni les sujets trop jeunes, ni les trop vieux, ni les sujets maladifs ou ceux qui paraissent rétifs à prendre la graisse ; c'est perdre son temps, ses soins et son argent.

SACRIFICE DES VOLAILLES

Il faut tuer pour vivre, mais entre tuer et massacrer nous saurons toujours observer une différence, aussi puisque tous ces animaux qui ont été l'objet de nos soins assidus sont voués, par avance, au sacrifice final, tâchons de les faire souffrir le moins possible, de les tuer vite surtout.

Pour ce faire, nous n'emploierons que des couteaux ou des ciseaux aigus et bien affilés ; sans faire de la sentimentalité ridicule, nous n'admettrons jamais l'indifférence lorsqu'il s'agit de supprimer un être vivant, si petit qu'il soit.

Prendre les conseils d'un vétérinaire, en la circonstance, ne serait point inutile ; nous allons tâcher cependant d'indiquer des moyens assez prompts pour ne pas faire souffrir ces pauvres animaux qui ont été créés et mis au monde pour concourir à notre subsistance.

Les volailles, ainsi que les animaux de boucherie, ne doivent être tuées qu'après un jeûne d'environ dix-huit heures permettant au jabot et aux intestins de se vider, ce qui rend leur extraction beaucoup plus facile. Il est d'usage de tuer les volailles maigres ou demi-grasses en les égorgeant, c'est-à-dire en leur coupant les troncs veineux près de la tête et les tenant ensuite suspendues par les pattes afin de faciliter l'écoulement du sang, la viande acquiert ainsi beaucoup plus de blancheur. Cette manière d'opérer bien que la plus répandue ne nous plaît guère. Il subsiste une plaie rouge, d'un vilain aspect, où le sang se noircit à la sensation de l'air, la putréfaction gagne souvent la plaie et si la pièce n'est rapidement vendue, souvent l'acheteur en refuse l'acquisition pour ce motif.

La volaille bien saignée est plus propre, plus marchande et se conserve plus longtemps.

Toutes les volailles devraient être tuées comme les volailles de prix à l'aide d'un couteau bien effilé ou de la lame aiguë d'une paire de ciseaux que l'on enfonce par le palais jusque dans le cerveau, puis en coupant en dedans de la gorge les grosses veines du cou sans entamer la peau ; on fait ensuite saigner complètement l'animal en le suspendant par les pattes, après quoi on lave l'intérieur du bec avec du vinaigre.

Aussitôt après la mort, on extrait les intestins par le cloaque ; à cet effet, on introduit le doigt par cette ouverture jusque dans le rectum, que l'on renverse en le ramenant au dehors ; alors on coupe cette partie circulairement autour du doigt, en ayant soin de retenir le bout de l'intestin ; puis tirant ensuite sur l'intestin avec précaution, on le ramène entièrement au dehors et on le coupe à son origine, près du gésier. Le foie et le gésier doivent rester dans l'abdomen. Ce vidage est indispensable : car, si l'intestin séjournait pendant quelque temps dans l'animal mort, l'odeur et la saveur des matières stercorales se transmettraient à la viande, la rendraient détestable, et de plus faciliteraient sa décomposition. Le vide laissé par les intestins est comblé à l'aide de boulettes de papier gris que l'on introduit par le cloaque, ce remplissage maintient le volume et conserve la forme de la pièce.

Les volailles grasses, envoyées dans les villes éloignées, sont ordinairement plumées, excepté la tête, le bout des ailes et la queue, alors qu'elles sont encore chaudes. On a grand soin d'éviter, lors de cette opération, les déchirures de la peau qui dépareraient la pièce et nuiraient à sa vente. Aussitôt après, la pièce est mise à la presse en la couchant sur le dos et en la surchargeant d'un poids proportionné. On fait cette opération alors que l'animal est encore chaud de sorte qu'en se refroidissant le corps se durcit et conserve la forme donnée.

Les fermières de la Bresse prennent même plus de précautions, elles enveloppent la volaille toute chaude dans un linge bien fin trempé dans du lait, cousu un peu serré pour lui donner une forme ovale, allongée, flatteuse à l'œil. Cette manière d'opérer a pour autres avantages de rendre la peau plus blanche en même temps qu'elle prend un aspect chagriné qui semble caractériser la finess de la chair.

L'éleveur doit avant tout se renseigner sur les usages adoptés dans les loca lités auxquelles il destine sa marchandise. Dans certains pays on aime les forme aplaties, faisant disparaître complètement la saillie du bréchet ; en d'autres lieu les consommateurs accordent leurs préférences aux volailles dont les formes son rondes et allongées, prenant assez les apparences des formes naturelles du canard les formes courtes, trapues et carrées du derrière sont préférées en beaucou d'endroits.

Lorsque la pièce est bien préparée, on l'enveloppe dans une feuille de papie blanc, laissant dépasser la tête et les pattes, puis ficelée et rangée dans de grand paniers spéciaux où l'air circule librement.

Beaucoup d'éleveurs envoient à Paris et sur les marchés des villes leurs volaille toutes vivantes, en été cette manière d'opérer est préférable. En ce cas, on a soi de garnir le fond des paniers d'un bon lit de paille afin d'éviter que les volaille s'écorchent le dessous de la poitrine.

Quelques éleveurs et amateurs emploient un autre système que ceux indiqué précédemment pour tuer leurs volailles, c'est la strangulation. Par le moyen d'u nœud coulant, bien savonné, la bête est tuée en moins de 3 minutes. Nous n conseillons point cette manière d'opérer aux éleveurs qui vendent leurs produits parce que, la chair étant moins blanche, l'animal se vendrait mal, mais pour ceu qui consomment eux-mêmes leurs volailles, nous les engageons à l'essayer, l viande conservant alors un fumet particulier qui rappelle, un peu, le goût d gibier.

Voici également le procédé décrit par M. Tegetmeyer dans le *Field* et uni versellement pratiqué en Angleterre ; la volaille est tuée en lui disloquant le cou L'oiseau est tenu de la main gauche par les cuisses, de la main droite on l prend la tête. Le dos reste tourné vers le haut. Afin de séparer la tête de la nuque on la relève subitement en tirant en même temps sur le corps. A cet effet, l main gauche est tenue appuyée sur la cuisse gauche, la main droite, qui tien la tête, sur la cuisse droite près du genou. Dans cette position, les deux main étant appuyées, il suffit d'écarter les genoux, tout en pliant la tête du poulet e arrière, pour qu'elle se déboîte immédiatement. Le procédé est instantané e l'oiseau n'a aucune douleur, car la moelle épinière et tous les grands nerfs son séparés, de même que les veines et les artères ; la tête ne reste attachée que pa la peau du cou. En réalité, l'oiseau a été décapité.

« Après avoir été plumé, l'oiseau est placé sur le dos, le cou et la tête pen dants pour que le sang puisse affluer vers la gorge. Ceci est certainement l façon de tuer la plus humaine et la plus expéditive, ce qui n'est pas lorsqu'o pratique la saignée. »

Le procédé de strangulation que nous venons d'indiquer est l'équivalent d celui-ci.

CHAPONNAGE OU CASTRATION

Nous avons omis, avec intention, de parler du chaponnage à la division de ce chapitre traitant de l'engraissement où cette question paraîtrait mieux à sa place, mais nous avons préféré en parler en dernier lieu, ne lui accordant pas une importance bien sérieuse.

L'art de chaponner les coqs et de rendre inféconds les poules remonte à une très haute antiquité, puisque la première opération était pratiquée par les Celtes, et la seconde par les Romains, chez lesquels elle avait été importée de la Syrie.

Les coqs ayant été rendus neutres par le chaponnage peuvent impunément se promener au milieu de la basse-cour et ils s'engraissent rapidement sans qu'on ait besoin de leur donner une alimentation plus riche et plus abondante. Naturellement ils ne pensent plus à cocher les poules qui les dédaignent même, et au milieu desquelles ils se promènent comme honteux. Les femelles soustraites à la reproduction engraissent également beaucoup plus vite et leur chair devient bien plus fine et bien plus délicate.

Il existe diverses manières de chaponner. La plus simple quand on peut la bien réussir consiste à extirper les testicules du coq avec le doigt que l'on introduit par l'anus. Dans la seconde, on pratique extérieurement une incision entre les deux dernières côtes et, soulevant légèrement les testicules avec un crochet, on les retire avec des pinces. Les lèvres de la plaie sont ensuite rapprochées et on les réunit par une couture à gros points faite avec une aiguille enfilée de fil ciré, après quoi on graisse la plaie avec de la pommade camphrée, ou de la vaseline qu'on recouvre de cendres tamisées.

Il est indispensable de ne procéder à cette opération que lorsque les testicules du coq offrent déjà un certain développement, il est même préférable que le coq ait déjà coché quelques poules, ce qui facilite l'extraction des testicules.

Pour amener la poule à l'état de poularde voici le moyen préconisé par M. Mariot-Didieux qui nous paraît être le meilleur :

« On arrache les plumes entre l'extrémité de la queue et l'éminence charnue appelée le *bouton ;* on découvre alors deux corps ronds, jaunâtres et accolés l'un à l'autre, on dissèque en dessous de ces corps au-dessus du sacrum, passant en dessous de cet os mince et percé d'ouvertures, avec un petit crochet de fer on saisit ces glandes et on les sépare du bouton où elles sont encore accolées à la peau ; l'opération terminée, on rabat la peau sur la plaie, et on la maintient en place au moyen de quelques points de suture ; on oint légèrement la plaie et on la saupoudre de sel fin.

« De toutes les opérations chirurgicales pratiquées sur les poules pour obtenir leur stérilisation, celle-ci est une des plus faciles à pratiquer et une des moins dangereuses. »

Par ce moyen M. Mariot-Didieux affirme, et nous voulons bien le croire en sa qualité de vétérinaire, que l'on obtient parfaitement la stérilisation de la grappe ovarienne qui provoque par conséquent les aptitudes à l'engraissement de la poularde.

Coqs et poules ne doivent être opérés que par un temps doux et calme et placés ensuite sur de la paille fraîche, dans un local tranquille et démuni de perchoirs.

Nous avons dit que nous n'accordions pas une importance bien sérieuse au chaponnage parce qu'avec les espèces précoces à l'engraissement telles que les Houdan, Crèvecœur, Dorking et toutes les volailles sélectionnées dans ce but, on peut aisément obtenir des produits hors ligne en supprimant ces opérations inutiles et désagréables.

∴

En terminant ce chapitre, nous appellerons l'attention des éleveurs sur la remarque que nous avons faite au commencement sur l'influence de l'alimentation sur la saveur de la chair des volailles.

Il y a là une série d'expériences très intéressantes à faire, nous avons cité l'influence de certaines infusions : un journal américain, le *Rural New-Yorker*, parle d'une espèce de canard sauvage du nord des Etats-Unis qui se nourrit presque exclusivement du céleri sauvage qui pousse dans la région de Saint-Laurent et qui donne à sa chair un fumet que ne possède aucune autre espèce de canard. Cette action de l'alimentation se manifeste encore aux Etats-Unis sur les immenses bandes de canards sauvages passant une partie de l'année à barboter dans les marais d'eau douce de l'Alaska, où ils s'engraissent de graines, de racines et d'herbes, qui donnent une saveur délicieuse à leur chair. Emigrant ensuite vers l'Océan, ils doivent changer leur mode de nourriture, car, au bout de six ou huit semaines, leur chair prend une saveur la rendant à peu près incomestible et aucun procédé culinaire ne peut chasser le goût de poisson qui l'imprègne.

Les exemples de ce genre abondent et démontrent clairement que les éleveurs pourraient arriver, par une alimentation raisonnée et spéciale, à donner à volonté des fumets particuliers à leurs volailles, nous devons ajouter cependant que ces expériences présenteraient un intérêt plus particulier que commercial et doivent tenter surtout les amateurs.

CHAPITRE II

LES REPRODUCTEURS

DES CROISEMENTS

Nous avons parcouru les phases principales de l'élevage, il nous reste à traiter de quelques questions intéressantes et fort discutées : la première est celle des croisements.

Faut-il faire des croisements ?

Si nous examinions les croisements qui ont été généralement faits en France, en considérant les piteux résultats qu'ils ont produits, nous répondrions sans hésitation : Non, ne faites pas de croisements, mais réfléchissant que si ces croisements avaient été savamment calculés, ils auraient pu produire des effets beaucoup plus heureux, nous mettrons davantage de réserve dans notre réponse.

La volaille de Faverolles, qui n'est que le résultat de croisements divers, est là pour nous prouver qu'on peut arriver, par des croisements judicieux, à d'heureux résultats.

Certains auteurs ont essayé de prouver l'inutilité des croisements en prétendant que deux races, croisées ensemble, retournaient toujours, à la troisième génération, à l'une ou l'autre souche, la Wyandotte des Américains, la Coucou de Malines, etc., qui se reproduiseut toujours pareilles en leurs diverses variétés, sont là pour démentir cette assertion et affirmer la fixité de maints croisements.

D'autres exemples encore pourraient venir à l'appui de celui que nous venons de citer, mais la question étant admise, il nous reste à rechercher quelle est l'utilité des croisements. La définition que Darwin a émise dans une autre circonstance en représente bien le caractère exact : « La nature fournit les variations successives, l'homme les accumule dans certaines directions, qui lui sont utiles. »

Toute la raison d'être des croisements se trouve résumée dans cette phrase. En ce qui concerne l'animalité, en général, nous ne doutons point que ce principe donne d'heureux résultats, mais nous ne croyons pas qu'à moins de cas particuliers, il ne présente pas un aussi grand intérêt pour les volailles.

Quand on possède des races parfaites, ayant chacune leurs avantages spéciaux, tant pour la ponte, pour l'engraissement, que pour les couvées ; il n'y a pas d'intérêt à mélanger ces diverses qualités qui s'allient peu souvent entre elles? On ne peut espérer réunir dans un même animal ces trois aptitudes poussées à l'extrême ; lorsqu'il en possédera deux, on devra s'en contenter ; les croisements, si parfaits et si intelligemment menés qu'ils soient, n'y remédieront en aucune façon.

Jamais une race d'engraissement et à développement rapide n'atteindra le chiffre de ponte en gros œufs de l'Andalouse ou de la Leghorn ; la Crèvecœur, la Houdan, la Dorking dont le développement est rapide, en revanche pondront moins, encore la dernière citée est une bonne couveuse.

La Bresse noire est peut-être celle qui nous réunira la plus grande somme de qualités, chair fine, développement assez rapide, ponte abondante en gros œufs, incubation bonne.

Mais l'éleveur pratique ne doit pas se contenter de ce qui peut satisfaire un amateur, il lui faut des animaux possédant, au degré extrême, les qualités nécessaires à son commerce, suivant qu'il se livre à la vente des œufs ou à la vente de la viande.

Dans la deuxième partie de cet ouvrage il a pu trouver la race qui lui convenait sans avoir besoin de recourir à des croisements plus ou moins heureux.

Il y a deux cas où les croisements peuvent avoir quelque utilité :

A titre purement expérimental, comme distraction d'amateur ; encore faut-il qu'ils soient faits dans un but bien précis pour présenter quelque intérêt, s'opérer sur des sujets absolument différents, et comme origines et comme qualités, citons comme exemple le croisement du coq malais avec la poule de Houdan.

En deuxième lieu, pour donner un peu de valeur aux basses-cours de ferme. Ici le croisement est utile, souvent indispensable, l'introduction d'un coq ou de quelques poules de race dont les qualités sont bien reconnues au milieu de la basse-cour d'où on élimine bien vite les non-valeurs, ne peut être que d'un très bon effet. Les produits qui résulteront de ces croisements auront toute la rusticité des poules de ferme, tout en gagnant les qualités qu'on a voulu leur faire acquérir.

Nous avouons qu'en dehors de ces deux cas nous ne préconisons que rarement les croisements de races pour les oiseaux de basse-cour.

SÉLECTION

Nous venons d'émettre notre opinion au sujet des croisements et déclarer que nous l'admettions surtout pour remonter la valeur d'une basse-cour fermière, mais que l'on soit bien persuadé que, sans une sélection attentive, ces croisements ne serviraient absolument de rien.

La sélection est le point de départ de tout élevage, si l'on ne s'astreint pas d'une façon absolue à ses principes, il n'y a aucun espoir de maintenir sa basse-cour en bon état de races ou de l'améliorer si la chose est nécessaire.

Pourquoi voyons-nous dans la plupart des fermes en France de si piètres échantillons d'animaux de basse-cour ? Simplement parce que les poulets les plus vigoureux, ceux dont le développement est le plus rapide, sont vivement enlevés par la fermière et expédiés vers le marché.

Si le contraire s'était produit, que les plus beaux sujets aient été soigneusement mis à part, nourris plus abondamment et qu'on se soit servi exclusivement des œufs de ces sujets pour mettre à couver, en ayant soin de faire encore un choix parmi les œufs, ne prenant que ceux dont le jaune est le plus gros, ne croit-on pas qu'il y aurait un changement sensible, dans l'aspect de la basse-cour, dès la première génération. En suivant ces principes pendant plusieurs années, avec des soins intelligents on parviendrait souvent à composer une *race de pays* qui ne le céderait en rien aux races que nous préconisons.

Il est bien évident que, par ce système de sélection, on mettra beaucoup plus de temps à remonter sa basse-cour qu'en introduisant au milieu de ses plus belles volailles un coq et une poule de la race qui présente les qualités que l'on désire obtenir ; la rapidité du résultat étant toujours un bénéfice, nous préférons ce système; mais, si sur les sujets obtenus, la sélection n'était pratiquée d'une façon suivie le croisement serait inutile et le prix de revient des reproducteurs ne retrouverait pas sa compensation.

Nous préférons l'introduction d'un coq et d'une poule quand, parfois, le coq suffirait pour amener une amélioration notable dans le troupeau parce que les produits purs de race seront un nouvel élément d'amélioration ; à la seconde génération, tous les coqs purs de race seront donc gardés, s'ils sont très beaux, pour être mélangés au troupeau ; à la troisième génération on ne s'occupera plus de la race, se bornant à trier les plus beaux sujets et à les entourer de plus de soins.

La sélection que nous conseillons pour l'amélioration des volailles de ferme se pratique chez les grands éleveurs avec une attention et une persévérance qui nous permettent d'admirer les superbes produits exposés chaque année au Concours général ou à la Société d'Aviculture de France par les Voitellier, Pointelet, Favez, Verdier, etc. Tous les éleveurs peuvent arriver aux mêmes résultats, à la condition de prendre les mêmes précautions.

Lisez plutôt les instructions que donne à ce sujet M. G. Delsaux dans l'excellent journal *l'Aviculteur*.

« Il va falloir faire choix, parmi tout le troupeau, des sujets destinés à peupler la basse-cour pour l'année prochaine et de ceux que leur sort moins brillant dirige du côté de la cuisine et du marché. C'est là une tâche délicate pour l'éleveur ; la plus délicate peut-être de toute l'année. Pour arriver à un résultat sérieux, il faut faire abstraction de ses goûts personnels, de ses préférences, des couleurs plus ou moins séduisantes, de l'allure gracieuse ou hardie de tel ou tel sujet, pour se renfermer strictement dans les principes et se conformer aux descriptions de race données par les auteurs autorisés. Il ne faut pas transiger sur une plum rouge ou jaune, mêlée à un plumage noir, ni sur une plume noire qui se serai glissée furtivement dans un plumage unicolore d'une autre nuance. Il ne faudr pas, en faisant cet examen, s'étonner que sur une centaine de sujets de race bien pure, provenant de reproducteurs primés et payés fort cher, il s'en trouve un dizaine à peine répondant exactement au signalement donné par l'auteur dont on tiendra le livre dans les mains; c'est la proportion ordinaire des beaux sujets Mais sur ces dix mis de côté et présentant à l'inspection un coup d'œil irrépro chable, il faudra une seconde visite plus attentive encore et plus minutieuse qu la première. Cette inspection fera encore éliminer un quart des candidats repro ducteurs. Pour cette seconde visite l'œil est insuffisant, il faut que la main lu vienne en aide et une main ayant du tact, capable de suivre à travers la plum les formes du squelette et d'en constater les équivalences ou les dissemblances, s faibles soient-elles. Et d'abord le sternum, plus communément appelé brechet, est il bien droit sur tous les sens? S'il présente la moindre déviation ou une dépres sion au centre, motif de réforme. L'épine dorsale est bien uniformément droit depuis la naissance du cou jusqu'au croupion. Si elle est bombée sur le rein o si elle forme une proéminence assez accentuée à la naissance du rein du côté d la tête, ce que l'on appelle communément dos de serpe, cas de réforme grave.

Les deux côtés des reins sont-ils inégaux en largeur, ou présentent-ils un proéminence d'un seul côté ou des deux côtés à la fois (poulet bossu) réform encore et sans pitié.

Enfin le croupion manquerait-il de rigidité ou offrirait-il la moindre déviatio sur un côté (queue de travers) ou serait-il trop relevé de façon à faire porter l queue haute, l'extrémité des plumes se rapprochant du sommet de la tête (queu d'écureuil), c'est encore un vice rédhibitoire. Il n'y a que le coq Nangasaki qu puisse et doive se permettre de toucher, des faucilles de sa queue, l'arrière de s crête ; chez tous les autres c'est un défaut capital indiquant généralement l'infé condité.

« Tous ces points étudiés, reste encore à examiner si la crête est droite, si ell n'est pas plus épaisse d'un côté que de l'autre, ce qui la ferait infailliblement pen cher tôt ou tard ; si le cou est bien droit, sans raideur, pas arqué : ce serait u vice ; si les doigts des pattes sont droits, non contournés, les deux canons de pattes égaux en longueur et en grosseur, s'il ne manque pas d'ongles aux doigts Enfin que les deux barbillons soient égaux de longueur et d'ampleur, une diffé rence indiquant le plus souvent un mauvais reproducteur. »

Peut-être ces préceptes indiqués par M. Delsaux paraîtront-ils un peu bie sévères et cependant ils ne sont que justes si l'on veut élever et maintenir un race en état pur, sans dégénérescence. L'éleveur qui n'a pour but que la produc tion de la viande et des œufs ne s'arrêtera qu'aux détails les plus importants tenant compte avant tout de la vigueur, de la bonne santé et de la corpulence d l'animal, pourtant s'il passe sur quelques défauts de plumage, il n'admettra pa d'imperfections aux pattes, aux barbillons et à la crête.

Le poulailler le plus sain, le mieux exposé, le mieux garni de verdure sera réservé aux sujets mis de côté pour la race, il leur sera donné une nourriture substantielle qui développe l'intestin et prédispose à l'accroissement de la taille.

Lorsqu'on visite une exposition d'aviculture, en Angleterre, on reste tout surpris de l'ampleur exceptionnelle que possèdent les sujets exposés. Par une alimentation savamment combinée, les Anglais arrivent à provoquer chez leurs sujets ce développement excessif qui ne peut être maintenu chez les descendants que sous condition d'une alimentation équivalente. Si ce précepte n'est point observé et que la race reçoive une alimentation ordinaire, bien que suffisante, elle ne dégénère pas, mais revient à son état normal.

Les praticiens de l'aviculture commencent la sélection sur les poussins même, on pourrait croire cette opération impossible et cependant dès les premières vingt-quatre heures on distingue les principales qualités que présentera tel ou tel sujet, quant à la race, comme nous l'avons montré dans beaucoup de monographies, le poussin présente un plumage différent qui permet de la déterminer aisément.

Pour que cette sélection puisse se faire d'une façon pratique, il faut avoir au moins six poules qui couvent en même temps afin de confier à une ou deux, *le soir*, les poussins sélectionnés. Dans l'élevage artificiel c'est encore plus simple puisqu'on n'a qu'à placer, par bandes distinctes, les poussins sous des mères artificielles.

Mais la sélection s'exerçant le plus généralement sur les sujets de trois mois et demi à quatre mois, les éleveurs pour la production étant infiniment plus nombreux que les éleveurs pour la race, revenons donc encore un instant sur celle-ci.

Le choix des coqs qui devront être adjoints à ceux de l'année précédente demandera une grande attention, ici nous engageons les fermiers à se plier absolument aux exigences que nous avons énumérées plus haut. On ne se montrera jamais trop difficile pour ce choix dont dépendra, en grande partie, le succès de l'élevage.

Dans l'élevage d'amateur ou l'élevage pour la vente des races, nous le répétons la sélection devra être absolument sévère.

« Le meilleur coq de l'élevage, écrit M. Voitellier, n'est pas toujours celui qui donnera les plus beaux produits. Il faut, en le choisissant, tenir un grand compte des défauts et des qualités des poules et ne pas oublier que généralement, dans l'acte de la reproduction, le mâle donne la race, le type, la couleur, et que la femelle donne plutôt la forme et la taille.

« En conservant toujours deux coqs on aura beaucoup plus de chances d'avoir des produits supérieurs aux auteurs, parce qu'il n'y aura toujours d'un côté ou de l'autre, union de qualités semblables qui augmenteront en vertu de la loi de la consanguinité.

« On objectera que deux coqs reproducteurs ne peuvent être maintenus avec douze poules dans le même parquet ; qu'ils se battront jusqu'à ce que l'un succombe, ou soit annihilé comme reproducteur ; que par suite de cette rivalité et de querelles incessantes, les poules délaissées ne donneront que des œufs clairs. Il est un moyen d'éviter le trouble dans ce sérail à deux sultans. On construit, aussi loin que possible de la basse-cour et du passage des autres poules, une petite cabane dans laquelle, chaque jour, l'un des deux coqs sera enfermé à son tour ; on procède à cette séquestration le soir, au moment de la fermeture du poulailler : à cette heure, le coq pouvant être facilement saisi. La cabane du prisonnier sera assez éloignée pour que, sans se tourmenter, il repose et mange tranquillement pendant la journée.

« De cette façon celui des deux coqs qui est en liberté est seul maître, et ne pense pas à batailler ; il est aussi plus vigoureux après un jour de repos. Il n'adopte pas, de préférence, une ou deux poules qui deviennent ses favorites aux dépens des autres, et les œufs d'une même poule sont alternativement fécondés par l'un et par l'autre.

« Par l'application de ces soins et de ces principes on arriverait certainement, en dix ans, à obtenir des oiseaux de premier ordre en débutant avec un lot tout à fait inférieur. Cependant nous ne conseillerons jamais de s'adonner à l'élevage dans le but de reconstituer une race. Il existe assez de bonnes et belles variétés dont on peut se procurer des spécimens presque parfaits qu'il est aussi attrayant d'entretenir dans toute leur pureté et de perfectionner. C'est faire œuvre de goût et aussi œuvre plus utile. Ramener à l'état pur des animaux dégénérés est un travail de patience qui ne profite à personne. Perfectionner et améliorer les meilleures races existantes, c'est doter son pays d'une richesse nouvelle. »

COMPOSITION DES PARQUETS

Les questions de croisement et de sélection réglées, reste à établir quelles seront la division et la composition des parquets.

Trois buts spéciaux se présentent dans l'élevage et nécessitent autant de parquets distincts.

Parquets pour les pondeuses ;

Parquets pour les poulets destinés à l'engraissement ;

Parquets pour les reproducteurs.

La nécessité de ces trois parquets est évidente, puisque les animaux qui les occuperont recevront une alimentation différente.

Nous parlons, en ce moment, pour un établissement qui voudrait se livrer uniquement à l'élevage de la volaille.

Un parquet spécial pour l'élevage des poussins serait même parfois nécessaire en ce cas.

Nous avons indiqué 5 mètres carrés de parcours par tête pour les pondeuses ; on pourrait sans doute à moins obtenir encore des résultats satisfaisants, mais il faut bien se persuader que l'agglomération a été une des principales causes d'insuccès de certaines entreprises avicoles.

Quarante pondeuses, dans un même parquet, est un chiffre parfaitement suffisant; la présence du coq étant inutile pour la production des œufs, on pourra le supprimer, à moins, bien entendu, que l'on veuille se servir des œufs également pour la reproduction ; en ce cas, il faudrait avoir quatre coqs pour obtenir la fécondation de tous ces œufs. Deux coqs seraient introduits chaque soir et alternativement remplacés par deux autres le lendemain.

Un de nos amis qui pratique de cette façon, avec beaucoup de succès, n'emploie, à cet effet, que deux coqs du même âge et ayant été élevés ensemble. Après un jour de repos dans le même poulailler, quand ils sont réunis ensemble, au milieu des poules, ils songent beaucoup plus à s'occuper de leurs compagnes qu'à se disputer. Notre ami trouve ce système beaucoup plus économique que d'avoir 4 parquets de 10 poules.

Nous avouons pourtant ne pas accorder notre préférence à cette manière de pratiquer, si nous voulions livrer à la reproduction les œufs de nos pondeuses. Les cinq ou six pondeuses les meilleures, les plus belles et pondant les plus gros œufs seraient mises à part avec notre coq le plus vigoureux. L'alimentation serait la même que dans un parquet de 40 pondeuses, puisque le but est, dans les deux cas, de pousser à la production des œufs, mais nos pondeuses pour la reproduction jouiraient d'un peu plus d'espace et d'un poulailler plus spacieux.

Bien entendu, comme alimentation on se rappellera celle que nous avons conseillée au chapitre des *Œufs*, et ce que nous avons écrit au sujet de l'augmentation de ponte nécessaire.

Les parquets de volailles pour l'engraissement ne sont, au demeurant, que les parquets d'élevage dans lesquels restent tous les poulets qui, à 3 ou 4 mois, n'ont pas été jugés dignes d'être mis dans les parquets spéciaux aux pondeuses ou aux reproducteurs.

Là, ils reçoivent la nourriture spéciale destinée à les pousser à l'embonpoint, avant d'être soumis aux divers modes d'engraissement que l'éleveur a adoptés. Tous les soins nécessaires ayant été indiqués, dans ce chapitre et dans les précédents, nous n'avons pas à y revenir.

Les parquets de reproducteurs s'entendent plus spécialement, en ce qui concerne les sujets destinés à *racer*. Il ne faut pas oublier pourtant que l'on établit des parquets de *reproducteurs* et pour la ponte et pour l'engraissement, ces derniers comprenant les volailles à viande fine et à développement rapide.

Les dispositions en ont été décrites ; nous n'ignorons plus les soins que doivent recevoir les sujets qui les habitent, le nombre en sera toujours forcément assez restreint ; alimentation, sélection, habitation étant connues et appréciées de nos lecteurs, ne nous arrêtons donc pas plus longtemps sur ce sujet, nous contentant de signaler l'utilité absolue des parquets de reproducteurs.

Quelques règles générales peuvent s'appliquer à la composition de tous les parquets ; résumons-les d'abord :

Les coqs seront soigneusement séparés des poules, dès l'âge de quatre mois, à part les coqs à croissance lente (La Flèche, Langshan, Cochinchinois, etc.), afin que les essais de fécondation auxquels ils se livreraient ne nuisent pas à leur développement.

On attendra que le coq soit âgé de dix à onze mois avant d'être mélangé avec les poules, il n'en acquerra que plus de vigueur ; les jeunes coqs étant de beaucoup préférables, il sera nécessaire de les remplacer quand ils auront deux ans, à moins que l'on n'ait comme remplaçant qu'un coq, inférieur en qualité, auquel cas on se résignerait à attendre une année de plus.

De plus, à deux ans, le coq représente encore un mets présentable, il ne faudrait pas le mettre en épinette, il n'engraisserait pas, mais une quinzaine de jours de liberté avec une alimentation de grains d'orge cuits lui permettraient de faire encore assez bonne figure sur une table.

C'est à dix-huit mois que le coq est dans toute sa vigueur et dans toute sa beauté, et qu'avec des poules de cet âge ou de deux ans, on serait certain d'obtenir les plus beaux produits.

Les poules seront sacrifiées quand elles atteindront leur quatrième année, à moins d'exception, elles ne seraient plus d'un rapport suffisant.

Les causes d'infécondité des œufs de la poule sont attribuées à l'humidité des lieux qu'elle habite. On prétend aussi qu'entre les deux Notre-Dame d'août la grande majorité des œufs sont clairs, cette opinion s'appuie sur ces faits, qu'à cette époque, le coq, fatigué par de longs services, montre moins de vigueur et que les poules, commençant à subir les effets de la mue, leur fécondité s'en ressent Lorsqu'on a besoin de faire éclore des poussins toute l'année, on remédie à ce inconvénient en donnant aux poules une alimentation plus tonifiante, beaucoup de liberté et un coq qui s'est reposé depuis quelques mois.

Avec ce moyen, malgré les deux Notre-Dame, on n'aura pas beaucoup d'œufs clairs.

Les reproducteurs devront être choisis dans les sujets nés en mars ou avril aussi bien pour les coqs que pour les poules. Les animaux qui n'ont pas atteint leur complet développement, avant les premiers jours de froid, ne pourront jamais arriver au degré de perfection que l'on exige de tout reproducteur ; de plus, les poules, nées à cette époque de l'année, pondent en hiver, à l'époque où les œufs ont le plus de valeur.

La meilleure de toutes les précautions pour obtenir des sujets tout à fait beaux est non seulement de séparer les coquelets des poulettes dès l'âge de quatre mois, mais encore de laisser les poulettes seules jusqu'à onze ou douze mois. Les poulettes sont continuellement tranquilles ainsi, ne pensant qu'à manger et à pondre si elles ont l'âge. Un certain nombre d'amateurs présentent des sujets de toute beauté simplement par cette utile précaution. Il y a en outre un double avantage dans cette manière d'opérer, c'est qu'avec deux parquets seu lement, bien vastes et bien sains on peut élever ensemble dix ou quinze races de volailles qui, parvenues à leur complet développement, ne perdront rien de leur beauté et de leurs qualités dans un parquet beaucoup plus restreint.

∴

A la ferme, le parquet de reproducteurs est tout aussi indispensable que partout ailleurs. Le sacrifice de quelques mètres de terrain (le plus d'espace possible), quelques soins un peu plus assidus, seront amplement compensés par les résultats obtenus.

Le fermier a deux qualités principales à rechercher pour ses volailles : un développement rapide et une ponte abondante en gros œufs. Il est évident que pour la reproduction il lui faut des couveuses ; aussi ferait-il bien de mettre de côté les œufs des meilleures couveuses de sa ferme et de les faire couver sans s'occuper si les mères sont plus ou moins belles, ce n'est pas le beau coq reproducteur qui annihilera chez les descendantes les qualités de la mère ; il lui sera facile, de cette façon, avec ses couveuses *du pays*, dont il aura toujours autant qu'il voudra, de pourvoir au repeuplement de sa basse-cour.

ACCLIMATEMENT

En parcourant la monographie des races, considérant le développement ou la ponte, l'éleveur fait son choix, installe ses animaux et attend.

Fort souvent, ses animaux installés dans les conditions nécessaires, il verra, avec plaisir, ses espérances se réaliser ; mais, fort souvent aussi, telle race annoncée comme pondant 170 œufs en pondra simplement une centaine ; telle autre qui devait, au bout de six mois, dépasser le poids de 2 kg. 500 pèsera bien juste 2 kilos. L'éleveur ne manquera point de dire : mon auteur et le marchand m'ont trompés.

Ni l'un ni l'autre ; le climat est, seul, cause du mécompte de l'éleveur. Assurément la race ne peut être inférieure si les sujets ont été bien choisis, mais il lui faut une période d'acclimatation qui ne peut se faire du jour au lendemain, et ce n'est, parfois, que les sujets, issus des nouveaux importés, qui possèdent toutes les qualités de la race et satisfont les desiderata de l'éleveur.

Il faut être patient et persévérant en élevage. Mais, comme le temps (c'est de l'argent), nous avons conseillé, pour cette cause, aux fermiers qui n'ont guère le loisir d'attendre, le croisement immédiat du reproducteur de race avec leurs plus belles poules du pays. L'acclimatement se fait ainsi beaucoup plus rapidement et plus sûrement.

Certaines races s'acclimatent beaucoup plus rapidement que d'autres, suivant la rusticité qu'elles possèdent en général, mais surtout si elles se retrouvent dans les mêmes conditions d'habitat que dans leur pays d'origine. C'est surtout sur la ponte que l'influence du changement de climat, se fait sentir. Nous le répétons, il ne faudrait pas s'émotionner outre mesure, si, durant quelque temps, la race ne présentait pas toutes les qualités désirées; il lui faut s'habituer au nouveau logement; l'air et le terrain sont différents, mais une fois la période d'acclimatement écoulée, on la verra presque toujours tenir toutes ses promesses.

En fait d'acclimatation, des soins assidus et de la persévérance arrivent à bout de tout. Que les élèves aient à leur disposition un parcours suffisant, un logement sain et une bonne alimentation, qu'ils soient soumis à une *rigoureuse sélection* en deux ans ils deviendront aussi rustiques que les volailles mêmes du pays.

CONSANGUINITÉ. — ALBINISME.

Pour beaucoup d'éleveurs amateurs, la consanguinité est l'écueil principal de l'élevage. Des travaux des maîtres écrivains naturalistes, il ressort, en effet qu'elle produit des effets désastreux; nous avouons pourtant ne point du tout partager cette opinion, en ce qui concerne la basse-cour. S'il est vrai que, dans les grandes races d'animaux domestiques, les sujets tournent à la dégénérescence, l'albinisme, si l'on ne prend la précaution de leur infuser la dose nécessaire de sang étranger, le cas n'est pas du tout le même pour les animaux de basse-cour.

La consanguinité n'est nullement à craindre quand on élève un nombre *u peu important* de volailles et que les reproducteurs jouissent d'assez de parcours pour être entretenus dans une situation hygiénique égale à l'état de liberté.

Dans ces conditions, on ne peut manquer, par une sélection intelligemment pratiquée, de trouver des reproducteurs d'élite qui maintiendront la race dans toute sa vigueur et toute sa pureté.

Si parmi ses reproducteurs on introduisait un coq, de même race, d'une autre origine, mais présentant toutes les qualités désirables, l'effet ne serait évidemment que très bon ; seulement si ce coq avec toutes ses belles qualités apparentes avait dans ses veines du sang étranger, il apporterait dans la basse-cour une désorganisation complète. Il faudrait donc, en ce cas, être absolument sûr de l'origine du nouveau venu.

Il est une vérité indéniable, c'est que la plupart des variétés de poules que nous classons comme races, ont été formées, entretenues et souvent sélectionnées par l'homme ; sous l'influence du sol et du climat elles ont acquis un type à peu près définitif qui ne peut être maintenu que par des soins assidus.

Abandonnez-les à elles-mêmes, et vous ne tarderez pas à les voir retourner à un type inférieur et tout différent.

Un des grands reproches qui ont été formulés, en dehors de l'albinisme, contre la consanguinité, c'est de provoquer l'infécondité. Cet argument des anti-consanguinistes est sans valeur si, comme nous l'avons recommandé, les reproducteurs jouissent d'un grand parcours. Il est avéré que le plus mauvais coq de ferme qui, du matin au soir, court après sa maigre pitance, satisfait aisément une vingtaine de poules alors que le coq de race, soigneusement entretenu, vigoureux, débordant de santé, mais tenu en parquet étroit, n'arrivera pas toujours à féconder les six ou sept poules qui lui tiennent compagnie.

Le manque d'exercice et de grand air sont les véritables et seules causes d'infécondité ; il serait facile de s'en rendre compte par des expériences faites sur des individus absolument étrangers, l'on pourrait ainsi s'assurer que les effets sont les mêmes que sur les consanguins.

Que les éleveurs (de volailles) ne se préoccupent donc point, outre mesure, des effets de la consanguinité : l'alimentation, la sélection et la liberté en auront facilement raison et rien, en dehors de ces trois cas, ne pourra les empêcher d'obtenir de superbes et de lucratifs produits.

MANIPULATION DES VOLAILLES. — ÉJOINTAGE

Nos parquets étant bien garnis, n'ayant plus à donner aux élèves que les soins journaliers, nous devons établir, en principe, qu'ils doivent être dérangés et touchés le moins possible.

Dans les cas où il est absolument nécessaire de saisir et de transporter les volailles, afin de leur faire subir certaines opérations ou appliquer divers traitements, on doit toujours agir avec précaution.

Sans doute les poules familières, les vieilles espèces domestiques et indigènes nécessitent moins de ménagements, mais encore est-il utile de ne point oublier, ce qui ne manquera pas de venir à l'esprit de tout éleveur intelligent, qu'il ne faut jamais sous aucun prétexte brutaliser les oiseaux. Ne les effarouchez pas surtout : la peur est pour eux une crise dangereuse, un véritable accès maladif, et leur santé générale s'en ressent toujours quand elle est intense et fréquemment renouvelée.

Lorsqu'on désire atteindre un oiseau de basse-cour sans avoir l'intention de le tuer, il est toujours préférable de ne pas courir après. La poursuite épouvante l'animal, épouvante les autres et met le désordre dans la basse-cour, c'est un branle-bas général jusqu'à ce que vous ayez mis la main sur votre proie, et il en résulte toujours quelque mal et souvent des blessures graves. Un bon système est de se servir, à cet effet, d'une épuisette de pêcheur à mailles larges et à long manche. Avec un peu d'usage on arrive à se servir de cet engin avec autant d'habileté qu'un entomologiste adroit de son filet à papillons. On attrape ainsi une poule d'un seul coup, sans courir après, sans craindre de la blesser, avant même qu'elle ait eu le temps de se débattre.

L'animal est ensuite placé dans un panier pour être transporté commodément ; en forme de dôme et ouvert par le haut est la forme qui convient le mieux pour une expédition, un panier fermé de n'importe quelle forme suffit si l'oiseau ne sort pas de l'élevage. En tout cas, on aura bien soin de ne point transporter les volailles, surtout les volailles de prix, en les tenant suspendues par les pattes ;

elles se livrent alors à une foule de contorsions qui peuvent leur être très préju-diciables. Ne craignez jamais d'avoir l'air emprunté parce que vous les prene avec délicatesse et laissez, sans vous en inquiéter plus, les ignorants rire de vo précautions.

L'*éjointage* n'étant que peu pratiqué pour les coqs et les poules, dont ce ouvrage traite spécialement, nous n'en dirons que quelques mots.

Cette opération a pour but, en retranchant à l'oiseau le *fouet* d'une aile, autre-ment dit la partie dirigeante du vol, de détruire son équilibre de locomotio aérienne et par conséquent de le retenir prisonnier sans qu'il soit séquestré.

On compte les dix premières plumes de l'aile — dix dernières, si l'on compt à partir du corps — et muni de fort ciseaux bien aiguisés, on opère la sectio du petit os qui retient les neuvième et dixième plumes ; le tout tombe à terre e l'opération est faite sans grande souffrance pour le patient. On cautérise aussitô la plaie avec du perchlorure de fer ou au moyen d'un crayon de nitrate d'argent Quand le sujet est jeune, on arrête la petite hémorragie qui se produit, avec d la cendre ou du plâtre. Au bout de deux jours, l'animal a repris toutes ses habi-tudes et ne paraît nullement se ressentir de l'opération qu'il a subie.

L'oiseau n'est pas déparé par cette mutilation, les remiges secondaires recou-vrant toujours, à l'état normal, la partie enlevée ; cependant, pour un anima destiné à un concours, ce serait une dépréciation.

On aura soin de choisir un temps frais et sec pour pratiquer l'éjointage, le plaies se cicatrisant alors mieux et plus vite. Dans le cas où l'on serait forc d'opérer par les grandes chaleurs, il serait préférable de maintenir les oiseau dans un endroit frais et mi-obscur ; enfin, en hiver, dans un lieu à températur douce et égale.

Dans beaucoup d'élevages on remplace l'éjointage par l'entrave. L'entrav Dannin est la plus spécialement employée dans cette circonstance. Mais, nous l répétons, ces pratiques sont beaucoup plus en usage dans l'élevage des canards o des oiseaux de chasse, faisans, perdreaux; etc., que dans les établissements exclu-sivement consacrés à l'élevage des coqs et poules.

Une entrave très pratique, à la portée de tout le monde, est celle que l'o confectionne soi-même avec du fil de laiton. On perce un trou dans le tuyau d la première plume de l'aile, on y passe le fil de laiton et réunissant les di plumes suivantes, on les ligature en faisant deux ou trois tours pour plus d solidité.

L'AGE DES VOLAILLES

Dans un élevage un peu important, on a parfois du mal à distinguer les jeune et les vieilles poules. Il faut une grande habitude pour établir cette distinctio sans un examen attentif. Il est pourtant indispensable de pouvoir détermine d'une façon précise l'âge de ses volailles. La poule, qui pond abondamment ver l'âge de deux ans, est en décroissance de ponte la troisième année et ne rapporte plus son entretien la quatrième année, excepté la poule libre de ferme qui à cet âge donne encore de bons résultats. Quant au coq, qui peut vivre jusqu'à dix ans, il est beaucoup plus pratique de le sacrifier dans sa troisième année, avant qu'il devienne presque impropre à l'alimentation, tant sa chair est sèche et indigeste. A quatre ans, tout coq peut être considéré comme mauvais reproducteur et, par conséquent, n'a plus sa raison d'être dans la basse-cour.

Divers moyens ont été proposés pour reconnaître de suite l'âge des volailles ; certains éleveurs les marquent, à l'aile, avec un fer chaud ; le moyen le plus simple est de leur mettre, à la patte droite, une petite bague en caoutchouc, la première année de leur naissance ; l'année suivante, bague à la patte gauche ; la troisième année, nouvelle bague à la patte droite et, la quatrième année, la suppression des bagues et de l'existence.

Les personnes qui ont une très grande habitude de l'élevage déterminent assez bien l'âge des volailles à l'inspection des pattes. La peau est lisse, avec l'écaille mince et brillante chez les jeunes poulets, tandis que, chez les volailles plus âgées, elle est grossière et rude et l'ongle du dernier doigt est très usé. De plus, chez les jeunes poulets, le duvet de dessous les ailes est long, doux et disposé sur la surface de la peau avec assez de régularité. Sur la peau fine et rosée, on aperçoit de petites veines bleues. Un poulet de plus d'un an n'a plus de duvet, les veines ne s'aperçoivent plus sous la peau qui devient sèche, mate et un peu farineuse. Chez les poulettes qui n'ont pas encore pondu, les os du bassin se touchent presque, tandis qu'ils sont très écartés chez celles qui ont commencé à pondre.

A la suite de nombreux mesurages, le savant professeur, M. Cornevin, est arrivé à établir l'âge des coqs d'une manière assez précise d'après la dimension des éperons :

1° A quatre mois, la place de l'éperon, *dans les races communes*, est simplement indiquée par une écaille plus large que les autres ;

2° Entre quatre mois et demi et cinq mois, cette écaille semble se courber en formant une légère pointe au centre ;

3° A sept mois, l'éperon a 3 millimètres de long ;

4° A l'âge d'un an, il est long de 15 millimètres et très droit ;

5° A deux ans, il est de 25 à 27 millimètres et présente une légère courbe ;

6° A trois ans, il a 36-38 millimètres de long et présente une courbe bien accentuée se dirigeant en haut ;

7° A l'âge de quatre ans, l'éperon a 50-54 millimètres.

8° Et à cinq ans, il est de 62-65 millimètres.

Les races à cinq doigts, telles que les Dorking, les Houdan, ont l'éperon placé plus haut. Chez les Cochinchinois et les Brahma, qui ont les pattes plumées, les éperons sont plus courts, gros et obtus, et ne dépassent guère, à trois ans, 20 millimètres — et 25-27 millimètres. Les coqs de combat possèdent les éperons les mieux développés, droits et pointus. Chez les races naines, ils sont si courts, si atrophiés, qu'ils ne peuvent servir de base aux appréciations en question.

Un procédé, publié dans le journal anglais *Field*, complète les règles déduites par M. Cornevin, en permettant de déterminer l'âge des volailles des deux sexes. Il est basé sur le renouvellement des plumes du vol.

Ce renouvellement a lieu successivement et dans un ordre déterminé toujours invariable. Les plumes du vol sont, comme on le sait : les *couvertures d'ailes*, attachées à l'épaule et qui sont les plus petites ; les *rémiges secondaires*, poussant aux os de l'avant-bras, et les *rémiges primaires* de l'extrémité des ailes.

Pour la compréhension de ce qui suit, on ne doit pas oublier que les rémiges des jeunes se distinguent de celles des oiseaux adultes par une grande finesse et l'extrémité nettement pointue. Comme chez tous les *gallinacées*, les premières régimes sont au nombre de dix chez les poulets. La penne intérieure, se trouvant le plus près du corps, est celle qui tombe la première. elle est la dixième, en comptant de la plume la plus externe. La mue continue ainsi du dedans en dehors ; les rémiges primaires restent à l'oiseau jusqu'à la mue de l'année suivante.

Chez les poulets comme chez les faisans, les rémiges des jeunes ne sont *jamais* remplacées avant la fin du cinquième mois et même, durant le sixième, le poulet a deux rémiges de première espèce dans l'aile. La première rémige vraie se développe chez les poussins à l'âge de six semaines, la deuxième la suit à dix et quatorze jours d'intervalle, et ainsi de suite. En mettant douze jours comme moyenne de développement d'une plume et en comptant trente jours pour la formation définitive de la dernière rémige, nous trouverons que le poulet est revêtu de toutes ses plumes véritables à l'âge de six mois. D'après M. Schützenberger, de Strasbourg, les premières rémiges vraies des perdrix sont encore à six mois quelque peu pointues. A l'automne suivant, à la deuxième mue, elles seront remplacées par des plumes à forme plus arrondie ; grâce à cette particularité, on peut définir l'âge exact des oiseaux durant deux ans.

Ces dernières indications, qui résultent pour la plupart d'observations de chasseurs, sont d'une grande exactitude et pourraient guider les éleveurs qui ne voudront pas remonter leurs basses-cours avec de vieilles volailles.

MANIE DE L'INCUBATION

A certaines époques de l'année un grand nombre de poules sont prises de la rage de couver. La poule qui couve et conduit ses poulets perd presque trois mois et beaucoup d'éleveurs préféreraient les voir pondre ; durant tout ce temps, il faut donc les empêcher de couver.

Le meilleur moyen est de les empêcher de retourner au pondoir et de les faire coucher dehors, sous un hangar simplement muni d'un perchoir. On leur donnera une légère purgation à l'huile de ricin, de la boisson bien fraîche et une alimentation rafraîchissante en majeure partie composée de verdure.

Il est rare qu'au bout de trois jours de ce régime les poules n'aient pas renoncé à couver.

Le moyen le plus connu consiste à tremper le ventre de la poule dans l'eau ; si ça ne lui fait jamais de bien, ça peut souvent lui faire du mal.

CHAPITRE III

MALADIES DES VOLAILLES

Les volailles sont sujettes à un certain nombre de maladies qui, malgré l'opinion générale, ne sont point épidémiques; le manque de soins, une alimentation malsaine, des logements humides ou trop étroits dont l'air est vicié en sont presque toujours la cause. Le caractère épidémique que paraissent avoir les maladies des volailles provient de ce que, réunies dans un même local, soumises à la même alimentation, elles se trouvent souvent contaminées toutes à la fois.

L'agglomération est la plaie de beaucoup d'élevages. Sous prétexte d'économie, trois ou quatre cents volailles sont réunies ensemble et l'on s'aperçoit, un beau matin, que cette économie se traduit par la perte à peu près complète du troupeau.

Tout le monde a pu remarquer que les poules, vivant en liberté, dans de grands espaces, sont rarement sujettes aux diverses maladies qui déciment certaines basses-cours. Quand on ne possède pas l'espace suffisant, il est de beaucoup préférable d'élever un moins grand nombre de volailles et de les conserver en bonne santé, que de les voir, un jour ou l'autre, emportées par la maladie.

Il y a bien longtemps que le grand naturaliste Daubenton a écrit: *Surtout chez les volailles, il est plus aisé de les conserver en bonne santé que de les guérir.*

Il vaut mieux prévenir que guérir, dit-il avec beaucoup de justesse; aussi recommandons-nous encore une fois aux éleveurs de lire et de relire *tous* les préceptes d'hygiène que nous avons indiqués, qui ne sont, en somme, que le résumé de nos observations et surtout des observations des maîtres éleveurs.

Une bonne hygiène est la meilleure sauvegarde contre toutes les maladies.

Ceci expliqué, nous allons entrer de suite dans la description des maladies qui atteignent les oiseaux de basse-cour, n'en indiquant que les parties indispensables à connaître.

LA DIPHTÉRIE

La plus terrible et la plus à craindre de toutes, d'autant plus redoutable qu'elle se présente sous des aspects très différents qui font que, la plupart du temps, on hésite à caractériser le genre d'affection qui vient de frapper le sujet.

Elle apparaît, le plus souvent, sous formes de maux d'yeux et de gorge souvent accompagnés de toux et de fluxions ; parfois, sous l'influence de la maladie, le sujet s'amaigrit, s'étiole. Non seulement le bec et le gosier du poulet malade sont tapissés de petites plaques blanchâtres, mais en faisant l'autopsie, on retrouve ces mêmes plaques tapissant le foie et les poumons de l'animal.

Voyons comment la décrit M. Megnin :

« Quand la diphtérie se manifeste sous la forme d'une peau blanche ou jaunâtre qui recouvre la langue, on l'appelle *pépie ;* quand cette production membraneuse se montre dans le fond du bec, c'est le *muguet jaune* ou *chancre* des éleveurs ; quand elle existe dans la trachée, le larynx et les bronches, c'est le *croup*. Elle forme souvent des tumeurs dans la cavité orbitaire qui font saillir l'œil et gonfler les paupières en l'accompagnant de larmoiement. Nous l'avons vue tapisser comme d'un vernis épais le jabot des jeunes pigeons, qui mouraient alors littéralement de faim. D'autres fois, elle couvre les parois des poches aériennes comme d'un crépissage plâtreux, ou bien c'est la muqueuse intestinale qui est ulcérée et couverte de ces fausses membranes, lesquelles deviennent assez épaisses pour remplir complètement l'intestin, surtout le rectum et encore plus souvent les deux cæcums, qui sont transformés en véritables boudins fermes et rigides.

« Souvent encore, la diphtérie gagne le foie, mais alors sous forme de petites masses arrondies, de véritables tubercules du volume d'un grain de millet jusqu'à celui d'une noisette. Ces tubercules, semés dans la trame de l'organe, rendent les tissus très friables ; aussi se produit-il souvent des déchirements donnant lieu à des hémorragies mortelles.

« En même temps que la diphtérie attaque le foie, il est rare que les mêmes altérations ne se produisent pas dans les sacs aériens et dans les intestins.

« Les symptômes de la diphtérie varient suivant la forme affectée par la maladie :

« Quand elle siège à la gorge, dans la trachée et les bronches, l'oiseau tousse ouvre le bec, respire difficilement et vite.

« Quand les cavités nasales sont prises, il y a un écoulement par le nez séreux ou sanieux.

« Dans la forme œsophagienne, l'oiseau perd l'appétit et meurt rapidement sans présenter d'autres symptômes.

« Dans la forme intestinale, il y a de la diarrhée, de l'amaigrissement, l'appétit est conservé et la mort est lente à venir.

« Enfin, la forme hépatique ou tuberculeuse du foie est la plus insidieuse et la plus grave; l'appétit est conservé et on ne constate qu'un amaigrissement lent et progressif, ce qui fait que l'oiseau peut vivre longtemps et semer des germes de contagion autour de lui, sans qu'on se doute de la terrible épidémie qui couve. Aussi faut-il toujours examiner le foie des oiseaux qui meurent dans les poulaillers, parquets ou volières, quel que soit le bon état de santé apparent. »

Aussitôt qu'un oiseau présente les apparences de la maladie, on doit commencer par le mettre à part pour éviter la contagion.

La contagion n'a pas lieu par le contact des oiseaux entre eux, mais par des aliments ou des boissons contaminées par des oiseaux malades; si donc les aliments et les boissons sont préservés de tout contact suspect, et si les boissons surtout contiennent un microbicide inoffensif (sulfate de fer, par exemple) pour les oiseaux on se trouve dans de bonnes conditions pour éviter la contagion.

On complétera ces précautions par une désinfection complète du poulailler, le sol sera abondamment aspergé d'eau phéniquée; avec la même eau on lavera soigneusement les murs, les augettes à pâtée, à grain et à eau, ainsi que les perchoirs. Une bonne mesure serait de renouveler le sable qui garnit le sol du poulailler sans manquer pour cela de l'arroser d'eau phéniquée.

Il serait très prudent de purger toutes les volailles à l'huile de ricin ainsi que nous l'écrivons un peu plus loin, ceci avant le nettoyage du poulailler.

On mélangera à la pâtée des poules une pincée de poudre ainsi composée:

Salicylate de soude	20	grammes
Cubèbe en poudre	50	—
Poudre de gingembre	40	—
Poudre de quinquina	100	—

Quant au sujet atteint, on le met dans un endroit bien sec et l'on commence par lui faire avaler quelques boulettes de mie de pain pétrie avec du beurre frais et additionnée d'une bonne dose d'huile de ricin; une demi-heure après, on le gargarise avec un pinceau enduit de teinture d'iode. Si les yeux sont attaqués, on les lotionne avec de l'eau de fleur de sureau.

Si le sujet n'est pas très atteint, la maladie cédera rapidement à ce traitement répété durant plusieurs jours. Aussitôt que l'oiseau se décidera à manger, on lui donnera une nourriture tonique et facile à digérer, aliments cuits de préférence et l'on mélangera à la boisson 2 grammes d'acide sulfurique par litre d'eau.

Lorsque les sujets sont beaucoup plus sérieusement attaqués, s'ils ont une grande valeur, on peut essayer de les sauver, sinon il ne faudrait pas hésiter à les sacrifier en les enterrant profondément après les avoir arrosés d'acide sulfurique.

Dans le cas de maladie plus grave, le poulailler serait énergiquement désinfecté, comme nous l'avons dit, et les volailles n'y seraient replacées que quelques jours après, subissant dans un autre local les soins indiqués.

Le ou les sujets malades seraient enfermés dans une pièce ou un poulailler bien clos et on leur appliquerait le remède que le docteur Delthil emploie avec succès pour ses malades.

On brûle à côté du lit du malade un mélange de goudron et de térébenthine par parties égales. La chambre est bientôt remplie d'une épaisse fumée noire. On ne se voit plus l'un l'autre sans cependant ressentir la moindre oppression dans la respiration. Le malade respire avec satisfaction l'atmosphère ainsi obtenue et et en sent les vertus vivifiantes. En peu de temps, les plaques se détachent dans la gorge et sont violemment expulsées. En même temps, le docteur Delthil continue à laver la gorge avec du goudron de houille et de l'eau de chaux. La guérison est complète en deux ou trois jours. Le mélange indiqué ci-dessus sert aussi de désinfectant. Après avoir agi d'une façon merveilleuse sur un enfant malade, le remède fut employé avec un égal succès pour la diphtérie des poules. Les volailles enfermées dans une chambre, portes et fenêtres closes, furent enfumées dans une chambre et radicalement guéries.

Une fois le sujet guéri, il faudra, au moins pendant une quinzaine de jours, lui donner des soins assidus et une alimentation toute spéciale, le maintenir dans un endroit bien sain et à température à peu près égale. De cette façon on aura de grandes chances pour lui rendre la santé qu'il possédait avant son attaque diphtérique.

Pendant que nous étudions cette maladie, il nous paraît utile de faire d'un article de M. le docteur Saint-Yves Menard, publié dans la *Revue des Sciences naturelles*, un extrait qui intéresse, au plus haut point, tous les éleveurs et relatif à la non-identité de la diphtérie humaine et de la diphtérie des oiseaux,

« Mon opinion personnelle, exprimée bien des fois verbalement, ne s'appuyait que sur l'observation clinique et l'examen anatomo-pathologique, qui sont seuls de ma compétence ; mais j'ai la bonne fortune de pouvoir y ajouter des indications bactériologiques que vient de me fournir M. le professeur Strauss et que je donnerai en son nom :

« La diphtérie des oiseaux est caractérisée par un exsudat qui se produit à la surface de la muqueuse buccale et pharyngienne qui envahit les fosses nasales, le canal lacrymal, et qui s'accumule souvent dans les paupières[1]. Cet exsudat, épais, caséo-purulent, rappelle la matière tuberculeuse et caséeuse, mais il diffère absolument des fausses membranes fibrineuses de la diphtérie humaine.

« La diphtérie des oiseaux, éminemment contagieuse, a régné d'une façon désastreuse dans certaines années, au jardin d'Acclimatation, sans que jamais on ait observé un cas de transmission à l'homme. Cependant des enfants étaient employés aux soins des oiseaux et j'ai vu deux faisandiers habitant au centre des volières élever l'un quatre, l'autre cinq enfants.

« M. Strauss a eu de son côté des renseignements négatifs dans un cas tout particulièrement intéressant : un certain nombre d'hommes exercent aux Halles

[1] Ce dernier état caractérise plutôt le coryza contagieux. (NOTE DE L'AUTEUR.)

Centrales le métier de gaveurs de pigeons, et ils font le gavage de bouche à bouche ou mieux de bouche à bec. Les pigeons, qu'ils traitent, ceux surtout de provenance italienne, présentent souvent une maladie connue sous le nom de chancre, qui n'est autre que la diphtérie. Or, on n'a jamais entendu dire que les gaveurs aient été atteints de diphtérie.

« Il serait superflu de disserter longtemps sur ce point aujourd'hui que les études bactériologiques établissent nettement la non-identité de la diphtérie des oiseaux et de la diphtérie de l'homme. Des recherches récentes de M. Loffler, vérifiées et étendues par MM. Cornil et Megnin, ont montré que les deux maladies sont dues à deux microbes tout à fait différents tant par leur morphologie que par leurs particularités biologiques.

« Le microbe de la diphtérie humaine est bien connu : c'est un bacille court généralement renflé à une ou deux extrémités, ayant à peu près la longueur du bacille de la tuberculose, mais notablement plus épais que lui. Ce qui caractérise ce microbe, au point de vue biologique, c'est qu'il ne se développe pas au-dessous de 22 à 24° et qu'il ne peut pas, par conséquent se cultiver sur la gélatine nutritive à la température ordinaire de 18 à 20°.

« Le microbe de la diphtérie des oiseaux est une bactérie droite, rappelant un peu l'aspect du microbe du choléra des poules ou celui de la septicémie du lapin. Il se cultive également sur la pomme de terre, tandis que celui de la diphtérie humaine ne s'y développe pas.

« Les effets de l'inoculation des cultures pures de nos deux microbes aux divers animaux sont très différents : si l'on inocule de la culture du bacille humain dans le tissu cellulaire de lapins ou de pigeons, ces animaux ne tardent pas à succomber, présentant aux points d'inoculation un exsudat fibrino-hémorragique.

« Au contraire, l'inoculation sous-cutanée de culture pure du bacille des oiseaux ne détermine que très exceptionnellement la mort du lapin et du pigeon ; elle produit seulement une sorte d'abcès caséeux au point d'inoculation. »

De ce travail M. le Dr Saint-Yves Menard en conclut avec justesse que la diphtérie de l'homme et la diphtérie des oiseaux sont spécifiquement différentes.

M. E. Nocard, dont les opinions font autorité en la matière, écrit, à ce sujet, dans le *Recueil de médecine vétérinaire* :

« A diverses reprises, des médecins qui avaient observé la diphtérie humaine dans des hameaux où régnait la diphtérie des volailles, ont tenté d'établir entre les deux affections une relation de cause à effet.

« Il ne s'agissait, en réalité, que de simples coïncidences, la diphtérie des volailles est si fréquente qu'il n'est pas étonnant d'en rencontrer là où se montre la diphtérie de l'homme ; mais, fort heureusement, la concomitance entre les deux affections est exceptionnelle et c'est par milliers que l'on pourrait compter les basses-cours décimées par la diphtérie, sans qu'aucun des enfants ait pris la maladie ; et cependant, combien d'entre eux passent la plus grande partie du jour à jouer, à se rouler sur le fumier au milieu des poules malades.

« On peut en conclure que la diphtérie de l'homme et celle des oiseaux sont deux affections différentes n'ayant absolument rien de commun. »

Bien des personnes nous ayant exprimé leurs inquiétudes, à ce sujet, nous sommes heureux de pouvoir les rassurer en nous appuyant sur ces autorités incontestées.

* * *

Nous avons écrit que la meilleure façon de se garantir de la diphtérie et de toutes les maladies qui atteignent les volailles était de les entretenir dans un état d'hygiène parfait ; il est encore une précaution à prendre, qui ressort clairement d'une chronique parue sous la signature de M. E. Frechon dans le journal *l'Éleveur* et dont nous extrayons une partie :

« Je voudrais donc vous conter comment je fis connaissance avec le terrible bacille, espérant que de mes déboires se dégagera un enseignement qui pourra ne pas être inutile.

« Dans une série de parquets herbeux, secs, bien ensoleillés, où toutes les conditions de l'hygiène la plus méticuleuse avaient été réalisées, j'avais réuni une collection de volailles. Je vous dirais bien qu'elle était merveilleuse, s'il n'était entendu d'avance que les vrais amateurs n'en possèdent jamais d'autres.

« Mis en garde contre les maladies épidémiques par les manuels d'aviculture dont j'avais formé une bibliothèque, j'avais tout d'abord établi comme règle essentielle de mon élevage la séquestration, l'isolement complet, absolu de mes sujets ; pas de promiscuité avec les autres volailles, pas de contagion ; c'était là mon principe.

« Mes œufs, je les avais tirés des meilleurs parquets de France et d'Angleterre ; après les avoir désinfectés dans un bain phéniqué, je les avais confiés à un incubateur neuf, construit sous nos yeux ; dans le tiroir de l'appareil s'opérait une sélection autrement rigoureuse que celle de la nature ; les germes trop faibles qu'une poule n'eût pas amenés à l'éclosion restaient en route, seuls les embryons vigoureux avaient droit à la vie. Nourris en partie à la viande de cheval cuite et aux insectes, les poussins se développèrent merveilleusement, loin de tous les parasites, poux, dermanysses, qui anémient souvent les plus robustes. A la fin de la saison je possédais un lot de volailles resplendissantes de vigueur et de santé. Déjà, je me berçais de rêves d'or, je me croyais à la tête d'une basse-cour modèle qu'on fût venu voir de dix lieues à la ronde.

« Ce fut l'ambition qui me perdit. Jusqu'à la mise en parquet j'étais resté fidèle à mon programme ; jamais de rapports compromettants avec d'autres volailles, par de promiscuités douteuses. Si mes coqs chantaient, si mes poules caquetaient, c'est dame nature elle-même qui s'était chargée de leur apprendre les fanfares de défi et les gloussements de tendresse. Tout cela était trop beau pour durer. Un matin, il me sembla qu'un couple de poules arrondirait merveilleusement un parquet moins peuplé que ses voisins. Hélas ! je ne sus résister à la tentation : huit jours après, deux superbes sujets m'arrivaient de chez un éleveur de La Flèche connu par ses succès dans les expositions. Les volailles étaient magnifiques, on eût dit des gravures de Jacques animées au coup d'une baguette magique.

« Ma joie fut courte : vingt-quatre heures après, le parquet entier toussait, pleurait, râlait ; les fausses membranes injectaient les yeux, tapissaient le palais, coulaient par les narines. La hideuse diphtérie venait de prendre possession de ma basse-cour.

« Le surlendemain, avant que j'aie eu le temps ou le courage de prendre une mesure radicale, les deux compartiments voisins étaient contaminés ; deux jours après, le mal avait gagné tous mes élèves.

« Mes parquets, naguère si vivants, si animés, ressemblaient à un hôpital de pestiférés ; les crêtes noirâtres, ratatinées, pendaient sur des yeux à demi éteints, les ailes tombantes traînaient par terre, les plumes ternies, souillées, se hérissaient tristement, le chant des coqs n'était plus qu'une sorte de toux enrouée ; la ponte des poules s'était arrêtée ; la nuit, dans les poulaillers, c'était comme un râlement sinistre ou des bruits de gargarismes qui s'échappaient des gosiers obstrués.

« La virulence du mal, à son début, était telle qu'une poule Brahma, la plus vigoureuse du lot, mourait étouffée en vingt-quatre heures. Puis ce fut le tour aux poussins à l'élevage : pas un ne survécut ; on les voyait, les pauvrets, lever la tête, ouvrir le bec et faire de violents efforts pour introduire un peu d'air dans leur trachée à demi obstruée, puis tomber épuisés. Les volailles françaises succombèrent presque toutes et me semblèrent moins bien résister que les asiatiques ; parmi celles-ci les Langsham restèrent à peu près indemnes, ainsi que les Padove ; les Campines, cependant si délicates, après avoir été fortement atteintes, guérirent spontanément. Tout le reste succomba.

« Voilà ce que j'ai gagné à vouloir enrichir ma collection de deux poules élevées chez un lauréat de nos concours : un désastre complet et aussi un peu d'expérience. »

La mésaventure de M. Frechon peut servir de leçon, mais il n'a sans doute pas été favorisé par le temps et ses parquets devaient être très rapprochés les uns des autres car la diphtérie ne se communique généralement que par la boisson ou les aliments contaminés ; de plus, comme il le dit lui-même, il n'avait pas pris assez rapidement les mesures nécessaires pour enrayer la marche de la maladie.

Quoi qu'il en soit avec du sang-froid et de la promptitude, en employant les remèdes que nous avons indiqués, on doit venir à bout de la terrible maladie des volailles.

CORYZAS

Tout proche de la diphtérie, ayant même été souvent confondu avec elle, voici le *Coryza contagieux*. Il est toujours précédé du *Coryza simple*, qui paraît en être l'avant-coureur obligatoire et dont nous allons nous occuper d'abord.

« Le CORYZA SIMPLE, écrit M. Mégnin, qui a traité de toutes les maladies des oiseaux avec beaucoup de savoir, est caractérisé par un écoulement humide et quelquefois mousseux par les narines ; puis cet écoulement ne tarde pas à s'accompagner d'une sécrétion chassieuse dont les yeux deviennent le siège. Quelquefois aussi, mais plus rarement, il y a de la toux.

« Le nez s'obstruant, la respiration se fait par le bec, et c'est souvent ce dernier signe qui frappe et appelle l'attention.

» Le coryza simple se passe souvent spontanément en deux ou trois jours surtout si on a eu la précaution de soustraire l'oiseau aux causes qui avaient provoqué son développement, c'est-à-dire si on l'a tenu au sec, si on a eu soin de garnir les faces et le toit du poulailler, de paillassons qui ont pour effet de maintenir dans son intérieur une température constante et plus élevée que celle qui existait auparavant.

« Le coryza simple, accompagné ou non de toux, peut passer à l'état chronique, c'est-à-dire persister plusieurs semaines et même des mois sans s'aggraver, mais cela est très rare.

« Le CORYZA CONTAGIEUX est appelé aussi *morve* ou *roupie*, mais pour bien faire comprendre la forme qu'il revêt chez les volailles, il est nécessaire d'entrer dans quelques détails anatomiques sur la région qui en est le siège.

« L'œil, chez les oiseaux, est immobile et enchatonné dans une cavité orbitaire beaucoup plus grande que le volume de l'œil, ce qui fait qu'autour il y a un vide qu'on appelle le sinus orbitaire. Ce sinus est en communication avec les cavités nasales et envoie un prolongement du côté du bec, un véritable diverticulum comparable au sinus maxillaire des mammifères ; seulement sa paroi externe est membraneuse et non osseuse.

« Le siège des coryzas simple et contagieux, chez les oiseaux, est la muqueuse qui tapisse les cavités nasales, les sinus orbitaires et leur diverticulum maxillaire. La sécrétion de cette muqueuse reste fluide dans le coryza simple, mais si les germes morbigènes du coryza contagieux viennent s'implanter dans cette muqueuse, elle s'ulcère et la sécrétion change : elle devient épaisse, de consistance caséeuse et jaunâtre, analogue, en un mot, à du pus concret ou à des fausses membranes diphtériques et elle remplit peu à peu toutes les cavités que nous venons de décrire et surtout les sinus orbitaires et leur diverticulum maxillaire. Aussi l'œil est-il projeté en dehors, devient saillant, se couvre lui-même d'une sécrétion pseudo-membraneuse et l'oiseau devient aveugle, en même temps que le palais s'affaisse, poussé par la matière pathologique qui remplit les cavités nasales et surtout leur fond. De là une respiration gênée, striduleuse et l'impossibilité pour l'oiseau de déglutir des aliments et il meurt autant de faim qu'étouffé. » (Journal *l'Eleveur*.)

Ainsi que son nom l'indique, ce coryza décime avec une grande rapidité les troupeaux de volailles, mais, comme il débute toujours par le coryza simple, il faut tâcher de le reconnaître, à ce moment, et de l'enrayer ; en tout cas, même déclaré, on s'en rend assez facilement maître en faisant des lavages répétés des yeux et des cavités nasales avec une solution établie dans la proportion de 50 grammes de sulfate de cuivre pour un litre d'eau. Il faut que non seulement la paupière soit lavée, mais aussi l'intérieur de l'œil : on se sert soit d'une plume, d'un pinceau, même d'une petite seringue. Il est des cas où il est nécessaire d'inciser la tumeur qui s'est formée dans les sinus orbitaires, en avant des yeux, de façon à bien dégager la pupille que l'on nettoie alors avec une grande facilité.

Malgré l'opinion de la plupart des auteurs qui trouvent qu'il vaut mieux sacrifier les bêtes malades que de perdre son temps à les soigner, il nous semble que, si l'on en avait une quarantaine à sauver, il vaudrait mieux sacrifier quelques heures tous les jours que de les perdre toutes.

CHOLÉRA DES POULES

Cette maladie, que nous n'avons jamais eu l'occasion de constater, est niée par M. Voitellier, cependant plusieurs vétérinaires auxquels nous nous sommes adressés nous ont répondu qu'ils l'avaient constatée en maintes circonstances.

D'autre part, le microbe indiqué par M. Pasteur a été nettement décrit par M. Chamberland et différerait, bien qu'avec quelques points de rapport, du microbe de la diphtérie.

Les symptômes de cette maladie sont les suivants : la crête prend une teinte noirâtre, violacée, les excréments sont expulsés sous les apparences d'un liquide incolore, répandant une odeur nauséabonde, on y remarque souvent des filets sanguinolents. Malgré cela, l'animal ne semble point abattu, il cherche même à manger, mais bientôt on le voit s'arrêter subitement, les ailes pendantes, respirant avec peine, son bec se remplit d'écume et, saisi par des convulsions violentes, il tombe, se débat un instant et expire. Dans certains cas, il est subitement frappé et meurt sans se débattre.

Les causes de la maladie sont l'insalubrité des poulaillers, les grandes chaleurs, les boissons impures, enfin la contagion.

Le meilleur préservatif est de donner aux volailles pour boisson :

Eau	10 litres.
Sulfate de fer	500 grammes.

Puis on donnera une nourriture abondante bien tonifiante, pas de verdure ; à la pâtée de midi, faite un peu sèche, on ajoutera, par tête de volaille, une pincée de la poudre suivante :

Poudre de quinquina.	30 grammes.
Poudre de gingembre.	40 —
Gentiane jaune pulvérisé	30 —

Désinfection complète du poulailler à l'acide phénique, ou au sulfate de fer, bien assainir le sol surtout. Les poules seront remises dans leur logement seulement huit jours après.

LA DIARRHÉE

Cette maladie affecte plus souvent les poussins et amène la formation consécutive de la *crotte* ou bouchon, qui finit par obstruer l'orifice anal et naturellement en arrête les fonctions.

Elle est facile à constater et dès qu'on s'aperçoit que le bouchon se forme, on l'enduit d'une goutte d'huile d'olive tiède, après quoi on peut l'enlever facilement.

La boisson est additionnée de 10 grammes de sulfate de fer par litre, les poussins sont mis dans un endroit bien chaud, bien sec, à température égale et nourris de pâtée d'œufs durs, viande cuite à laquelle on ajoute une bonne pincée par 6 poussins de la poudre dont nous venons de donner la formule pour le choléra des poules. Il est très bon aussi, si la diarrhée persiste, de donner une infusion de camomille dans du vin chaud.

Les poussins qui ont un parcours suffisant sont peu sujets à cette maladie.

Pour les adultes, le traitement est le même, à part l'opération au moyen de l'huile d'olive, qui n'a plus sa raison d'être. On peut aussi les purger à l'huile de ricin.

LA PÉPIE

A l'état ordinaire la pointe de la langue des poules possède un petit cartilage en forme de fer de lance et finement dentelé sur les bords.

L'ulcération qui se produit parfois sur ce petit cartilage a reçu le nom de *pépie ;* elle est habituellement accompagnée par une inflammation de la langue et l'intérieur du bec est rempli de petits points blancs blanchâtres et douloureux.

Les causes de la maladie sont éternellement les mêmes : une mauvaise hygiène.

On aura bien soin de ne point enlever, ainsi que le font les bonnes femmes de la campagne, le petit cartilage qui se trouve à l'extrémité de la langue. Avec un pinceau chargé de miel rosat et trempé dans la fleur de soufre on touchera trois fois par jour toutes les parties atteintes, puis on ira jusque dans la gorge où peuvent aussi se trouver de petits ulcères. Purgation légère à l'huile de ricin.

Nous n'avons pas eu occasion d'essayer la teinture d'iode, en ce cas, mais nous croyons que son effet serait encore plus sûr et plus rapide.

Cette affection n'étant point contagieuse, il n'y aurait pas lieu d'isoler les malades s'il n'était nécessaire de leur donner un peu plus de soins qu'aux autres sujets.

Comme toujours, local bien sec, nourriture fortifiante, boissons nitrées, en quelques jours la maladie aura disparu. Surtout ne confiez pas vos malades à une brave fermière qui ne manquerait pas de vous les estropier.

GOUTTE ET RACHITISME

Deux affections peut-être un peu différentes, mais que nous classons sous une rubrique commune en raison de leur analogie et de leur origine commune qui provient d'un logement humide.

La première est beaucoup plus rare que la seconde ; elle est caractérisée par une boiterie de l'une des pattes ou l'affaissement d'une aile. Cette boiterie ou cet affaissement sont produits par une sorte de tumeur assez ferme, qui laisse écouler un liquide jaune citron lorsqu'on l'incise.

Comme traitement, il est d'abord nécessaire de tenir les malades bien au chaud, puis on appliquera une ou deux sangsues sur la tumeur en faisant prendre, par sujet, 10 gouttes dans une cuillerée d'eau d'une potion composée de 5 grammes de teinture d'aconit et de digitale mélangées par parties égales dans 200 grammes d'eau distillée.

Ainsi que nous venons de le dire, le *Rachitisme* a pour origine, comme la goutte, un logement humide et parfois une mauvaise alimentation et se traduit surtout par la déformation du système osseux. Il attaque particulièrement les jeunes poulets qui, en dehors des causes ci-dessus, ont manqué d'exercice dans leur jeune âge.

La cause principale du mal étant une alimentation insuffisante en principes phosphatés, le remède préventif est facile : on mélangera à la pâtée des poulets une petite quantité de phosphate de chaux. Tous les poulets qui ne jouiront pas d'un grand parcours seront soumis à ce régime.

Comme les opinions sont très partagées sur l'assimilation directe du phosphate de chaux dans l'organisme de l'animal, il y a un moyen infaillible de l'introduire dans leur alimentation en leur donnant, comme nourriture, des plantes riches en éléments phosphatés. De cette façon, le phosphate de chaux se répandra bien dans l'organisme animal et y produira ses heureux effets. — Un mélange de trèfle bouilli, de farine de lentilles et d'avoine concassée additionné d'une forte poignée de sel de cuisine formera une pâtée avec laquelle on combattra victorieusement le rachitisme.

Cette alimentation sera donnée aux poulets non seulement pour les guérir, mais pour hâter leur développement, afin de s'en débarrasser au plus tôt, car poules coqs ou poulets, goutteux, rachitiques ou l'ayant été ne feront jamais de bons reproducteurs tandis qu'à la broche ou à la casserole ils peuvent encore former des objets des plus intéressants.

L'OPHTALMIE

Cette maladie des yeux présente assez souvent des symptômes graves et sévit, au même moment, sur un grand nombre de troupeaux. Elle est caractérisée par un larmoiement continuel, les paupières, infiltrées de sérosité, sont à demi fermées, la tête est entièrement brûlante et l'animal semble la tenir très élevée.

Les malades seront séparés, placés dans un endroit chaud ; on leur donnera, de préférence, des pâtées chaudes, plutôt liquides, des herbes cuites et du lait en abondance ; comme traitement, deux à trois fois par jour, on leur fera des lavages à l'eau sédative sur le cou et sur la tête. Ce moyen suffit presque toujours pour obtenir la résolution de l'inflammation et des tumeurs chaudes qui pourraient commencer à se développer autour des yeux.

ROUPIE

La chaleur trop concentrée des poulaillers et le passage subit du froid au chaud, les courants d'air, les pluies qui amènent un abaissement rapide de la température, au milieu d'un temps chaud, provoquent souvent la maladie connue sous le nom de *roupie* ou de *catarrhe nasal.*

Cette maladie est contagieuse et se caractérise par un écoulement d'humeur par les narines. Le traitement est exactement le même que celui de l'ophtalmie. On peut y ajouter l'eau miellée.

TOUX

La toux, qui est produite par les mêmes causes que la précédente maladie et souvent par des logements humides, se guérit souvent seule en mettant l'animal dans de bonnes conditions d'hygiène.

On la guérit rapidement en purgeant légèrement l'animal à l'huile de ricin et en lui administrant quelques décoctions amères.

CONSTIPATION

« Cette affection, écrit M. Mariot-Didieux, se montre assez communément sur les sujets méchants, acariâtres, et qui se livrent souvent des combats répétés.

« *Symptômes.* — Efforts impuissants pour expulser les matières fécales et, en même temps, l'animal pousse un cri aigu ou espèce de sifflement qui désigne la douleur. L'œil du malade est vif et animé et souvent son bec reste ouvert. »

Une nourriture trop excitante, le défaut de boissons fraîches, les grandes chaleurs et un exercice trop violent par suite des combats sont les causes principales de cette maladie à laquelle les coqs sont plus sujets que les poules.

Presque toujours la constipation paraît avoir été précédée par la diarrhée, l'anus est rouge à son pourtour et les plumes qui le bordent sont collées les unes contre les autres.

Ces plumes seront arrachées et le pourtour de l'anus graissé avec un peu d'huile douce, puis on donnera quelques petits lavements émollients. On composera plusieurs pâtons avec un peu de farine de blé, du miel et 2 grammes de tartrate acide de potasse. Les boissons acidulées et les pâtées d'herbes cuites.

Les couveuses sont aussi sujettes à cette maladie; on la préviendra en leur donnant de la verdure, du son mouillé, au besoin avec un peu d'huile d'olive.

GALE OU BLANC

La gale se montre d'abord aux jambes sous forme de plaques farineuses et dans les replis de la crête. Il faut la prendre à temps si l'on veut en arrêter l'envahissement complet. Elle est due à la présence d'un petit acare qui commence par se développer entre les écailles des pattes. Ce simple fait démontre qu'elle ne peut être héréditaire ainsi qu'on l'a prétendu, elle ne paraît même point contagieuse dans le même poulailler, certaines poules en étant toujours indemnes. A moins que l'acare ne trouve pas un terrain propice sur tous les animaux.

La plupart du temps elle cède en peu de jours à des frictions répétées au pétrole pur. Il ne faut pas employer le sulfure de carbone avec de la vaseline, ainsi que plusieurs auteurs l'ont conseillé, le sulfure de carbone rend les coqs inféconds.

On peut également laver les parties atteintes avec de l'eau tiède et les enduire de pommade camphrée.

LE PICAGE

Lorsque les volailles sont en pleine mue, elles ont souvent l'habitude de se livrer au *picage* qui peut se prolonger fort longtemps si l'on ne prend les mesures nécessaires.

On donne le nom de picage à la manie qu'ont les poules de s'arracher réciproquement les plumes de manière à se mettre à nu et même à sang certaines régions, comme le croupion, la gorge. Souvent, c'est au coq seul que les poules s'attaquent et il se laisse faire avec complaisance, on croirait même, à voir le plaisir qu'il paraît éprouver, qu'il ressentirait une vive démangeaison à l'endroit où les poules s'attaquent.

Les plumes nouvelles, celles qui sont à l'état de clous sont arrachées de préférence par les poules qui les avalent avec une satisfaction évidente. Ces plumes contiennent du sang, de la matière animale, du soufre, qui n'entrent pas toujours dans leur alimentation, aussi, lorsqu'elles en sont privées, se livrent-elles au picage.

Les plus enragées ne se bornent pas aux plumes quand elles rencontrent le sang, elles s'acharnent sur la plaie qu'elles ont produite souvent jusqu'à la mort du sujet.

Le meilleur moyen de combattre cette manie est de leur distribuer du son pétri dans du sang frais de boucherie, ou du sang cuit, de mélanger de la fleur de soufre aux pâtées et de leur jeter des plumes que l'on a mises de côté à cet effet. Quant aux sujets chez lesquels la manie persisterait, malgré ce régime, il faudrait les isoler ou, ce qui serait encore mieux, leur couper le cou.

Les deux causes principales du picage sont l'appétit pour les matières animales et la concentration des volailles dans un espace trop exigu. Puisqu'on les connaît, on doit pouvoir les prévenir ou les faire disparaître avec facilité.

MALADIE DU VER ROUGE

J'ai reçu, cette année, un certain nombre de lettres d'éleveurs de volailles se plaignant de ce que beaucoup de leurs jeunes sujets étaient morts étouffés. Ayant examiné quelques-uns de ces sujets, j'ai pu constater que, la plupart du temps, les décès étaient dus à la maladie du ver *rouge* ou *syngame* qui, dans certaines années, décime les plus belles faisanderies.

Cette maladie est une nouvelle venue dans notre pays. Importée de Belgique ou d'Angleterre où elle est plus anciennement connue, son origine semble être américaine, car elle était signalée aux États-Unis voilà près d'un siècle. Sa première apparition en France, il y a une vingtaine d'années, s'est produite dans de nombreuses faisanderies, d'où elle a facilement gagné le poulailler, étant donné l'habitude que l'on a d'employer les poules pour couver les œufs de faisan et la facilité avec laquelle ce ver se propage dans un terrain ou dans une eau infestée.

Le *ver fourchu*, ainsi que le surnomment les faisandiers, a reçu des naturalistes le nom de *syngamus-trachealis*. Le nom de *trachealis* indique bien l'habitude qu'a ce ver de s'attacher à la trachée ou organe respiratoire des oiseaux, et l'appellation de *syngamus* provient de deux mots grecs, qui signifient par leur assemblage *unis* ensemble. Le mâle et la femelle de ce ver sont en effet réunis ensemble par leurs organes génitaux, ce qui lui donne tout à fait l'apparence d'un ver terminé par deux bras, de longueur inégale. Au bout de chacun de ses bras, se trouve la tête constituée par une large ventouse munie de lancettes à l'intéieur. Ce syngame ressemble assez au ver de vase dont se servent les pêcheurs. l pratique sur sa victime de la même façon que les sangsues, suçant le sang près avoir incisé la peau; c'est la femelle qui en absorbe le plus, triplant et uadruplant même de grosseur au bout de quelques semaines. Le sang est indisensable à la formation des milliers d'œufs qui se développent dans son corps.

On conçoit aisément que, lorsqu'un jeune oiseau est affecté d'un certain ombre de syngames, arrivés à leur complet développement, il puisse difficileient ne pas mourir étouffé.

Le syngame, arrivé à son complet développement, meurt et se détache de la rachée; il se trouve alors expulsé par l'oiseau malade dans un accès de toux, en uvant la plupart du temps. Le corps du ver se décompose très rapidement dans eau où les œufs, mis en liberté par la décomposition, éclosent sous la forme l'Anguilulles microscopiques. C'est là qu'un autre oiseau vient boire, l'absorbe t lui offre un abri propice à parfaire son développement et à recommencer, ans la trachée, l'œuvre néfaste déjà pratiquée par ceux qui lui ont donné le our.

Il arrive aussi qu'un ver rouge soit expulsé dans un accès de toux et imméiatement avalé par un autre oiseau, ou, son corps se décomposant dans la terre u le sable, ses œufs sont absorbés avec les graines ou le gravier.

Les symptômes de la maladie ne se trahissent chez l'oiseau que lorsque les yngames ont grossi. On voit alors les volailles bâiller sans cesse et faire ntendre une toux courte et saccadée. Certaines volailles adultes peuvent nourrir uelques syngames sans être incommodées, aussi propagent-elles activement la naladie qui frappe plus particulièrement les jeunes dont la trachée est beaucoup lus étroite. J'ai vu des sujets adultes qui mouraient étouffés par le ver rouge, ont la trachée contenait près de quarante couples de syngames.

Le traitement de la maladie du ver rouge est très simple: les oiseaux nalades poules ou faisans, seront mis à part, ainsi qu'on le pratique d'ailleurs our toutes les maladies contagieuses, à l'eau de boisson, il sera mélangé grammes de salicylate de soude par litre d'eau. L'emplacement sur lequel étaient levés les oiseaux serait provisoirement abandonné et l'on répandrait sur le sol u sulfate de fer en poudre.

Plusieurs moyens sont employés pour le traitement des malades

Le plus connu et l'un des plus efficaces est l'emploi d'ail haché mélangé lans les pâtées. Une autre substance vermifuge et très odorante est l'*assa fœtida* en mélange avec une quantité égale de gentiane jaune en poudre; on distribue cette poudre à raison de 1 gramme par jour et par tête d'animal.

Il a été également conseillé de soumettre les oiseaux à des fumigations d'acide sulfureux; sous l'influence de ces fumigations, ils toussent violemment et expectorent les malfaisants parasites.

Mais, en employant l'un des deux précédents moyens, on réussira à se débarrasser du ver rouge; surtout on aura soin, comme nous l'avons dit, de bien désinfecter le sol des poulaillers. Il serait inutile de guérir les malades si l'on ne prenait soin de détruire les embryons du ver rouge partout où ils peuvent s propager.

INDIGESTION OU OBSTRUCTION DU JABOT

Appelée aussi *Gave*, cette indisposition arrête toutes les fonctions digestive L'animal est triste, ne mange plus, son jabot est dur et, par suite des matière qui y sont retenues, l'haleine est infecte.

Le sujet sera laissé en liberté, s'il fait une température assez douce et, tou les jours, on lui fera prendre une cuillerée à bouche d'eau salée. Parfois c ouvre le jabot avec des ciseaux pour en retirer la nourriture puis on recou l'ouverture, mais cette opération est très délicate et peut avoir des suites funeste

* * *

Les volailles sont encore sujettes à diverses maladies : *pneumonie*, *infecti typhique*, *congestion pulmonaire*, *cérébrale*, *intestinale*, etc., qui sont toutes du à la négligence de l'éleveur, soit par suite de distribution d'aliments moisis avariés, de locaux malsains, d'inobservation des principes absolus de l'hygièn

On a eu le tort général de considérer la basse-cour avec trop de dédain, ne lui accorder toujours que le coin sacrifié et une nourriture la plupart temps insuffisante. La volaille de ferme ayant le premier des biens hygiéniqu de ce monde, la liberté, s'est garée de la plus grande partie des maladies, ma elle n'y a pas échappé plus que les autres, toutes les fois qu'elle s'est trouv privée de cette bienfaisante liberté. C'est pourquoi l'on a pu si souvent constat les pertes considérables causées, dans beaucoup d'élevages, par des épizooti qui, avec un peu de bonne volonté et de savoir, auraient été aisément évitées.

Nous n'aurons pas de mal à faire comprendre qu'il est plus facile et surto moins dispendieux de prévenir les maladies que de les soigner. Si nous avo décrit la majeure partie des maladies des volailles et les moyens curatifs usu c'est, qu'une fois la maladie déclarée, il faut bien soigner le sujet, bien que, si maladie était très avancée et que le sujet ne soit de grande valeur, on aurait, plupart du temps, intérêt à le sacrifier de suite. Quand il y a une grande qua tité de volailles atteintes, l'intérêt commande cependant de tâcher de les sauve

Garantissez vos volailles de la trop grande chaleur, des vents du nord et l'ouest, de l'humidité; donnez-leur une alimentation saine et variée, ne les enta sez point dans un espace restreint et vous verrez le troupeau s'accroître et pro pérer, ignorant à jamais l'existence de toutes les maladies que nous venons d'én mérer.

CINQUIÈME PARTIE

INDUSTRIE DE LA VOLAILLE EN FRANCE ET A L'ÉTRANGER

En suivant scrupuleusement tous nos conseils, l'éleveur sera certain de roduire de belles volailles de table, d'élever des sujets parfaits de concours; ais réussira-t-il à gagner de l'argent, voilà le point intéressant, le point capital.

Avant de répondre à cette question un peu délicate, nous allons passer en evue quelques établissements avicoles français et étrangers, qui certainement agnent ou ont gagné de l'argent.

LE JARDIN D'ACCLIMATATION DU BOIS DE BOULOGNE

La Poulerie du jardin d'Acclimatation est assurément intéressante au point de ue des races qu'elle renferme; mais, comme construction et disposition, elle résente moins d'intérêt, aussi ne la décrirons-nous pas, d'autant plus que, nous -t-on dit, elle allait être remplacée par une nouvelle installation plus digne de e splendide établissement.

Telle qu'elle est cependant, mais grâce aux réserves de Chilly Mazarin, il s'y ait un commerce considérable et lucratif d'œufs et de volailles de race.

L'ÉLEVAGE DE CROSNES

M. Ernest Lemoine avait tenté avec un grand succès l'établissement d'un uperbe élevage dans sa propriété de Crosnes. Dans de vastes parquets grillagés, des volailles de toutes races se promenaient avec l'illusion complète de la liberté Les poulaillers étaient en bois, élevés à 90 centimètres de terre sur quatr pieux scellés dans des dés en pierre. Beaucoup des toits étaient recouverts e chaume, ce qui était d'un charmant effet, tout en maintenant dans les poulailler une chaleur égale. Nous ne pouvons mieux faire, pour parler de ce bel établis sement, que de citer le rapport fait à son sujet par M. Gayot à la Sociét nationale d'Agriculture de France :

« Les premières exhibitions d'oiseaux domestiques ont tout d'abord causé u grand étonnement. Des races étrangères à peu près inconnues, singulièremen surfaites, accueillies avec enthousiasme, portées par les caprices de la mode rejetèrent facilement au second plan nos races les plus fécondes et les plu productives. L'engouement eut quelque durée, puis l'expérience remit toute choses en place et nos bonnes races indigènes peu à peu reprirent leur rang, l premier à tous égards.

« Entre temps, de malencontreux croisements avaient profondément altéré la pureté, profondément atteint les qualités de plusieurs de nos meilleures variété de l'espèce galline. On regretta beaucoup alors de s'être laissé aller à de mélanges plus irréfléchis que rationnels, dont les suites, au lieu du gain espéré furent une perte. Amateurs, ménagères, industriels, marchands spécialistes s mirent à la recherche des sujets de pure race dont l'élevage et l'entretie donnent seuls satisfaction à ceux qui, dans le gouvernement de la basse cour, répudient la fantaisie et conduisent leurs opérations conformément au préceptes d'une économie bien entendue.

« Fort rares étaient alors, bien difficiles aussi à trouver ou des reproducteur authentiques ou des œufs en lesquels on pût avoir quelque confiance. Au demandes de l'intérieur s'ajoutèrent les demandes encore plus pressantes d l'étranger. Au grand jour des expositions, à partir du moment où celles-c présentèrent une organisation plus rationnelle, le public eut bientôt reconnu l supériorité des races françaises sur une foule d'autres affublées de noms sans valeur et qualifiées sans raison; mais du dehors, autant que du dedans, on exigea des marchands que, sous leur responsabilité, ils ne vendissent que de œufs ou des sujets de races pures; de toutes parts on repoussa comme une peste des métis nés ou à naître.

« En face d'une exigence aussi bien définie que difficile à remplir, M. e Mme Lemoine se dirent qu'il y avait évidemment une lacune dans cette branche de la production animale, et que celui-là lui rendrait un immense service qui dans un but de production éclairée, de conservation et de perfectionnemen nécessaires, s'attacherait à réunir les meilleurs types des races les plus précieuses, plume et poil, du même bétail qui, d'ordinaire, reste soumis au gouvernement plein de sollicitude toujours de la femme, de la simple ménagère à la grande dame en passant par tous les degrés de la fermière.

« L'idée première, intelligemment fouillée, nécessita une étude approfondie de toutes les races parmi lesquelles il y aurait à faire un choix judicieux : elle

Fig. 115. — Parquets de l'Ecole de Gambais.

imposa de grandes recherches; elle obligea à des essais dispendieux et conduisit à des expériences qui avaient leurs difficultés et leurs minuties. Aucune de ces dernières ne rebutèrent M. et Mme Lemoine. Tout bien pesé, au contraire, ils marchèrent franchement au but, et tout droit arrivèrent à une solution aussi hardie que sûre dans ses résultats, dont les travaux préliminaires avaient été couronnés d'un plein succès.

« De là est sorti le bel établissement de Crosnes, un véritable haras d'oiseaux domestiques et de petits quadrupèdes dont on fait si opportunément des hôtes de la basse-cour, des races d'élite de l'espèce du lapin, et de cette autre, moitié lièvre, moitié lapin, qui est le léporide.

« L'établissement de Crosnes est jusqu'ici sans second. Installé dans un parc magnique de 8 hectares, il se compose de plus de 110 paquets systématiquement disséminés sur cette vaste surface où chacune des espèces et des races entretenues est logée à sa convenance et reçoit les soins spéciaux conformes à ses goûts. Ces parquets rendent facile l'élevage sans promiscuité possible, sans confusion, même fortuite, des races distinctes qui ont été jugées dignes d'une éducation spéciale dont l'objectif est l'épuration constante du type et le perfectionnement des individus demandé à une sélection sévère secondée par des soins aussi attentifs qu'éclairés.

« Tel est l'établissement de Crosnes où se trouvent aujourd'hui toutes les bonnes races en vue desquelles il a été créé : poules, dindes, oies, canards, pigeons, etc. Sa population est donc variée, mais essentiellement changeante par un renouvellement rapide des habitants que les ventes disséminent au jour le jour dans toutes les parties de la France et de l'étranger où M. et Mme Lemoine ont su conquérir un renom de loyauté qui fait honneur à la France. »

Bien malheureusement M. Lemoine n'a plus cette vigueur juvénile qui lui permettait d'exploiter si habilement son bel établissement. Beaucoup de gloire, un peu de profit, mais énormément de soins et de fatigue étaient la résultante de cette heureuse conception. Aujourd'hui, le superbe élevage de Crosnes, presque complètement délaissé, ne peut plus fournir à ses nombreux clients français et étrangers, les volailles de races et les œufs qu'ils étaient si heureux de recevoir. Mais, tout en se reposant de ses fatigues, M. Lemoine n'a pas complètement dit adieu à ses chères volailles. Comme Président de la Société nationale d'Aviculture de France, il aide encore de ses excellents conseils tous les éleveurs, organise les remarquables concours de la Société et continue, par ce moyen, à rendre de grands services à l'élevage des volailles.

Nous serions satisfait de voir son heureux exemple suivi par un amateur fortuné qui ne peut se douter du plaisir qu'il se donnerait tout en étant utile à son pays, les établissements de ce genre étant trop rares en France.

* * *

Deux établissements d'aviculture des plus importants sont aujourd'hui, sans contredit, ceux de MM. Roullier et Arnoult et de M. Voitelier. Nous pourrons les faire connaître à nos lecteurs d'une façon tout impartiale en reproduisant, presque *in extenso*, les excellents articles que M. Marois leur a consacrés à la suite de la visite dont l'avait chargé la Société nationale d'Acclimatation. Ces deux études ont été publiées dans la *Revue des Sciences naturelles appliquées* :

ÉTABLISSEMENT ROULLIER-ARNOULT

« L'établissement avicole de MM. Roullier et Arnoult, se compose d'une propriété de 20000 mètres carrés, comprenant trois parties : 1° maison d'habitation avec jardin boisé sur le devant, ateliers, bureau, couvoir ; 2° grand potager ; 3° parquets.

« En pénétrant dans l'établissement par l'entrée principale, on aperçoit, caché par des massifs d'arbrisseaux et des arbres de haute futaie, un immense hangar, où travaillent les ouvriers occupés à la confection des appareils d'incubation, à l'emballage, à la chaudronnerie, etc. ; indépendamment des ouvriers spéciaux occupés au dehors. Ce hangar est divisé en trois parties : atelier de menuiserie, atelier de chaudronnerie, magasin de bois.

« A la suite de ce hangar, le bureau des commandes.

« Plus loin, nous trouvons la salle d'incubation. Elle contient quinze grands incubateurs de 275 œufs chacun, et plusieurs grandes sécheuses, le tout chauffé à la briquette.

« La réussite de l'incubation, d'après la déclaration des propriétaires, est de 70 à 75 p. 100 environ et la réussite des poussins à l'élevage est de 90 à 95 p. 100, c'est-à-dire que, les appareils étant bien gouvernés, il ne doit pas y avoir de perte.

« Le sol de la salle d'incubation est recouvert de sable fin et la température est très douce ; le jour venant du dehors est à moitié voilé.

« Les appareils sont placés sur de grandes tables basses, de façon qu'on puisse examiner, à chaque instant, la régularité du fonctionnement. »

ÉLEVAGE

Après avoir traversé un vaste potager situé derrière le bâtiment d'habitation, on arrive à l'élevage, aux parquets, qui sont disposés des deux côtés d'une large allée plantée de grands arbres.

A gauche :

Parquet n° 1. Eleveuse avec chambre chaude vitrée ; au-dessus, couverture en chaume, abritant le tout.

Je décrirai la première cabane, et cette description servira pour les autres, car elles sont toutes semblables.

Fig. 116. — Ecole d'Aviculture de Gambais.

Cette cabane, servant de poulailler, est en planches ; elle mesure de 3 mètres sur 3 mètres et de hauteur réduite (dans les parquets, les cabanes sont couvertes en chaume, jonc ou zinc). Au pourtour de la cabane, intérieurement, paillasson en paille, protegeant la volaille, l'été contre la chaleur, et l'hiver, empêchant l'air froid de pénétrer. Les volailles en général n'ont pas de perchoirs, ou, si elles en ont, ces perchoirs sont sur un seul plan horizontal, fixés sur une crémaillère en bois de chaque côté de la cabane et élevés d'environ 60 centimètres du sol. Le sol de ces cabanes est du sable fin ou grès. Les pondoirs sont en bois. Le terrain des parquets est formé de gazon ou de sable, qui constitue le sol naturel du pays, de sorte que, par tous les temps, les oiseaux sont toujours au sec. Ceci est surtout nécessaire à cause des grands arbres, sapins et bouleaux, existant dans la propriété voisine de la forêt de Rambouillet. Chaque parquet est garni d'une forte touffe d'arbres verts où les volailles vont se poudrer, se mettre à l'abri des rayons du soleil, ou chercher un abri contre la pluie.

Derrière la cabane-poulailler, il existe également un abri très simple, composé d'une couverture en paille, recouvrant une partie du sol où les volailles peuvent également se poudrer et s'abriter en cas de mauvais temps; dans certains parquets, le pondoir se trouve sous cet abri. Longueur de l'abri, environ 4 mètres; largeur, 1 mètre. La grandeur des parquets est en général de 2 à 3 mètres superficiels pour les plus grands, et de 1 mètre à $1^{m},50$ pour les plus petits ; comme clôture, grillage de chasse, de 2 mètres de hauteur.

A la porte de chaque parquet, tableau indicatif de la race de volaille, indiquant sa provenance, sa nature, la description de son plumage, la qualité de sa chair, sa production, sa ponte, son élevage ; ce tableau est fort utile.

On rencontre d'abord à droite et à gauche six parquets, habités par des poules, race Faverolle, Dorking, Langsham, et un élevage de poussins, avec mue, chauffé au moyen de briquettes.

Ensuite, rond-point de l'élevage appelé village Saint-Arsène. Magnifique pelouse avec pièce d'eau, abreuvoir au milieu pour les canards et les oies. Une trentaine de parquets au pourtour de ce rond-point sont garnis de toutes sortes de races de poules : Langshan, Espagnole, La Flèche, Le Mans, Courtes-Pattes, Cochinchine, Brahma, Wyandotte, Padoue, etc., etc. A citer particulièrement un lot de Houdans, à faire rêver les amateurs de cette race.

LA LOUVETERIE

Magnifiques coins de bois où il existe divers parquets de volailles, dont les uns ont des cabanes comme celle désignée en tête de l'élevage, avec cache-abris en fagot ou bousier.

Lettre *D*. — 1 coq, 21 poules. Race Wyandotte argentée, beau lot. Tableau indicateur. Incubation bonne, ponte abondante, chair excellente, élevage facile.

Lettre *E*. — Croisement pour 1892 :

20 belles poules, race de Houdan, de deux ans et plus, et 3 beaux coqs Dorking argenté.

Lettre *G*. — 5 coqs, 47 poules Cochinchine. Fauves.

Plusieurs beaux lots à faire, ensemble superbe. Tableau indicateur ; incubation excellente, ponte très médiocre, chair très médiocre, élevage facile.

Lettre *B*. — Race de Faverolles. Race d'un village d'Eure-et-Loir, près Nogent-le-Roi. Tableau indicateur. Incubation bonne, ponte bonne, œufs gros, chair excellente, élevage facile, poulets beaux et rustiques.

Lettre *A*. — Coqs. Races diverses, 57 coqs Houdan, Cochinchine fauve. Faverolles, Langshan, etc...

Telle est la composition des parquets de l'élevage de la maison Roullier et Arnoult.

ABATTOIR

Un simple bâtiment carré contenant un vaste garde-manger à étagères, dans lequel sont déposés les poulets aussitôt tués et troussés. Sièges en bois pour s'asseoir pour plumer la volaille, un baquet également en bois, pour recevoir le sang, et des sacs pour mettre la plume.

La volaille est saignée au cou, derrière l'oreille, et aussitôt désemparée de ses grandes plumes des ailes et de la queue, trois ou quatre tours de main suffisent ensuite à enlever les plumes du dos, du ventre et des cuisses. La volaille est ensuite passée à une autre personne qui finit d'enlever le duvet et qui la dresse.

Pour la direction de l'élevage de la maison Roullier et Arnoult, les soins aux volailles, la distribution de nourriture, ces messieurs ont un faisandier spécial, dont je me plais ici à reconnaître la haute compétence et le dévouement. Mme Edouard Champagne, chef pratique, occupant cet emploi dans la maison depuis dix ans.

ÉCOLE D'AVICULTURE

Par arrêté en date du 27 février 1888, il a été créé dans l'établissement de MM. Roullier et Arnoult, sous la direction de M. Roullier, une Ecole pratique d'Aviculture, dont le programme et le but sont à la disposition de tout le monde en adressant une demande au directeur.

Le bel établissement de MM. Roullier et Arnoult a été le premier de ce genre.

Fondé en 1873, les récompenses sont innombrables. La Société nationale d'Acclimatation, Société nationale des Agriculteurs de France, d'Encouragement à l'Agriculture, etc., ont récompensé la maison par leurs plus hautes récompenses; tous les concours généraux et régionaux ont apporté leurs contingents, ainsi que presque toutes les puissances étrangères, et cette longue liste se termine, enfin, par la consécration du gouvernement, le Mérite agricole, en 1883, à M. Roullier, la Légion d'honneur en 1889 et le Mérite Agricole à M. Arnoult en 1890.

ÉTABLISSEMENT DE MM. VOITELLIER FRÈRES
A MANTES (SEINE-ET-OISE)

L'établissement de MM. Voitellier se compose de trois parties bien distinctes.

I. — FABRICATION, MAISON DE VENTE ET HABITATION

Cette première partie se trouve à gauche de la route de Rouen en venant de Mantes.

Elle se compose, en entrant, du bureau particulier de MM. Voitellier et du bureau administratif. A la suite se trouve le couvoir.

Le couvoir se compose de 22 appareils alimentés par une canalisation d'eau chaude, greffée sur une chaudière en fer, reposant sur un immense fourneau en briques.

Ce fourneau se trouve dans une petite pièce à part située contre le couvoir au fond. Contre le mur, au fond du couvoir face à la cour, se trouvent placées les plaques indicatrices des récompenses obtenues par la maison. Le sol du couvoir est recouvert de sable fin.

A la suite du couvoir sont situés le bâtiment de la fabrication, l'atelier de charronnage, menuiserie, scierie mécanique, tournage, serrurerie et chaudronnerie, etc. Dans l'atelier se trouve un manège à chevaux servant à faire mouvoir une machine à découper les bois, à les dresser, à les raboter à faire marcher les tours.

Au-dessus de cet atelier, au premier étage, se trouve l'atelier de peinture et de grillagerie. Un pont jeté au-dessus de la cour relie cet atelier à un magasin à droite où se trouvent en dépôt des grilles en fer, des couveuses, éleveuses, cabanes et divers instruments avicoles.

A la suite de l'atelier de chaudronnerie se trouve l'atelier des emballages, après lequel est situé un chenil couvert pour les chiens et un promenoir entouré d'une grille.

Au fond de la cour, à droite contre le mur, on voit les premières cabanes datant de l'ouverture de l'établissement de MM. Voitellier en 1872, se composant de 25 compartiments de 3.00 × 2.00, contenant des volailles de diverses races.

Le service de ces cabanes se fait par un couloir couvert comme cela existe dans notre concours général.

La partie du fond est à deux étages et le fond est grillagé. Quoique anciennes de date, ces cabanes sont très commodes.

Dans la cour, devant le chenil, des canards de Rouen et quelques volailles.

L'écurie se trouve à la suite et peut contenir 12 chevaux, ce nombre est occupé dans l'établissement et ses dépendances.

Au-dessus de l'écurie, remise avec pigeonnier.

Maison d'habitation avec jardin au-devant.

La maison de commerce, de fabrication et les dépendances de l'établissement de MM. Voitellier occupent chaque jour, en dehors des patrons qui, comme les employés, sont occupés du matin au soir, des commis, faisandiers, menuisiers, charrons, tourneurs, serruriers, plombiers, charretiers, garçons, etc., au nombre de cinquante environ, car on fabrique tout dans l'établissement. Le bois arrive en madriers, on le débite, on le taille, on le rabote, et il sort de l'établissement en appareil, soit vendu, soit prêt à être vendu.

II. — AVICULTURE, HORTICULTURE, AGRÉMENT

La deuxième partie est située à droite de la route, en face de la fabrication.

On voit, à droite et à gauche, contre le mur sur rue et en retour contre le mur mitoyen à gauche, de grandes volières, divisées en trois compartiments sur la hauteur.

Ces volières sont divisées en compartiments renfermant chacun et isolément soit un coq, une poule, un lapin, une paire de pigeons, et formant un total de 195 niches séparées.

Chaque amateur désirant une volaille peut choisir ce qu'il désire et, comme on dit, faire son lot. Ces volières servent aussi à MM. Voitellier à mettre les volailles destinées aux concours.

En entrant à gauche en retour, on trouve la vacherie peuplée de vaches race bretonne, et de trois taureaux de même race. Cette vacherie est très bien installée.

Dans les jardins, nombreuses allées peuplées de chaque côté de massifs, d'arbres fruitiers et nombreuses collections de parcs et parquets de systèmes différents et de la fabrication de la maison. Chacun de ces parquets renferme une race de volaille différente, destinée, comme les volières contre la route, à être vendue et livrée aux amateurs venant visiter l'établissement.

Dans une partie, à gauche de ce jardin, on trouve une pièce d'eau pour le service des oies et des canards.

Je signale aux amateurs une très belle et nombreuse collection de canards de Rouen et oies de Toulouse.

Parmi les volailles, il faudrait, pour être juste et sincère, signaler l'ensemble

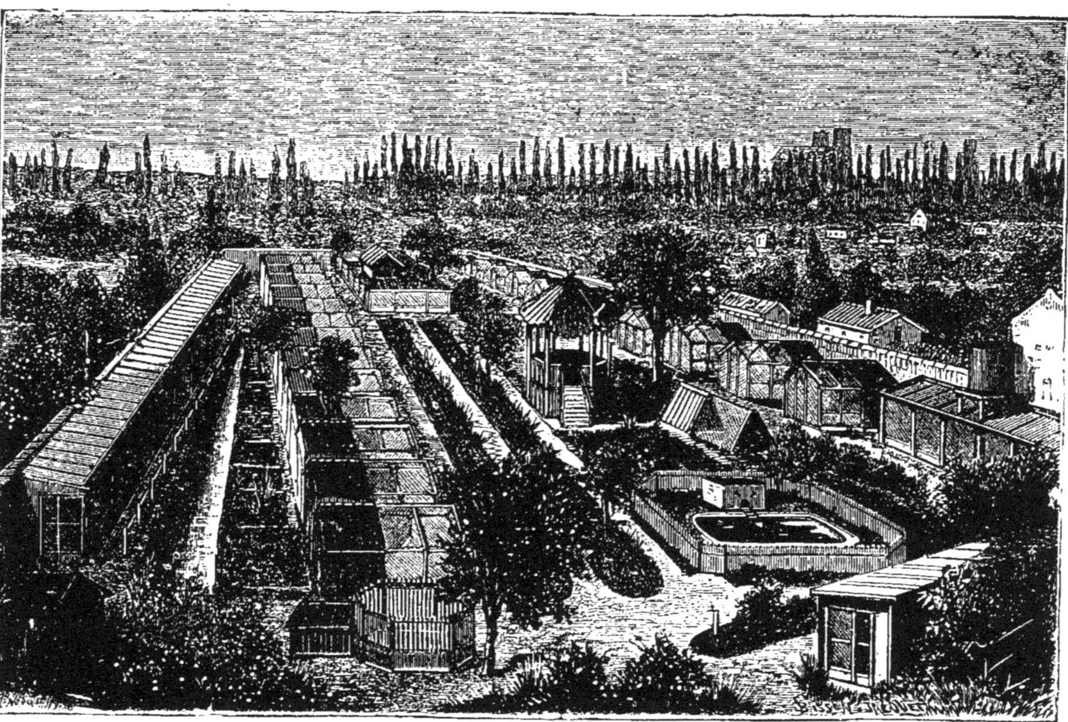

Fig. 117. — Établissement Voitellier.

de la collection et en particulier les types des races Dorking, Cochinchine fauve et perdrix Wyandotte, Brahma herminé et perdrix, Malais, Langshan, petites poules Houdan, Fléchois, Barbézieux, Hambourg, Campine, Leghorn et de beaux lots de Mantes dont nous avons vu déjà de beaux spécimens dans nos concours.

Pour la partie de parquet, chacun de nous connaît déjà les différentes installations de la maison Voitellier; nous avons vu dans ce jardin les types les plus variés et mis à la portée de la bourse de chacun. Chaque visiteur peut, en venant voir l'établissement, s'en retourner en emportant facilement avec lui le poulailler qu'il aura choisi pour y loger la race de volaille qu'il aurait chez lui ou qu'il achèterait à ces Messieurs.

Lorsque l'on voit la composition de ces parquets divers, on n'est pas étonné des brillants succès remportés par la maison Voitellier dans les concours français et étrangers. Il y a chez eux de quoi garnir facilement un concours agricole et presque un concours général de Paris.

L'eau coule sans interruption dans les bacs et des bassins pour le service des volailles, canards et oies, etc. Des sources nombreuses existent sur le territoire de la commune et viennent dans l'établissement.

Comme jardin potager et fruitier, il doit y avoir là, en été, un agréable séjour et un rapport excellent comme récolte de fruits. Je fais abstraction des légumes.

La plupart, pour ne pas dire toutes les cabanes existantes dans ce parc étant mobiles, c'est-à-dire transportables, et pouvant se changer de place à chaque instant, le sol des cabanes est celui du jardin. Chaque parquet se compose d'une cabane servant d'abri et de poulailler et est fermé au pourtour par des panneaux mobiles en grillage, système de la maison Voitellier, se démontant et se remontant à volonté, selon les besoins.

La gent volaille, oies, canards, lapins, pigeons, dindons, est chez elle dans ce beau jardin.

III. — ÉLEVAGE, AVICULTURE, AGRICULTURE, LA FERME

A environ quarante minutes à pied de l'établissement, sur le territoire de la commune voisine de Limay, MM. Voitellier sont locataires d'une belle ferme carrée avec 50 à 60 hectares de culture au pourtour. Elle porte le nom de « ferme du Vicèlier ».

Les terres de culture se composent de : partie destinée à l'herbage pour les élèves de la race bovine, race bretonne ; partie pour l'élevage avicole ; partie pour la grosse culture, et une autre partie pour la culture maraîchère. A citer surtout un immense champ de choux et fosses asperges. Il faut voir les volailles se régaler avec les choux provenant de cette pièce de terre.

La ferme se compose de bâtiments formant un carré parfait ; à droite de la porte d'entrée se trouve une ancienne vacherie pour les vaches bretonnes; en retour à droite est située la grange de batterie, le poulailler... et quel poulailler! Figurez-vous une immense voûte en pierre, peuplée intérieurement de cent à cent cinquante volailles de la race de Mantes, composées de deux et trois générations reproduisant exactement le même type, le même plumage, la même forme et s'améliorant comme régularité de jour en jour et cela, grâce au coup d'œil des maîtres, créateurs de cette belle variété. Je n'avais jamais vu que dans nos concours et en très petite quantité cette volaille ; aussi suis-je resté stupéfait lorsque M. Henri Voitellier m'a conduit à ce poulailler et lorsqu'il m'a été donné de contempler dans la cour de cette grande ferme un ensemble de volailles race de Mantes. Le coup d'œil est superbe et je regrette de ne pas avoir été accompagné par quelques collègues, qui, j'en suis certain, se seraient joints à moi pour féliciter MM. Voitellier.

Au fond, en face de la porte d'entrée, sont les granges et remises; en retour se trouve la maison du fermier et de la fermière, chargés spécialement de la ferme. A la suite est située l'écurie et une nouvelle étable en construction pour les vaches bretonnes. Après l'écurie, on trouve la bergerie et la porte d'entrée.

C'est à la ferme, au printemps, que se font les élèves ; les couvées se font à l'établissement; quant à l'élevage, il a lieu à la ferme et dans les grands et magnifiques parquets existant au pourtour des bâtiments.

Il ne s'y fait pas que l'élevage avicole, mais encore l'élevage de l'espèce bovine, race bretonne, spécialité de la maison, dans de très beaux pâturages situés contre la ferme et sur la Seine, dans une île située entre les deux bras.

A partir du printemps, de fort beaux troupeaux de vaches et génisses bretonnes se rendent aux pâturages.

Il existe aussi, en dehors de cette ferme, entre la maison d'habitation et cette dernière, une ancienne carrière à sable destinée à l'élevage du gibier et surtout de la volaille. Dans cette carrière se trouve une maison d'habitation servant de logement au garde-chasse et au dresseur des chiens du chenil de MM. Voitellier, connue sous le nom de Chenil de l'Aviculteur.

Il y a dans la maison Voitellier frères : l'industriel, le commerçant, l'aviculteur et l'agriculteur; chacune de ces parties est remplie avec un zèle, une connaissance et un soin particuliers.

Avec quel bonhomie, l'aîné, Paul Voitellier, cache sous une apparence modeste — trop modeste — les facultés d'un homme hors ligne, car il est le créateur des diverses industries et d'inventions de la maison. Quel coup d'œil et en même temps quelle modestie lorsqu'on lui parle, s'effaçant toujours aussitôt qu'on le questionne, trouvant toujours ce qu'il a fait tout naturel.

Voilà, messieurs, le portrait de l'un des deux propriétaires.

Le deuxième propriétaire de l'établissement, que nous connaissons mieux, est M. Henri Voitellier, vice-président de notre Section d'Aviculture pratique.

Chacun de nous, messieurs, a été quelque peu en relations avec M. Henri Voitellier, soit dans notre Section d'Aviculture, soit dans nos concours généraux et concours agricoles, soit dans nos concours de Société.

J'ai été moi-même, pendant nombre d'années, dans les concours, le concurrent plus au moins heureux de M. Voitellier, mais jamais, je puis le dire, je n'ai eu aucune plainte de sa part ; toujours, s'il y avait discussion, la discussion était courtoise, polie, agréable.

Lorsque j'ai eu l'honneur d'être choisi par le Ministère comme membre du jury, j'ai eu à juger les produits de la maison : j'ai retrouvé encore en M. Voitellier l'homme du monde ayant toujours l'abord aimable et gracieux, content de ce qu'on lui accorde et ne vous témoignant jamais le moindre mécontentement.

Comme vice-président de notre Section, chacun n'a qu'à se louer de ses rapports avec lui.

Nos voisins les Belges l'ont si bien jugé que cette année, en deux mois, il a eu l'honneur d'être choisi, seul comme juré français, trois fois pour juger les concours et expositions de nos voisins.

M. Henri Voitellier joint aux qualités d'homme du monde celles d'agriculteur, d'aviculteur et de journaliste distingué.

Il dirige depuis une douzaine d'années le journal *l'Aviculteur* avec un esprit, une netteté dans ses appréciations, qui font que ce journal est très lu dans nos diverses écoles agricoles et à l'Institut agronomique.

Je signale aussi un ancien aviculteur, M. J. Martin, et le faisandier chef, M. Adrien Marchand, collaborateurs distingués de la maison Voitellier.

La maison Voitellier frères a remporté, depuis sa création en 1872 jusqu'à ce jour, dans les divers concours des gouvernements français et étrangers, concours et expositions de Société, plus 1 200 récompenses, dont plusieurs prix d'honneur et deux médailles d'or à l'Exposition universelle de 1889.

ÉLEVAGE POINTELET A LOUVECIENNES

Un élevage essentiellement pratique c'est celui de M. Pointelet à Louveciennes. Le lauréat de tant de concours avicoles a su combiner dans un espace relativement restreint toutes les conditions nécessaires au bon développement de la volaille. Pour rendre compte de cet établissement d'une façon bien complète, nous reproduisons le rapport qu'en a fait M. J. Moquet à la Société nationale d'Aviculture de France :

« L'établissement de M. Pointelet peut être divisé en trois parties :

« D'abord, dans la cour attenant à la maison et où se trouve l'écurie, existe une grande volière d'une vingtaine de mètres de long sur 5 mètres de large ; nous y remarquâmes deux paons femelles et un mâle, un couple d'oies de Toulouse, un lot de canards de Rouen de toute beauté, deux couples de mandarins, deux de carolins, deux de siffleurs, deux de sarcelles, deux de milouins, deux de morillons, deux de pilets, des Dorkings argentés et environ cinquante jeunes pigeons de différentes variétés. Au fond de cette volière, adossées au mur, il y a cinq cages où se trouvent enfermés des pigeons appartenant à dix variétés. Au milieu, dans une autre cage, sont des colins, des cailles, des perruches et divers oiseaux dont le nom m'est inconnu. Dans un bout six cases à lapins, construites en bois avec fond plat et porte en grillage sur encadrement de fer. Nous regrettons que leur aménagement laisse quelque peu à désirer au point de vue de l'écoulement des urines. Les habitants de ces cases sont des angoras blancs, gris, noirs, bleus, des russes, des argentés, des japonais, des communs et des géants généralement superbes. A l'autre bout une caisse contenant un grand nombre de divisions pour le triage des lapins et des lièvres. Au milieu de cette volière est un grand bassin de 6 mètres superficiels, indispensable aux palmipèdes. Sous un hangar, nous voyons une grande chaudière pour la cuisson des aliments, à côté de laquelle est un coupe-racines. En retour, longeant une autre aile de bâtiments, existent quatre cages contenant un grand nombre d'oiseaux aux plumages des plus variés.

« Dans l'une de ces cages nous remarquons un couple de grands boulants blancs, d'une stature très remarquable.

« Dans la cour existent aussi quatre pigeonniers comprenant chacun trois compartiments superposés où sont logés des pigeons magnifiques de douze variétés. Ce sont des paons dont le mâle, nous affirme M. Pointelet, a quarante-deux plumes à la queue, la femelle trente-huit, des carriers anglais superbes et des tambours de Dresde fort remarquables aussi. La construction d'un de ces pigeonniers revient, nous dit M. Pointelet, à 120 francs. La toiture est en planches, ils ont 80 centimètres de profondeur sur 1 mètre de largeur, et trois étages distancés l'un de l'autre de 45 centimètres environ. Chaque étage est divisé en deux parties : l'une, au fond, se trouve complètement close sauf les deux passages nécessaires à la rentrée ou à la sortie des pigeons afin qu'ils puissent s'y retirer soit pour y pondre, soit pour s'y reposer ou s'abriter. Ils ont là un perchoir et un pondoir en plâtre très convenables faits par M. Pointelet ; l'autre partie est entourée de grillage fixée sur les poteaux d'angle et sur les planches de la partie close.

« Dans la cour nous voyons circuler une dizaine de poules et deux coqs de Langh-Shan, animaux très remarquables. Nous apercevons aussi deux boîtes à élevage pour poussins, de 80 centimètres de long, divisées en deux parties égales, l'une où séjourne la poule et qui est couverte, l'autre à ciel ouvert où les poussins peuvent se promener et qui peut être couverte d'un vitrage. Chaque division peut se fermer à l'aide d'un vitrage ou d'une planche que l'on glisse dans une coulisse.

« Nous avons vu chez M. Pointelet nombre de beaux animaux ; mais notre commission a pensé que sa mission consistait surtout à visiter et à apprécier le mode d'établissement et d'élevage. C'est aux expositions que les animaux doivent être jugés, c'est sur les lieux qu'il faut se transporter pour apprécier une installation.

« Aussi, au cours de notre visite, portâmes-nous surtout notre attention sur une annexe très importante sise de l'autre côté de la rue, dans un ardin formée de deux bâtiments d'un agencement spécial fort bien comoris

« L'un d'eux, le principal, est adossé au mur du jardin sur une longueur de 54 mètres ; il est divisé en 18 compartiments ayant chacun une contenance superficielle de 21 mètres, 3 mètres de largeur sur 7 mètres de profondeur. Ce bâtiment a, dans son ensemble, l'aspect d'un hangar précédé d'une volière. Pour le décrire d'une façon plus nette nous allons prendre un compartiment seulement, ils sont d'ailleurs tous semblables. Le fond, c'est le mur du jardin ; les pignons sont en planches sur une longueur de $4^{m},10$ et en grillage sur $2^{m},90$. Dans la partie en planches se trouve la porte. Les supports des pignons sont le mur au fond, puis trois poteaux en bois. Sur l'un, sont fixés les gonds de la porte ; sur celui du milieu est attaché le grillage et repose la sablière ; sur le troisième qui forme poteau d'angle le grillage est aussi fixé à l'aide de conduits. Le parquet est couvert sur une profondeur de $4^{m},15$ par un toit à pente unique formé de planches posées sur le faîtage d'un bout et sur la sablière de l'autre et recouvertes de carton bitumé maintenu à l'aide de petites tringles. Au bout de ce toit léger et pour chaque parquet, il y a une gouttière avec un tuyau de descente amenant les eaux dans un petit puisard formé à l'aide de cailloux déposés dans le sous-sol, de telle sorte que l'humidité n'incommode pas les volailles. Le reste du parquet est couvert d'un grillage fixé sur des pièces de bois allant des poteaux portant la sablière aux poteaux d'angle et reliant les poteaux d'angle entre eux. Pour éviter que ces pièces de bois ne pourrissent, M. Pointelet les a recouvertes de tuiles mécaniques. Le sol, c'est le sol naturel, sur lequel, dans la partie couverte, on a répandu du sable fin, tandis qu'on a mis dans la partie découverte une épaisse couche de mouchette que M. Pointelet fait passer à la claie de temps en temps afin d'en extraire les ordures.

« La partie où se trouve la mouchette est séparée de la partie sablée par une planche de 20 centimètres de hauteur. Pour éviter que les animaux ne se brisent en cherchant à passer à travers le grillage, on a mis en bas un socle en planches de chêne épaisses et d'une hauteur de 55 centimètres.

« Le grillage est à mailles assez resserrées pour qu'aucun oiseau ne puisse s'introduire dans les parquets, de sorte que tout le grain y est consommé par les animaux qui y séjournent. Il y a 2 porte-perchoirs, l'un à couvert et l'autre dehors. Ils supportent 3 barres entre-croisées à des hauteurs différentes, celui du dehors reçoit à son sommet un morceau de bois arrondi, qui sert de support à la couverture de grillage en son centre.

« M. Pointelet préfère les perchoirs ronds. Le perchoir de la partie non couverte est celui qu'adoptent les faisans tandis que les pigeons et les poules préfèrent l'autre.

« Sous le bas du toit posée sur 2 tasseaux fixés l'un sur la cloison ou le pignon et l'autre sur le bas de la sablière, il y a dans chaque angle une boîte destinée aux pigeons dont la longueur est de 40 centimètres contre 25 centimètres de largeur et dont les bords ont 6 centimètres de hauteur ; dans cette boîte se trouve un nid en plâtre. Ce système a l'avantage qu'une seule paire de pigeons peut y séjourner et, comme il n'y a pas de perchoirs auprès, les batailles n'y sont guère possibles. Au fond du parquet, le long du mur, sur une planche placée sur 2 tasseaux à un mètre de hauteur, se trouve un pondoir pour les poules ; c'est une boîte couverte, ouverte d'un seul côté où elle a un rebord suffisant pour retenir la paille et les œufs.

« Longeant cette planche en avant, est aussi un perchoir pour les poules. Le grain est déposé dans des boîtes à bords peu élevés. Les abreuvoirs sont en zinc et divisés en 2 compartiments, quelques-uns sont en fonte. Ce système de parquet, adopté par M. Pointelet, a l'avantage de supprimer le poulailler. La volaille est à couvert la nuit ; dans le jour, elle a un préau pour se promener et se mettre à l'abri de la pluie et du soleil.

« Elle est dans d'excellentes conditions hygiéniques dans des parquets construits cependant sans dépenses exagérées. Les planches des cloisons sont passées à la chaux deux fois par an, au printemps et à l'automne. Dans la partie découverte deux arbres verts ont été mis dans chaque parquet pour donner de l'ombre.

« Les habitants sont 1 coq et 3, 4 ou 5 poules, avec 1 couple de faisans, une paire de gros pigeons et 1 de petits, choisis de façon à éviter les croisements.

« Une chose très gênante, selon nous, c'est que, pour aller d'un bout à l'autre, il faille traverser tous les parquets, ce qui dérange inutilement la volaille et rend le service plus lent et plus difficile. Une très grande propreté règne partout.

« Dans tous ces parquets existent des sujets des races du Mans, de Hambourg, de La Flèche ; des concours de Rennes, de Crèvecœur, de Bresse, de Courtes-pattes, de Cochin fauve, de Houdan, de Hollandais, de Dorking, et quantité de pigeons et de faisans. Il est inutile d'ailleurs d'indiquer les noms des oiseaux qui en forment la belle collection.

« Sont adjointes à l'établissement 10 ruches dont M. Pointelet emploie le miel pour ses animaux malades, notamment ses faisans.

« Dans une volière, au fond, nous voyons 16 cases à lapins, actuellement occupées par des couveuses ; dans une autre partie du jardin, se trouve un parquet de 42 mètres superficiels contenant des canards de Pékin, des coqs et des poules de Lang-Shan, des pigeons de Montauban et de Tunis ; en outre, 20 cases à lapins, servant à loger les lièvres dans certaines saisons ; puis les coffres contenant les divers grains pour l'approvisionnement de ces animaux.

« Les cases où sont les lièvres offrent cette particularité qu'elles sont munies au fond de planches superposées reposant sur des tasseaux, au-dessous de chacune desquelles une autre planche, d'une largeur de 0^m, 25, clouée sur le rebord de la planche précédente, descend jusqu'à l'étage situé immédiatement au-dessous, de telle façon que le lièvre, en se plaçant derrière, peut se soustraire aux regards et y faire son nid.

« M. Pointelet affirme qu'il réussit dans ces cases l'élevage du lièvre.

« Dans un terrain, plus loin, se trouvent des dindons de Sologne et des canards du Labrador.

« Un bâtiment isolé recèle les caisses destinées à l'emballage des faisans, cerfs, chevreuils, sangliers, dont M. Pointelet fait un très grand commerce. Ces caisses sont très bien comprises pour que les animaux puissent être transportés sans se blesser.

« Les membres de la Commission, après avoir examiné et admiré les objets d'árt qui ont été décernés à M. Pointelet, comme prix d'honneur dans divers concours français et étrangers, et jeté un coup d'œil sur les nombreuses médailles obtenues par lui, se sont retirés en témoignant à M. et Mme Pointelet la satisfaction qu'ils avaient éprouvée, et en les félicitant pour la propreté et la bonne tenue de leur établissement, pour le choix judicieux des reproducteurs, et enfin pour l'esprit d'ordre, d'économie et d'initiative qui préside à la direction de l'élevage de Louveciennes. »

ÉTABLISSEMENT DE ROYALLIEU

Près de Compiègne, en pleine verdure, au milieu des pelouses et des bosquets, se trouve situé l'élevage de volailles de Royallieu qui est certainement le plus bel établissement de ce genre que l'on puisse actuellement voir en France.

On sent qu'une main expérimentée a présidé à l'aménagement de cet élevage modèle auquel le nom de *Basse-cour* n'a plus lieu de s'appliquer. C'est presque, en majeure partie, un jardin zoologique de poules par la variété des races et leur installation confortable tout en restant pratique. Quand on saura que c'est M. Favez Verdier, l'éleveur émérite et si souvent lauréat de nos concours, qui a monté et dirige, pour le compte de M. de Marcillac, cette belle exploitation, on ne sera plus surpris de sa savante organisation.

Nous allons en faire une description générale, n'ayant pas ici la place nécessaire pour la faire en détail.

Tenez, si vous le voulez bien, commençons par le commencement et franchissons l'entrée. Voûtée, flanquée de deux tourelles d'un aspect *moyennageux*, fort pittoresque, cette entrée ne fait guère supposer que l'on va rendre visite à un établissement d'élevage. Et les vastes pelouses garnies de bosquets où se dressent des arbres séculaires, les larges allées sablées, la maison d'habitation, là-bas, à droite avec son air de vieux castel vous feraient persister dans cette idée si la musique joyeuse des coqs, les retentissants coquericos, le caquetage continu des poules et surtout ce cordon ininterrompu de parquets grillagés, dont on aperçoit l'immense cercle à travers la verdure, vous rappellent à la réalité, c'est bien un établissement d'élevage de volailles installé dans un superbe parc anglais, un véritable paradis pour les bêtes, en somme.

De quel côté tourner nos pas? Mon Dieu, si ça ne vous contrarie pas, prenons la gauche, et nous nous trouvons vis-à-vis d'un parquet de La Flèche portant le n° 25 où se trouvent de superbes sujets, puis nous suivons les parquets 26 à 34, de grandeurs diverses et qui contiennent : Andalou ; Hambourg; Dorking ; Canards : Aylesbury, Sauvage, Rouen. Coucou de Rennes crête simple, crête triple ; Hollandais bleu. Arrêtons-nous un instant pour souffler ; le côté que nous venons de visiter borne une surface de 4 hectares, un instant de repos nous paraît nécessaire. Tournant alors le dos aux parquets, nous apercevons la vacherie et, dans le même bâtiment, la porcherie, le tout entouré par des bosquets sous lesquels sont placées les boîtes à poussins qui trouvent, là, de l'espace, de la verdure et de l'ombrage sans humidité, le paradis rêvé pour cette petite gent emplumée. Dans tous les nombreux bosquets qui parsèment la propriété on aperçoit des bandes de poussins éclos soit au moyen des poules, soit par le système des couveuses artificielles, les deux modes se pratiquant à Royallieu.

Suivons maintenant les parquets 35 à 42 ; nous y voyons : Hollandais blanc; coqs Langshan ; Lansghan; canard Labrador; Dinde cuivrée; Faverolles coucou; La Flèche; Dinde blanche. Devant ces vastes parquets se déploie un joli bois qui n'est point seulement un enchantement pour l'œil, mais qui remplit un but essentiellement pratique en raison de la salubrité qu'il entretient dans les lieux qu'il avoisine.

Traversant ensuite un superbe potager et, suivant toujours la même ligne, nous voyons, devant nos yeux, se succéder les vastes parquets n°s 43 à 50 où se promènent avec un air de parfaite santé : Grand combattant doré; Crèvecœur; Dinde blanche; Andalous; Minorque noir; Houdan; Mans, Faverolles. Ces parquets s'ouvrent sur une verdoyante prairie que nous parcourons dans sa largeur pour gagner les n°s 51 à 62, qui sont vis-à-vis de ceux que nous venons de décrire.

De ce côté nous voyons, en parquets un peu plus étroits que les derniers cités : Faverolles; Lanhgshan; Espagnol; Cohin fauve; Royallieu; Grand combattant de Bruges; Dorking; Combattant Brown Red; Leghorn doré; Hambourg argenté; Combattant du Nord; Dinde bronzé.

Nous traversons, de nouveau, le potager, mais du côté opposé et nous nous trouvons en face de six parquets moyens et un très grand réservé aux jeunes, portant les n°s 63 à 69. Un autre parquet d'imposante dimension, pour les pondeuses, y fait suite, puis viennent les salles d'engraissement et de sacrifice, qui donnent sur une grande cour.

En suivant divers bâtiments à usage d'écurie, de remises, de buanderie, clapier, couvoir naturel et artificiel, salle spéciale pour le chauffeur, nous arrivons aux petits parquets de réserve qui portent les n°s 1 à 11. Aux n°s 12 et 13 se trouve l'infirmerie, puis viennent les parquets 14 à 20 où trottinent les petites races : Nègre; Combattant nain argenté; Java; Java noir; Barbu coucou; noir; Hollandais bleu. Un peu plus loin, après être passé devant un mur grillé, nous apercevons quatre parquets moyens 21 à 24 ayant pour habitants : Bantam argenté; Combattant doré; Nangasaki; Hollandais.

Et c'est tout !

Soixante-dix parquets remplis de superbes races; des élevages considérables de poussins, une installation hors ligne, durant plusieurs heures ont défilé devant nos yeux, nous laissant l'impression heureuse que ressentira tout passionné d'aviculture en visitant cette remarquable exploitation avicole.

Tout se fait à l'établissement incubation, élevage et engraissement. A Royallieu, l'élevage des volailles pour l'alimentation et pour la ponte va de concert avec l'élevage des volailles de race et, système très pratique, les produits s'écoulent dans deux magasins, l'un situé à Compiègne, l'autre à Paris, allant directement au consommateur sans passer par les intermédiaires qui absorbent toujours une partie des bénéfices.

En dehors des poules, canards et dindons, on élève aussi un nombre considérable de pigeons au château de Royallieu ; c'est dans quatre grandes pièces situées au deuxième étage de la vieille aile du château qu'ils peuvent, à leur aise (s'aimer d'amour tendre), comme disait La Fontaine en attendant le sort cruel que la compote ou les petits pois leur réservent.

Il y aurait peut-être un volume très attachant à écrire sur les souvenirs que réveille cet historique château de Royallieu tour à tour palais royal (1315, 1319, 1325), puis monastère où le fils de Charles VI établit son quartier général ; abbaye, couvent et, dans nos temps modernes et pratiques, après bien des vicissitudes, haras de chevaux, pour devenir enfin ce superbe élevage de volailles que nous avons eu tant de plaisir à visiter et où nous avons recueilli de nombreuses observations.

L'établissement de Royallieu est monté depuis peu de temps et, tout en lui souhaitant la réussite que mérite sa belle et pratique installation, comme il est fort tard, nous reprenons le chemin de Compiègne, jetant un dernier coup d'œil sur l'antique bâtiment qui s'estompe dans la nuit grise, comme si nous espérions voir apparaître à l'une de ses fenêtres, vision fugitive, l'une de ses plus anciennes propriétaires, veuve du roi Louis VI, la reine Adélaïde.

ÉTABLISSEMENT DEBEAUVAIS

Un établissement d'aviculture en plein Paris n'est point sans causer une grande surprise, alors surtout que l'on voit sans cesse dans les concours de beaux sujets sortant de cet établissement, aussi est-ce avec une pointe de curiosité et même d'incrédulité que nous nous sommes rendu au bout de Paris, à Plaisance — M. Debeauvais prétend que c'est tout près — dans l'élevage en question.

Nous sonnons et, après les préliminaires habituels, pénétrons dans une grande cour où des coquericos, des gloussements, des coins-coins de canards nous accueillent assez bruyamment. Un curieux spectacle se présente alors à nos yeux : trois étages de poulaillers superposés s'élèvent sur deux côtés (à gauche et en face) d'une grande cour. Le troisième étage est bordé d'une galerie pour le service ; on accède dans le deuxième au moyen d'une échelle, enfin le premier, au rez-de-chaussée, est de plain-pied. Sur une superficie de 108 mètres l'éleveur ingénieux et industrieux qu'est M. Debeauvais a trouvé le moyen de loger d'une façon confortable et hygiénique une vingtaine de races de poules et cinq ou six races de lapins.

En outre des poulaillers à étages une grande volière adossée, au fond et sur la droite de la cour, contient une superbe collection de canards d'Aylesbury, des oies de Guinée, quelques compartiments pour les races de poules naines et des cabanes à lapins très bien aménagés. Le sol de cette volière est formé par des pavés en bois, un grand bassin où s'ébattent les canards et les oies est disposé sur la partie de droite.

Le poulailler à étages comporte :

Au rez-de-chaussée un parc grillagé de 2^{m},10 de largeur sur 1^{m},60 de profondeur; au fond, partie couverte formant poulailler, de même largeur que le parc et de 0,80 centimètres de profondeur, bien close et parquetée.

A l'entresol, poulailler grillagé dont le plancher avance de 80 centimètres au-dessus du parc du rez-de-chaussée et fait plafond. C'est ici que se trouvent les poulaillers les plus frais et les plus hygiéniques, l'air et le soleil y pénètrent à volonté, ils ont 3 mètres sur 2 mètres et communiquent tous entre eux, bien qu'ayant chacun une porte d'entrée.

Entre le plafond des cabanes du rez-de-chaussée et le parquet de celles de l'entresol se trouvent ménagées des cabanes à lapins.

Toute cette construction est des plus industrieuses, comprise avec un sens excessivement pratique de l'élevage, la grande difficulté étant de loger tout ce monde à poil et à plumes dans un si petit espace.

Les sujets sont de premier choix. A citer d'une façon toute particulière un lot superbe de canards d'Aylesbury, primés un peu partout, des lots excellents des races Espagnole, Langshan, Bresse, Andalouse, Cochinchine, etc. Combattants nains, etc., etc., lapins Belier, Japonais, Argenté, Géant des Flandres.

En résumé, élevage excellent et des plus curieux surtout en raison de la difficulté de réunir un aussi grand nombre de bêtes dans un espace aussi restreint.

* * *

Il existe encore en France de nombreux élevages qui prospèrent et sont remplis d'intérêt, celui de M. Lejeune aux Essarts-le-Roi; de M. Philippe à Houdan; de M. de Foucault exclusivement consacré à l'élevage de la Langshan; dans le même esprit, l'ancien élevage de Mlle Richards exclusivement consacré à la Wyandotte; de Mme la comtesse Chabannes de la Palice, élevage d'amateur remarquable; de M. Géré; de M. le comte de Maupassant; de M. Delmas pour la volaille de Faverolles, etc., etc., et, à l'étranger, la si remarquable collection de volailles de M. Paul Monseu à Haine-Saint-Pierre, en Belgique. Il faudrait un volume de la dimension de celui-ci pour décrire tous ces élevages; peut-être entreprendrons-nous un jour ce travail, mais aujourd'hui la place nous manque.

CHAPITRE II

L'AVICULTURE A L'ÉTRANGER

Pour terminer cette rapide revue de quelques établissements d'élevage, nous extrayons de la savante *Revue des Sciences naturelles appliquées*, deux articles parus le premier sous la signature de M. Julien Petit, le second écrit par M. Brezol.

UNE FERME A VOLAILLES EN LORRAINE

Un Allemand, M. Gruenhaldt, a créé une importante ferme à volailles, au château de Walmunster, situé en Lorraine, non loin de l'ancienne frontière franco-allemande, à 32 kilomètres au nord-est de Metz. La station de chemin de fer la plus voisine est Teterchen, à 16 kilomètres de Sarrebrück.

M. Gruenhaldt était autrefois constructeur d'appareils d'incubation et de matériel pour poulaillers à Heidelberg et faisait fréquemment des conférences sur l'élevage de la volaille. Une de ses principales occupations à Walmunster consiste à dresser et à donner une excellente instruction pratique à des jeunes gens désireux de se consacrer à cette industrie, et un de ses élèves, M. Cathcart, a décrit récemment l'établissement de son maître dans un des numéros du journal de la Société royale d'aviculture d'Angleterre. La durée des études est de trois mois en moyenne, pendant lesquels l'élève paie, outre la somme fixée pour sa nourriture et son logement, une rétribution mensuelle de 50 francs pour l'instruction qui lui est donnée. Plusieurs élèves de nationalités anglaise et allemande attendent en ce moment au château la reprise des opérations interrompues par suite d'un désaccord entre M. Gruenhaldt et le propriétaire du château.

La salle d'incubation, contiguë à la salle à manger, contient six appareils de 600 œufs chacun et d'un modèle excessivement perfectionné. Sous chacun de ces appareils se trouve une chaudière dont l'eau est chauffée par trois lampes. Cette eau circule dans des tuyaux horizontaux, passant au nombre de deux, un à droite et un à gauche, sur chaque rangée d'œufs ; faits en caoutchouc peu épais, ils portent à chaque extrémité une tubulure de raccordement en zinc. Ils reposent littéralement sur les œufs. Le principe du contact est donc sauvegardé dans cet appareil, mais sans que le poids de la masse d'eau devienne une cause de rupture des œufs comme dans les incubateurs Cantilo et Penman. De l'air frais et humide arrive continuellement par le bas de l'appareil.

Le régulateur est très ingénieux. Sur l'incubateur se trouve un vase, contenant 4 litres et demi d'eau qui communique, au moyen d'un tuyau en caoutchouc de 4 à 5 millimètres de diamètre, avec un autre vase de un litre de capacité placé plus bas. Sur le tuyau repose une pièce de fer dont le poids, pressant sur le caoutchouc peu épais, suffit à intercepter la descente de l'eau du vase supérieur au vase inférieur.

Dès que la température s'élève au-dessus de 32 degrés dans l'incubation, un thermomètre régulateur lance un courant électrique qui soulève la pièce pressant le tuyau de caoutchouc. L'eau passe alors d'un vase dans l'autre ; au moment où celui du bas va être plein, un flotteur, soulevé par le liquide, agit sur un levier qui écarte deux des trois lampes chauffant l'incubateur. La température s'abaisse aussitôt. Quand elle est assez atténuée, le thermomètre fait retomber la pièce sur le tuyau en caoutchouc, et il actionne en même temps une soupape qui vide le petit vase inférieur. Le flotteur, qui avait écarté les deux lampes, s'abaissant en même temps que le niveau diminue, celles-ci reprennent leur place sous la chaudière.

M. Gruenhaldt a vendu, dans le monde entier, un grand nombre de ces appareils. Vingt-quatre heures après l'éclosion des poussins, on les porte dans des cages placées dans six salles situées sous les combles du château. Ce sont des cages très simples, closes sur le devant par un lattis dont l'écartement croît, comme les dimensions des cages elles-mêmes, avec l'âge des volatiles qui y sont logés et maintenus à un chiffre constant de vingt. Les planchers à coulisse facilitent le nettoyage de ces cages dont les volailles ne sortent que pour passer de l'une à l'autre et au moment de la vente. Elles ont pendant toute la journée à leur disposition un mélange de farine de maïs et de farine de sarrasin délayé dans du lait, car la ferme possède plusieurs vaches. On leur donne, en outre, un peu de phosphate de chaux pour faciliter le développement du squelette et du plumage. Chacune des salles est chauffée, et il s'y fait un appel constant d'air amené à la température voulue par son passage autour d'un poêle avant de pénétrer dans la salle.

Beaucoup de ces poulets sont prêts pour le sacrifice à l'âge de six semaines. Tous prennent de la graisse avant leurs deux mois révolus, et beaucoup d'entre eux pèsent alors de 1.400 à 1.500 grammes[1]. Ils se vendent de 1 fr. à 1 fr.55 la livre de 500 grammes, suivant la saison. Les expéditions se font de différentes façons, mais surtout par la poste, car cette institution cherche autant que possible en Allemagne à faciliter les relations commerciales.

[1] Ce poids nous paraît passablement exagéré.

L'établissement de Walmunster a fait éclore l'an dernier 10.000 poulets, dont un millier ont été vendus au bout de deux à trois jours, 8.700 vers l'âge de six semaines, et 300 ont été engraissés suivant la méthode française dans des cages dites séminaires.

Pour M. Gruenhaldt, la bonne poule est celle qui s'engraisse rapidement, car il se préoccupe peu d'obtenir des œufs. Ceux qui sont nécessaires à son industrie lui sont fournis par les paysans des alentours auxquels il a simplement distribué de bons coqs. Il place sous le rapport du prompt engraissement les Dorking en première ligne, puis les différentes races françaises qu'on trouve plus ou moins pures dans la région, et estime beaucoup la race allemande de Ramelslohe qui s'engraisse très rapidement. Les Langshan, les Plymouth Rock, les Brahmapoutra, n'étaient employés que pour avoir des œufs l'hiver, alors que les autres races ne pondent pas encore.

Comme canards, car on en élevait également à Walmunster, il donne le premier rang aux Aylesbury et aux Pékin, les Aylesbury s'engraissant surtout fort vite.

LES FERMES A VOLAILLES AUX ÉTATS-UNIS

L'élevage de la volaille, sauf quelques cas exceptionnels, est considéré comme un simple accessoire dans nos fermes européennes. Aux Etats-Unis, où des idées analogues régnaient autrefois, on tend actuellement à créer des établissements uniquement consacrés à cette industrie, mais en partant d'un principe dont l'évidence a été maintes fois démontrée : ne jamais rassembler plus de 10 à 20 poules ou poulets dans la même enceinte, et ne pas chercher à entreprendre simultanément la production des œufs, des volailles et leur engraissement, ces diverses opérations constituant autant d'industries distinctes. Les fermes à volailles américaines, les *poultry farme*, répondent, du reste, à un besoin évident, étant donné le chiffre de 800 millions de poules et poulets consommés chaque année aux Etats-Unis, et les bénéfices sont assez sensibles, si on admet que le kilogramme de viande volaille vendu 4 fr. 40 revient seulement à 1 fr. 10. La question des débouchés acquérant une importance capitale en semblable circonstance, ces établissements, créés tous dans les deux ou trois dernières années écoulées, se sont installés dans des régions situées à proximité de villes populeuses.

En 1887, la *Glebe Poultry farm*, dirigée par M. Pierre, se fondait à Portland, dans le Maine. Contrairement à la presque totalité des établissements similaires, elle fait à la fois des œufs et de la volaille. Vendant chaque année 14 à 15.000 volailles, elle en entretient 7 à 8.000 l'été, 2 à 3,000 l'hiver, qui donnent par jour de 180 à 600 œufs; jusqu'à présent, la saison d'éclosion y a commencé le 15 janvier, mais on se propose de l'avancer désormais et de débuter vers la fin de décembre.

Quinze couveuses, chauffées à la vapeur et contenant chacune 15 à 1.600 œufs, sont disposées dans une vaste salle où les jeunes poussins sont également conservés pendant les premiers jours qui suivent leur éclosion. On les installe ensuite, par groupes de quinze, dans de vastes bâtiments longs de 70 à 80 mètres, où chaque parquet de quinze occupe un espace couvert de 10 mètres carrés et dispose d'une cour entourée d'un treillis de fil de fer de $3^{m}.30$ de large, sur 10 de long. En dehors de 800 Plymouth Rocks, de 400 Livournes et de 50 Wyandottes, l'établissement n'élève que des produits de croisement assez divers.

La nourriture est très variée ; deux fois la semaine, chaque parquet reçoit 1.200 grammes de viande; les poulets sont toujours approvisionnés d'une certaine quantité d'écales d'œufs broyées, renouvelées chaque semaine. Les poulaillers, nettoyés tous les jours, sont lavés à grande eau et soumis à des fumigations d'acide sulfureux deux fois par an. Deux à neuf hommes, suivant le nombre des animaux, suffisent largement à assurer ces divers services.

Les fermes à volailles abondent dans le Nouveau-Jersey et se sont surtout concentrées à Hammonton, non loin de Philadelphie, où on a créé, depuis 1888, quarante de ces établissements possédant un ensemble de 100.000 volailles, dont le chiffre sera, paraît-il, quintuplé l'an prochain. Ces fermes fonctionnent avec des frais généraux aussi réduits que possible.

Pendant une partie de l'année seulement, en hiver, elles ne produisent pas d'œufs et ne conservent pas leurs poulets plus de dix semaines. Les œufs qu'on y traite viennent surtout du Delaware et du Maryland, les poulets obtenus se vendent à New-York et à Boston. Pendant l'été, le personnel se consacre à la culture des arbres fruitiers, très prospère dans la région.

Parmi les fermes à volailles d'Hammonton, nous citerons celle de M. G. Pressey, où l'incubation s'effectue dans six couveuses contenant 300 œufs chacune, chauffées à 40° par des lampes brûlant de l'huile. Chaque opération y dure en moyenne vingt et un jours. M. Pressey a obtenu l'an dernier 5.000 jeunes poulets, dont 4.500 ont pu être élevés.

Dans la ferme de M. C. Howe, les incubateurs chauffés à l'eau chaude sont du système Keystone ; ils reçoivent 864 œufs chacun.

Chez M. Browning on emploie le *Prairie state incubator*, fonctionnant également par l'eau chaude. Nous citerons encore la ferme Jacob et la ferme Philips, qui serait le plus important de ces établissements.

Les poulets sont nourris jusqu'au moment de la vente d'une pâtée faite avec des farines de rebut, du son, quelques œufs, un peu de viande grossière et d'os pulvérisés.

Les Etats-Unis possèdent encore des fermes à canards organisées d'après les mêmes principes. Chaque établissement élève de 6 à 7.000 jeunes canards, en fait pondre un millier qui donnent de 10 à 19.000 œufs pour l'incubation de l'année suivante et n'en conserve que 150 à 200 pendant l'hiver.

CHAPITRE III

BÉNÉFICES DE L'ÉLEVAGE

Et la conclusion de ce chapitre, allez-vous nous dire, lecteurs... l'élevage est-il un bénéfice?...

Nous allons nous adresser pour la réponse à un de nos grands maîtres en aviculture, à notre ami M. Ernest Lemoine qui, dans un article publié dans le *Journal d'agriculture pratique*, a émis des idées fort justes à ce sujet.

LES POULES DANS LA FERME

La gallinoculture est une branche trop délaissée de l'agriculture. Il semble que nos cultivateurs considèrent l'élevage des volailles comme une « quantité négligeable ». Dans bien des fermes, la basse-cour est abandonnée aux soins, ou plutôt à la négligence, d'une servante. Il semble que les poulets ne soient pas des produits ou qu'ils ne soient là que pour paraître de temps en temps sur la table du maître.

C'est là une grosse erreur agricole et économique. Un troupeau de poules tient peu de place, n'exige pas un capital considérable, demande sans doute des soins et de la surveillance, mais moins que la plupart des autres hôtes de la ferme, et constitue, quand il est bien dirigé, un revenu rémunérateur.

C'est ce qu'ont parfaitement compris nos voisins les Belges. Ils ont reconnu qu'il y a là un progrès et un bénéfice à réaliser; ils ont créé des fermes de poules, moyennant quoi, non seulement ils gagnent de l'argent, mais ils nous supplantent sur le marché de Londres pour la vente des volailles et surtout des œufs. C'est donc pour nous une question d'intérêt et en quelque sorte de patriotisme que de reprendre la place que nous occupions autrefois.

Nous trouvons la preuve que les volailles donnent d'excellents résultats dans un article : *Les fermes de poules en Belgique*, qui a été inséré dans *Chasse et pêche*, publication belge dont nous aurons suffisamment indiqué la valeur et l'autorité, quand nous aurons dit qu'elle a pour rédacteur en chef M. Louis Vander Snickt, ancien directeur des jardins zoologiques de Gand et Dusseldorf. Voici cet article :

« *Les fermes de poules en Belgique.* — Une nouvelle industrie s'est implantée depuis deux à trois ans dans les grandes fermes en Belgique. Jusqu'ici les fermiers n'étaient jamais parvenus à tenir avec avantage plus de cent à cent cinquante poules pondeuses. Maintenant, dans bien des fermes, on en compte cinq cents et, depuis l'année dernière, dans plusieurs autres, ce chiffre a été doublé. Les poulettes sont importées d'Italie, leurs œufs sont recueillis pendant deux saisons ; alors les poules bien nourries, arrivées à leur poids maximum, sont revendues comme poules à cuire, plus cher qu'elles n'ont coûté étant poulettes, et remplacées par d'autres fraîchement importées.

« On le voit, le principe est nouveau; il est basé sur la division du travail. Les poulettes sont élevées en Italie, exploitées en Belgique; leurs œufs sont expédiés en Angleterre dans les conditions les plus favorables, absolument comme la laiterie, l'engraissement du bétail et l'élève du cheval dans certaines parties du pays.

« Nous allons maintenant entrer dans quelques détails :

« Peu après le percement du Saint-Gothard, M. Cirrio fut le premier à introduire la poule italienne en Belgique. Sauf les efforts tentés par feu M. le notaire Eliat pour rendre cette race d'excellentes pondeuses populaire dans les fermes flamandes, elle passa inaperçue. En 1885, la ferme Ed. Pâquay et Cie, de Verviers, prévoyant tout le parti à tirer de cette rustique volaille, en a tenté l'importation sur une grande échelle. Elle a dépensé des milliers de francs pour faire comprendre aux agriculteurs les avantages à retirer de ces pondeuses hors ligne, et pour organiser leur transport régulier, rapide et surtout peu coûteux. Les poulettes arrivent donc par wagons complets et peuvent être fournies dans tous les coins de la Belgique, franches de port et d'emballage, en cages de 25, 50, jusque 100 sujets, à 1 fr. 25 et 2 francs pièce, suivant l'âge. Prises par 500, il y a une réduction de 10 centimes pièce. A ces prix-là, il serait impossible de les élever dans le pays.

« Tant qu'elle n'est pas acclimatée, la volaille italienne ne supporte ni les temps humides, ni les vents du nord. Aussi l'importation est-elle forcément arrêtée du mois d'octobre jusqu'en avril. L'époque la plus favorable serait donc du mois de mai au mois d'août.

« La poule italienne se distingue par ses pattes jaunes, sa grande crête pendante chez la pondeuse. Il y en a de toutes les couleurs, mais la « perdrix », celle que les amateurs d'expositions désignent sous le nom de Leghorn, domine.

« Après deux années de ponte, les poules devenues grasses sont recherchées sur les marchés à cause de leur chair délicate et se vendent de 1 fr. 50 à 2 fr. 50.

« Dans les fermes à poules, celles-ci sont logées dans une ou plusieurs grandes écuries, dont le sol, après avoir été défoncé à 2 mètres, est recouvert d'une épaisse litière de tourbe sèche et pulvérisée (*moss-peat*). Tous les perchoirs, mobiles, sont placés à égale hauteur. Le terrain aux ébats est ordinairement l'immense verger attenant aux bâtiments. La haie dont il est entouré est entretenue de façon à ne laisser passer aucune volaille, et l'on se contente de tendre dans le bas un léger treillage métallique.

« Quelques fermiers lâchent encore avec les poules deux ou trois coqs qui leur servent de guide. La proportion est de sept coqs pour mille poules. Cependant les œufs non fécondés sont les plus délicats et se conservent plus longtemps frais.

« Il est assez curieux de remarquer qu'importées et acclimatées en Belgique, les poules italiennes y pondent un plus grand nombre et de plus gros œufs que chez elles. Ainsi les œufs belges peuvent être livrés en Angleterre pesant 63 à 64 kilogrammes le mille, tandis que les plus œufs d'Italie n'y arrivent qu'avec un poids de 58 à 59 kilogrammes le mille. En outre, le débouché étant à notre porte, les œufs y parviennent tout frais et les frais d'expédition sont peu onéreux. D'ailleurs, le coût du transport est souvent couvert par l'emballage même des œufs : « Cette fragile marchandise s'expédie dans des caisses en bois de forme allongée, dont les proportions sont déterminées. Ces caisses sont utilisées ensuite à la confection des cercueils pour les hôpitaux et les *workhouses* en Angleterre.

« Les fermes à poules font des contrats directs avec les exportateurs. Le prix moyen des œufs est de 5 à 6 centimes pièce.

« La nourriture la plus convenable est le maïs, le froment, l'orge et un peu d'avoine. Pour 500 poules, il faut 35 kilogrammes de grains par jour. Comme nourriture plus économique, on utilise en outre les déchets des fabriques d'amidon.

« Nous ne sommes pas encore parvenus à nous procurer des données certaines sur le nombre d'œufs pondus chaque année ; la nouvelle industrie n'est pas établie depuis assez longtemps. Les vendeurs accusent 180 à 200 comme moyenne des œufs pondus chaque année pendant les deux saisons qu'il convient d'exploiter une poule. Nous ne nous portons pas garants d'un chiffre aussi élevé. La poule italienne est bonne pondeuse l'hiver, alors que les œufs sont le plus chers. Nous ignorons si les grands et les petits cultivateurs se basent sur ces chiffres ou sur les résultats obtenus par leurs voisins. Toujours est-il que les fermes de [illegible]00 et 1.000 poules se sont multipliées cette année dans la Hesbaie et le Brabant wallon et que beaucoup de petits cultivateurs des environs ont inauguré des poulaillers de 50 à 100 sujets de race italienne.

« Ce même principe de la division du travail se trouve déjà appliqué dans le commerce si important des volailles de table qui se pratique aux environs de Bruxelles. Certains cultivateurs élèvent la race coucou de Malines et ne font que cela. Leurs produits sont achetés aux marchés de Malines et de Merchtem par les engraisseurs qui, de leur côté, ne s'occupent pas de l'élevage. »

Si nous avons donné cet article dans son entier, ce n'est pas que les théories d'élevage qui y sont émises nous paraissent à l'abri de toute critique; ce n'est pas non plus pour engager nos compatriotes à copier servilement ce qui se fait en Belgique; — c'est qu'il y a pour nous grand intérêt à constater les efforts que font nos voisins; c'est que, sans les copier, nous pouvons nous inspirer de leurs idées, en adaptant leur mode de gallinoculture aux habitudes, à la situation agricole et au génie particulier de notre pays.

C'est ainsi que, en ce qui nous concerne, nous ne saurions beaucoup conseiller les basses-cours industrielles: mais nous voudrions qu'en France, et surtout dans certaines parties de la France où le nombre des fermes est considérable, la basse-cour fût toujours une annexe, et une annexe importante de la ferme. C'est là que la poule est élevée le plus facilement et au meilleur compte. Elle y trouve l'espace, les aliments; elle y rend des services comme productrice d'engrais et destructrice d'insectes; elle a son débouché naturel chez le marchand où se livrent les œufs, le lait, le beurre, le fromage, etc.; c'est un accessoire en un mot, mais un accessoire indispensable et important.

Pourquoi nos cultivateurs des départements du Nord, du Pas-de-Calais, de la Somme, ne font-ils pas comme leurs confrères belges?

Pourquoi ne vont-ils pas acheter dans les centres de production, à Lisieux, à Saint-Pierre-sur-Dives, à Mézidon, à Bayeux, à Gournay, à Houdan, de jeunes poulettes, dont ils recueilleraient les œufs pendant deux ans pour engraisser ensuite les pondeuses avec des farineux et les revendre au marché?

Est-ce que l'Angleterre n'est pas à leurs portes, avec la voracité de son immense marché? Poules et œufs n'y trouveraient-ils pas un débouché suffisant?

Nous n'avons pas besoin, comme les Belges, d'avoir recours à la poule italienne; nous ne sommes pas en cela tributaires de l'étranger. Nous possédons des races qui surpassent de beaucoup la « Leghorn » : ce sont nos belles poules de Crèvecœur, de la Bresse, de Houdan, qui, elles, n'ont pas les pattes jaunes, qui pondent de gros œufs dont le volume et la blancheur assurent le débit.

La Leghorn, nous le reconnaissons, est une très bonne pondeuse, mais la médiocrité de sa chair l'empêche d'être recherchée sur les marchés.

Nous ne voulons pas entrer dans les détails de l'article du journal belge. Indiquons toutefois une modification à la nourriture de la poule. Au lieu d'orge, nous conseillons le sarrasin pendant la période de la ponte; les farines d'orge, de maïs, de sarrasin, les légumes cuits, les déchets d'amidonnerie et de fromagerie, pendant la période d'engraissement.

Et tout cela n'est pas très coûteux. Peu de dépense d'installation, peu de capitaux à exposer: l'achat de poulettes au printemps est le seul déboursé, qui sera bientôt couvert par la vente des œufs.

L'article est évidemment concluant en ce qui concerne la poule de ferme, mais l'Aviculture industrielle ne paraît point beaucoup sourire à notre aimable président de la Société nationale d'Aviculture; nous nous permettrons de ne pas être de son avis sur ce point.

Mais, pour réussir, la basse-cour industrielle devra comprendre la vente des œufs, de la volaille grasse et demi-grasse et des volailles de race *les plus demandées seulement*, les mieux cotées.

Il n'y a guère de bénéfices à réaliser dans l'élevage exclusif de toutes les races de poules, il faut se borner au petit nombre des plus demandées, les abandonner aussitôt qu'elles ne sont plus en vogue, en lancer de nouvelles si on le peut. Il y a là tout un métier à apprendre et à pratiquer.

On ne se figure pas ce qu'un bon sujet reproducteur finit par vous coûter. On croit avoir un bénéfice en le vendant de 10 à 15 francs, c'est une erreur complète. Il faudrait le vendre âgé de 5 à 6 mois pour qu'il y ait avantage, à ce prix, et les reproducteurs qui se vendent à la suite des concours ont généralement de 10 à 20 mois.

L'éleveur qui, à la vente des volailles de race les plus demandées, joindra celle des œufs et de la volaille grasse et demi-grasse aura plus de chances de réussite, ses volailles, pour le marché, étant toujours composées de celles qui ne réunissent pas les qualités parfaites de la race et ses œufs conservant toujours une valeur supérieure pour la reproduction.

Il devra avoir pour but principal de supprimer l'intermédiaire, il lui sera toujours difficile de lutter comme prix avec le fermier, sur les grands marchés, excepté en faisant de la volaille fine et en vendant de plus beaux œufs, son véritable avantage sera de s'assurer une clientèle directe de restaurateurs, de rôtisseurs ou de particuliers.

Les installations coûteuses absorbent tous les bénéfices, il faut du pratique et du solide, ramener la main-d'œuvre au plus bas prix, calculer ses achats d'une manière toute spéciale, avoir un roulement de fonds suffisant pour profiter de toutes les fluctuations possibles des graines et des farines et surveiller tout soi-même. Il est indispensable d'avoir le goût des animaux et de ne reculer devant aucune besogne pour entreprendre l'élevage ; les grands établissements d'aviculture qui voudront se fonder, même avec beaucoup d'argent, n'ont aucune chance de succès en dehors de ces conditions.

L'Aviculture n'est point un métier de rentier.

Il y a certainement des bénéfices à réaliser dans l'élevage, mais il faut être patient, monter peu à peu son grand ou petit établissement et ne se lancer vraiment que lorsqu'on a sa clientèle bien faite et sa production assurée.

Il ne faut pas croire, comme l'affirment certaines brochures fantaisistes que l'on s'improvise aviculteur du jour au lendemain ; c'est un métier qui s'apprend et se pratique comme tout autre. L'Aviculture industrielle surtout demande de la pratique et de l'expérience ; ici, comme en tout, trop de précipitation nuit.

Nous aurions bien voulu établir le prix de revient exact d'un poulet, mais ce calcul est impossible puisqu'il différera toujours suivant la localité et surtout suivant les aptitudes commerciales de l'éleveur. A Gambais, M. Roullier-Arnoult fait revenir le poulet gras de trois mois et demi pesant 1^{kg},700 à 2 fr. 86 et considère qu'il peut se vendre ainsi de 4 fr. 50 à 5 francs ; il estime le bénéfice à

2 francs par pièce, mais il ne déduit ni amortissement de matériel ou intérêt du capital engagé, ni main-d'œuvre, ni mortalité, ni frais de transport, ni marchés *creux* comme on dit, où la volaille se vend mal. A la ferme un poulet du même âge doit revenir au plus au tiers de ce prix, il est vrai que le poulet de ferme se vend à la campagne 2 fr. 50 à 3 francs la paire, mais l'éleveur, même fournissant en ville ne doit pas faire revenir le poulet de 3 mois et demi à plus de 2 francs, ce qui est très facile avec les modes d'alimentation que nous avons indiqués.

Il est préférable de multiplier les couvées et de vendre les poulets vers trois à quatre mois, de cette façon le capital se renouvelle sans cesse et laisse, en fin de compte, un bénéfice plus grand, d'autant mieux que le poulet d'un prix moyen est celui qui se vend le plus aisément. D'autre part, — quand on en a la vente assurée — les poulets engraissés de quatre à cinq mois atteignent un prix très rémunérateur, mais il faut pour ainsi dire, en ce cas, ne travailler que sur commande, car ces poulets se vendent bien moins facilement que les autres.

Quant à la volaille de reproduction, c'est la beauté du sujet et la vogue de la race qui en fait le prix.

En résumé, la basse-cour, bien organisée, peut être dans une ferme un appoint considérable et, dans un élevage spécial, donner des bénéfices très raisonnables.

Pour l'amateur, sans grande dépense, surtout s'il place quelques beaux sujets, il y trouvera une distraction aussi charmante qu'utile.

CHAPITRE IV

SOCIÉTÉS, CONCOURS ET JOURNAUX D'AVICULTURE

Dans le but de donner encore un plus grand développement à l'élevage des animaux de basse-cour, sous le titre de SOCIÉTÉ NATIONALE D'AVICULTURE DE FRANCE, une société s'est formée avec le concours du Ministère de l'Agriculture. Cette Société, qui est ouverte à tous ceux que l'Aviculture, intéresse a déjà rendu de grands services en provoquant des concours dans les départements en dehors des expositions des animaux de basse-cour qu'elle organise elle-même et qui présente un haut intérêt. Elle a organisé, en outre, des concours départementaux d'animaux de basse-cour entre cultivateurs qui ne tarderont pas à faire sentir leurs heureux effets en France. Son bulletin officiel, *la Revue Avicole* donne une foule de renseignements pratiques et inédits émanant de ses sociétaires qui s'en servent aussi comme d'organe de publicité gratuite insérant leurs offres d'animaux et d'œufs.

Il existe aussi une Section d'Aviculture pratique [1] à la Société d'Acclimatation dont l'organe est la si intéressante *Revue des Sciences naturelles*. Cette section organise généralement, au Jardin d'Acclimatation, deux expositions d'animaux de basse-cour qui sont fort belles.

Enfin les Aviculteurs du Nord ont fondé aussi une Société qui a pour but d'encourager la production des animaux de basse-cour dans cette région.

En Belgique et en Angleterre, il existe de nombreuses sociétés d'aviculture.

En dehors des deux *Revues* que nous venons de citer comme s'occupant des animaux de basse-cour, il existe encore l'*Aviculteur* si bien dirigé par M. Voitellier; l'*Eleveur*, l'intéressant journal de M. Mégnin ; l'*Acclimatation*, journal des éleveurs dont nous avons parlé au commencement de cet ouvrage ; le *Chenil*, journal d'échanges du Jardin d'Acclimatation, et, comme journaux belges fort intéressants : *Chasse et Pêche;* le *Mentor Agricole* et l'*Echo de l'Elevage belge*.

De nombreux journaux agricoles en France, comme le *Journal d'Agriculture*

[1] Cette section vient d'être supprimée.

pratique et le *Journal de l'Agriculture*, abordent aussi ces questions, mais d'une façon moins spéciale.

Le fermier, l'éleveur, l'amateur ont donc, pour se renseigner et s'instruire, des sociétés, des journaux spéciaux et des livres d'aviculture ; en usant de toutes ces ressources et y ajoutant leur intelligence et leur activité propres, ils arriveront sans peine à la réussite que nous leur souhaitons à tous.

FIN

TABLE DES MATIÈRES

PREMIÈRE PARTIE

CHAPITRE PREMIER

LES POULAILLERS

CHAPITRE II

HYGIÈNE ET SOINS GÉNÉRAUX

CHAPITRE III

NOTIONS D'ANATOMIE GALLINE

DEUXIÈME PARTIE

CHAPITRE PREMIER

RACES FRANÇAISES

CHAPITRE II

RACES DU NORD

CHAPITRE III

RACES MÉDITERRANÉENNES

CHAPITRE IV

RACES ASIATIQUES ET OCÉANIENNES

CHAPITRE V

RACES DE FANTAISIE

TROISIÈME PARTIE

CHAPITRE PREMIER

LES ŒUFS

CHAPITRE II

ÉLEVAGE NATUREL

CHAPITRE III

ÉLEVAGE ARTIFICIEL

QUATRIÈME PARTIE

CHAPITRE PREMIER

ADULTES

CHAPITRE II

LES REPRODUCTEURS

CHAPITRE III

MALADIES DES VOLAILLES

CINQUIÈME PARTIE

INDUSTRIE DE LA VOLAILLE EN FRANCE ET A L'ÉTRANGER

CHAPITRE PREMIER

L'AVICULTURE EN FRANCE

CHAPITRE II

L'AVICULTURE A L'ÉTRANGER

CHAPITRE III

BÉNÉFICES DE L'ÉLEVAGE

CHAPITRE IV

TABLE DES GRAVURES

ÉVREUX, IMPRIMERIE DE CHARLES HÉRISSEY

PARIS. IMPRIMERIE NOIZETTE.

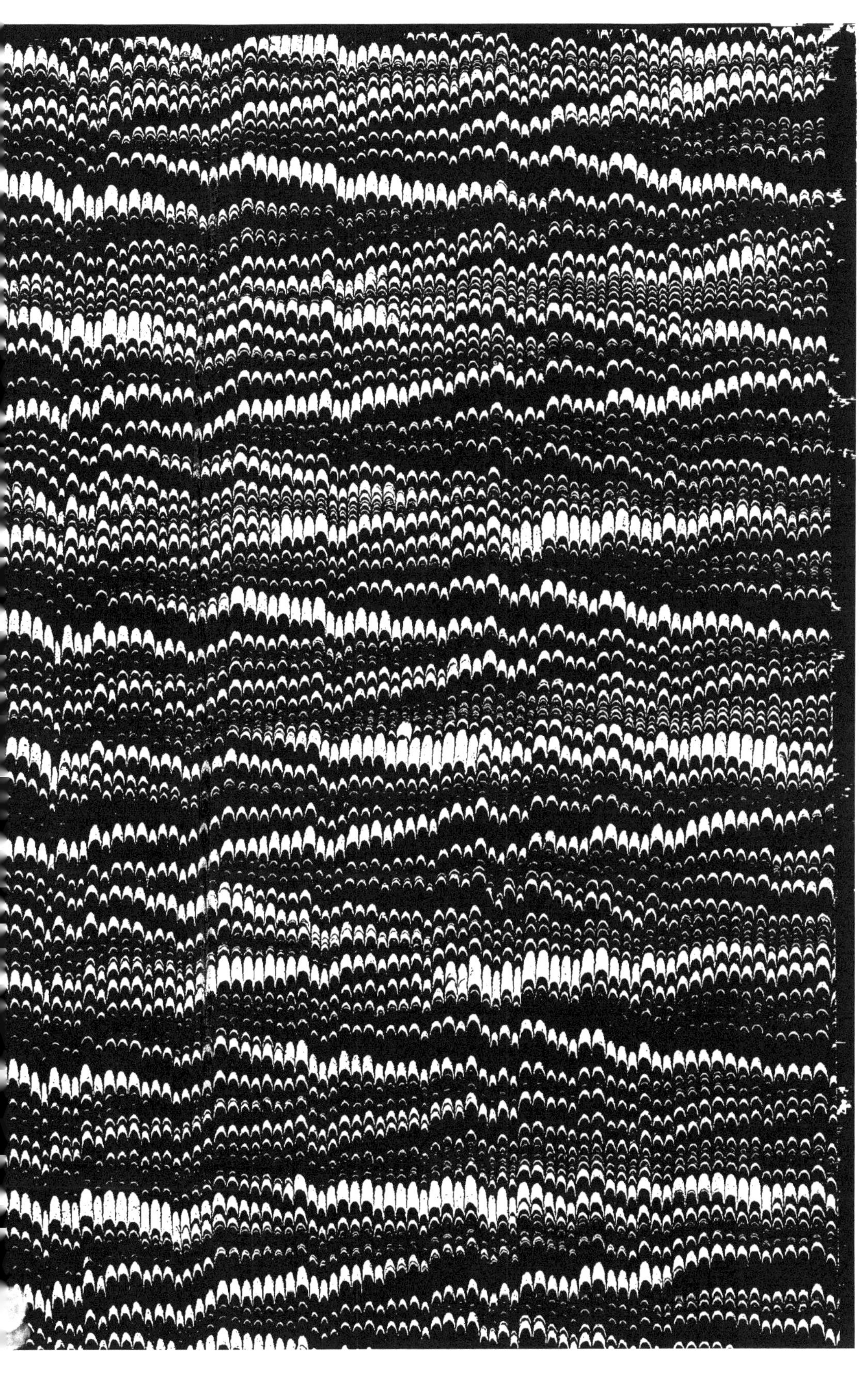

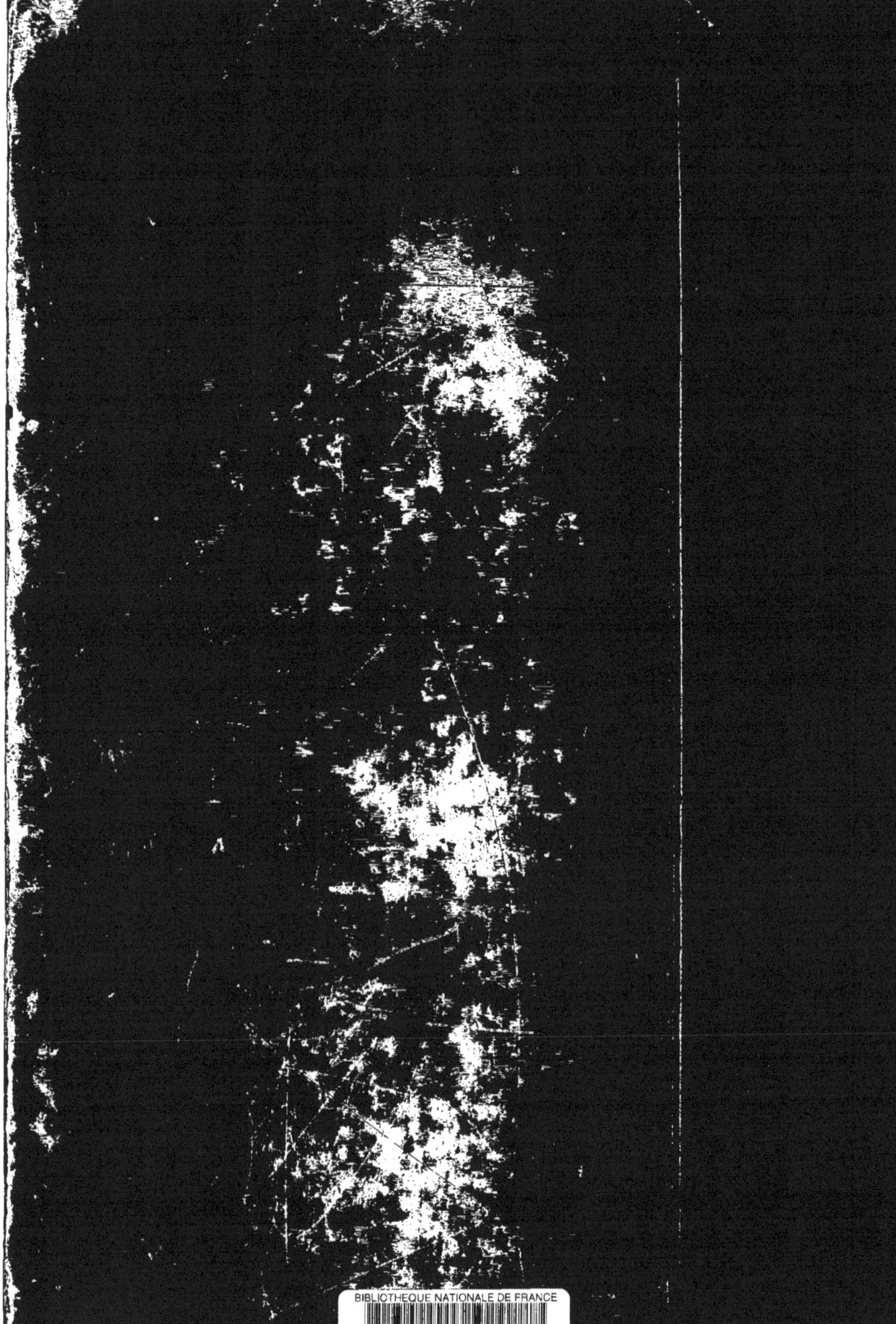

www.ingramcontent.com/pod-product-compliance
Ingram Content Group UK Ltd.
Pitfield, Milton Keynes, MK11 3LW, UK
UKHW020320200726
13857UKWH00001B/225